机械设计实用机构运动仿真图解

（第3版）

朱金生　编著

電子工業出版社
Publishing House of Electronics Industry
北京 · BEIJING

内容简介

本书将机械设计中常用的机构及应用实例用三维软件建模，并生成机构运动仿真视频来展示机构的运动原理及可实现的运动。全书分为三个部分，第一部分介绍了常用基本机构及其运动特性，并对机器视觉系统应用中的机构做了简单介绍；第二部分对244种机构应用实例进行描述，并按输出构件的运动特点进行分类，以方便学习和查找；第三部分展开介绍了一个多功能给袋包装机的执行机构系统设计，描述了从工艺过程所需的动作开始，到各子执行机构的确定，最后用“机构运动循环图”来确定执行机构各子系统组合的设计方法。

本书案例丰富、主打三维运动仿真，形象直观，适合机械设计人员开拓设计思路、激发设计灵感，帮助相关专业学生快速吸收并消化教科书上的理论知识，也供有关技术人员在产品研发、创新时参考。

图书在版编目（CIP）数据

机械设计实用机构运动仿真图解 / 朱金生编著 . —3 版 . —北京：电子工业出版社，2019.6
ISBN 978-7-121-36902-5

Ⅰ . ①机…　Ⅱ . ①朱…　Ⅲ . ①机构运动分析－图解　Ⅳ . ① TH112-64

中国版本图书馆 CIP 数据核字（2019）第 118882 号

责任编辑：许存权
文字编辑：宁浩洛
印　　刷：北京七彩京通数码快印有限公司
装　　订：北京七彩京通数码快印有限公司
出版发行：电子工业出版社
　　　　　北京市海淀区万寿路 173 信箱　邮编　100036
开　　本：787×1 092　1/16　印张：15.25　字数：390.4 千字
版　　次：2012 年 1 月第 1 版
　　　　　2019 年 6 月第 3 版
印　　次：2024 年 2 月第 8 次印刷
定　　价：89.00 元

凡所购买电子工业出版社图书有缺损问题，请向购买书店调换。若书店售缺，请与本社发行部联系，联系及邮购电话：（010）88254888，88258888。

质量投诉请发邮件至 zlts@phei.com.cn，盗版侵权举报请发邮件至 dbqq@phei.com.cn。

本书咨询联系方式：（010）88254465，ninghl@phei.com.cn。

第 3 版前言

时隔五年，《机械设计实用机构运动仿真图解》一书第 3 版同读者见面了。本书将继续坚持以机构运动仿真视频为主、文字说明为辅的特点，目的只有两个：一是让读者快速了解实用机构，从而拓宽设计思路；二是让本书成为机械设计者、非机械专业的设计者和技术工人都能看得懂的科普读物。

本书分为三个部分，收集了 393 个运动仿真视频、244 个应用实例，并介绍了一个“多功能给袋包装机”的产品设计实例，通过模拟包装工艺过程确定各执行机构子系统所需的运动，再通过“机构运动循环图”完成执行机构系统协调设计，并用机构子系统的运动仿真来说明机构特点。

由于应用实例的增加，为阅读和查找方便，本书对应用实例按输出构件（从动件）的运动特点进行了简单分类。

近十年来，作者有幸参与了用于检测目的的机器视觉产品的研发工作。机器视觉属于信息技术，其产品具有智能化的机电一体化特征，集光学、软件、电子、机械多个学科为一体。机械系统成为机电一体化产品的组成部分，机械设计从机电产品设计中的主导地位下降到了辅助地位；各执行机构系统从以往满足产品的总功能要求，变成了需要满足光学、软件所提出的各项要求。机器视觉产品中的机构设计大致有两种类型：一是光学系统（相机、光源）调整机构的设计；二是各类输送机构的设计。本书将机器视觉产品中的机构讨论放在第一部分的基本机构中，其应用实例还按照输出构件的运动特点放在本书的第二部分。

本书不是教科书，用很短的时间就可以观看完全部的视频。正如在本书第二版，凌云博士为本书撰写的前言中所说的，它更像正餐之后的甜点，能够在大餐之后给读者一种轻松、愉悦且充满启迪的阅读体验。经常看看，一定会有收获。

朱金生

目　录

第三部分 执行机构系统协调设计的应用实例

第一部分

常用基本机构介绍

1. 平面连杆机构

平面连杆机构中结构最简单、应用最广泛的是铰链四杆机构。在铰链四杆机构的基础上，再依次连接二级杆组、三级杆组等，就成为多杆机构。它可以按照给定的运动规律和位置要求运动，也可以按照给定的运动轨迹运动。

1.1 铰链四杆机构

铰链四杆机构是平面四杆机构最基本的形态，其他形式的四杆机构都可以看作是在它的基础上演化而成的。铰链四杆机构有四个构件，用四个转动副将四个构件连接，两两构件之间为面接触，其结构、制造简单，可获得较高的精度，广泛应用在低速机械传动中。

（1）曲柄摇杆机构

在铰链四杆机构中，固定杆为机架，与机架相连的两个杆称为连架杆，连接两连架杆的杆称为连杆。在连架杆中，若有一个杆能做整周旋转时，该杆又称曲柄，但并不是所有的铰链四杆机构中都有曲柄，存在曲柄的几何条件如下：

① 连架杆为最短的构件；

② 最短的构件与最长的构件长度之和小于或等于其余两构件的长度之和。

满足上述两个条件的铰链四杆机构又称为曲柄摇杆机构，如图 1 所示。

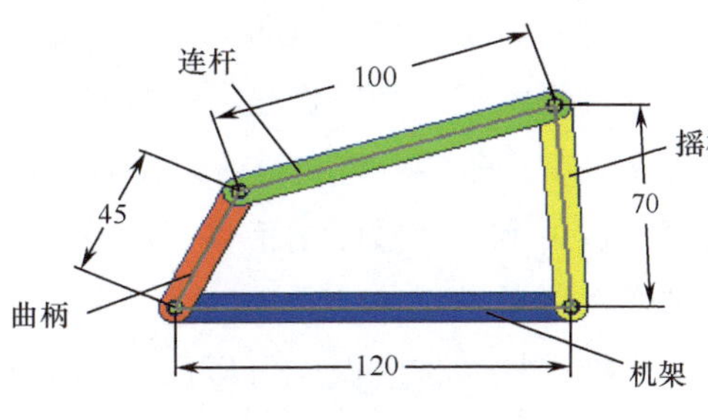

图 1　曲柄摇杆机构

在图 1 中，用连杆作机架也满足构成曲柄摇杆机构的几何条件。

仔细观察曲柄摇杆机构的运动仿真模型：主动的曲柄做匀速转动时，从动的摇杆做变速摆动，且曲柄转一周的过程中与连杆有两次共线（见图 2、图 3），此时摇杆所在的左右两个位置是极限位置；两次共线时，曲柄与机架的夹角不同。这说明从动摇杆在两个极限位置间运动时，曲柄转过的角度不同，即摇杆左右摆动的速度不同。通常把摇杆的这种左右摆动速度不同的特性称为急回特性。在实际应用中，常把慢速运动行程作为工作行程，快速运动行程作为空回行程。主动曲柄匀速旋转一圈的时间中，从动摇杆的工作行程所占的时间越长，工作行程的速度越平稳，空回行程所占的时间越短，急回特性就越强。设计时根据给定的急回特性系数，来确定各构件的尺寸。当然，急回系数越大，惯性力越大。

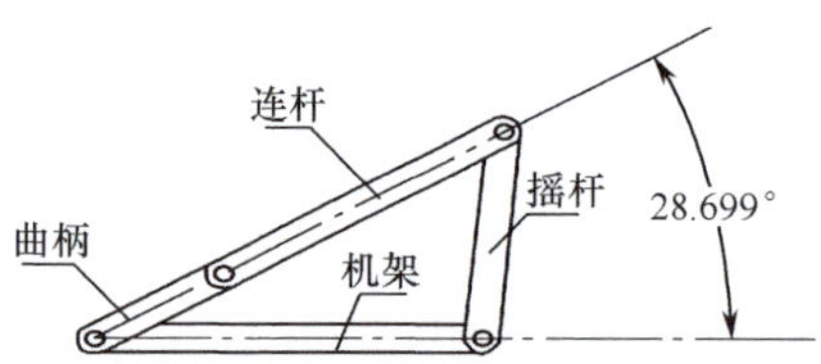

图 2　曲柄与连杆共线 1

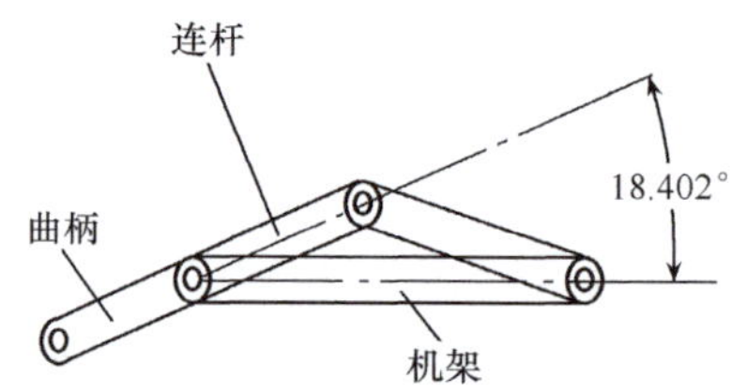

图 3　曲柄与连杆共线 2

如果摇杆主动，即逆时针或顺时针转动，当从动的曲柄与连杆共线时，机构会停止运动（见图 4、图 5），该位置称为死点位置。为了使从动曲柄能做整周转动，需要增加防止卡死的构件，利用该构件所产生的惯性通过死点位置（见图 6、图 7）；但有些夹紧机构正是利用死点位置对零件进行定位、夹紧的，详见运动仿真实例 198、实例 199。

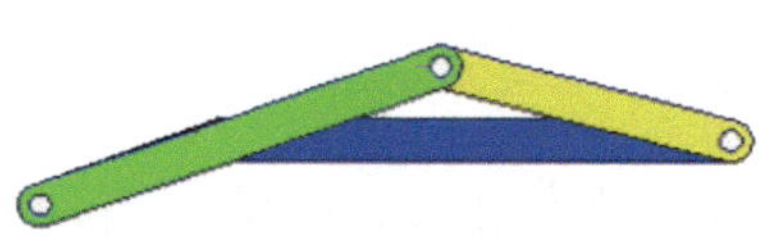

图 4　摇杆主动，逆时针转动的死点位置

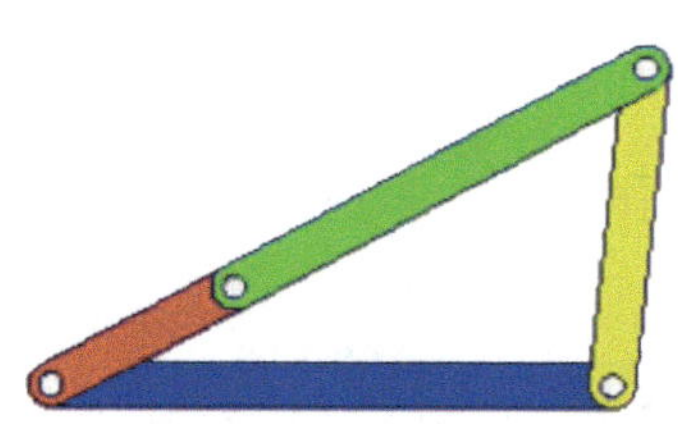

图 5　摇杆主动，顺时针转动的死点位置

如图 6 所示为缝纫机脚踏板机构的示意图，为一个典型的曲柄摇杆机构。工作时用脚前后摆动脚踏板，脚踏板是曲柄摇杆机构中的摇杆，为主动件，而曲柄 1 为从动件。当连杆与从动件（曲柄）共线时，即出现图 7 所示的卡住情况，该位置就是死点位置，在此位置缝纫机可能会突然停止工作，而在实际操作时，只要不紧蹬脚踏板，利用皮带轮所产生的惯性就可通过死点位置。

常把曲柄的长度做成可以调节的，这样可调节摇杆的摆动角度的大小，详见运动仿真应用实例 47。

图 6　缝纫机脚踏板曲柄摇杆机构

图 7　连杆与从动件（曲柄）共线时为死点位置

曲柄摇杆机构中的曲柄整周旋转时，连杆做平面运动。在运动仿真模型的连杆上任意选择 *A*、*B*、*C* 三点，这三点的运动轨迹如图 8 所示。某些机构就是利用这些点的轨迹或其中某一段近似直线或圆的轨迹来实现预定运动的，如运动仿真应用实例中的例 128、例 129，就是应用了 *C* 点的轨迹，来完成预定运动的。

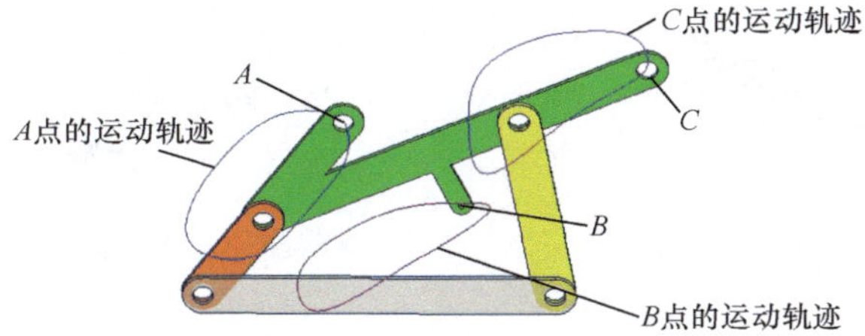

图 8　连杆上 *A*、*B*、*C* 点的运动轨迹

（2）双曲柄机构

用曲柄摇杆机构中的曲柄作机架时，可得到双曲柄机构（见图 9）。

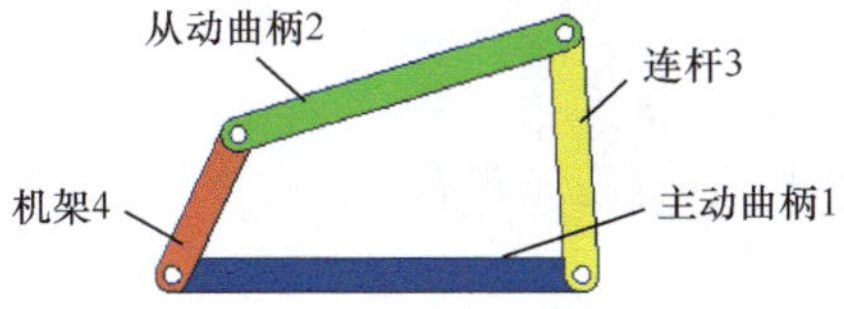

图 9　双曲柄机构

仔细观察双曲柄机构的运动仿真模型：主动曲柄 1 做匀速转动时，从动曲柄 2 做变速转动，平均传动比为 1∶1；连杆 3 做平面运动；无死点位置。

当双曲柄机构中的四个杆的尺寸满足对边长度相等，即机架与连杆、两个曲柄的长度相等时，该铰链四杆机构又称为平行四杆机构（见图 10）。该机构的主从动曲柄都做匀速转动，传动比为 1∶1，从动曲柄没有急回作用，即急回特性系数等于 1，瞬时速度相等；连杆平动，运动的连杆始终平行于初始位置；从动曲柄 2 上任意点的轨迹都为圆，其半径为该点到转动中心（在机架上）的距离，如图 11 所示为从动曲柄上 *A* 点的轨迹。

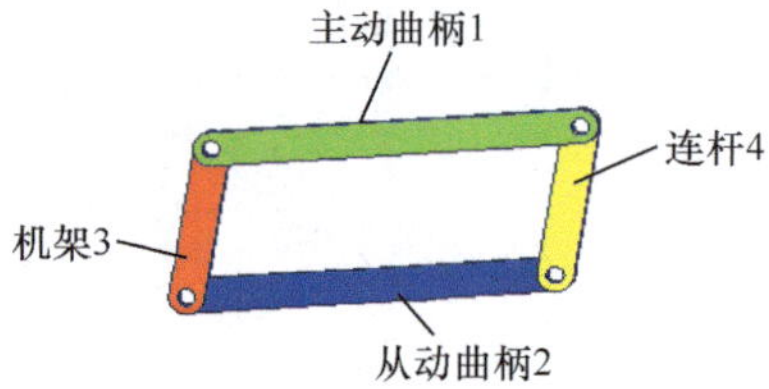

图 10　平行四杆机构

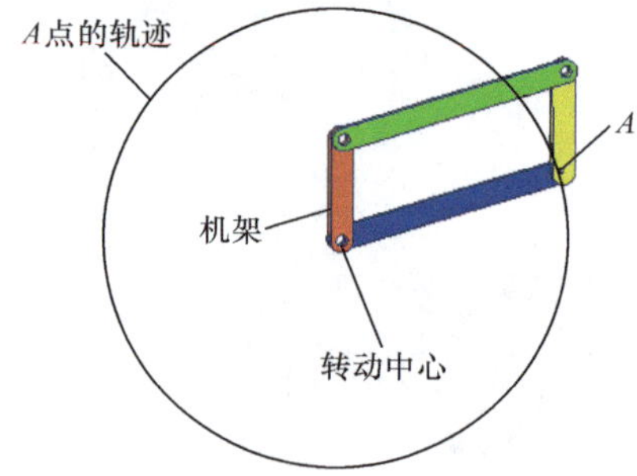

图 11　从动曲柄上 *A* 点的轨迹

平行四杆机构中的任何一个构件都可以做曲柄；当曲柄与连杆共线时，从动曲柄有发生逆转的可能（见图 12）。当不能满足要求时，可增加虚约束杆（见图 13）或增设一个可产生惯性的偏心盘（见图 14），也可同时使用多组平行四杆机构解决（见图 15）。

图 12　从动曲柄发生逆转

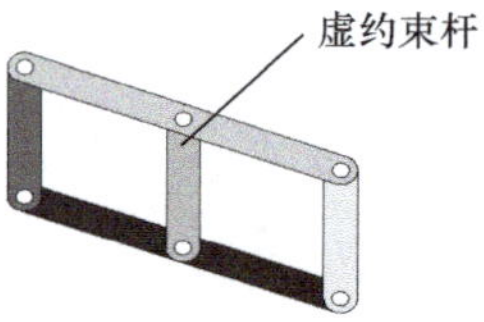

图 13　增加虚约束杆防止从动曲柄逆转

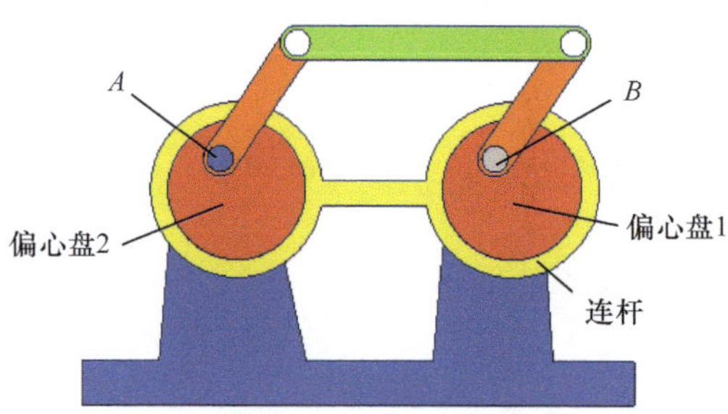

图 14　双偏心盘解决从动曲柄逆转

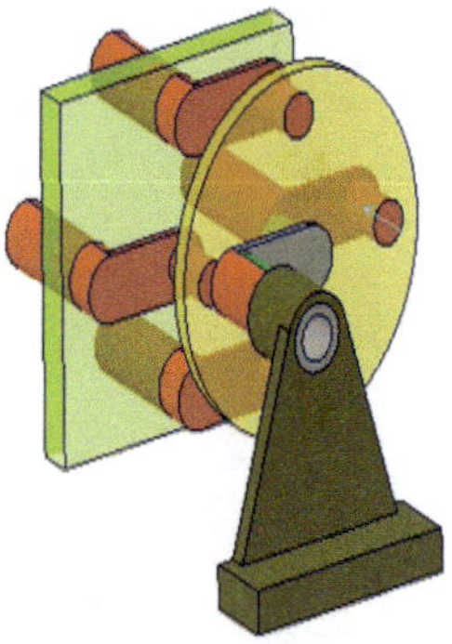

图 15　曲柄驱动四组平行四杆机构

如图 14 所示，由于使用了两个相同的偏心盘，并与机架在 *A*、*B* 点铰接，连杆与两个偏心盘用扩大了的转动副连接，可保证两个偏心盘的同步转动。该机构解决了从动曲柄可能发生逆转的问题。

如图 15 所示包含相同的四组平行四杆机构，图 16 为该机构的工程图。带有主动轴的曲柄 1 与转盘 2 固接，固定板 3 为机架；在转盘 2 上均匀分布四个孔（见图 17），四个孔中心到圆盘的中心等于曲柄 1 的长度 *ab*；固定板 3 也均布着与圆盘相同的四个孔；圆盘与固定板之间安装四个从动曲柄 4，该曲柄与曲柄 1 的转动半径相等，*ab*=*ef*，并分别与转盘 2 和固定板 3 铰接。当主动曲柄驱动转盘绕 *a-c* 轴旋转时，使转盘 2 带动四个从动曲柄 4 共同旋转，四个从动轴转动方向及转速都相同。该原理可用于多轴钻，详见运动仿真应用实例 1。

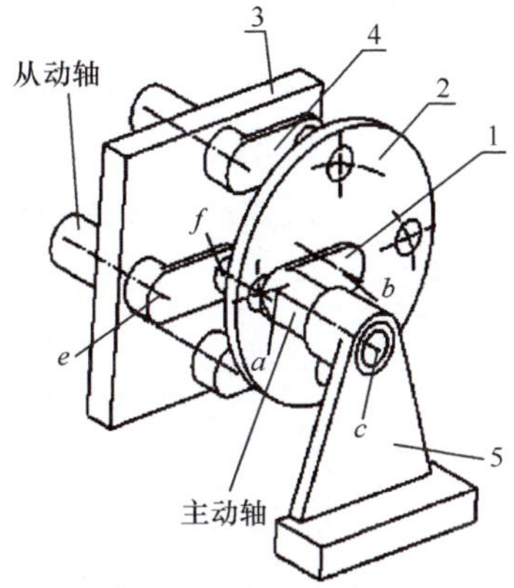

1—曲柄；2—转盘；3—固定板（机架）；4—从动曲柄；5—轴座

图 16　曲柄驱动四组平行四杆机构工程图

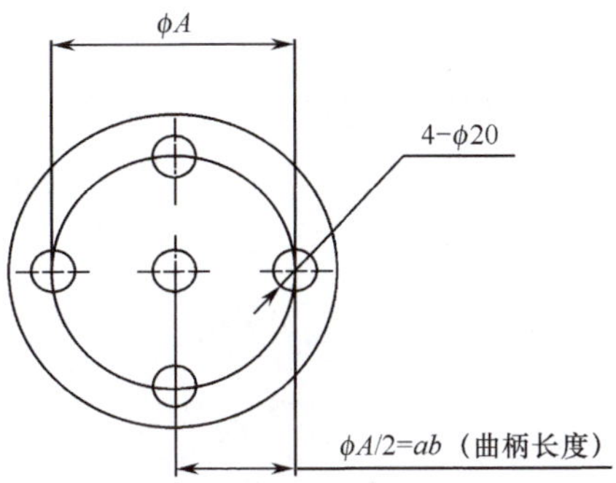

图 17　圆盘零件模型

如图 18 所示为三个联动的平行四杆机构。该机构用三个加长的连杆来解决主动轴与从动轴相距较远且不在同一平面上的问题，其功能与图 15 相同。

如图 19 所示为该机构的工程图。为避免三个连杆转动时相互干涉，应使 *A*、*B*、*C* 三点到主动盘 1 的距离不同。

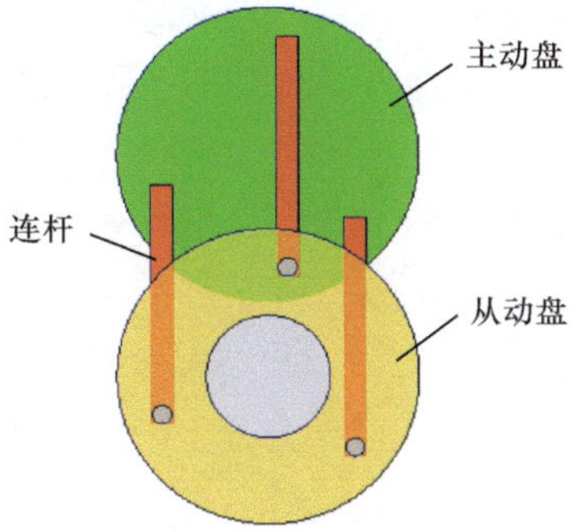

图 18　三个联动平行四杆机构（主视图）

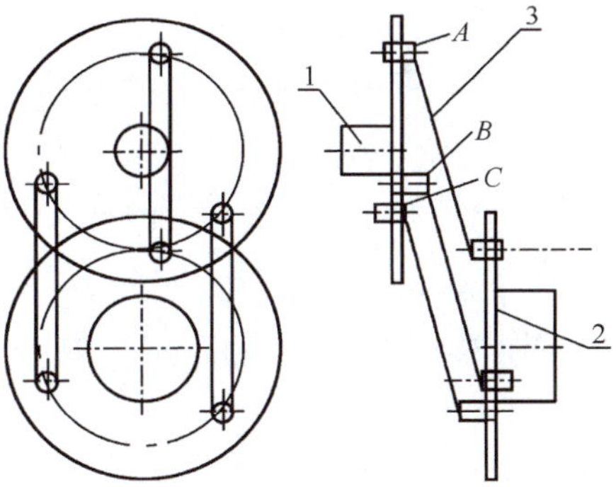

1—主动盘；2—从动盘；3—连杆

图 19　三个联动平行四杆机构工程图

（3）双摇杆机构

在曲柄摇杆机构中，当用最短边的对边为机架时，得到双摇杆机构（见图 20）。两个摇杆中，任一个主动旋转时，均有两个死点位置。实际应用时，为避免出现死点位置，应限制摇杆的摆动角度。

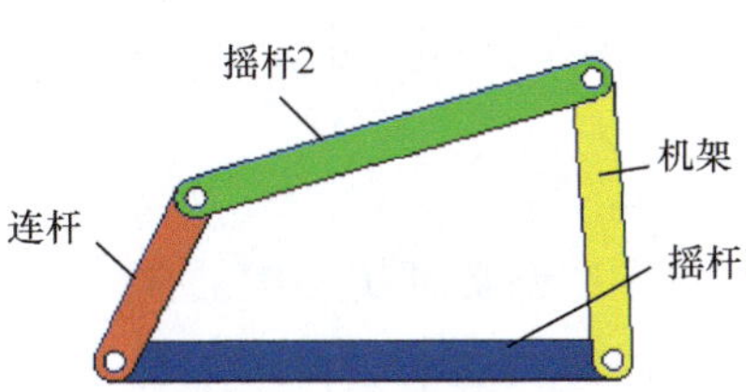

图 20　双摇杆机构

当最短的构件与最长的构件长度之和大于另两个

构件之和，用任一杆为机架时，所得到的铰链四杆机构都为双摇杆机构。

在双摇杆机构中，有时可用一个齿轮副（见图 21）解决双摇杆机构不能连续摆动而且有死点的问题，但要求两齿轮的中心距等于其中一个摇杆的长度，即摇杆的两端安装一对啮合的齿轮。图 22 是其工程图。在铰链四杆机构 *ABCD* 中，5 为机架，1、2 为两个摇杆，齿轮 3 上的两点 *B*、*C* 构成曲柄；齿轮 3、齿轮 4 空套在摇杆 2 的两端点 *B*、*A* 上；两齿轮中的任一个转动时，曲柄 *BC* 可转动 360° ，摇杆 1、2 可以连续摆动。如用蜗轮副代替齿轮副，即为摇头风扇运动机构，见运动仿真应用实例 160。

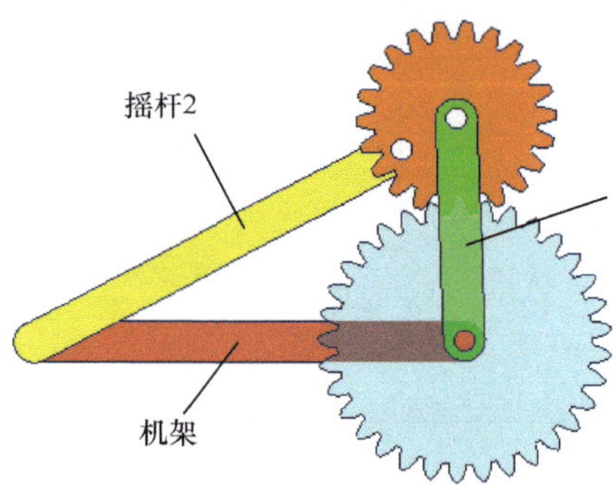

图 21　用齿轮副驱动双摇杆机构

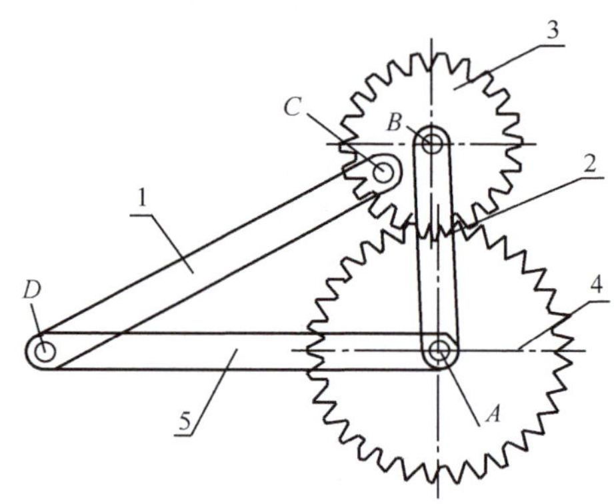

1、2—摇杆；3、4—齿轮；5—机架

图 22　齿轮驱动双摇杆机构的工程图

以上介绍的三种铰链四杆机构，其基本机构为曲柄摇杆机构。在掌握其结构特点（铰链连接）、几何尺寸要求（曲柄存在的条件）的基础上，除了连杆之外，当分别用其余三个杆中的任意一杆作机架时，就可得到另外两种机构；平行四杆机构可以看作是双曲柄机构的特例，但该机构在实际设计实例中大量存在，尤其是连杆的平动特点被广泛应用。了解三种铰链四杆机构的运动特点，对分析、掌握和设计各种新机构是有益处的，对了解后面所介绍的单移动副四杆机构与双移动副四杆机构也会有帮助。

1.2　单移动副四杆机构

当把铰链四杆机构中的一个转动副转化为移动副时，可将铰链四杆机构转化为单移动副四杆机构。当以其中任意杆为机架时，可得到下述的几种机构类型：曲柄滑块机构、转动（或摆动）导杆机构、曲柄摇块机构及移动导杆机构。

（1）曲柄滑块机构

把曲柄摇杆机构中的摇杆与机架相连的转动副转化为移动副时，若维持原来的运动关系，即曲柄主动，机架固定，可得到曲柄滑块机构（见图 23）。与前述的几种铰链四杆机构不同，该机构可将输入的旋转运动（曲柄主动时）转化为滑块的往复直线运动，或把滑块的往复直线运动（滑块主动时）转化为曲柄的转动。

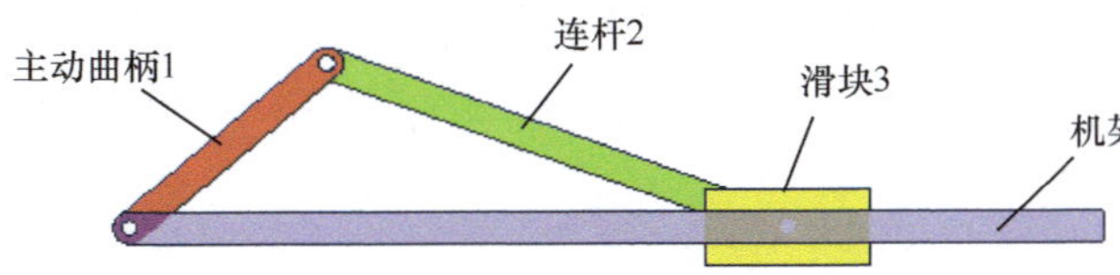

图 23　曲柄滑块机构

该机构实际上是用一个滑块替代了原铰链四杆机构中的摇杆，滑块是二副杆，即用移动副与机架连接，用转动副与连杆连接。

观察该机构的运动仿真，主动曲柄 1 旋转时，滑块 3 做变速运动，并有急回特性。当滑块移动的轨迹中心通过曲柄的转动中心时，称为对心曲柄滑块机构，该机构滑块移动的距离 S 等于曲柄半径 r 的 2 倍（$S=2r$）；当滑块移动的轨迹中心不通过曲柄的转动中心时，称为偏置曲柄滑块机构。对心曲柄滑块机构的运动原理可用于插床的主运动，见运动仿真实例 83，偏置曲柄滑块机构运动原理可用于弓锯床的主运动，见运动仿真实例 86。

（2）转动导杆机构

如图 24 所示的机构为转动导杆机构。该机构是将图 23 曲柄滑块机构中的主动曲柄 1 固定（作机架），并令连杆 2 主动旋转（转变为曲柄），来使曲柄滑块机构转化为转动导杆机构的，原不动的机架转变为从动导杆，可做整周旋转。

转化后，主动曲柄 1 做匀速转动时，从动导杆 3 做整周变速转动；滑块 4 随导杆转动的同时还在导杆上滑动，需要注意的是，应保证转换后的曲柄长度大于机架的长度。

由模型运动仿真可以看出，滑块离导杆的转动中心越近，导杆的转动速度越快，反之亦然。

若导杆主动，并做匀速转动时，从动曲柄做变速转动（见图 25）；当机架长度可调节时，并在从动曲柄转动中心固接一个输出轴，该轴随从动曲柄做变速转动，成为一个输出轴转速可调节的机构。如运动仿真应用实例中的例 29、例 30 都是该机构运动原理的应用，即利用从动轴做变速运动这一结论，来调节切纸刀的瞬时速度使其与送纸速度同步。

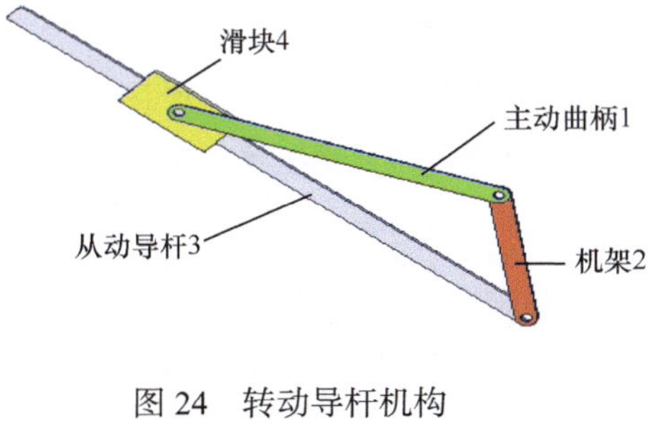

图 24　转动导杆机构

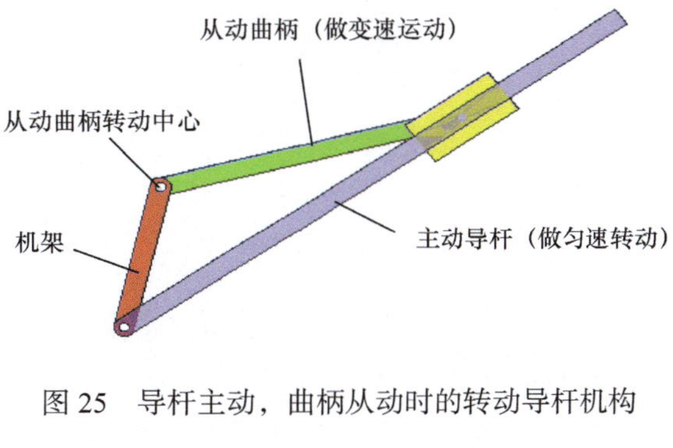

图 25　导杆主动，曲柄从动时的转动导杆机构

（3）曲柄摇块机构

当把图23曲柄滑块机构中的连杆2固定（作机架），主动曲柄1绕与连杆的铰接点旋转时，得到曲柄摇块机构（见图26）。该机构曲柄的长度应小于机架的长度。

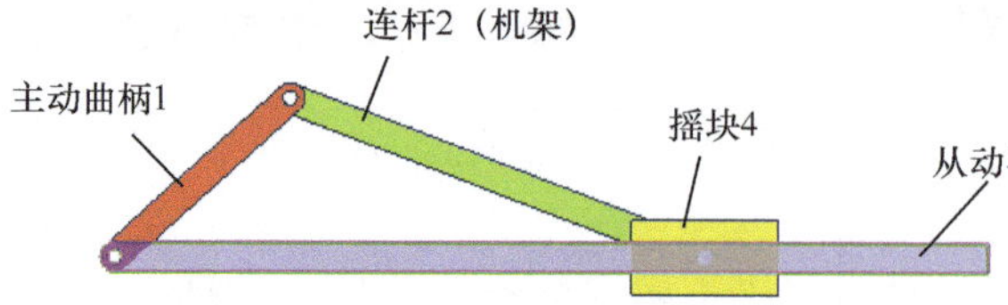

图26　曲柄摇块机构

由该机构的运动仿真可知，主动曲柄1旋转时，机构无死点位置；从动导杆3有急回特性，摇块4只做变速摇动。运动仿真应用实例中的例63、例132都是应用此机构原理的运动机构。

（4）移动导杆机构

当把曲柄滑块机构中的滑块3固定（作机架），曲柄1旋转时，得到移动导杆机构（见图27）。

观察其运动仿真，曲柄1做匀速转动时，导杆2做变速移动，并有急回特性。手动抽水机构就利用了此原理。

（5）摆动导杆机构

摆动导杆机构与上述几种单移动副四杆机构略有不同，如图28所示，主动曲柄1与滑块2铰接；滑块与从动导杆3滑动连接；连杆4固定。导杆摆动的条件是主动曲柄1的长度小于连杆4的长度（注意与转动导杆机构的区别）。

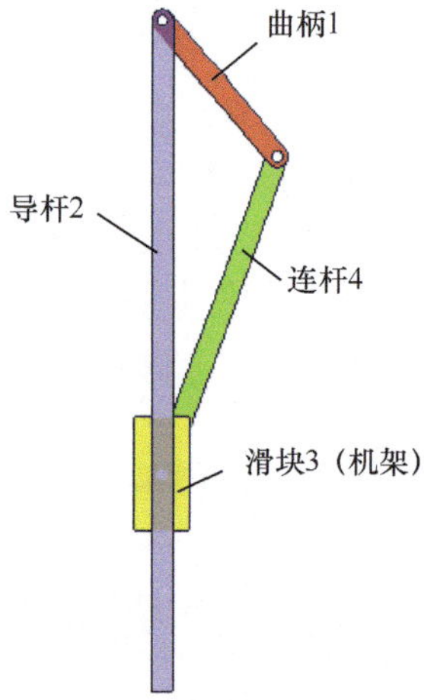

图27　移动导杆机构

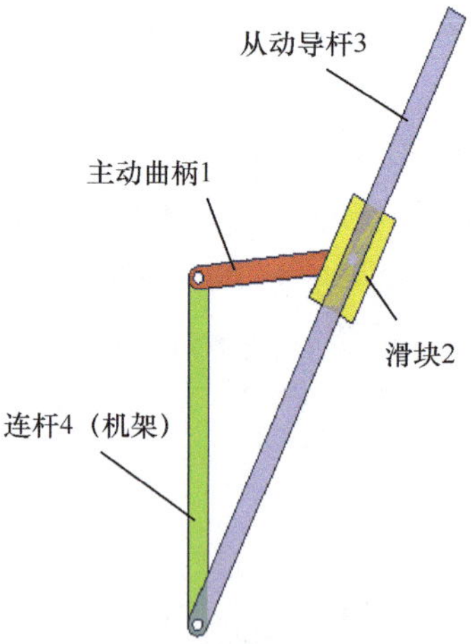

图28　摆动导杆机构

由运动仿真模型可知，主动曲柄做匀速转动时，摆杆做变速摆动，而不是整周转动，并有急回特性。

应用实例见运动仿真应用实例中的例117。

1.3　双移动副四杆机构

双移动副四杆机构包括双滑块机构、正弦机构及正切机构，现介绍如下。

（1）双滑块机构

把曲柄摇杆机构中两连架杆（连接机架的两个杆）与机架连接的转动副转化为移动副（可理解为把两个连架杆转变成两个滑块），两移动副在带有两个相互垂直的导槽的圆盘（机架）的槽中滑动，并与连杆用两个转动副连接，该机构称为双滑块机构，又称为椭圆机构（椭圆仪），如图 29 所示，图 30 是其工程图。当连杆 2 绕两滑块上的任意一个转动中心转动时，其连杆 2 上一点 A 的运动轨迹为一个封闭的椭圆，该椭圆长半轴与短半轴的尺寸与连杆的关系如图 30 所示，椭圆的长、短半轴之差等于两滑块转动中心间的距离。

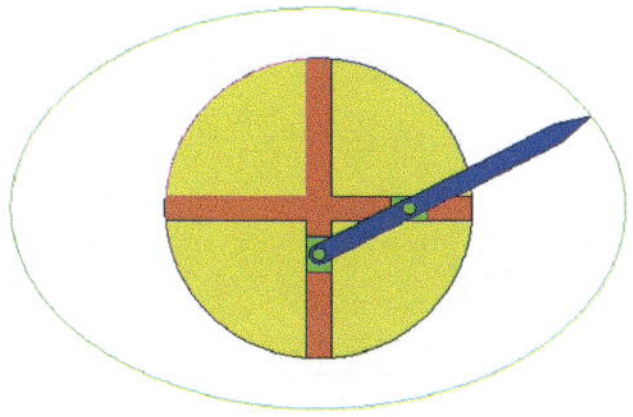

图 29　双滑块机构

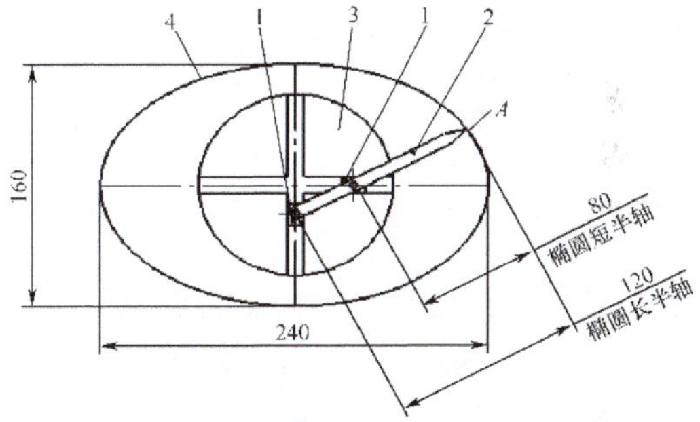

1—滑块；2—连杆；3—圆盘；4—连杆上 A 点的轨迹曲线

图 30　双滑块机构工程图

连杆 2 上，除了与两个滑块 1 铰接中心的轨迹是沿着圆盘 3 导槽的往复直线及两滑块 1 连线的中点的轨迹是一个圆，其他点的轨迹都为椭圆，详见图 31 中 A、B、C 三点的运动轨迹。

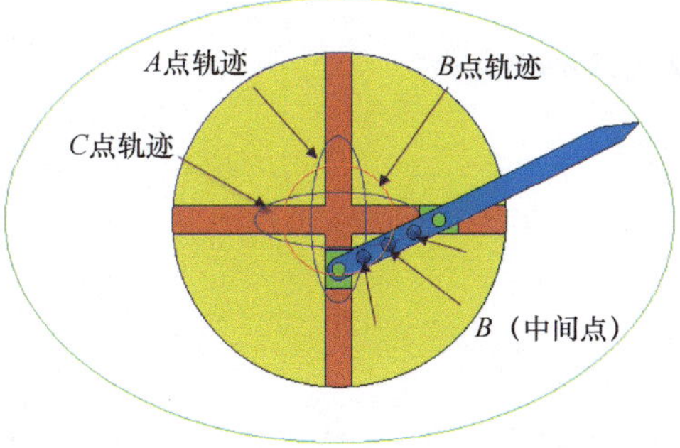

图 31　连杆上两滑块间点的轨迹

从图 29 的运动仿真可观察到，两个滑块转动中心点（构件 1）依次通过圆盘（构件 3）的中心，两滑块没有运动干涉。为了便于分析椭圆的形状，可将一个滑块的转动中心与导槽交点重合，连杆与椭圆长半轴重合，作为连杆转动时的初始位置，如图 32 所示，这并不影响机构的运动仿真及 *A* 点的椭圆轨迹的位置与形状。

在图 32 中，保持连杆与滑块的两个铰接孔距离（40mm），在连杆上选取另外一点 *B*（见图 33），该点到椭圆中心点的长度为 50mm，那么短半轴变成 50−40 = 10mm；用连杆作主动件，观察机构的运动仿真，如图 34 所示，可见到 *B* 点的运动轨迹。图 35 是图 34 的工程图，*D*、*C* 点是两滑块的位置，*B* 点轨迹的椭圆长轴为 100mm，短轴为 20mm。

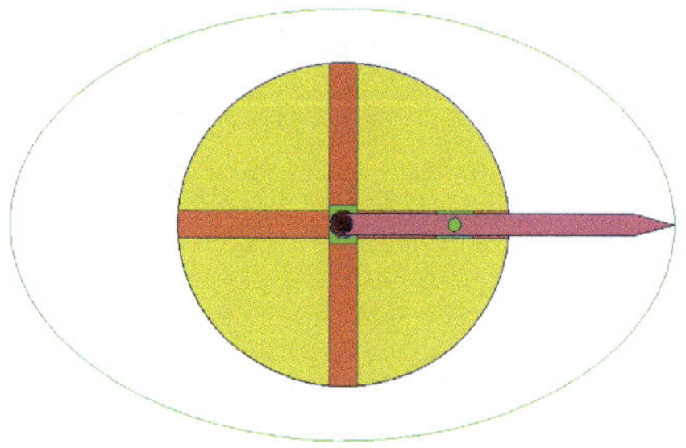

图 32　连杆水平位置

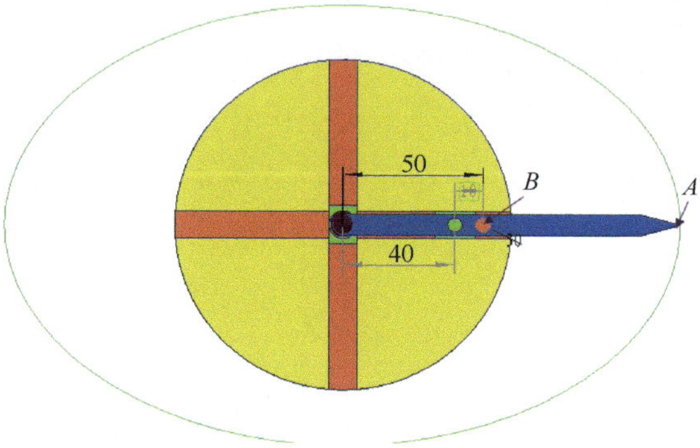

图 33　连杆上选取一点 *B*

在图 35 中，比较 *A*、*B* 两点的轨迹大小与形状，可以看到当连杆连接两滑块的孔距不变时，长半轴越长，轨迹越大；另外，轨迹 1 的短半轴 *b* 与长半轴 *a* 之比 *b*/*a* = 80/120 ≈ 0.67；轨迹 2 的短半轴与长半轴之比为 10/50 = 0.2。该比值越小椭圆形状越扁平，所以轨迹 2 比轨迹 1 更扁平。

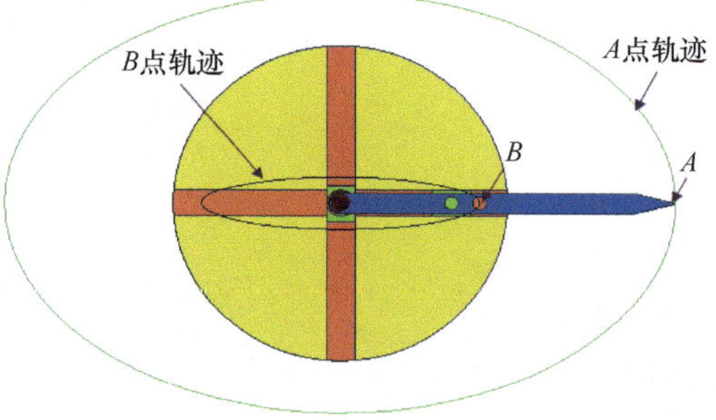

图 34　*A*、*B* 两点的轨迹

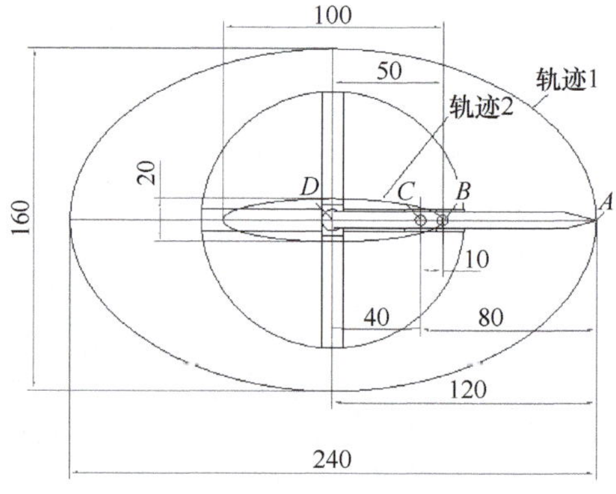

图 35　*A*、*B* 两点的轨迹工程图

工程中设计椭圆形状的零件时，图纸标注的尺寸是长轴和短轴尺寸，因此两滑块之距，即连杆上连接两个滑块的孔距，要根据所要求的短半轴尺寸进行调整，或做成可调式的，以保证短轴的尺寸。

双滑块机构可用于设计椭圆仪绘制椭圆用，但不能直接用于在普通车床上加工椭圆形状的零件。因为车床旋转主轴位置是固定的，车刀是不可旋转的；而双滑块机构两个滑块在圆盘的导槽中做往复直线运动，并依次通过圆盘的中心，因此无法加工出椭圆形状。

若要车加工出椭圆零件，需让连杆固定作机架，即消除滑块在导槽中的往复移动，而让圆盘相对滑块做平面运动，变成了活动件。这一固定—活动的变化就产生了双滑块机构的倒置机构，即双转块机构（见图 36）。

倒置机构各构件还保持原机构的运动关系。图 37 是该倒置机构仿真运动的某一位置的视图，从其运动仿真可以观察到，做平面运动的圆盘中心运动轨迹是一个圆，圆的直径是两转块的距离，该距离是椭圆长、短半轴的差值。因此，如果车床主轴与任意转块转动中心重合，在机架上安装一把车刀，逐步进刀到刀尖与主轴中心距离为椭圆的短半轴长度时，可将安装在圆盘上与圆盘同步转动的被加工零件车成椭圆形状，如图 38 所示。根据此原理，椭圆加工机构的应用实例见例 161、例 162、例 163。

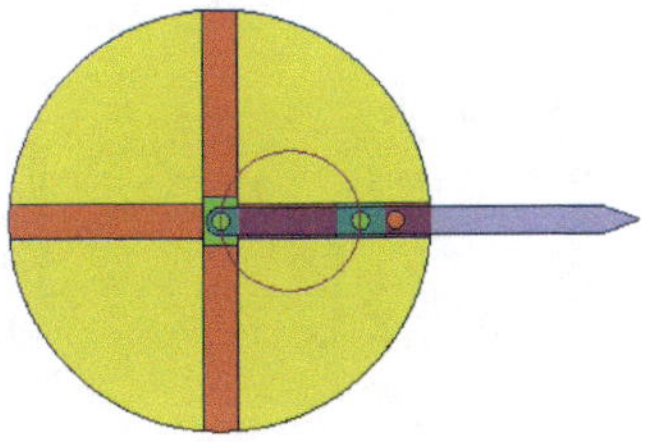

图 36　双滑块倒置机构

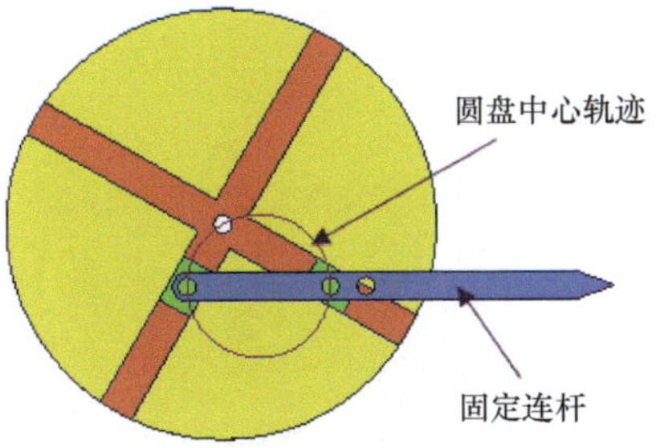

图 37　倒置机构仿真某一位置

若在图 29 的机构上添加一个曲柄 OD，并在连杆上增加一个与曲柄连接的孔 D，使 $CD=DB=OD$，如图 39 所示，曲柄在 O 点用转动副与圆盘铰接，在 D 点与连杆铰接。此时，无论连杆主动（绕任意滑块旋转）或曲柄绕 O 点旋转，该机构还是双滑块机构。连杆上 D 点的轨迹是以 O 为中心、以 OD 为半径的圆，见图 40。

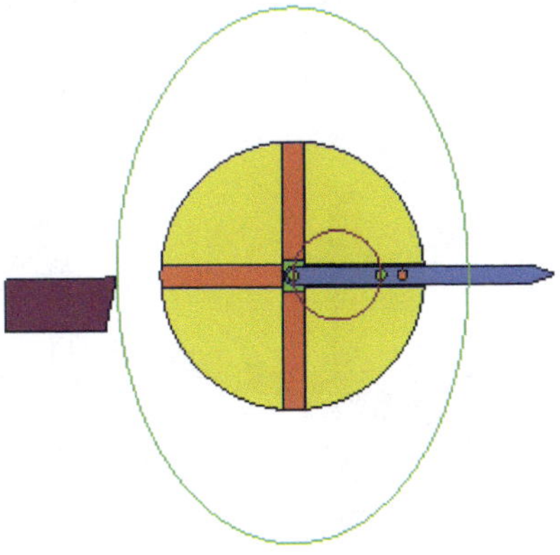

图 38　车椭圆示意图

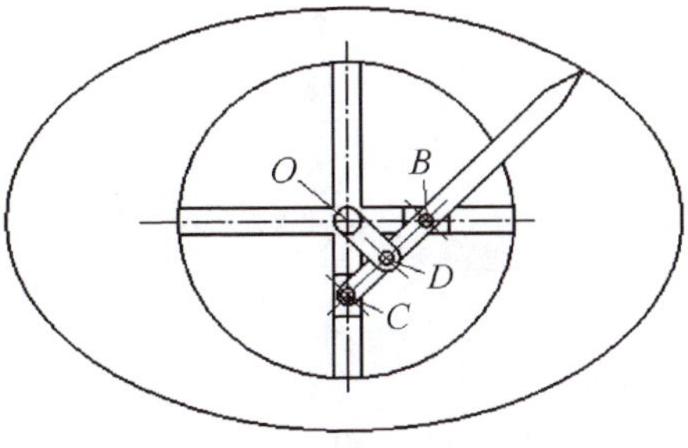

图 39　转化为曲柄滑块机构

在图 40 中，当曲柄主动旋转时，可把双滑块机构看作两个曲柄滑块机构的共同作用，也可理解为两个曲柄滑块机构共用一个曲柄。因此，只要改变 *CD*、*DB* 的长度，*D* 还是 *CB* 的中点，等于改变了曲柄的长度，滑块的行程也就改变了（可见应用实例 41）。从运动仿真的模型可知，其中的一个曲柄滑块机构成为一个虚约束组件，当另一滑块在极限位置时，该滑块起导向的作用。

另外，还可见到双滑块机构运动有如下特点，两个滑块各自完成一个运动循环（左右移动和上下移动一次），转臂转动一周。应用实例 28 液体计量机构正是利用了这一原理。

去掉曲柄 *OD*，在图 39 中 *D* 点安装一个电动机并带动连杆绕 *D* 点转动，连杆又带动两个滑块转动，使带有垂直导槽的转盘绕自身轴线转动，如图 41 所示，该机构变为传动比等于 1/2 的联轴减速器，即连杆转两周，转盘转一周。

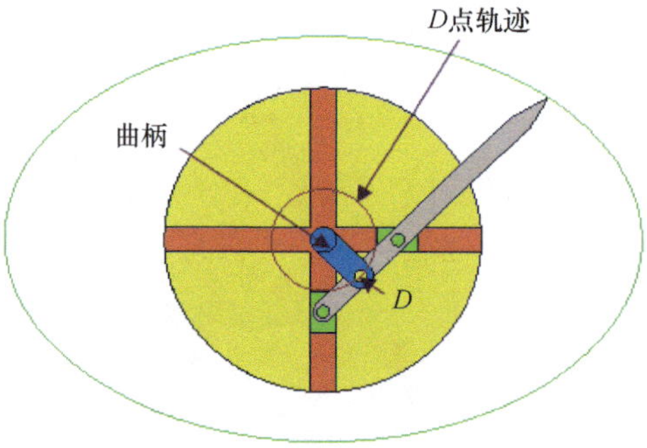

图 40　*D* 点的轨迹为圆

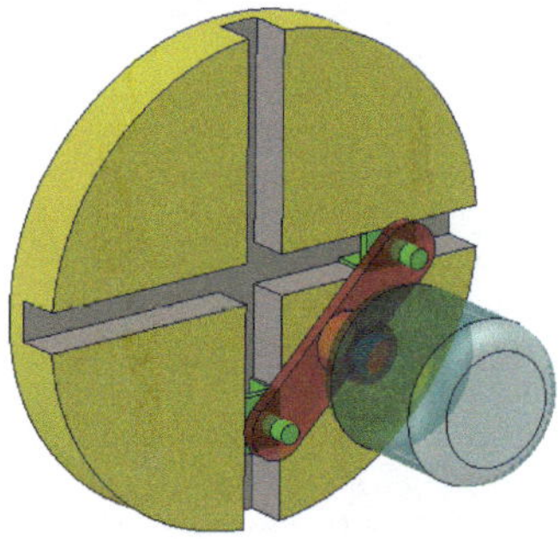

图 41　传动比等于 0.5 的联轴减速器

当然也可把图 29（双滑块机构）中的垂直导轨做成图 42 的形状，其相对运动关系不变，见其运动仿真模型。

若把图 29 中的连杆 2 固定变成机架，使两滑块 1 不能移动只能在机架上转动；圆盘 3 变为活动件，并将带垂直导槽的圆盘转换为十字导杆，如图 43 所示（图中未显示出机架）。当其中任意一个滑块绕自身轴线转动时，从动的十字导杆随之转动，十字导杆又带动另一个滑块转动，两转动滑块平均传动比为 1。该机构的运动原理可用于十字滑块联轴器，见运动仿真应用实例 5。

图 42　变化成十字导轨的双滑块机构

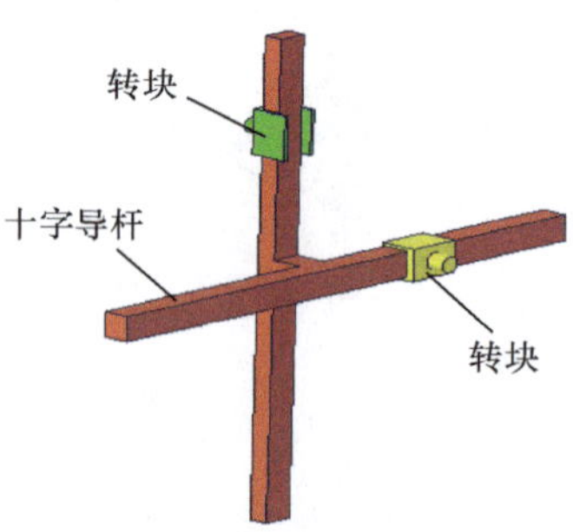

图 43　双转块机构

当双滑块机构中带有垂直导槽的圆盘主动旋转时（见图 44），从动的连杆做复杂的平面运动；若在从动连杆上再铰接一个滑块（见图 45），并使滑块在固定的滑座中移动，会发现连杆的运动变成了类似缝纫机的针杆的往复直线运动，相当于把双滑块机构与曲柄滑块机构串接起来，从而成为一个新的组合机构。

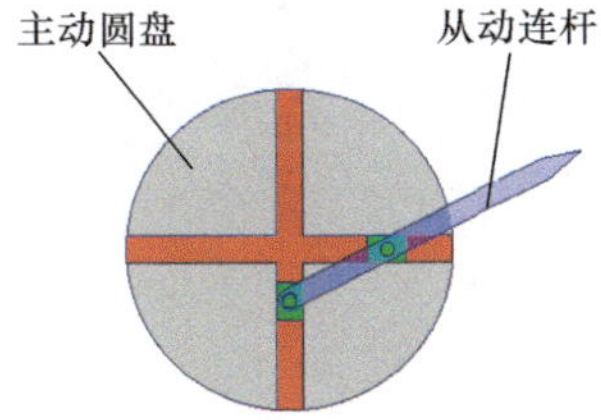

图 44　圆盘主动，连杆做平面运动

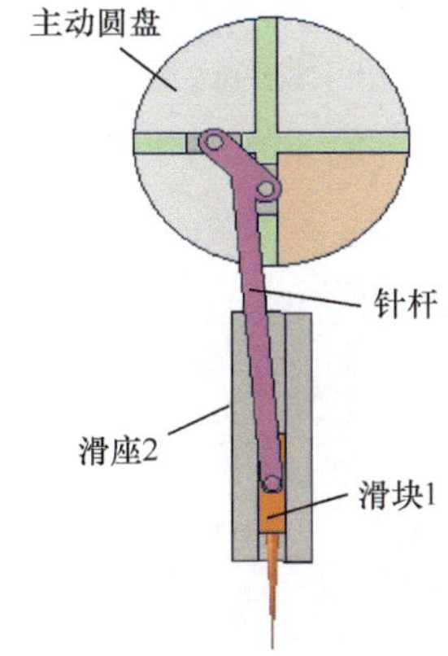

图 45　缝纫机针杆运动机构

从图 31 已经得知，连杆（现针杆）上连接两个滑块之间的中点的轨迹不是椭圆而是一个圆，圆的直径是两滑块与连杆铰接点的距离。因此只要更改连杆与两滑块铰接点的距离，就可以改变针杆的行程，见图 46 的运动仿真。

在图 47 中，当两个滑块在圆盘（机架）上的直线导槽中做往复移动时，由于圆盘尺寸大小的限制，所以两滑块只能在有限范围内做往复直线移动。该机构连杆上点的轨迹不是一个完整的椭圆，而是椭圆弧。

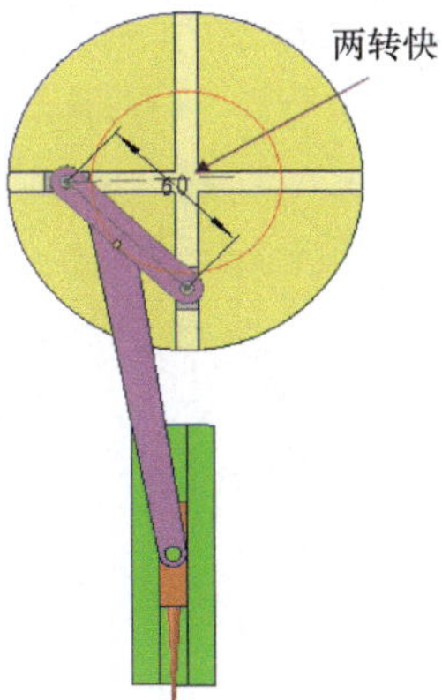

图 46　增大针杆行程

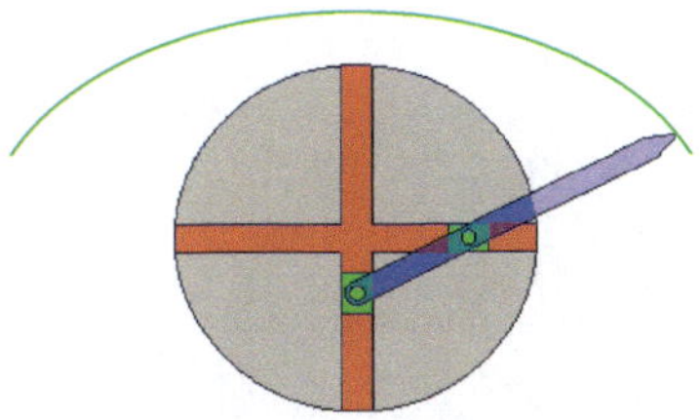
图 47　双滑块机构

若将图 47 其中的一个滑块固定（变成机架），另一个滑块作主动件，其机构的自由度为零，连杆不能运动。但可在连杆上做出导槽使其成为一个导杆，导杆可沿固定的滑块上的圆柱滑动。当主动的滑块在直线导槽中往复移动时，连杆可做有规律的平面运动，机构变成一个滑块导杆机构，如图 48 所示。

为了使连杆得到所需运动，把各构件的形状做下述变化，圆盘上的导槽做成偏置圆弧状，这样滑块要相应改变成圆柱形状的滑柱，而得到一种在食品机械中常见的双滑块机构。如图 49 所示，图中圆盘上的圆弧槽是一个偏置的圆弧，为了使滑柱在圆弧槽内滑动，需借助一个与圆盘同轴的转动导杆，用导杆左右的摆动来驱动滑柱，使连杆得到所需的运动。应用实例可见例 110、例 111。

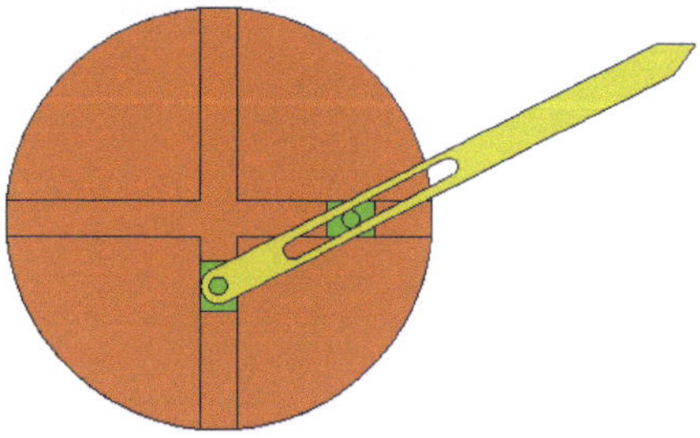

图 48　滑块导杆机构

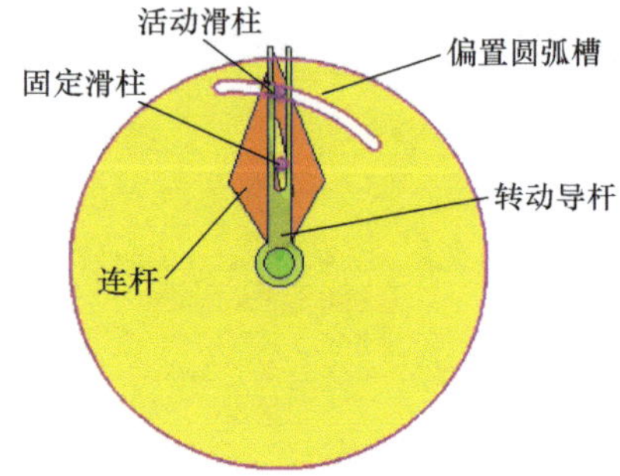

图 49　一个滑块固定的双滑块机构

（2）正弦机构

在双滑块机构中，将一个滑块与圆盘配合的移动副转化为转动副，且滑块与连杆固接；连杆的另一端与另一个滑块固接，另一滑块的形状改变成圆柱状，并使该圆柱滑块可在一个导杆的导槽中滑动。如图 50 所示，圆盘固定，当主动的连杆绕与圆盘配合的转动中心做整周旋转时，连杆另一端的圆柱滑块驱动导杆，使导杆沿安装在圆盘上的四个导轮左右移动（用四个导轮代替圆盘的导槽，所起的作用是相同的），该机构为一个正弦机构。

如图 51 所示为该机构的工程图。导杆 2 上的导槽与导杆的移动方向垂直，当连杆 1

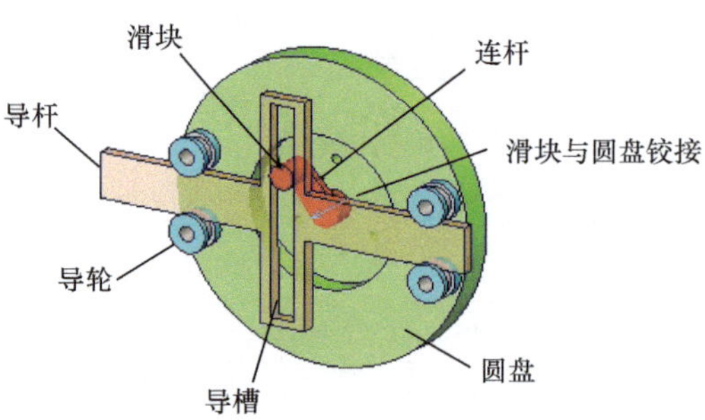

图 50　正弦机构

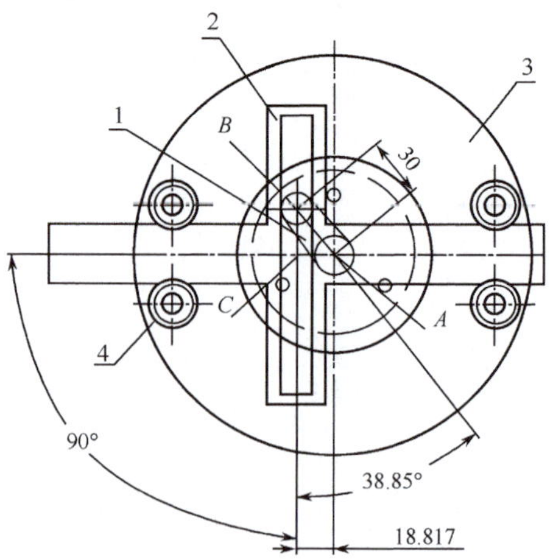

1—主动连杆；2—导杆；3—圆盘；4—导轮

图 51　正弦机构工程图

绕 *A* 点转动时，导杆在四个导轮引导下，左右往复运动，移动的距离符合正弦关系，即在直角三角形 *ABC* 中，已知连杆 1 的长度 *AB* 和 *AB* 与导槽方向的夹角（连杆转角），导杆移动的距离就已知。因此，在设计该机构时，只要控制连杆长度，就控制了所要求的导杆移动的距离。

如果图 51 中圆盘也随同连杆 1 绕 *A* 点转动，导杆 2 的运动将是两种运动的合成，如图 52 所示。

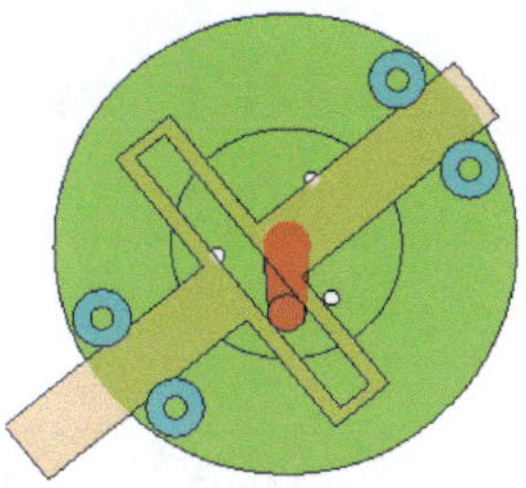

图 52　导杆的合成运动

(3) 正切机构

如图 53 所示的机构为正切机构，该机构与前述的双滑块机构、双转块机构有所不同。该机构的一个滑块包含了一个转动副和一个移动副，而另一个滑块与机架成移动副。

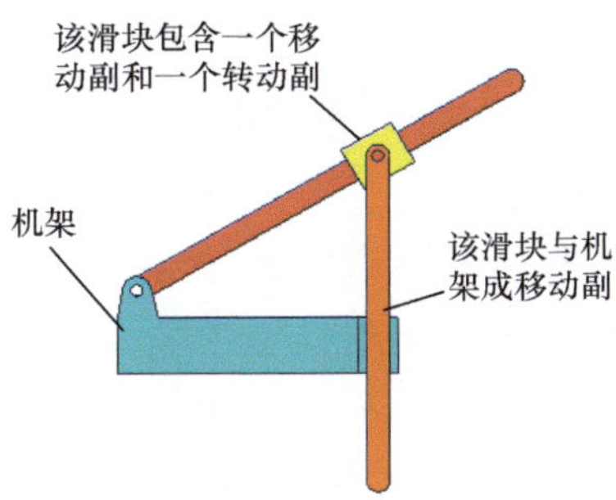

图 53　正切机构

如图 54 所示为该机构的工程图，滑块 2 与导杆 1 组成移动副，又与导杆 3 在 *B* 点铰接成转动副；导杆 3 与机架上的滑座 4 组成移动副。

主动导杆 1 绕机架上的 *A* 点摆动时，从动导杆 3 上下移动，*B* 点移动的垂直距离与主动导杆 1 摆动的角度的正切值有关。

把该机构与曲柄摇杆机构串接，即摆动的摇杆与正切机构的主动导杆固接，如图 55 所示，该机构可用于刨齿机的主运动机构。从模型的运动仿真中可见该组合机构急回特性较小的特点。用一较小尺寸的曲柄作主动构件，可得到导杆较大的移动距离。

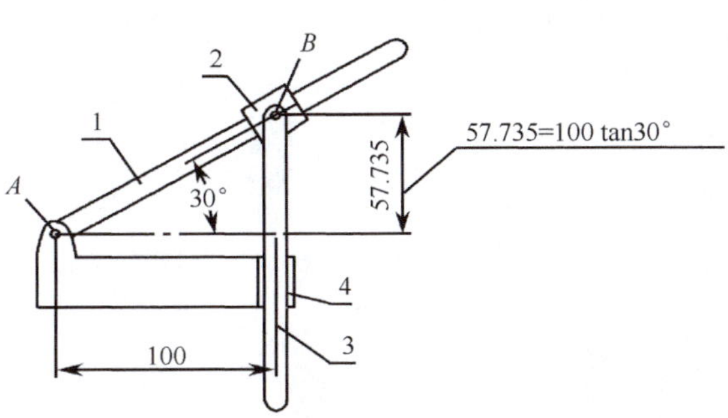

1—主动导杆；2—滑块；3—从动导杆；4—机架（滑座）

图 54 正切机构工程图

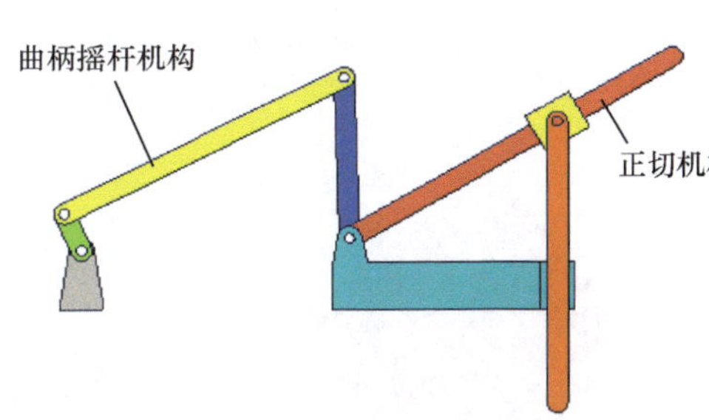

图 55　曲柄摇杆机构与正切机构串接

2. 凸轮机构

2.1 凸轮机构的组成及特点

凸轮机构是由主动件凸轮、从动件和机架三个基本构件组成的高副机构。

凸轮机构应用场景有如下特点：当从动件的位移、速度、加速度必须严格地按照预定的规律变化时（比铰链四杆机构更容易实现）；当要求主动件做连续运动而从动件必须做间歇运动时（使用凸轮机构是最简便的）。

2.2 凸轮机构的分类

凸轮按其形状分为盘形凸轮、移动凸轮和圆柱凸轮（属于空间凸轮），从动件可相对机架做往复直线运动或往复摆动。为了减少从动件尖顶与凸轮的磨损和提高承载能力，实际设计时，往往来用凸轮滚子轴承代替从动导杆的尖顶，此时凸轮的理论曲线与实际曲线是不同的。设计时，要注意凸轮滚子的半径应小于实际凸轮轮廓曲线中的最小半径。

如图 56 所示为盘形凸轮机构，主动的盘形凸轮 1 绕轴线旋转，尖底从动杆 2 在固定的导套 3 中上下移动。由运动仿真模型可知，在主动盘形凸轮转动到上下两个圆弧段时，尖底从动杆 2 间歇。

如图 57 所示为移动凸轮机构，主动的移动凸轮在水平方向移动时，尖底从动杆上下移动。

如图 58 所示为圆柱凸轮机构，主动的圆柱凸轮绕自身轴线旋转时，尖底从动杆上下移动。

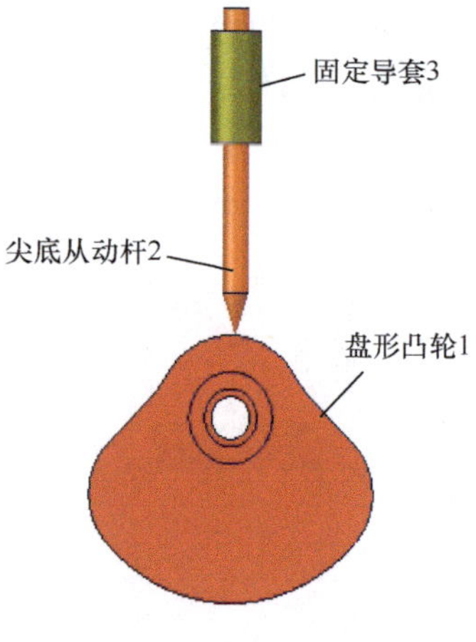

图 56　盘形凸轮机构

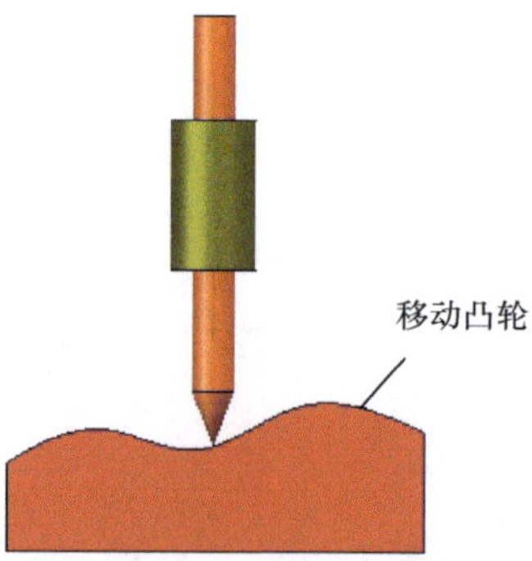

图 57　移动凸轮机构

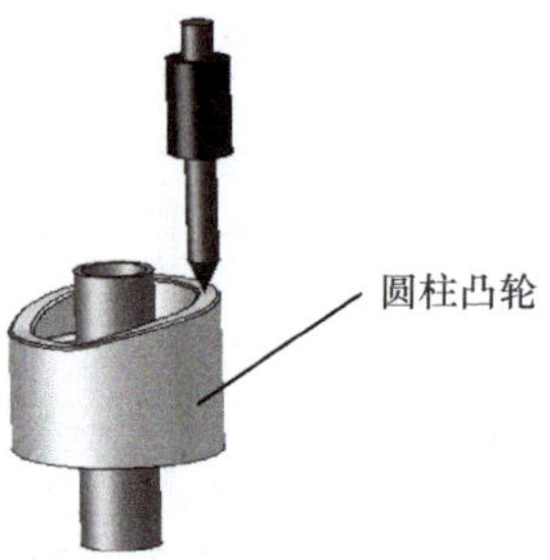

图 58　圆柱凸轮机构

如图 59 所示的从动件是个平底从动件，由于改善了接触情况，在润滑良好时，可用于高速凸轮。

为了使从动杆实现给定的运动规律，从动杆应与凸轮保持良好的接触。其方法是可使用外力锁合，如使用拉、压弹簧等实施弹性锁紧，也可用几何锁合，依靠凸轮和从动件的特殊几何形状保证凸轮与滚子始终接触。图 60 中的凸轮滚子轴承始终与凸轮凹槽的两侧接触，从动件是一个摆动杆。

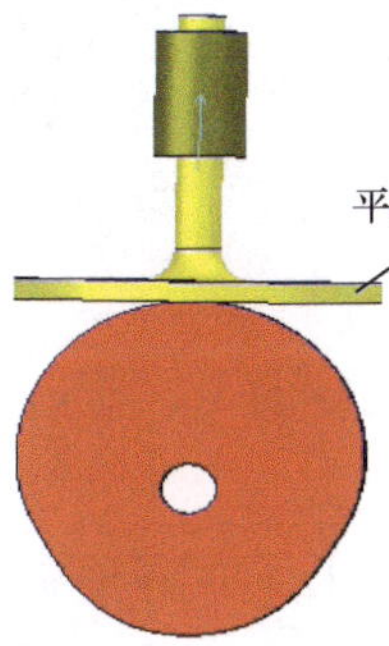

图 59　凸轮平底从动件机构

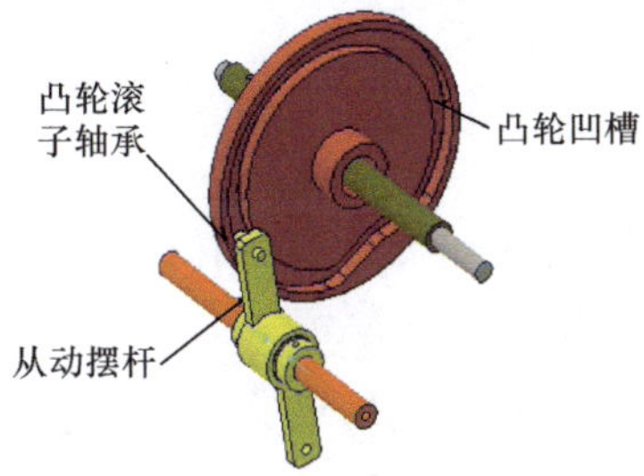

图 60　凸轮几何锁合

设计一般凸轮机构主要是设计凸轮的轮廓，其轮廓应与从动件的运动规律相对应。所以事先要确定从动件的运动规律（运动方程式），即位移、速度、加速度随时间的变化规律，然后确定基本参数，如最大升程、从动件的运动周期与凸轮转角的对应关系、滚子半径，计算基圆半径，最后再核算凸轮上的最大压力角，使其值小于许用压力角，就可以绘制凸轮轮廓了。详细设计可参考有关设计手册。

3. 齿轮机构

3.1　齿轮机构的组成

在回转体的表面上制出牙齿，工作时靠回转体表面的牙齿推着另一个回转体表面的牙齿（啮合）传递运动的传动方式称为齿轮传动，带有牙齿的回转体称为齿轮，两个相啮合的齿轮与一个连接两齿轮的机架构成了齿轮机构。要保持两齿轮具有稳定的传动比，齿轮的齿廓应符合齿廓啮合的基本定律。

3.2　齿轮机构的类型

按照两齿轮啮合时的相对运动，可分为平面齿轮机构和空间齿轮机构。平面齿轮机构的轴线互相平行，且两轮的角速度之比为常数。常用的有直齿圆柱齿轮（见图 61）、斜齿圆柱齿轮（见图 62）和人字齿轮（见图 63）。

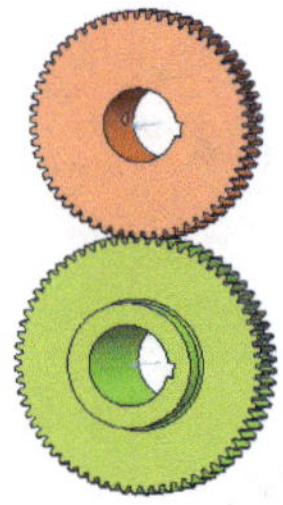

图 61　直齿圆柱齿轮机构

图 62　斜齿圆柱齿轮机构

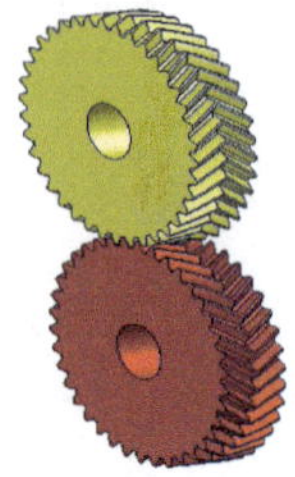

图 63　人字齿轮机构

两外直齿圆柱齿轮啮合时两轮转动方向相反，工作时无轴向力，制造简单，应用较广泛，但传动平稳性较差。

两啮合的斜齿圆柱齿轮转动方向相反，传动平稳性好，工作时有轴向力，不宜做滑动变速齿轮，用于高速、重载传动。

两啮合的人字齿轮，两轮转动方向相反，承载能力高，无轴向力，但制造困难。

空间齿轮机构的两齿轮运动是空间运动，两齿轮轴线不平行。按两齿轮轴线的位置，空间齿轮机构又分为两类：

① 传递两相交轴转动的齿轮机构，常用的有圆锥齿轮机构（见图 64），其轴交角为 90° 的被广泛应用，制造、安装容易。

② 传递两轴不平行也不相交转动的齿轮机构，如螺旋齿轮机构（见图 65）、蜗轮蜗杆传动机构（见图 66）。

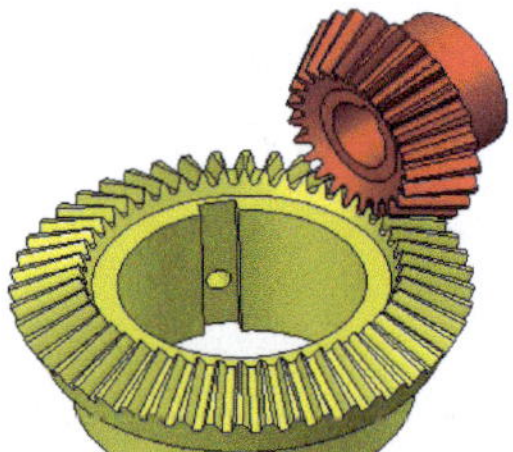

图 64　圆锥齿轮传动机构

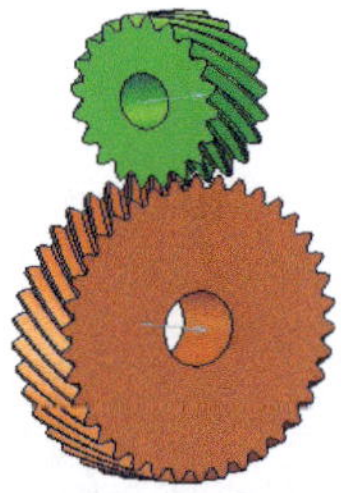

图 65　螺旋齿轮传动机构

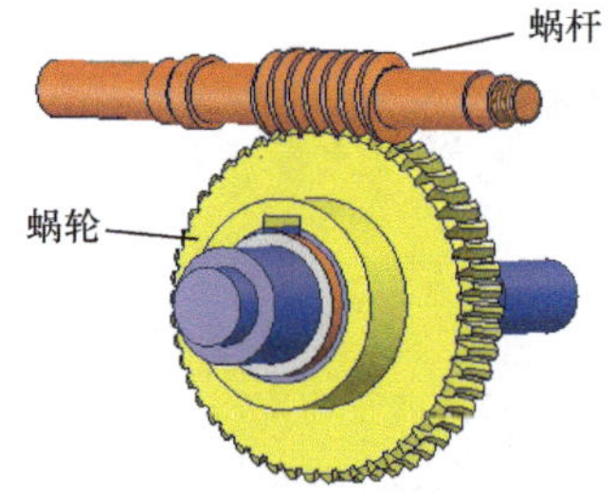

图 66　蜗轮蜗杆传动机构

如图 65 所示为常用的轴交角为 90° 的螺旋齿轮传动机构。两个齿轮的螺旋角方向可相同也可相反，其轴交角等于两螺旋角矢量和的绝对值。啮合为点接触，传动效率低、寿命低，常用于低速传动，如进给机构等辅助传动中，有轴向力。

蜗轮蜗杆传动中，通常蜗杆为主动件，蜗轮为从动件，传动比较大，结构紧凑；传动平稳，噪声小；当蜗杆导程角小于啮合轮齿间的当量摩擦角时，有自锁性，只能由蜗杆主动带动蜗轮传动，而不能由蜗轮带动蜗杆传动。

除了上述的齿轮机构外，还有齿轮齿条机构（见图 67），它可将齿轮的旋转运动转换为齿条的直线移动，也可将齿条的直线移动转换为齿轮的旋转运动。

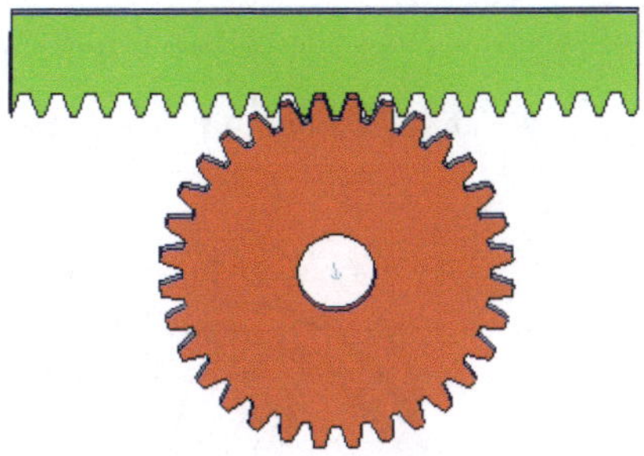

图 67　齿轮齿条机构

4. 轮系

由一系列相互啮合的齿轮将主动轴与从动轴连接起来的多齿轮的传动装置称为轮系。根据轮系运转时，各齿轮轴位置是否固定，可分为定轴轮系、周转轮系、混合轮系三类。

4.1　定轴轮系

定轴轮系如图 68 所示，安装齿轮的轴位置不变。定轴轮系中的齿轮可在轴上滑动，图 68 中二联齿轮和三联齿轮可在花键轴上滑动，其目的是使滑动齿轮与不同的齿轮啮合，从动轴可得到多种工作转速。另外，轮系可以使齿轮机构传递相距较远的两轴之间的运动和动力，还可以改变从动轴转动方向及获得较大的传动比。

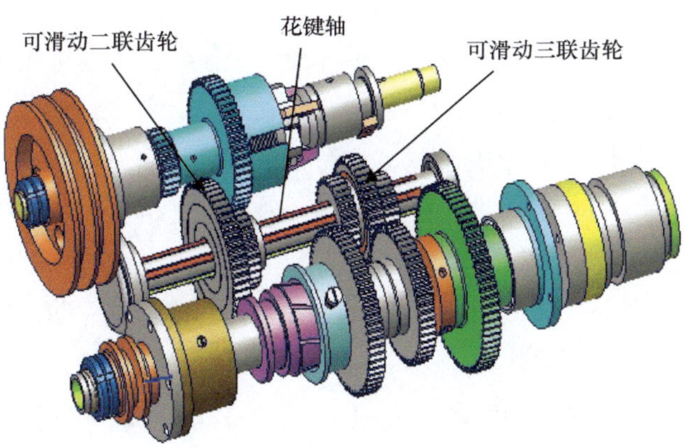

图 68　定轴轮系

4.2 周转轮系

轮系运转时，至少有一个齿轮的几何轴线可绕另一个齿轮的几何轴线转动，这种轮系称为周转轮系。图 69 为单排内外啮合的齿轮周转轮系示意图，图 70 为其工程图。

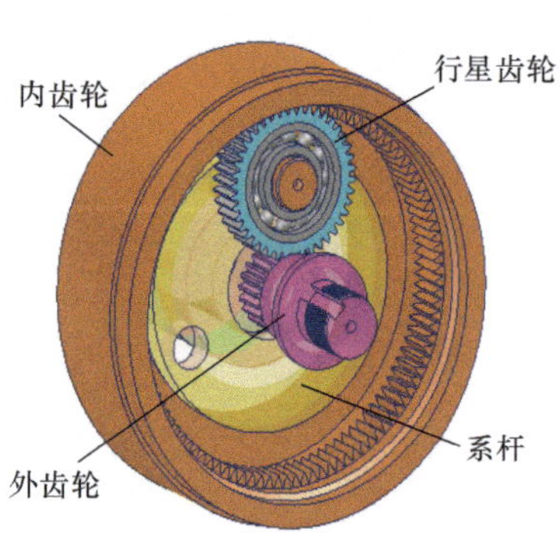

图 69　周转轮系

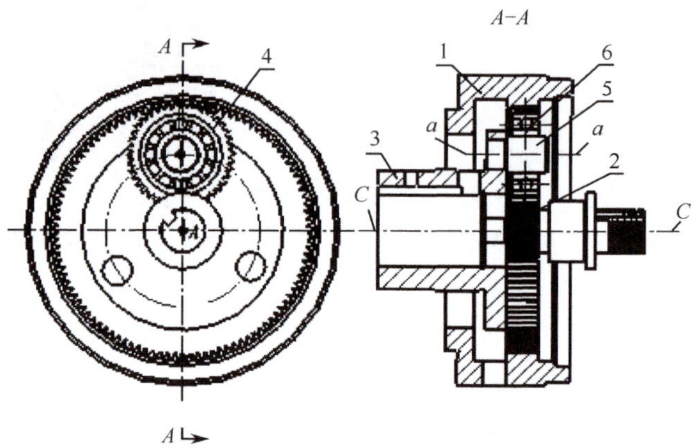

1—内齿轮；2—外齿轮；3—系杆；4—行星齿轮；5—行星齿轮轴；6—轴承

图 70　周转轮系工程图

从原理上讲，基本的周转轮系由四个构件组成：内齿轮 1、外齿轮 2、系杆 3（行星架）和行星齿轮 4。内、外齿轮绕几何轴线 *C-C* 转动，而行星齿轮 4 活套在与系杆固接的行星齿轮轴 5 上，它一方面绕自身轴线 *a-a* 转动（自转），同时又随系杆绕 *C-C* 转动（公转），故称为行星齿轮（行星轮），行星齿轮轴 5 又称为动轴。系杆与内、外齿轮同轴，它可作为输出轴也可做输入轴。绕 *C-C* 转动的内齿轮 1、外齿轮 2 又称为太阳轮或中心轮。

周转轮系中，凡是绕固定轴线旋转，且承受外力矩的构件称为基本构件，即中心轮 1、中心轮 2 和系杆 3 均为基本构件。基本构件是周转轮系分类及计算传动比的依据。

周转轮系常用的类型有三种：

① 2K-H 型：其基本构件为两个中心轮 2K 和一个系杆（行星架）H。在 2K-H 型中，有单级传动、两级传动和多级传动。

② 3K 型：其基本构件为三个中心轮，也称 3K 型。

③ K-H-V 型：基本构件为一个中心轮 K、一个系杆（行星架）H 及一个绕主轴线转动的构件 V。

求周转轮系的传动比时，因为有动轴，不能用求定轴轮系传动比的方法，而常用系杆固定法来求太阳轮与系杆的传动比。

周转轮系中的基本构件都不固定时，有两个自由度，称为差动轮系。其主要特点是三个基本构件都可以转动。通常两个中心轮分别用两台电动机驱动，当两台电动机以不同的输出组合时（一台电动机固定，另一台转动；两台电动机同时同向转动；两台电动机同时反向转动），从动件系杆可以得到四种转速。若固定其中一个中心轮，这时周转轮系只有一个自由度，此轮系又称为行星轮系。图 69 的模型中分别固定不同的基本构件创建的行星齿轮机构，或都不固定时创建的差动齿轮机构有：

① 固定中心内齿轮，得到行星齿轮机构 A（见图 71）。

② 固定中心外齿轮，得到行星齿轮机构 B（见图 72）。

③ 均不固定，两个中心轮同向转动，得到差动齿轮机构 C（见图 73）。

④ 均不固定，两个中心轮反向转动，得到差动齿轮机构 D（见图 74）。

仔细观察上述四种机构的运动仿真模型，可了解它们的不同之处。周转轮系可获得很大的传动比，且体积、质量小，因此被广泛应用在各个行业中。

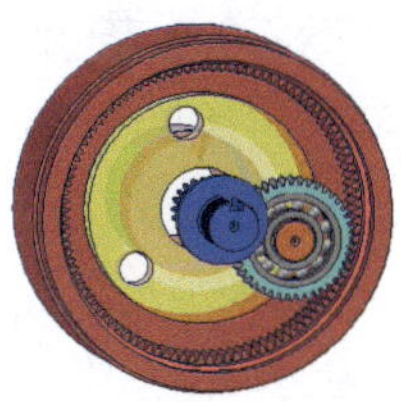

图 71　行星齿轮机构 A

图 72　行星齿轮机构 B

如图 75 所示是根据实际需要，按相关标准设计的行星轮系。

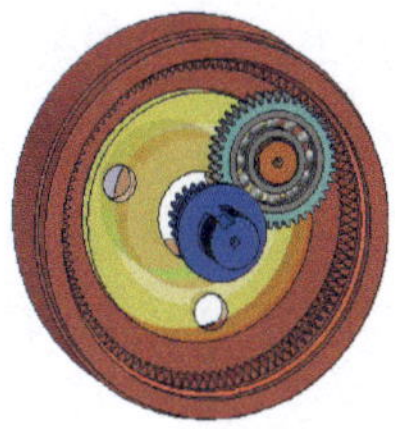

图 73　差动齿轮机构 C

图 74　差动齿轮机构 D

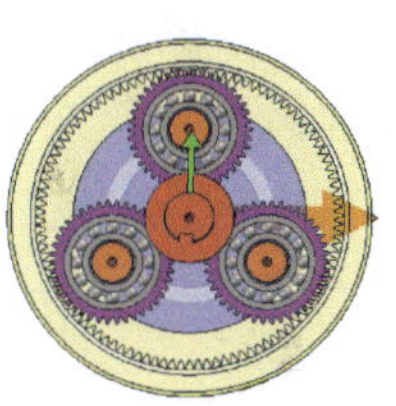

图 75　行星轮系

如图 76 所示为该行星轮系工程图。为了看清主从动轴的转动关系及传动比的大小，在轴上安装了指针。该行星轮系设定内齿轮（Z_2=105）固定，中心轮（Z_1=21）主动，行星齿轮（Z_3=42）、系杆（行星架）与从动轴固接，其主动轴与从动轴的传动比为

$$\upsilon_{Z_1\text{系杆}}^{Z_2}=1+\frac{Z_2}{Z_1}=\frac{126}{21}=6$$

即主动中心轮转 6 圈，从动轴转 1 圈，详见运动仿真模型。

设计行星轮系时，应注意各轮的齿数和行星齿轮数的选择必须满足下述四个条件：

①传动比条件；

②同心条件；

③装配条件；

④邻接条件。设计时可参考设计手册，这里不再详细论述。

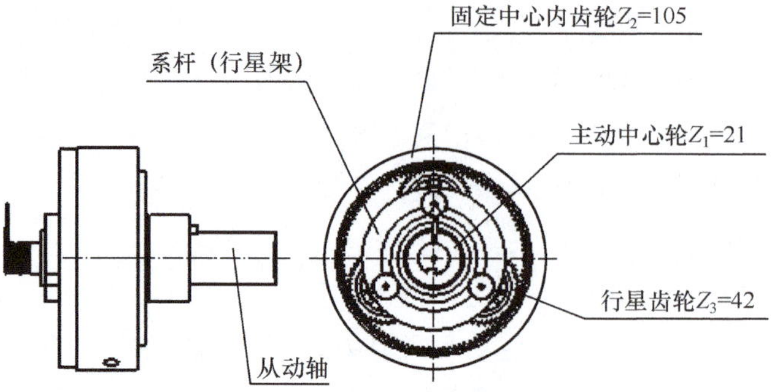

图 76　行星轮系工程图

下面介绍一种有特殊功能的行星齿轮机构，也作为一种基本机构介绍给读者，这种机构在第二部分运动仿真的多个应用实例中被使用。该机构与前述的行星齿轮机构略有不同，它只有三个构件：一个中心齿轮、一个行星齿轮、一个系杆，如图 77 所示。

由于缺少了一个中心轮，因此不必按前述的行星轮系设计的方法，即各轮的齿数和行星齿轮数应满足的四个条件，而是按照需要（如对行星齿轮上某一点的轨迹形状的需求等），选择各齿轮的齿数及节圆半径。现介绍该机构的三个特点：

第一，关于行星齿轮上某一点的轨迹。

如图 77 所示的行星齿轮机构，由于行星齿轮的自转与公转，其节圆沿着中心轮的节圆做纯滚动，行星齿轮自身中心点的轨迹是个圆，行星齿轮上的任意点的轨迹均为摆线。若中心轮是内齿轮，行星齿轮节圆上的一点 A（见图 78）的摆线为内摆线，节圆外任一点 B 的轨迹为一条闭合环状的延长摆线；若中心轮是外齿轮，行星齿轮节圆上一点的轨迹为外摆线（见图 79）。摆线可为槽轮机构的分度时提供理想曲线，尤其是内摆线改善了槽轮机构的运动特性。

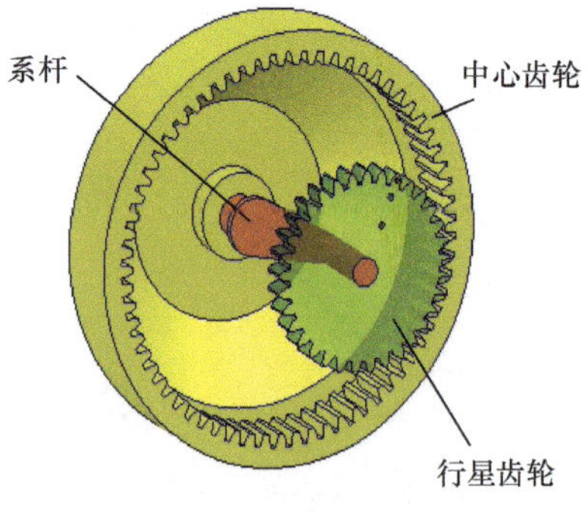

图 77　行星齿轮机构

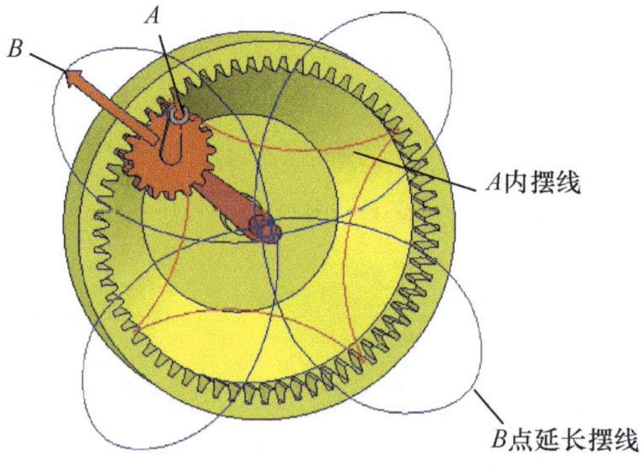

图 78　节点及节圆外一点的轨迹

第二，摆线的形状。

行星齿轮上各点的摆线形状与点的位置及行星齿轮与中心轮的节圆半径比有关。图 78、

图 79 中的中心轮节圆半径与行星齿轮的节圆半径之比均为 4 : 1，其行星齿轮上各点的轨迹由四段相同的轨迹组成。

图 80 为内啮合行星齿轮机构，其中心轮节圆半径 R_1 与行星齿轮节圆半径 R_2 之比为 2 : 1。

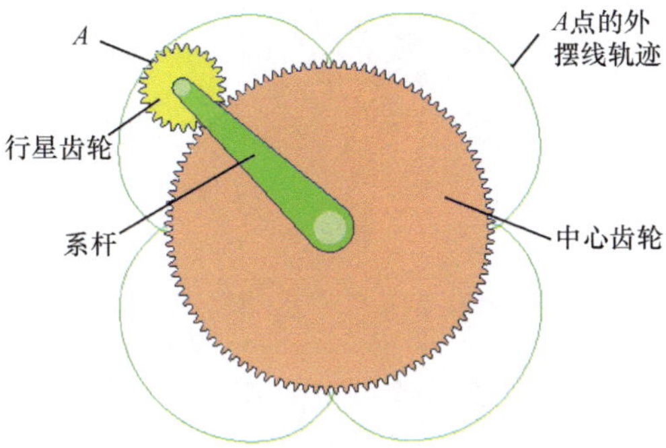

图 79　外啮合行星齿轮上节点的轨迹

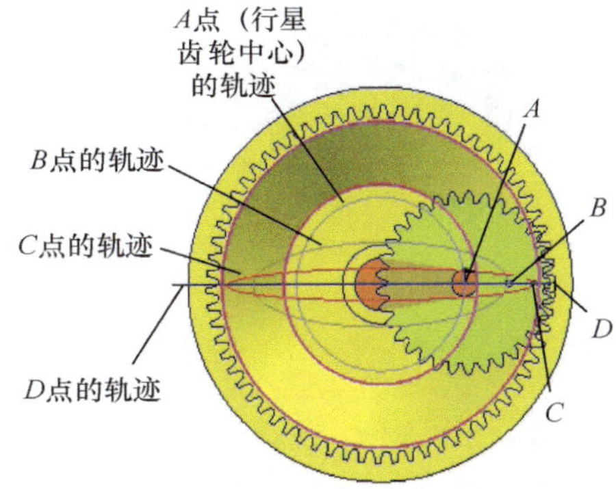

图 80　A、B、C、D 点的轨迹

从运动仿真可见到 A、B、C、D 各点的轨迹，A 点是行星齿轮的中心点；D 点在行星齿轮的节圆上，其轨迹是一条过中心轮转动中心的直线，这在后述的实例中有多个应用；B、C 点的轨迹均为椭圆，离节点越近，椭圆越扁，若在此处安装一铣刀，可加工出椭圆形状的零件。

图 81 是外啮合行星齿轮机构，$R_1 : R_2 = 2 : 1$。

A 是行星齿轮上的一点，A 点的轨迹是由两条相同的外摆线相接而成的。

图 82 所示是 $R_1 : R_2 = 3 : 1$ 时，内啮合行星齿轮机构节圆上一点的轨迹。

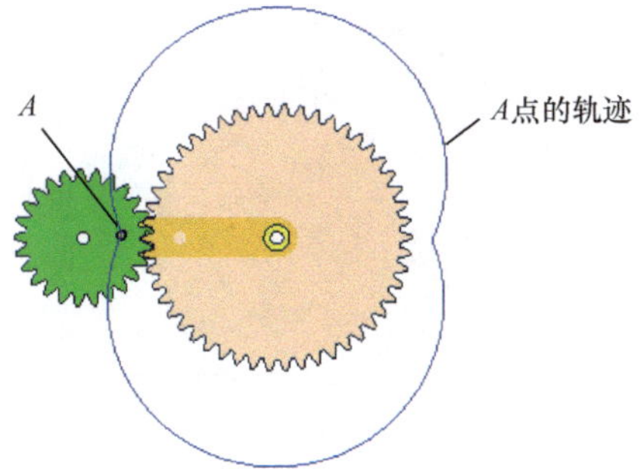

图 81　外啮合行星齿轮机构

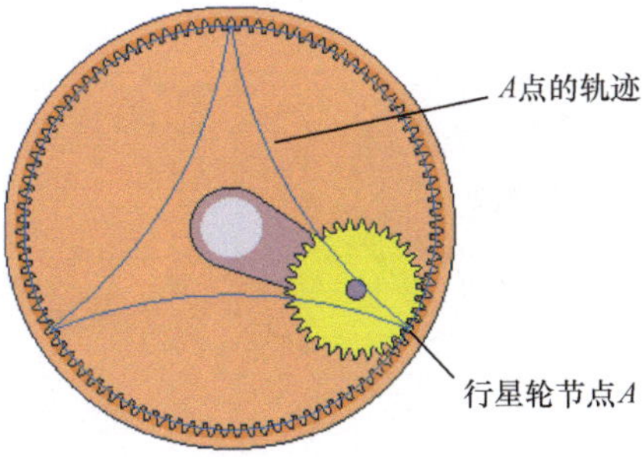

图 82　内啮合行星齿轮节圆上一点的轨迹

图 83 所示是 $R_1 : R_2 = 3 : 2$ 时，内啮合行星齿轮机构节圆外一点的轨迹。

A 点的轨迹近似为一个三角形。

图 84 所示是 $R_1 : R_2 = 5 : 4$ 时，内啮合行星齿轮机构节圆外一点的轨迹。

A 点的轨迹近似为一个五边形。

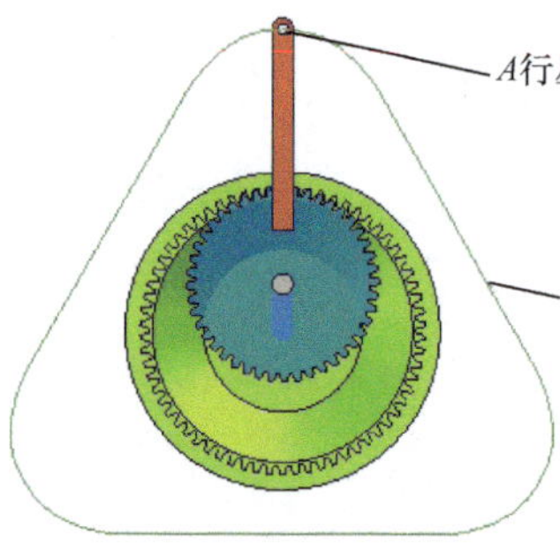

图 83　行星齿轮外一点的轨迹（$R_1:R_2$=3∶2）

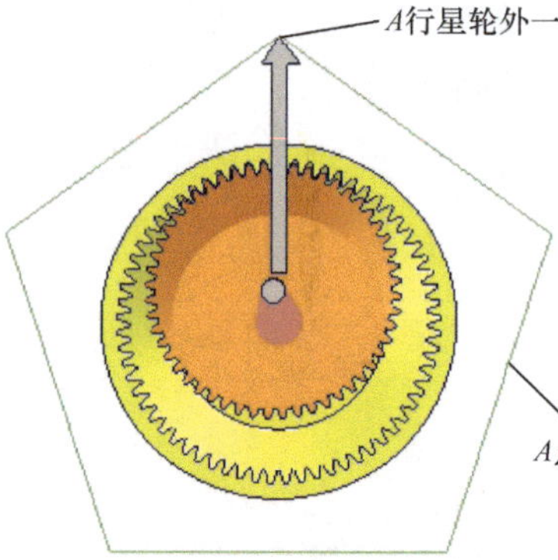

图 84　行星齿轮外一点的轨迹（$R_1:R_2$=5∶4）

图 85 所示是 $R_1:R_2=6:5$ 时，内啮合行星齿轮机构节圆外一点的轨迹。

A 点的轨迹近似为六边形。

从图 85 及前述内啮合行星齿轮机构仿真图可以观察到，无论两个节圆半径比如何，也不论在节圆内还是节圆外，只要是内啮合的，其行星齿轮上的一点的轨迹都是内摆线。

图 86 是一个内啮合行星齿轮机构的替代机构，是一个外啮合行星齿轮机构。它用一个外齿轮替代了加工复杂的内齿轮，为了使行星齿轮的转向和内啮合的一样，增加了一个惰轮，该惰轮不会影响传动比。该机构中心轮节圆半径与行星齿轮的节圆半径比为 4∶1 时，从模型的运动仿真可见行星齿轮上一节点的轨迹也是边为内摆线的四边形。应用该机构与槽轮机构组合的应用实例见例 156、例 157。

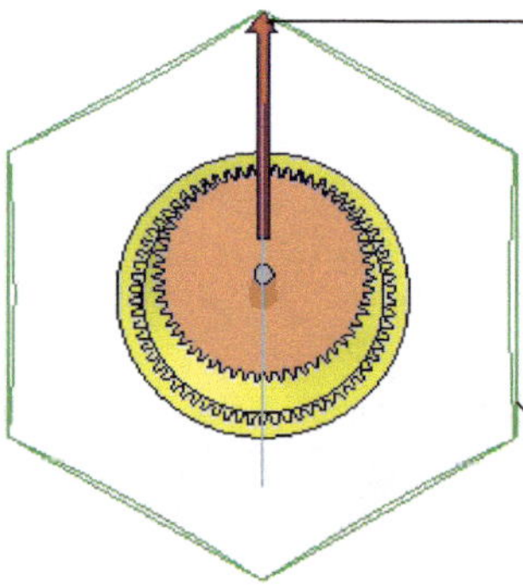

图 85　行星齿轮外一点的轨迹（$R_1:R_2=6:5$）

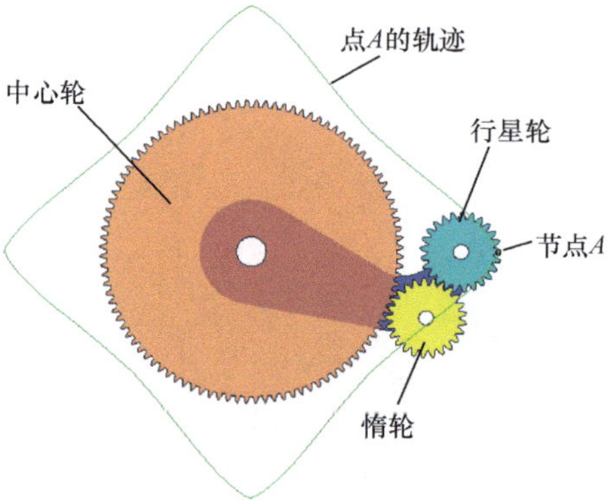

图 86　外啮合行星齿轮机构节点轨迹（$R_1:R_2=4:1$）

图 87 同图 86 一样，也是中心内齿轮用中心外齿轮替代的行星齿轮机构，只是中心轮与行星齿轮的节圆半径比为 2∶1，既然是替代机构则需注意的是，行星齿轮上节点及其他点的轨迹，与相同半径比例的内啮合行星齿轮机构（见图 80）是不完全相同的，替代的外啮合行星齿轮机构节点 *A* 及其上一点 *B* 的轨迹都是一椭圆，而内啮合行星齿轮机构节点的轨迹是一条直线，其他点的轨迹是一椭圆。

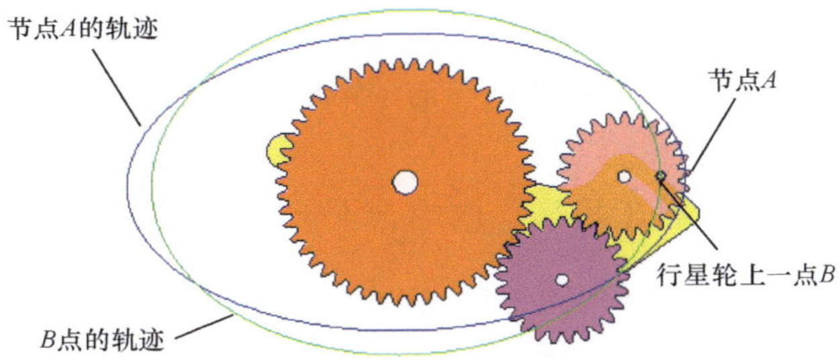

图 87　外啮合行星齿轮机构上点的轨迹（$R_1:R_2=2:1$）

对常用的行星齿轮机构中的行星齿轮上某一点的轨迹，以及前述的四杆机构中连杆上某一点的轨迹讨论的目的，是想利用这些轨迹，尤其是其中摆线、圆弧线、直线的部分，这在第二部分中的很多实例中可以看到。摆线改善了槽轮机构的运动特性，圆弧线、直线可以实现机构的间歇运动，甚至可以把产生相同轨迹的机构再组合，产生一个新的轨迹机构。

第三，关于节点的初始位置。

一般情况可不考虑节点的初始位置，但是由于两齿轮的节圆半径比例的变化，其轨迹形状有变化，不是一个整圆，如上文论述的可能是椭圆、四边形、五边形等。如果节点的初始位置改变，那么，椭圆或多边形形状虽然不变，但会随节点的位置改变，整个图形会绕几何中心转动，位置会改变。所以当利用行星齿轮上节点或任一点来调节导杆、滑块、活塞的行程时，应考虑这些点的初始位置；或者说，利用节点在不同的初始位置，可以调节导杆、滑块、活塞的行程（见例 119、例 120、例 121）。

4.3　混合轮系

混合轮系是将定轴轮系与周转轮系复合的轮系，可参见运动仿真实例 11 双发动机速度指示机构及例 18 连轧机所采用的差动机构。

5. 槽轮机构

槽轮机构由槽轮和安装有圆销的转臂及机架组成，其功能是使回转部件实现圆周间歇转位（分度）的运动，如图 88 所示。

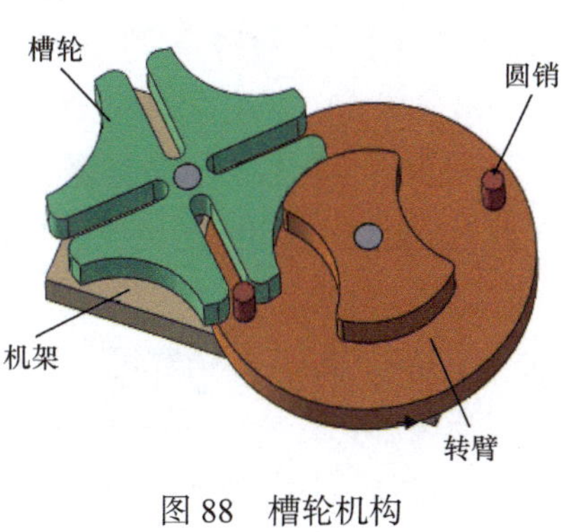

图 88　槽轮机构

图 88 为 4 槽 2 个圆销的外啮合槽轮机构。从模型的运动仿真可见，当转臂等速连续转动时，与转臂固接的两个圆销拨动槽轮，槽轮时而转动、时而静止。当圆销未进入槽轮的径向槽时，槽轮的凹弧与转臂上的凸弧（称为锁弧）接触，此时槽轮静止不动，当圆

销进入径向槽时，锁弧分开，拨动槽轮向反方向转动。当圆销开始脱离径向槽时，槽轮的另一个凹弧又被转臂的凸弧锁住。两个均布的圆销依次进入槽轮的径向槽内，实现了槽轮间歇转动。

槽轮机构有外啮合平面槽轮机构、内啮合平面槽轮机构、空间槽轮机构三种基本类型。

5.1　外啮合平面槽轮机构

如图 88 所示的外啮合平面槽轮机构，简称外槽轮机构，图 89 是其工程图。

该机构转臂的回转轴线与槽轮的回转轴线平行。当圆销进入和脱出槽轮的槽口位置时，转臂的中心和圆销中心的连线与径向槽的中心线垂直，此位置槽轮的瞬时角速度等于零，但角加速度突变，有冲击产生。角速度与角加速度与槽轮的槽数 Z 有关。

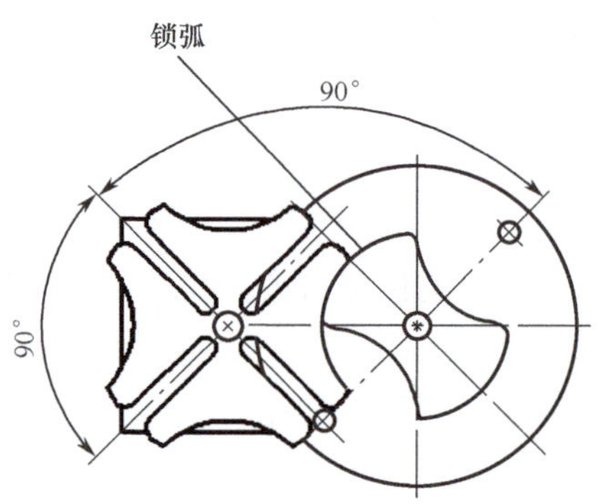

图 89　外槽轮机构工程图

通常把槽轮转动时间（即转臂上的圆销驱动槽轮的时间）与转臂转一周的时间之比称为运动系数 k。k 越大，说明在一个循环周期（转臂转一周的时间）里，槽轮转动所占的时间越长，而间歇的时间越短。反之亦然，

运动系数公式：

$$k=\frac{\text{槽轮转动时间}}{\text{转臂转一周时间}}=\frac{n(Z-2)}{2Z}$$

式中，Z 为槽轮槽数；n 为圆销数。

当槽数分别等于 3、4、5、6，圆销数等于 2 时，并代入上公式后，得出的运动系数是一个小于 1 的数，说明外槽轮做间歇运动；当槽数 Z 等于 2 时，运动系数 k 等于零，说明已不能构成间歇机构了。槽数 Z 应该是一个大于或等于 3 的数。

按运动系数公式计算，图 88 所示的 4 槽 2 销的槽轮机构运动系数等于 0.5，说明槽轮的转动时间只是转臂一转时间的二分之一，另一半是间歇时间；如是只有一个圆销时，运动系数为 0.25，槽轮转动时间是转臂一转时间的四分之一。

图 90 是 Z=3，n=2 的槽轮机构的模型。圆销进入槽轮和退出槽轮时槽轮的角加速度大，引起的震动和冲击也大，因此较少使用，随着槽数的增加角加速度可逐步减小 。

外槽轮机构圆销的数量：

当 $Z=3$ 时，圆销数可为 1 ～ 5 ；

当 $Z=4$ 或 5 时，圆销数可为 1 ～ 3 ；

当 $Z\geqslant 6$ 时，圆销可为 1 ～ 2；

图 91 是 $Z=6$，$n=2$ 的槽轮机构的模型。

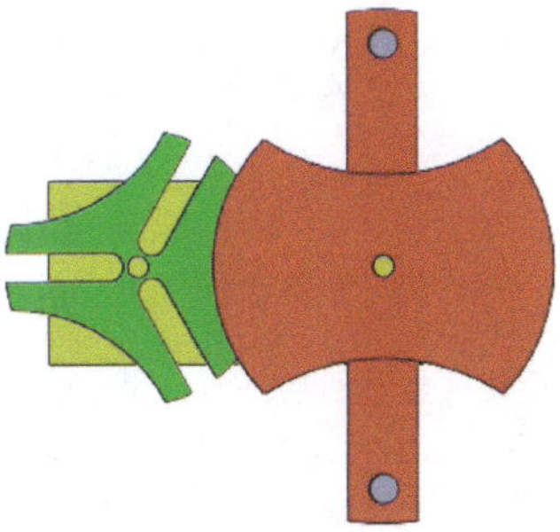

图 90　三槽两圆销的槽轮机构

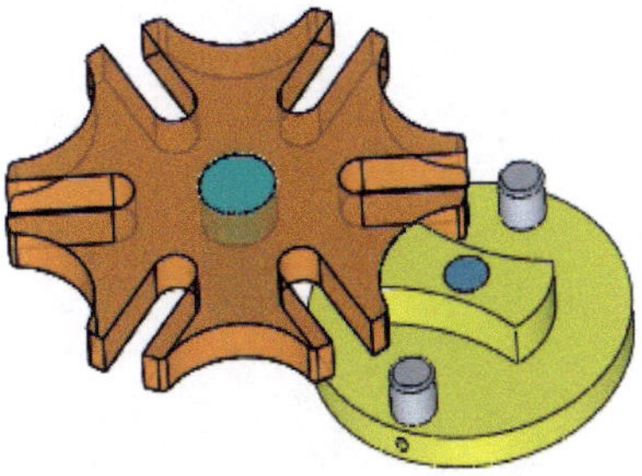

图 91　$Z=6$，$n=2$ 槽轮机构

为减小机构转动的惯性力矩，应避免槽轮机构尺寸过大，因此，槽数不应太多，大于 9 的槽轮机构很少使用。

5.2　内啮合平面槽轮机构

如图 92 所示的内啮合平面槽轮机构，简称内槽轮机构，图 93 是其工程图。

该机构为 4 槽单圆销的内槽轮机构，在结构上与外槽轮机构的区别是转臂在槽轮的内部，因此转臂驱动槽轮转动的角度位置有所不同，且槽口的方向与外槽轮不同，其槽口是对着槽轮中心的。

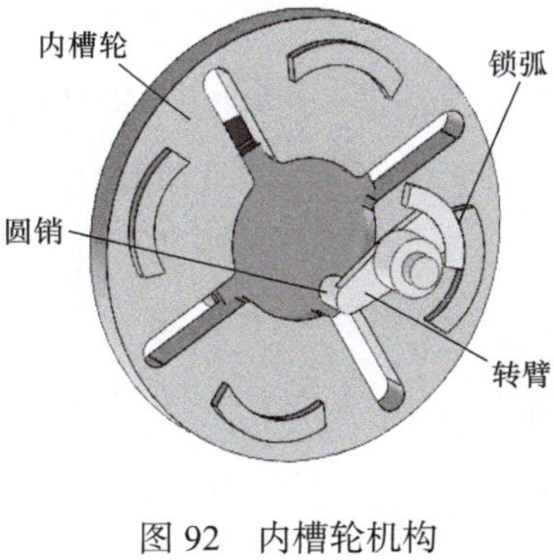

图 92　内槽轮机构

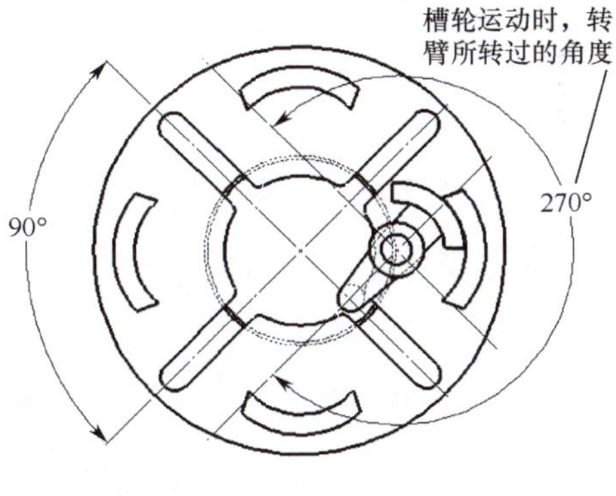

图 93　内槽轮机构工程图

用一个曲柄导杆机构的仿真模型（见图 94）及其工程图（见图 95）来说明内外槽轮驱动方式的不同。在图 94 中，转臂绕 O 点等速转动时，其上固接的圆销驱动摆动导杆摆动。转臂上部的转角 130° 就是拨动外槽轮的角度（见图 95），而下部的 230° 是转臂拨动内槽轮的角度。转臂是匀速转动的，所以转动 230° 所用的时间要比转 130° 长，因此相同槽数的内槽轮机构，槽轮转动的时间比外槽轮机构长。

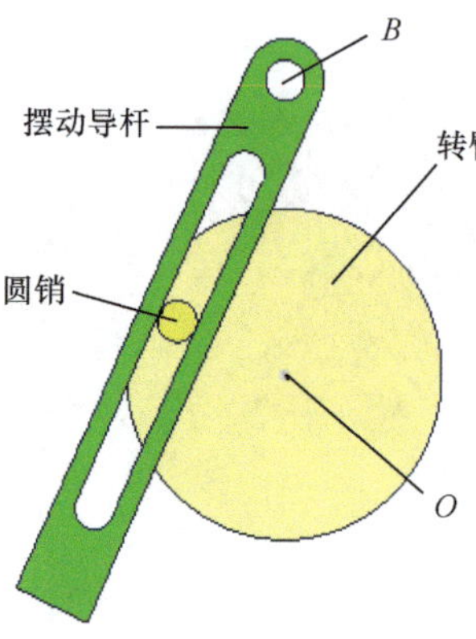

图 94　用曲柄摆动导杆机构模拟内外槽轮机构运动

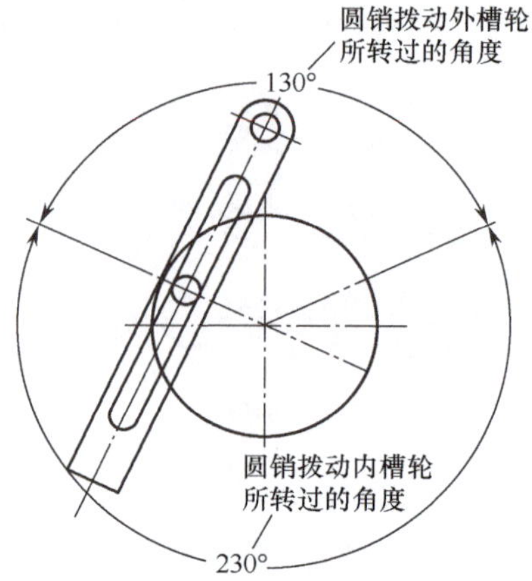

图 95　曲柄摆动导杆机构工程图

内槽轮机构的运动系数 k 计算公式：

$$k=\frac{\text{槽轮转动时间}}{\text{转臂转一周时间}}=\frac{Z+2}{2Z}$$

内槽轮机构永远只可以用一个圆销；径向槽数最少应为 3。当槽数大于等于 3 时，代入上述公式得到的运动系数总大于 0.5，与相同槽数、销数的外槽轮机构运动系数比较，说明具有相同槽数、销数的内、外槽轮机构，内槽轮间歇的时间要小于外槽轮机构（可理解为内槽轮转动的时间比外槽轮机构要长），因此，其动力特性好于外槽轮机构。

5.3　空间槽轮机构

如图 96 所示的机构为空间槽轮机构。空间槽轮机构的转臂回转轴线与槽轮的回转轴线垂直。转臂等速转动时，槽轮转动时间与间歇时间相等，与槽数无关；其运动特性介于外槽轮与内槽轮之间，但球面槽轮制造复杂。

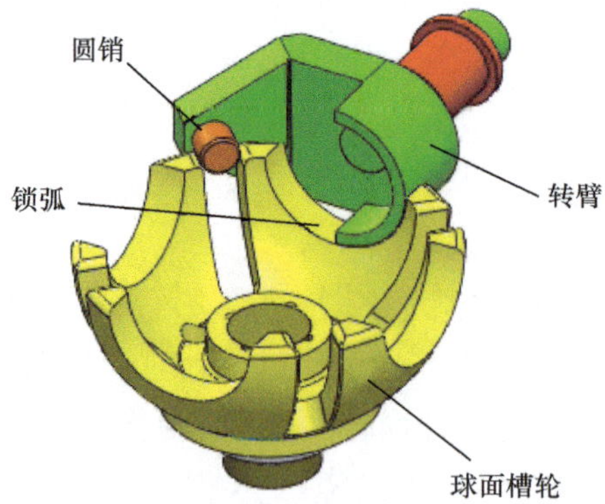

图 96　空间槽轮机构

从以上各种槽轮机构的运动仿真可以见到，转臂匀速转动而槽轮做变速转动，就槽轮上的一个径向槽与圆销间的运动关系看，运动方式如同曲柄转动导杆机构。圆销在拨动槽轮转动时还在径向导槽中滑动，即圆销的中心到槽轮的中心距离不断变化，先是由大变小，后又由小变大（内槽轮与此相反）。圆销入口后槽轮逐渐增速，过槽轮与转臂中心的连线后，槽轮又逐渐减速，再加上入口与脱口时瞬时速度等于零，使槽轮做变速转动。这也是造成槽轮机构动力性能不理想，不能在高速和重载情况下使用的原因。

改善槽轮机构的运动和动力特性的方法有二：一是改变径向直槽的形状，二是改善圆销在拨动槽轮时，其中心与槽轮的中心之距的变化，使槽轮尽量匀速转动。

如图 97 所示的槽轮机构又称为星形槽轮机构，从图中可见到轮槽形状有所改变，由原来的径向直槽改成了弧形槽。如其工程图（见图 98）所示，其动力特性得到了改善。也可使用组合机构，如行星内齿轮机构与这种星形槽轮机构的组合，利用行星齿轮机构行星齿轮上一点的内摆线轨迹运动，改善其动力性能，可见例 155 ～例 157。

以上所设计的槽轮机构间歇时都用锁弧锁住槽轮，受零件制造及装配精度的限制，分度精度不高，如果对分度精度有更高的要求，应增加分度机构，如插拔销分度机构及凸轮分度机构等。

设计槽轮机构时，应依据所要求的工位数、工序时间或转臂的转速及分度的精度和空间要求等，按设计手册所提供的公式确定各零件的尺寸，以及槽轮的槽数、中心距、滚子数，并确定材料等，最后进行强度核算。如槽轮的槽数与所需的工位数不一致时，可用增加齿轮传动来改变传动比，使工位数满足设计要求。

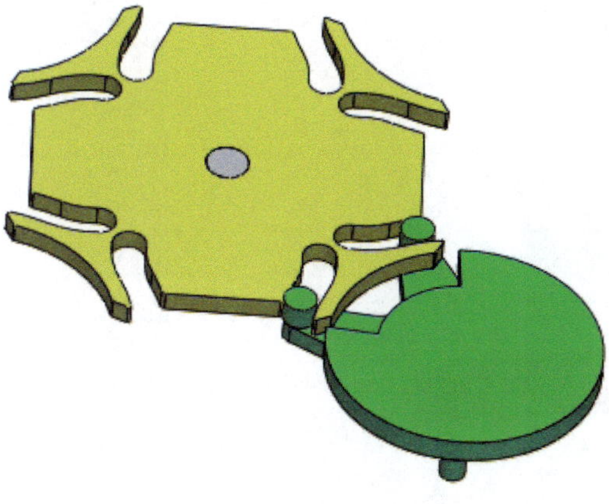

图 97　星形槽轮机构

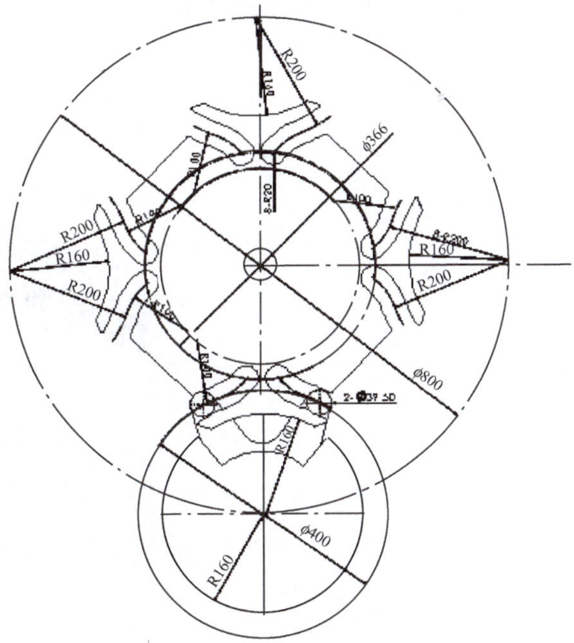

图 98　星形槽轮机构工程图

6. 机器视觉系统应用中的机构

机器视觉系统的目的是用机器代替人眼来做测量和判断，其通过光电转换装置（典型装置 CCD/CMOS 为光电传感器件），将图像传感器所接收到的光学图像，转换成图像信号，再传送给专用的图像处理系统，根据像素分布和亮度、颜色等信息，转变成数字化信号；图像系统对这些信号进行各种运算来抽取目标的特征，进而根据判别的结果来控制现场的设备动作。因此，机器视觉系统的定义是通过光学的装置和非接触的传感器自动地接收和处理一个真实的图像，来获得所需要的信息或用于控制机器人运动的装置。

典型的视觉系统一般包括：光源、光学系统、CCD/CMOS 光电传感器、图像采集卡、图像处理单元、机器视觉处理软件、监视器、通信输入 / 输出单元等。

近些年来，应用机器视觉系统开发的产品获得了很大的发展，被广泛应用于生产过程中零件尺寸和外观检测、印刷品检验、PCB 板检测、LCD 检测，以及二维码、指纹、颜色、汽车牌照、人脸识别等，具有广阔的发展空间和前景。

该类产品的突出优点有：

① 非接触测量，对于被检测零件不会产生损伤。

② 有较宽的光谱响应范围，例如使用人眼看不见的红外线测量，扩展了人眼的视觉范围。

③ 长时间稳定工作。人类难以长时间对同一对象进行观察，而机器视觉则可以长时间地做测量、分析和识别任务。

④ 可应用于恶劣的工作环境。

⑤ 高速度、高效益。

如图 99 所示为一个 PCB 板材的检测仿真模型，图 100 为瓶盖上的标识检测机构的仿真模型。

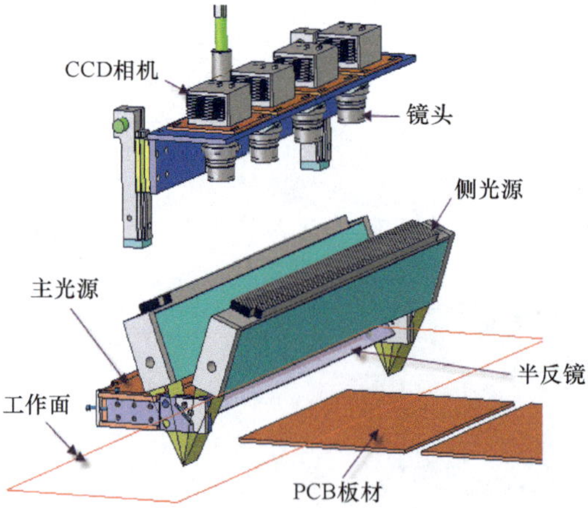

图 99　PCB 板材检测

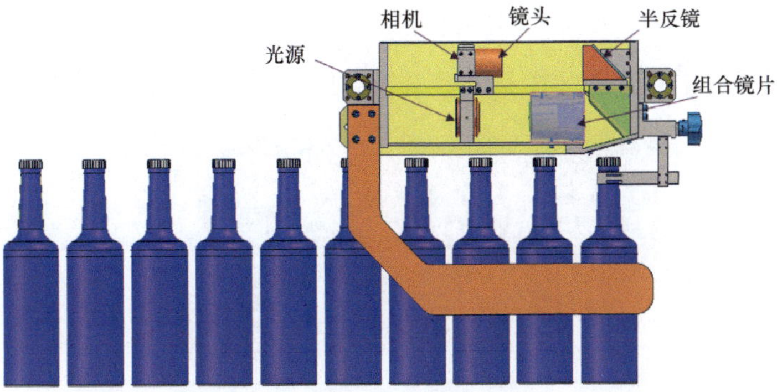

图 100　瓶盖上的标识检测

通过上述的简单介绍和运动仿真实例，可以看到含有视觉系统的产品设计有如下特点：

第一，用视觉系统检测时，其与被检测物须有相对运动，因此往复运动机构成为设计的重点；第二，对于大小、厚度不同的检测物，视觉系统应能够进行调整，因此，各种微量调节机构成为设计的重点；第三，仅有视觉系统是不能完成检测任务的，因此，必须设计配合完成检测所需的机构。

因此，含有视觉系统的产品中，机构主要有调整机构和相对运动机构两种类型。

6.1　视觉系统的调整机构

（1）相机、镜头的调整机构

如图 101 所示为相机、镜头调整机构的模型，图 102 是其工程图，图中可见相机、镜头安装位置及调整范围；相机和镜头可分别使用步进电机、滚珠丝杠调整。为了保证相机与镜头同轴，选择了线性导轨。

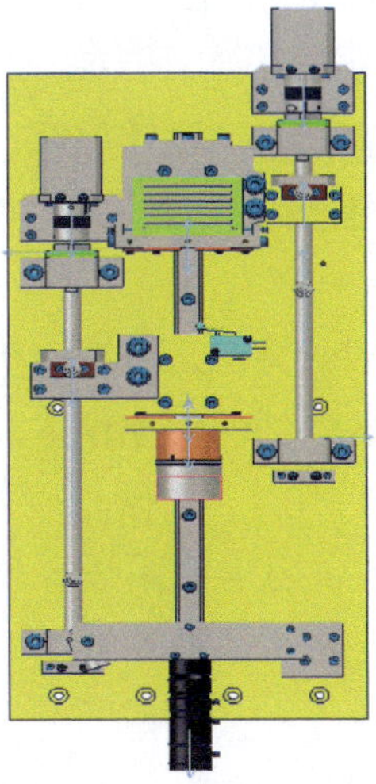

图 101　相机、镜头调整机构

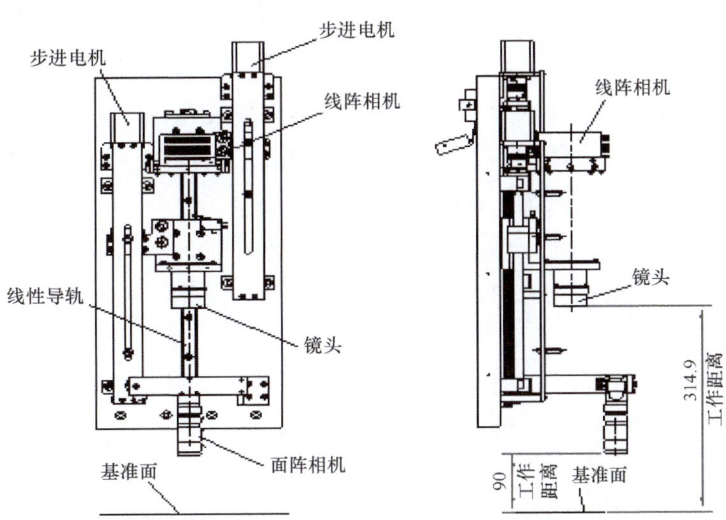

图 102　相机、镜头调整机构工程图

（2）光源的调整机构

如图 103 所示是一个侧光源的微量调整机构。使用偏心球对侧光源进行微量小角度调整。

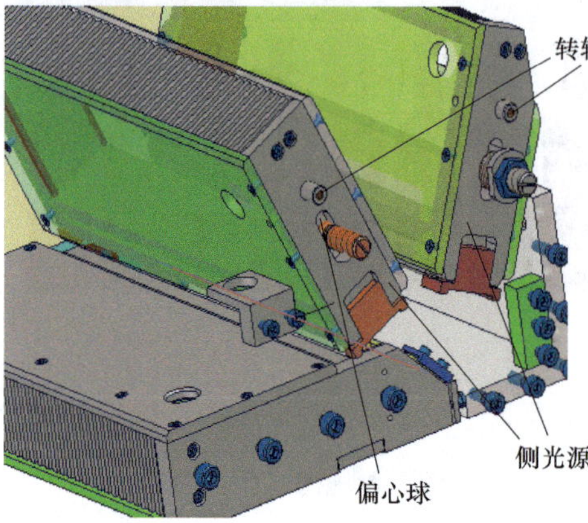

图 103　侧光源微量调整机构

6.2　相对运动机构

确定相对运动机构首先要考虑是在线检测还是离线检测，其次要考虑相机的类型（线阵、面阵），因为不同类型的相机扫描方式不同使运动机构也不同，最后，还要考虑到视场景深及是否有背光源等因素。

在线检测需要机器视觉系统产品与生产线相连，因此产品除了本身应含有被检测物输送机构，还应与输入输出部分可靠连接，并保持检测范围一致。

如图 99 所示是一个连接在生产线上的 PCB 板材的检测机构，输送机构未显示。为了检测最大尺寸的 PCB 板，根据相机的视野大小及检测板材的厚度变化，安装了四个 CCD 线阵扫描相机，而且上下工作距离可调整，但在检测过程中相机是固定的。

当被检测物体大于相机的视野或使用线阵相机时，必须考虑两者之间的运动关系，即选择哪一个是运动的，哪一个是静止的，不同情况下相对运动机构可能是不同的，尤其是对于大尺寸的检测物（见应用实例 197）。

需要说明的是，输送机构输送被检零件时，运动精度是检测成功的关键，输送机构沿输送方向左右摆动量过大就无法进行检测。因此，应保证输送机构各构件的尺寸精度及安装位置精度。

输送机构常采用辊输送、带输送及线性导轨输送等方式。辊输送用于使用线阵相机双面检测或有背光源的情况；带输送多用于印刷品的标识、印刷质量、条码等精度不高的物品。

图 104 是用固接在辊子上的齿轮通过中间齿轮驱动多个的辊子同向转动，用摩擦力输送被检测零件的辊输送机构模型图，CCD 相机固定安装，图 105 是其工程图。被检测零

件是透明的玻璃，视觉系统采用了背光源，光线通过两个辊子之间的缝隙，与线阵相机光轴重合。

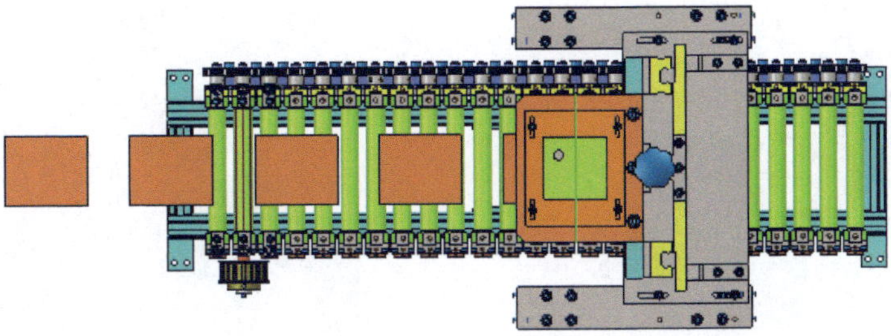

图 104　辊输送机构

图 106 是多个辊子中的一对辊子组件模型，用来说明全部辊子的调整过程。为保证检测精度，首先，应保证检测件与所有辊子接触的切平面应重合，通过第一个辊子与最后一个辊子建立公切面，使所有辊子都与该公切面相切，这可以保证被检测件在输送过程中不会上下跳动；其次，还要保证所有辊子的轴线平行，才可保证检测件输送过程中不会左右摆动。图 106 中的安装板与机架固定，用直尺靠在辊子上表面先建立个理想切平面，用调节螺钉调节可调轴座使其在安装板上滑动，使每个辊子与该理想平面相切；用量块夹在两辊子之间并与辊子相切，保证辊子的平行。图中用的中间齿轮是惰轮，可保证辊子同方向转动。

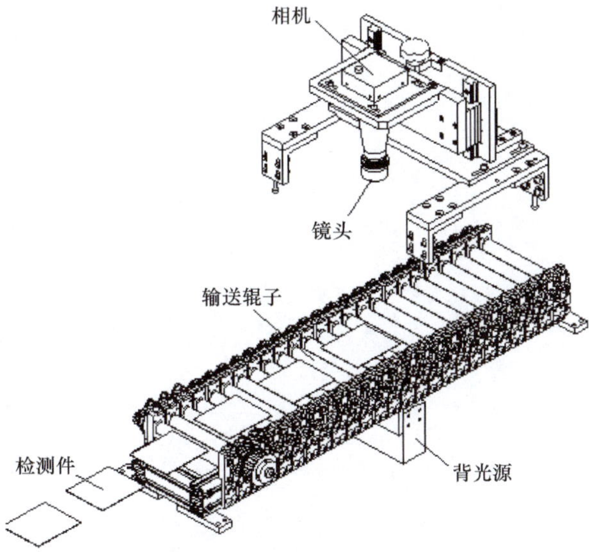

图 105　辊输送工程图

图 107 是相机上下及前后手动调整的仿真模型图。固接有相机镜头组件的连接板与线性导轨的滑块固接，转动手柄可使滑块在线性导轨上下滑动，从而带动相机镜头组件上下

运动；手动移动前后滑板，带动其上固接的相机组件安装板，使相机镜头组件前后移动。

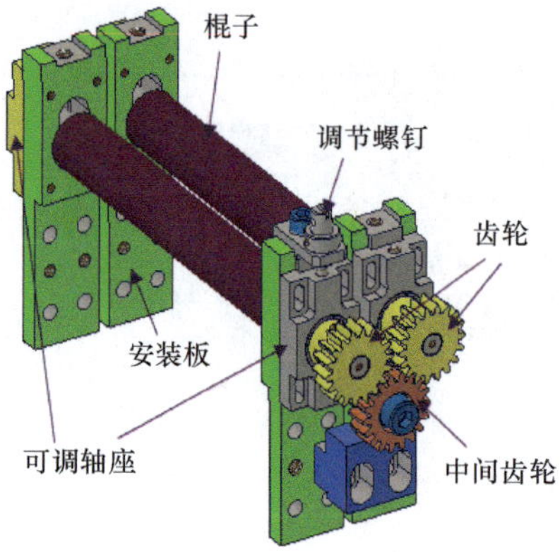

图 106　一组辊子的驱动与调节

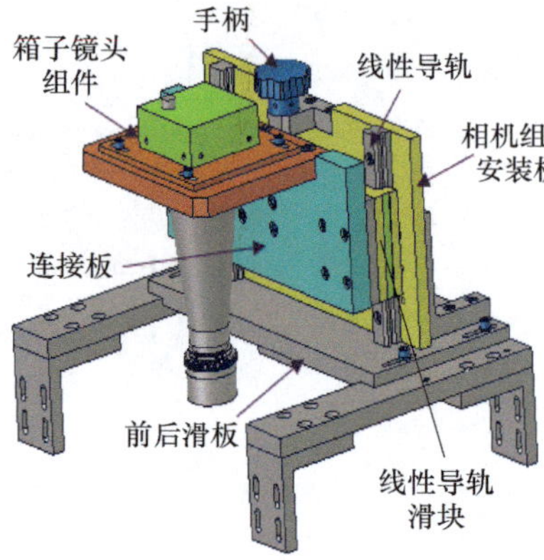

图 107　相机上下与前后调整

第二部分

运动仿真应用实例

机器、工艺装备上的某些机构，如调速机构、摆动机构、直线机构、进给机构、夹紧机构等，是单一基本机构或是多个单一基本机构的组合。在了解了第一部分基本机构的运动仿真模型基础上，再结合本章的基本机构运动仿真应用实例，观看其运动仿真动画，会更快、更深刻地理解基本机构在实际设计中的作用；也许会对所进行的设计工作带来灵感，有所启发；还可用下述的应用实例和已经完成的设计进行比较，而后做出正确的选择，当然这在生产加工前也是必要的。

机构是由两个以上的构件通过运动副连接而组成的运动链，当一个构件（输入件、主动件）相对于运动链某一个静止的构件（机架）按照给定的运动规律运动时，运动链中其余的构件（输出件、从动件）都会有确定的相对运动。本书第二部分共收集整理了244个运动仿真实例，为了方便阅读和产品研发时机构的选择、参考，从第3版开始，按输出构件（从动件）的运动形态即连续转动、往复摆动、往复移动、点的轨迹运动、间歇运动、复合运动、合成运动、其他运动进行分类，如果是组合机构会做简要说明。按输出件的运动进行分类符合设计习惯，可根据所需要的运动进行选择。需要说明的是，所有运动仿真实例只是运动原理仿真，不涉及详细的工程图设计，仅适用于产品研发过程中原理设计、初步设计阶段，详细设计请参考有关设计手册。

运动仿真模型是用三维软件创建的，因此，受到三维软件的功能限制，有些应用实例目前还不能创建，这也是遗憾之处。但三维软件仿真技术会大大地加快新产品的研发速度，仿真虽然是虚拟的，但通过运动仿真，起码可以证明机构运动原理的可行性及合理性。由于直观、易懂，可供各专业的人员观看、讨论，期待着三维软件有更快的发展，尤其期待着我国三维软件更快发展。

1. 连续旋转机构的仿真实例

连续转动机构是指输出构件（从动构件）做连续转动的机构，包括匀速转动和非匀速转动。

例 1　多轴钻

如图 108 所示的机构，应用了平行四杆机构的运动原理，主动曲柄（偏心轴）做匀速转动，用偏心部分驱动圆盘，圆盘又带动四个偏心钻套同步做匀速转动，可同时钻四个孔。

如图 109 所示为该机构的基本构件。图 110 是多轴钻及主动曲柄 1 与偏心钻套 3 的工程图，主动曲柄与偏心钻套有相同的偏心距，该偏心距即为曲柄的长度；圆盘 2 上均匀分布的四个小孔用轴承与四个钻套配合，小孔到圆盘中心孔的距离即为连杆的长度。

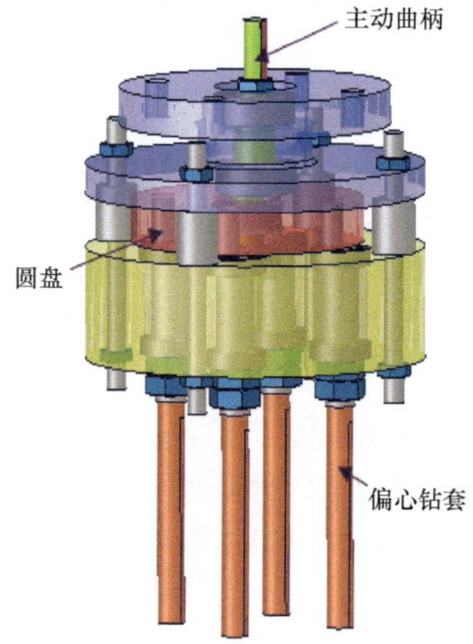

图 108　多轴钻

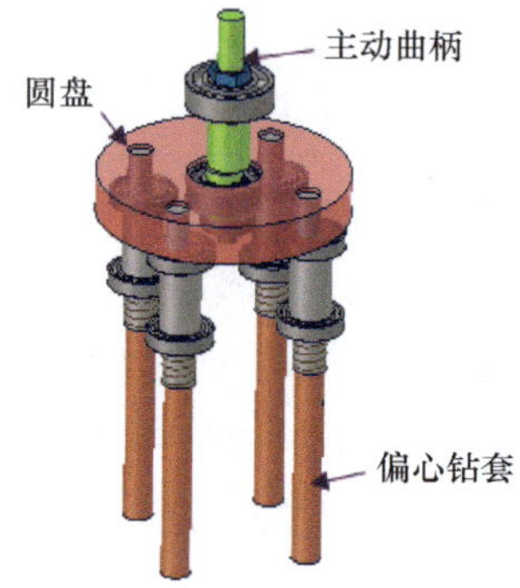

图 109　基本构件运动仿真

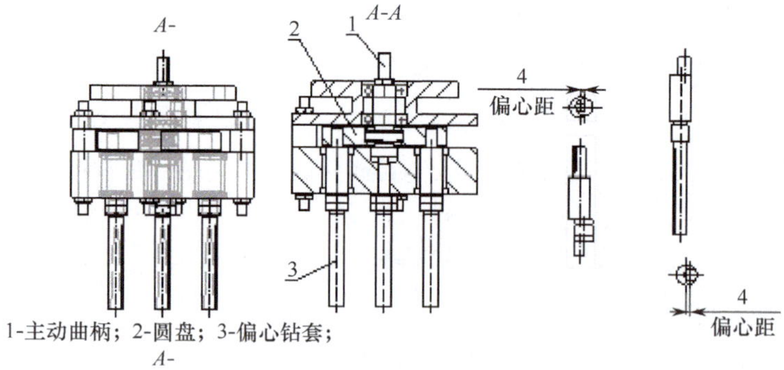

(a) 多轴钻　(b) 主动曲柄　(c) 偏心钻套

图 110　多轴钻相关工程图

主动曲柄 1 用偏心部分带动圆盘 2 转动（本例用轴承连接两个零件，也可采用固接方法），转动的圆盘带动四个偏心钻套转动。

例 2　平行四杆机构做停歇送料机构

如图 111 所示是用于包装生产线上，可将输送线上的物料按照设定节拍推送到包装线上的机构，使物料等间距排布，以方便进行包装。该机构利用平行四杆机构中做平动的连杆，把物料从输送线的垂直方向推送到包装线上。

如图 112 所示为该机构的工程图。*ABCD* 为其中一组平行四杆机构。*AB* 为机架，*BC* 与 *AD* 为曲柄，*CD* 为连杆。两个有相同尺寸的转盘 1、2 用转动副分别与机架 3 在 *B* 点、*A* 点铰接，上下转盘的中心距离等于 *AB*；推板 4 分别在 *C*、*D* 两点与上下转盘 1、2 铰接；四组相同的平行四杆机构，共用一个机架 *AB*，均匀分布；该机构尺寸满足 *AB*=*CD*，*AD*=*BC*。主动的齿轮 5 与轴 6 及下转盘 2 固接，绕 *A* 点转动，转速应满足物料输送的节拍要求；四组平行四杆机构曲板匀速绕 *A* 点转动，做平动的推板 4 按设定间隔时间，把物料推送到包装线上。要根据物料的尺寸确定机构各构件的大小，注意防止各构件间的相互干涉。该机构的实际应用如图 113 所示。

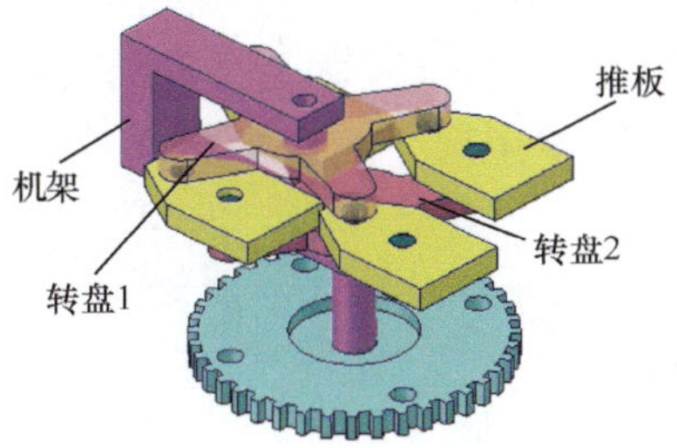

图 111　平行四杆机构做停歇送料机构

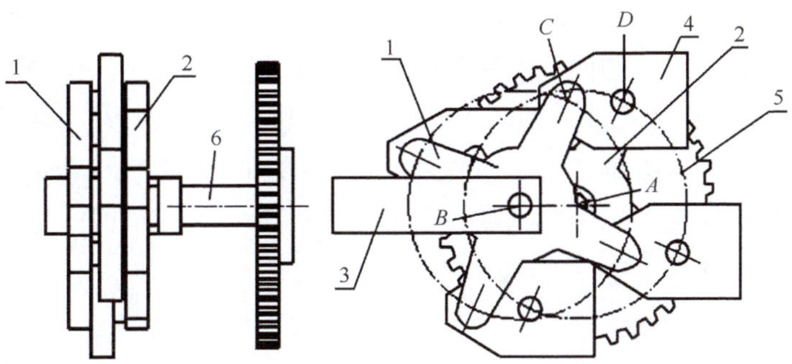

1、2—转盘；3—机架；4—推板；5—齿轮；6—轴

图 112　平行四杆机构做停歇送料机构工程图

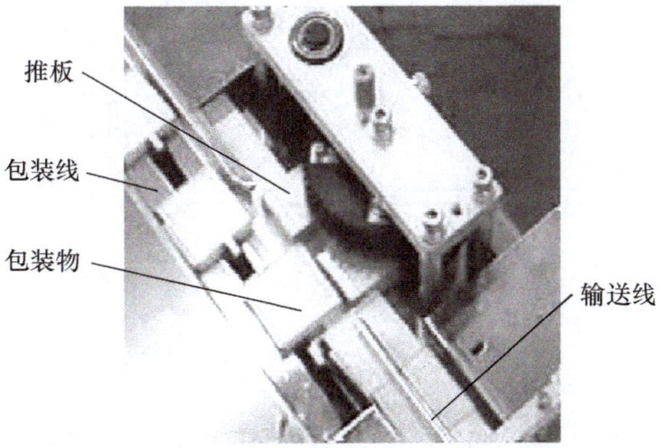

图 113　实际应用照片

例 3　六组平行四杆机构

如图 114 所示是用六组平行四杆机构，使两个不同轴的转盘同角速度转动的机构。

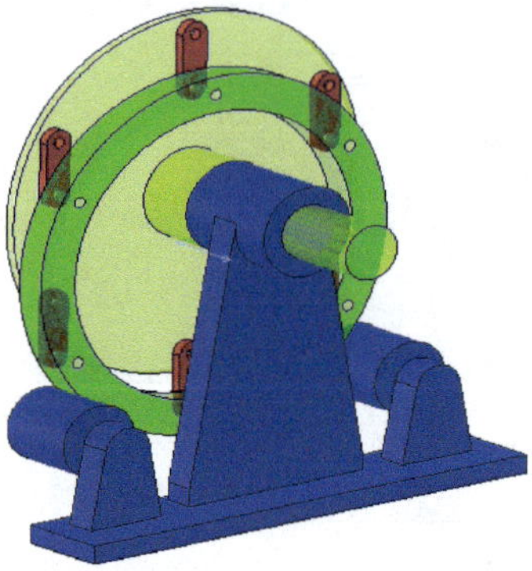

图 114　六组平行四杆机构

如图 115 所示为该机构的工程图。转盘 1 在 *A* 点与机架 5 铰接，圆环 2 与六个尺寸相同的连杆 3 铰接，连杆 3 的另一端与转盘 1 铰接，转盘 1 与圆环 2 的中心距离 *L* 等于连杆 3 即 *CD* 的长度；*ABCD* 为一个平行四杆机构，*AC*、*BD* 为两个曲柄，*CD* 为连杆。当转盘 1 绕 *A* 点转动时，从动圆环 2 随之转动，两者角速度相同。图中用两个滚子 4 支承圆环，以保证圆环的平稳转动。

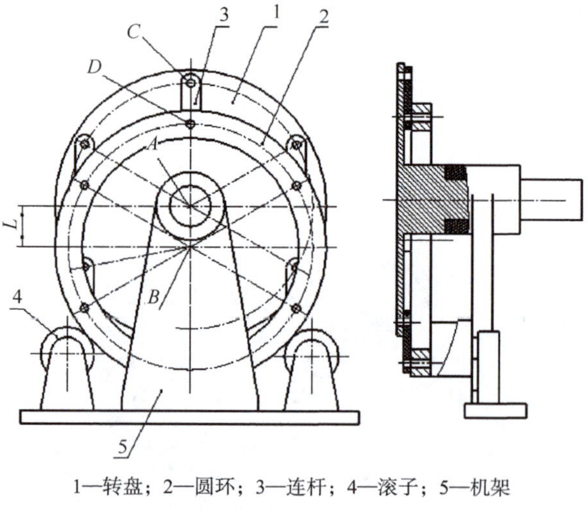

1—转盘；2—圆环；3—连杆；4—滚子；5—机架

图 115　六组平行四杆机构工程图

转盘 1 与圆环 2 中的任何一个都可做主动轮，其运动关系不变，可当作联轴器使用。由于圆环无转动轴，因此允许较大尺寸，可充分利用连杆 *CD* 做平动的特点。

例 4 孔销联轴器

如图 116 所示的孔销联轴器可传递两个不同轴的圆盘运动，图 117 为该机构的工程图。利用六组平行四边形机构，*ABCD* 为其中之一，它可保证两轴有相同的角速度。主动轴 2 的圆盘上均匀固接了六个相同的滚子 3，轴 1 的圆盘上有六个均布的相同直径的孔，该孔的半径 *R* 应等于两轴的偏心距离 *L* 与滚子的半径 *r* 之和；随轴 1 转动的滚子拨动轴 2 上的圆盘同向转动且沿孔内壁滑动。

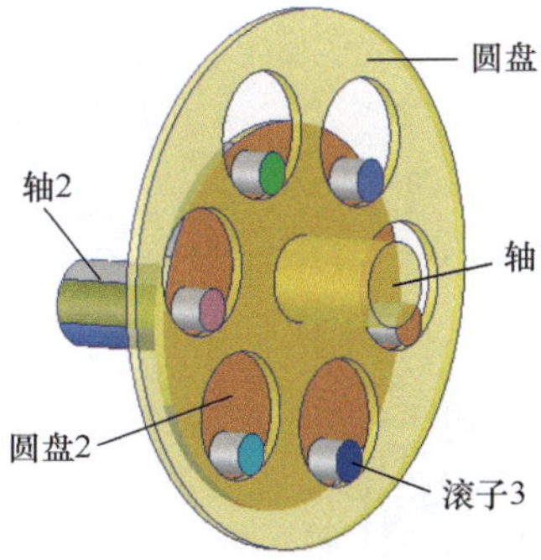

图 116 孔销联轴器

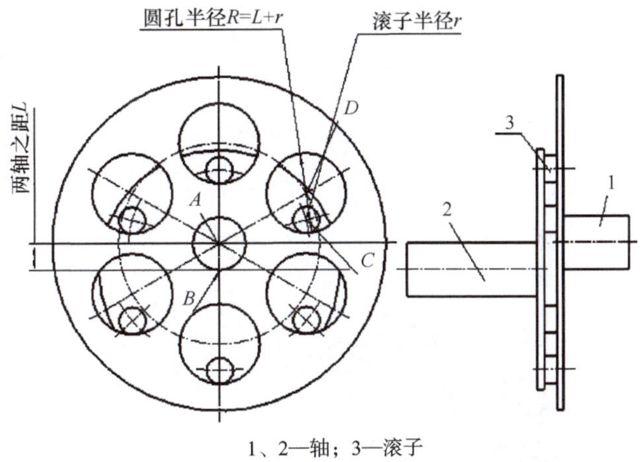

图 117 孔销联轴器工程图

例 5 十字滑块联轴器

如图 118 所示的十字滑块联轴器，是传递两偏移轴运动的机构，也是双转块机构应用的具体实例。当其中一个轴（转动滑块 1）主动旋转时；另一个轴（转动滑块 2）同步转动，两轴角速度相同，用十字导杆连接并传递运动。

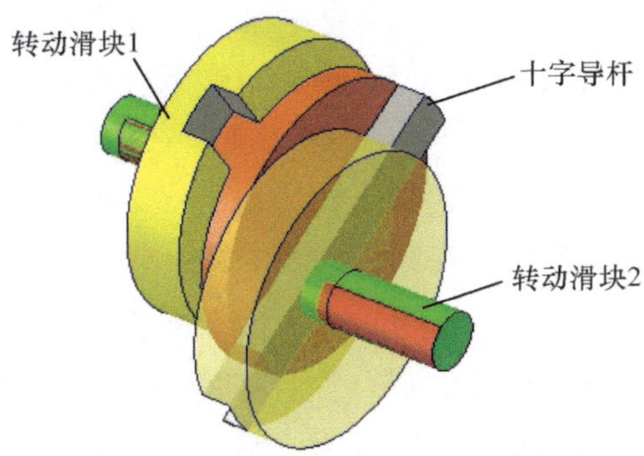

图 118 十字滑块联轴器

例 6　手动双联行星齿轮机构

如图 119 所示的机构为一个演示用的手动双联外啮合行星齿轮机构。

如图 120 所示为其工程图。齿轮 3 为固定的中心轮；齿轮 5 与轴及指针固接为一体，可绕 *b-b* 轴线转动，*b-b* 轴与齿轮 3 同轴并铰接；双联行星齿轮 2 和 4 用转动副与轴 *a-a* 连接；带有手柄的系杆可绕 *b-b* 轴线转动，系杆上端用转动副与 *a-a* 轴铰接，下端与 *b-b* 轴铰接。各齿轮齿数如图 120 所示，当系杆 1 带动双联行星齿轮绕 *b-b* 轴转动时，与从动齿轮 5 的传动比为

$$u_{51}=1-\frac{z_3z_4}{z_2z_5}=\frac{39}{400}\approx\frac{1}{10}$$

即系杆转十圈，轴（指针）约转一圈。

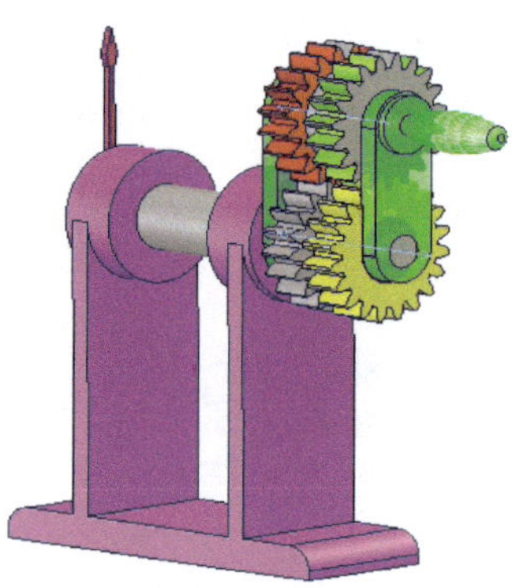

图 119　手动双联行星齿轮机构

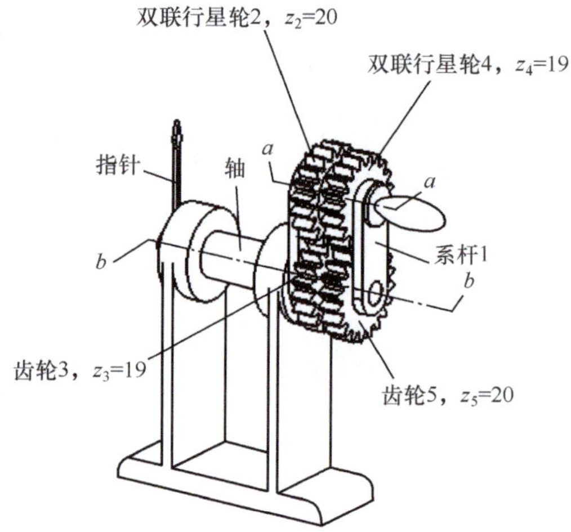

图 120　手动双联行星齿轮机构工程图

例 7　桨轮机构

如图 121 所示为一个桨轮机构的模型，模拟三个桨叶连续划水的动作。其结构上有两个特点：第一，使用三组平行四杆机构，并利用连杆做平动的特点完成划水动作；第二，当平行四杆机构中的机架尺寸较小时，该机构给出了一个解决方案。使用该机构应注意桨叶划完水后应露出水面，减少阻力，否则会影响船速。

如图 122 所示为其工程图。*ABCD* 为一个平行四杆机构，共有三组且均布。曲柄 1 与驱动轴 *A* 固接并随驱动轴转动，连杆 2（桨叶）与曲柄 1、连接杆 3 在 *D*、*C* 两点铰接，连接杆 3 与圆环 4 固接，并共同组成另一个曲柄 *BC*，圆环 4 可绕机架 5 转动，机架 5 为一个扩大了的转动副，驱动轴 *A* 与机架 5 铰接。构件尺寸应满足 *AD*=*CB*，*AB*=*CD*。

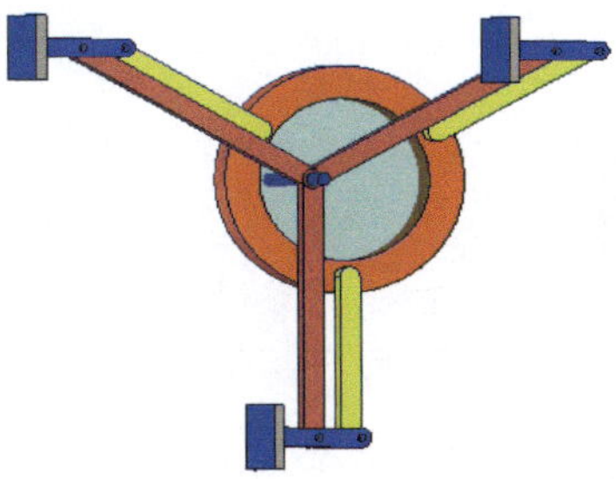

图 121　桨轮机构

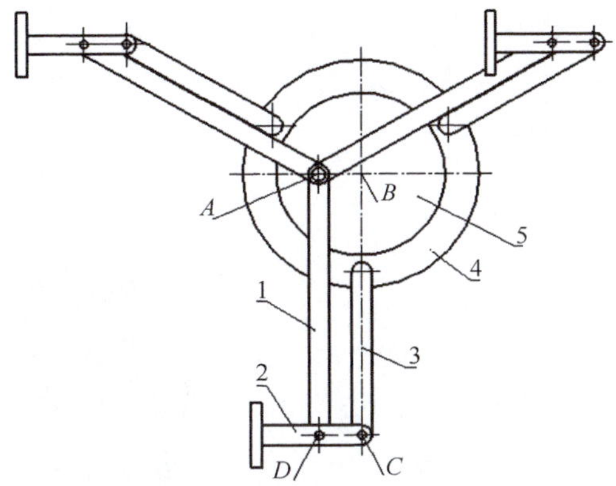

1—曲柄；2—连杆；3—连接杆；4—圆环；5—机架

图 122　桨轮机构工程图

例 8　行星抛光机构

如图 123 所示的机构为一个带传动的行星抛光机构，图 124 为其工程图。轴 1 与机架固接，前端与带轮 4（相当于中心轮）固接；圆盘 2（相当于系杆）与轴 1 铰接，其上固接两个小轴 3，小轴又与抛光轮 5（相当于行星齿轮）铰接。当电动机通过皮带驱动圆盘转动时，行星抛光轮 5 不但自转还有公转。若将该机构安装在转臂上，可用于板材或石材的研磨抛光工作。

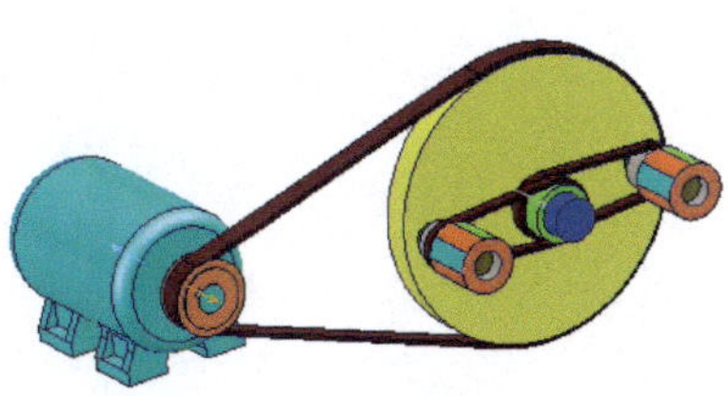

图 123　行星抛光机构

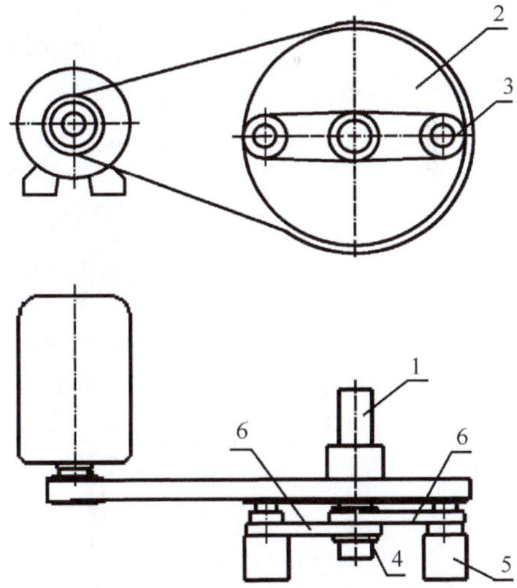

1—轴；2—圆盘；3—小轴；4—带轮；5—抛光轮；6—皮带

图 124　行星抛光机构工程图

例 9　螺杆充填机

如图 125 所示的螺杆充填机是一个半自动包装机，可用于粉状、颗粒状物体的包装。

该包装机采用了容积式计量的办法，通过控制一个精密的螺杆的转数来控制被包装的物体的质量；包装的质量达到设定的要求时自动间歇。该机构还设计有搅拌机构，以防止包装物产生“架桥”。

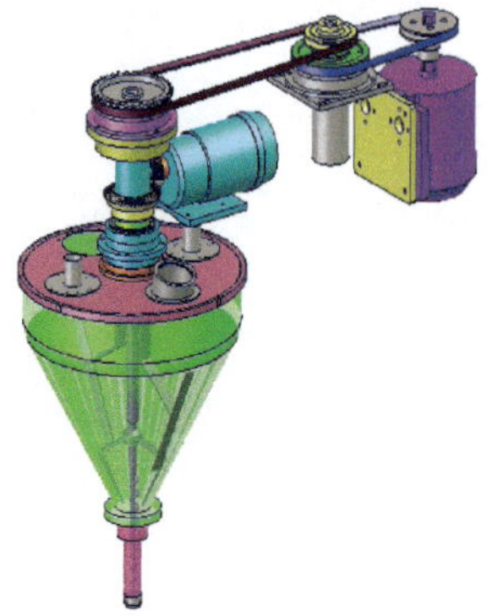

图 125　螺杆充填机

如图 126 所示为该充填机的结构图。它使用了两个电动机，主电动机用两级皮带传动带动与带轮固定连接的充填螺杆转动，充填螺杆的上部安装了码盘，底部固接一个小搅拌器；在固定的上下轴承座之间，铰接一个轴套，轴套下端固接一个锥齿轮，搅拌电动机通过锥齿轮传动带动搅拌器慢速转动。

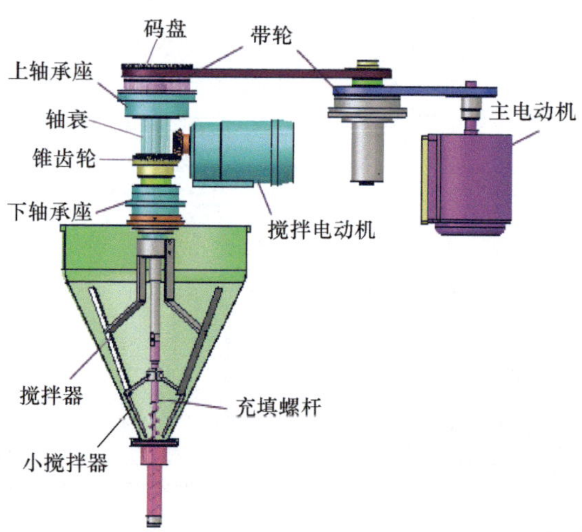

图 126　螺杆充填机结构图

例 10　一组锥齿轮传动机构

如图 127 所示为一组锥齿轮传动机构，将两个安装在水平轴上的锥齿轮的转动传递给安装在两个垂直轴上的锥齿轮，得到同步反方向转动。图 128 为其工程图。主动轴 1 带动两个相对安装的小锥齿轮 2、3 转动，分别驱动与其啮合的两个相同的大锥齿轮 4 转动，得到两个不同转动方向的齿轮运动。

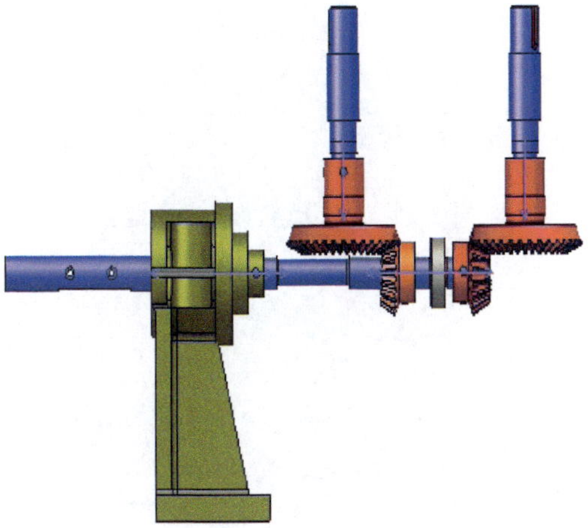

图 127　一组锥齿轮传动机构

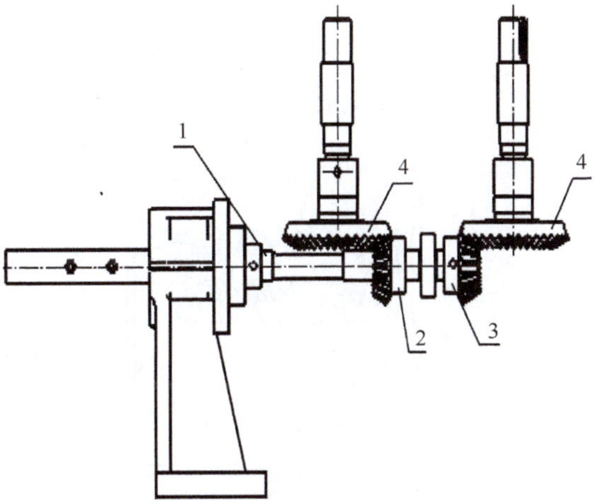

1—主动轴；2、3—小锥齿轮；4—大锥齿轮

图 128　一组锥齿轮传动机构工程图

例 11　双发动机速度指示机构

如图 129、图 130 所示为一个双发动机转速指示机构的主视图及俯视图，该机构为齿轮混合轮系，由一个周转轮系和两个定轴轮系组成。

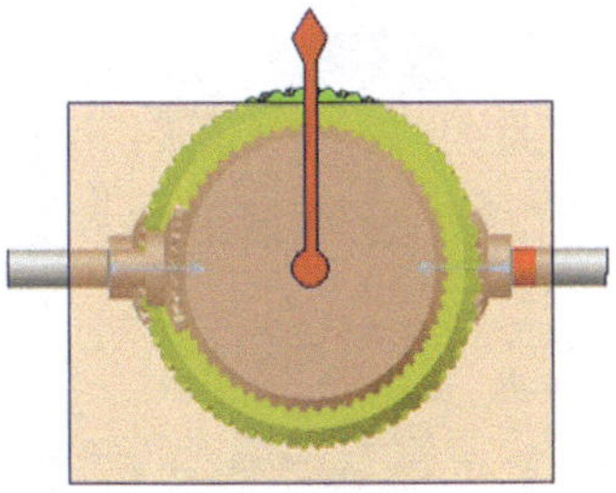

图 129　双发动机速度指示机构主视图（两发动机等速时）

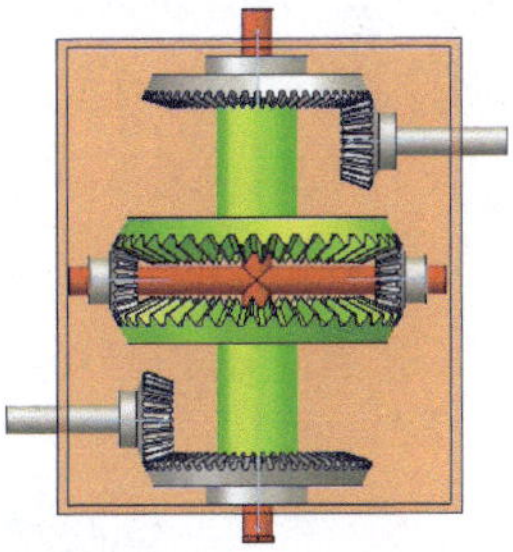

图 130　双发动机速度指示机构俯视图

如图 131 所示为该机构的工程图。齿轮 1 ～齿轮 3 及系杆 A 组成周转轮系，齿轮 1、齿轮 3 为中心轮，齿数相等，齿轮 2 为均布的两个相同的行星齿轮；齿轮 4 ～齿轮 7 组成定轴轮系，齿轮 6 与齿轮 3 固接，空套在系杆 A 轴上，齿轮 1 与齿轮 7 固接也空套在系杆轴上；齿轮 4、齿轮 5 分别与左右舷发动机连接，转向、各齿轮齿数如图所示。当左右两个发动机转速相同时，中心齿轮 1、中心齿轮 3 转速相等、方向相反，行星齿轮 2 无公转，系杆 A 也不转动，固接系杆上的指针也不动，如图 129 所示；当两个发动机转速不同时，中心齿轮 1、中心齿轮 3 转速也不同，行星齿轮 2 产生公转，带动系杆转动，即指针

也转动，如图 132 所示为左舷发动机转速比右舷发动机快时，指针逆时针转动的情况。

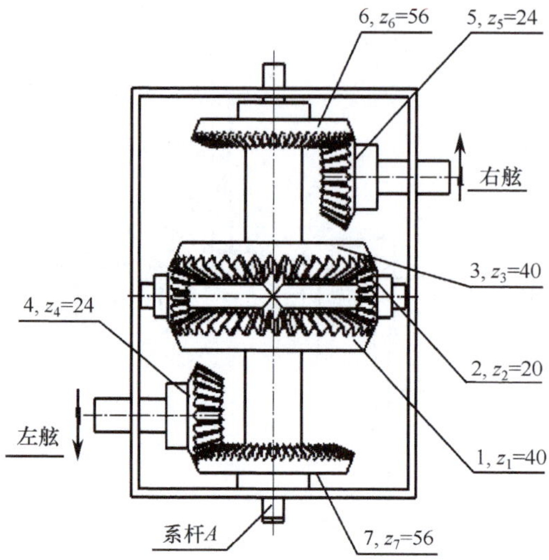

1、3—中心齿轮；2—行星齿轮；4—左舷发动机连接齿轮；5—右舷发动机连接齿轮；6、7—锥齿轮

图 131　双发动机速度指示机构工程图

图 132　右舷发动机转速大于左舷发动机时，指针逆时针转动

例 12　针孔传动机构

如图 133 所示为针孔传动机构，可用于传动精度要求不高、传递力矩不大、主从动轴的中心距较小及不适于齿轮传动的情况，其特点是结构简单，易安装。

如图 134 所示为其工程图。针盘 1 上固接有滚针，孔圈 2、孔圈 3 圆周上均布有多个孔；孔与滚针的数量按所需的传动比要求计算并保证周节相等，还要保证在不发生干涉的情况下有适当的重叠系数。

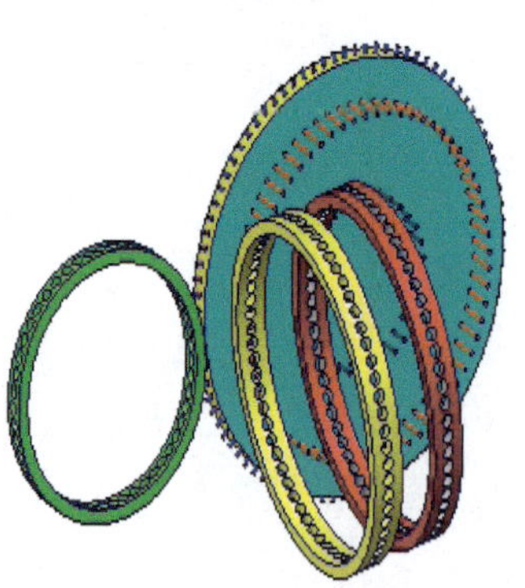

图 133　针孔传动机构

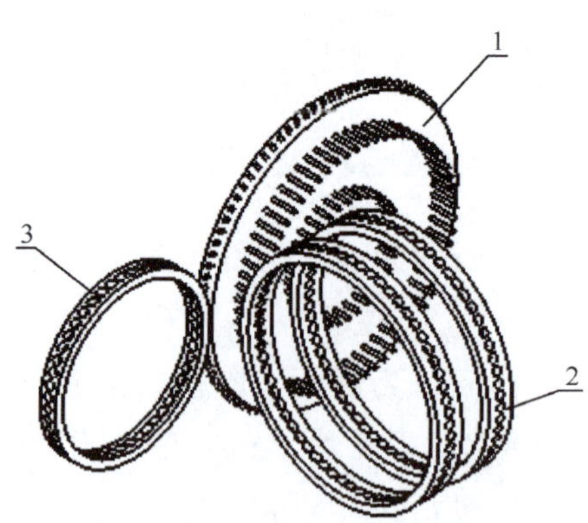

1—针盘；2、3—孔圈

图 134　针孔传动机构工程图

例 13　机械计数器

如图 135 所示为一个机械式十进位计数器的原理模型，图 136 是该计数器的工程图。凡是需要累积计数的单位，如液体的升数、固体的个数、粉体的千克数等都可转换成计数器输入齿轮的固定转数；再经过数个齿轮传动，最后传递给与字盘座固接的齿轮（字母座齿轮）；字盘座的圆周上均布刻有从 0 ～ 9 十个数字。输入齿轮转一圈，字盘座齿轮转一圈；再经过进位齿轮，使十位的字盘座转过一位数字。如图 135 所示的模型可累积显示千位数。

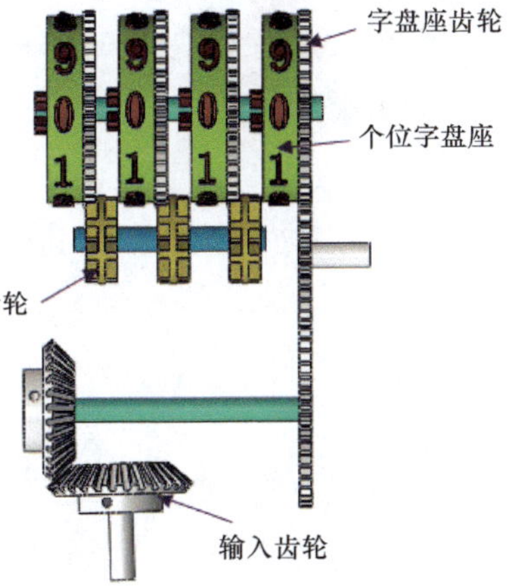

图 135　机械计数器

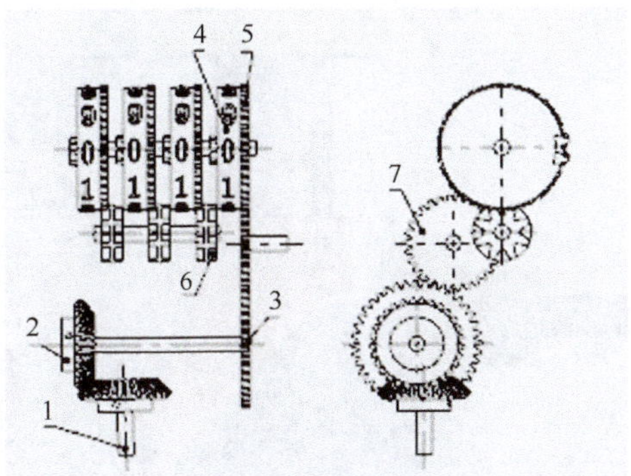

1—立轴；2—锥齿轮；3、4—直齿轮；5—字盘座齿轮；6—进位齿轮；7—字盘座

图 136　机械计数器工程图

在工程图 136 中，立轴 1 接收到的转动输入，通过一对啮合的锥齿轮 2、齿轮 3、中间齿轮 7 传递给个位数的字盘座齿轮 5，以将输入齿轮的转数传递到字盘座。需要说明的是，字盘座齿轮 5 及四个字盘座都空套在轴 10 上；三个进位齿轮 6 也空套在轴 11 上。

字盘座 4 是一个不完全齿轮，其背面只有两个齿与进位齿轮啮合，如图 137 所示。所以字盘座转一圈，进位齿轮 6 仅转过一齿，这样拨动上一位字母座转过一位数字；由于进位齿轮是惰轮，只起到传递作用不影响传动比。

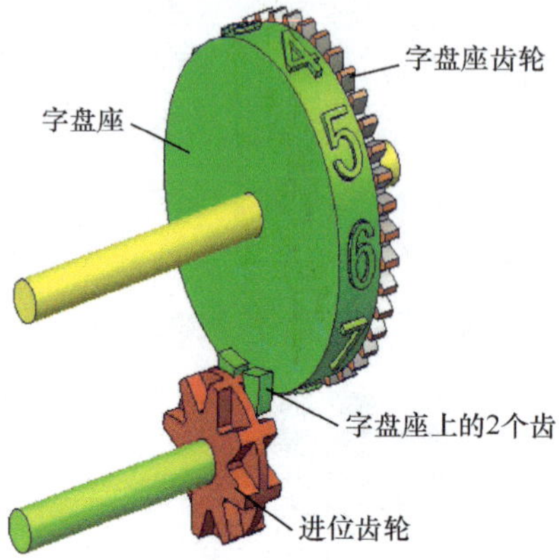

图 137　字盘座 2 个齿与进位齿轮啮合

例 14　封膜机构

如图 138 所示的封膜机构是在运动仿真实例 10 的基础上添加了两个封膜轮。封膜轮是一种电加热轮，当两片塑料膜通过封膜轮时可将其接触表面加热至熔融状态，再经过加压轮将两片塑料膜黏合，这是塑料膜包装的常用方法，尤其是在自动包装生产线上。

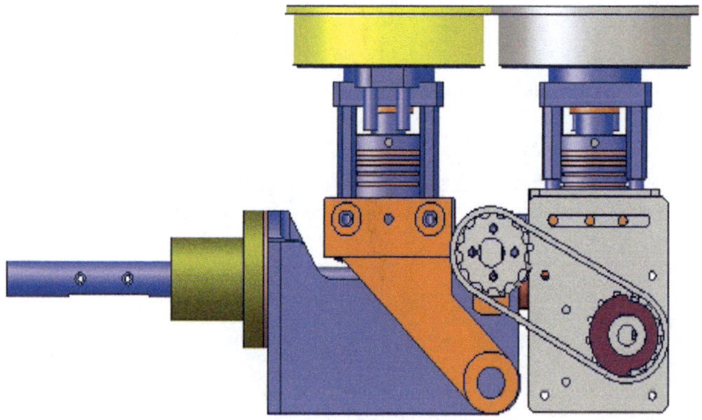

图 138　封膜机构

包装物连续包装时，封膜轮始终接触；当无封接膜时，应通过传感器使两个封膜轮分开，目的是防止薄膜黏在封膜轮上。

如图 139 所示为该机构的工程图。两个封膜轮 7 的运动在运动仿真应用实例 10 中已讲述过。这里用一个拉簧保证两个封膜轮接触，两个封膜轮分开动作由凸轮完成；传感器启动电动机 1，带动链轮 2，通过链条 4 再带动链轮 3 转动，链轮 3 上固接凸轮 5；凸轮 5 驱动摇臂 6，使封膜轮 7 绕 *A* 点转动，两个封膜轮分离。

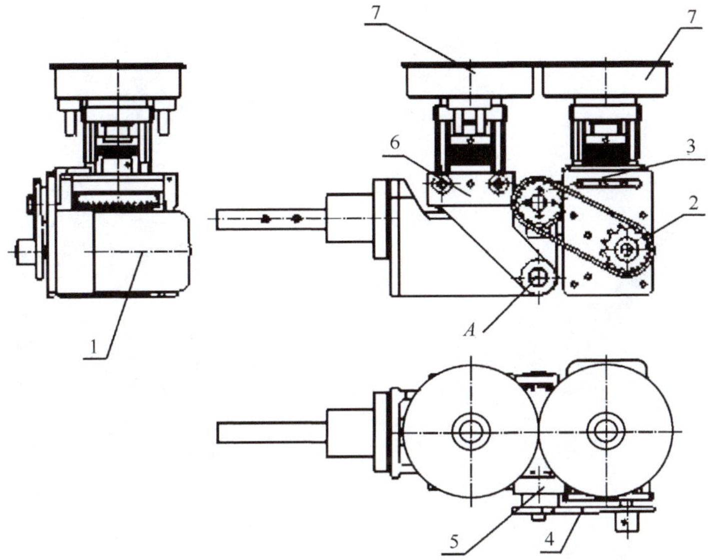

1—电动机；2、3—链轮；4—链条；5—凸轮；6—摇臂；7—封膜轮

图 139　封膜机构工程图

例 15　单万向联轴器

如图 140 所示的单万向联轴器用于传递两相交轴的运动，两轴线的交角可达 40°～45°，主动轴做匀角速度转动，从动轴做变角速度转动，还会产生附加的动载荷。

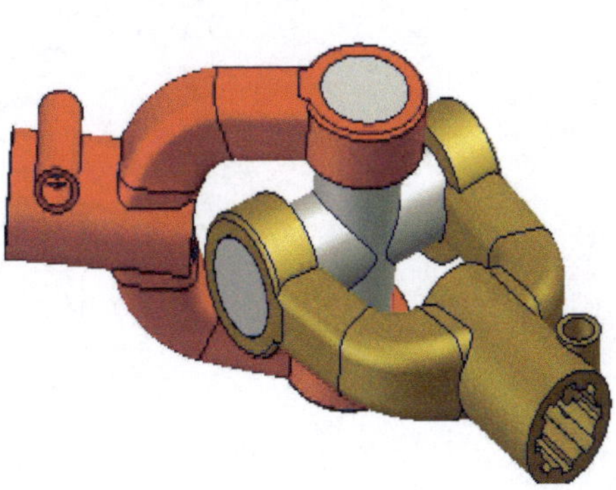

图 140　单万向联轴器

例 16　双万向联轴器

双万向联轴器如图 141 所示，将单万向联轴器成对使用，克服了主、从动轴角速度不相等的缺点，但要保证两端的叉形接头位于同一平面，还应使主、从动轴的轴线与中间轴的轴线交角相等，如图 142 所示。

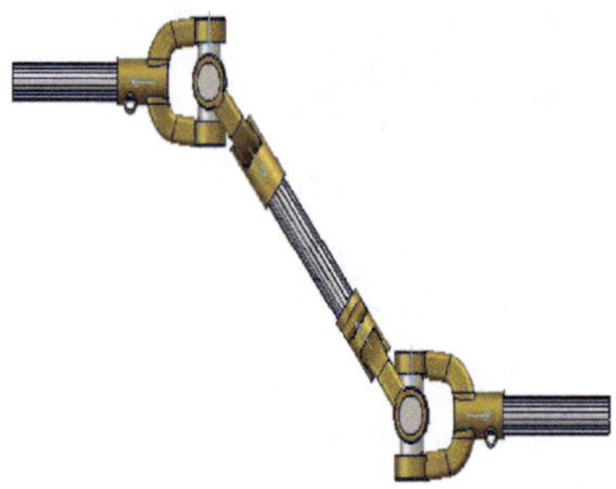

图 141　双万向联轴器

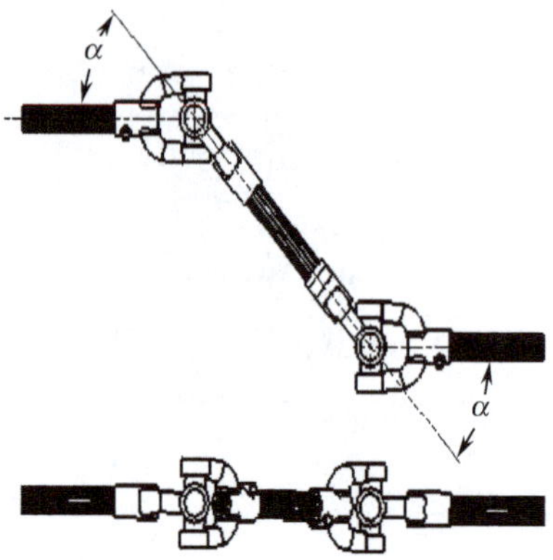

图 142　双万向联轴器工程图

例 17　有缺口的齿轮传动机构

如图 143 所示为一个有缺口的齿轮传动机构，该机构用于石油钻孔旋扣器中，要求从动齿轮开有宽度为 b 的钳口槽，转动时不应有停顿。图 144 为其工程图。为保证齿轮 1 做整周转动，机构尺寸应满足下列条件。

图 143　有缺口的齿轮传动机构

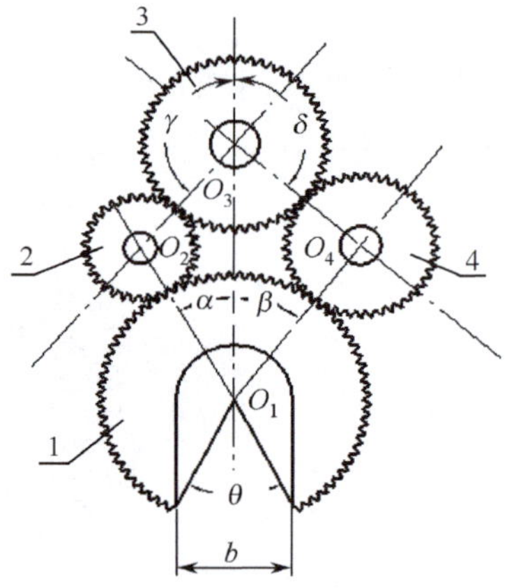

图 144　有缺口的齿轮传动机构工程图

① $(Z_1-Z_2)+\gamma(Z_2+Z_3)+\beta(Z_1-Z_4)+\delta(Z_4+Z_3)=2\pi K$

式中，K 为整数；Z_i 为齿数，i=1，2，3，4。

② 槽宽 b 所对的中心角 θ 应小于（$\alpha+\beta$）。

③ 齿轮中心距 $O_1O_3>\dfrac{d_{a_1}+d_{a_3}}{2}$，$O_2O_4>\dfrac{d_{a_2}+d_{a_4}}{2}$

式中，d_{ai} 为齿顶圆直径，i=1，2，3，4。

例 18 连轧机差动减速器

如图 145 所示为一个小型冷连轧机所用的差动减速器，该机构中心轮为两个外齿轮，系杆也是一个较大的外齿轮。现分别建立从动轴四种转速的模型仿真。

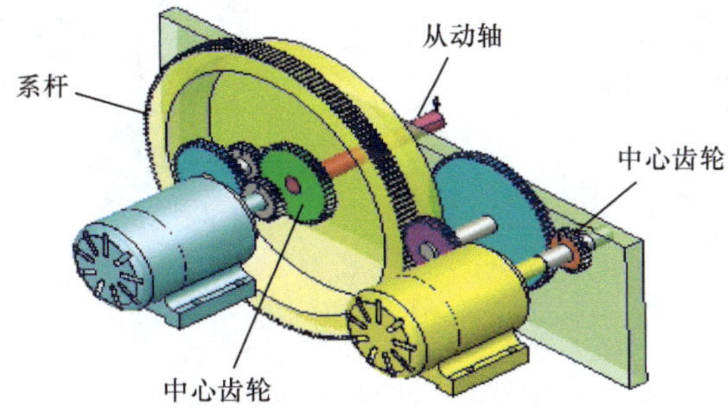

图 145 连轧机差动减速器

如图 146 所示为该机构的工程图，各齿轮的齿数如图所示。齿轮 3 与主电动机 1 机轴固接，齿轮 12 与副电动机轴 13 固接，齿轮 10、齿轮 11 与轴 9 固接，轴 9 与机架 15 铰接，齿轮 7 与从动轴 8 固接，齿轮 14 与轴 5 固接、与轴 8 铰接，齿轮 4、齿轮 6 空套在轴 5 上，用转动副连接。

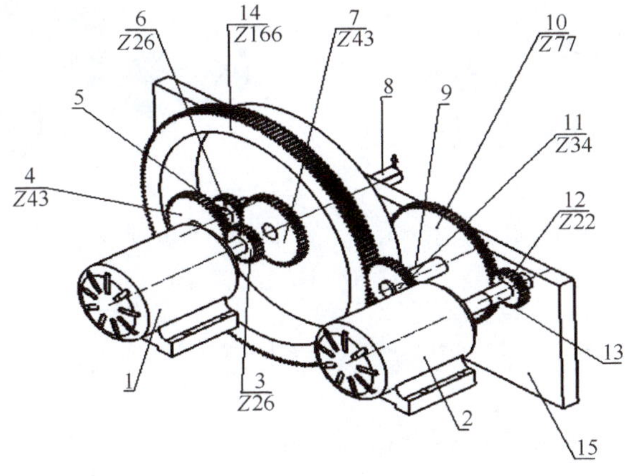

1—主电动机；2—副电动机；3、10、11、12、14—齿轮；4—行星齿轮；5—轴；7—中心齿轮；8—从动轴；9—轴；13—副电动机轴；15—机架

图 146 连轧机差动减速器工程图

建立从动轴的四种转速仿真模型如下：

① 主电动机运转，副电动机停转。此时系杆齿轮 14 不动，为定轴轮系，如图 147 所示。

② 主电动机停转，副电动机运转。此时齿轮 3 不动，系杆齿轮 14 转动，该机构为行星轮系，如图 148 所示。

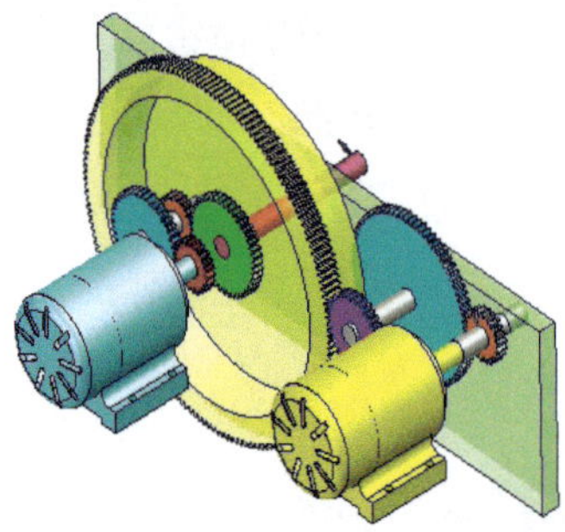

图 147 主电动机运转，副电动机停转，定轴轮系

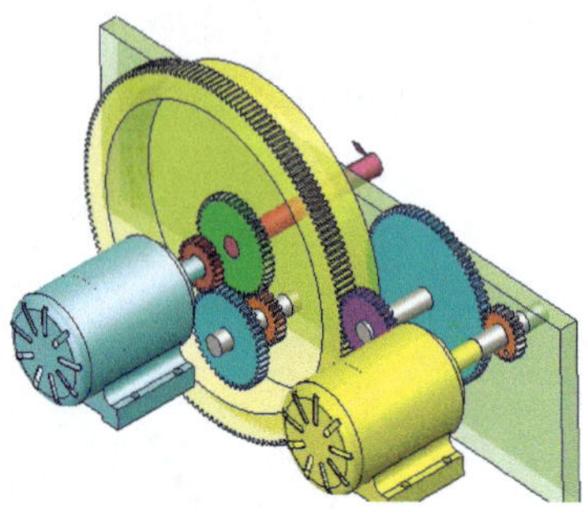

图 148 主电动机停转，副电动机运转，行星轮系

③ 主、副电动机都运转，且转动方向相同。此时该机构为差动轮系，从动轴输出的转速为 1、2 两种情况时从动轴转速之和，如图 149 所示。

④ 主、副电动机都运转，方向相反，此时该机构为差动轮系，从动轴输出转速为 1、2 两种情况时从动轴转速之差，如图 150 所示。

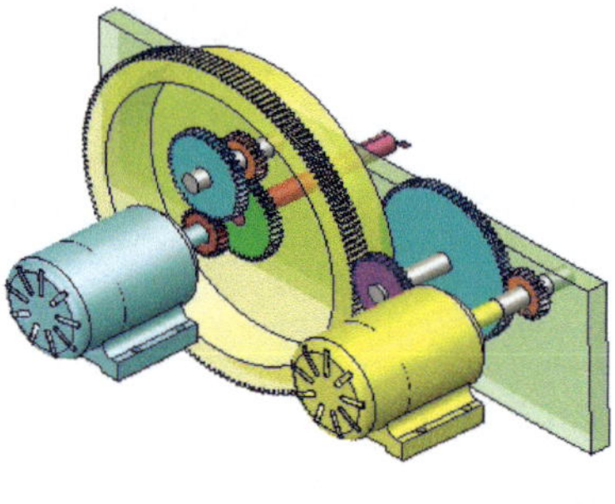

图 149 主、副电动机都运行且同向，差动轮系

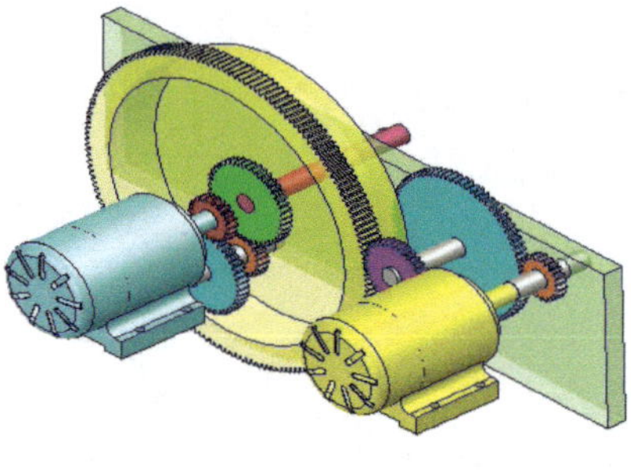

图 150 主副电动机都运转，反向，差动轮系

例 19 双摆杆挠性件差动机构（抛磨机）

如图 151 所示的机构为用两个摆杆将三个带轮（其中一个是双联带轮）和同步带串接在一起，使之成为具有两个自由度的差动机构；带轮可到达在两摆杆长度之和的范围内的任意一点；若在最前端的带轮上安装一个磨轮或抛光轮，可对石料及板材进行抛磨工作。

如图 152 所示为其工程图。摆杆 3、带轮 2 同轴铰接在机架 1 的 *A* 点；摆杆 3 的另一端 *B* 点与双联带轮 8 铰接；摆杆 7 的一端与双联带轮 8 在 *B* 点铰接，另一端与另一个带轮 9 在 *C* 点铰接；带轮 9 固接一抛光轮。若在摆杆上靠近带轮 9 的附近安装一个手柄，并在 *A* 点安装一台电动机驱动带轮 3，通过同步带 4、5 使带轮 8、9 转动，抛光轮随之转动，转动手柄可使抛光轮到达两转臂长度之和为半径的范围内的任意一点。

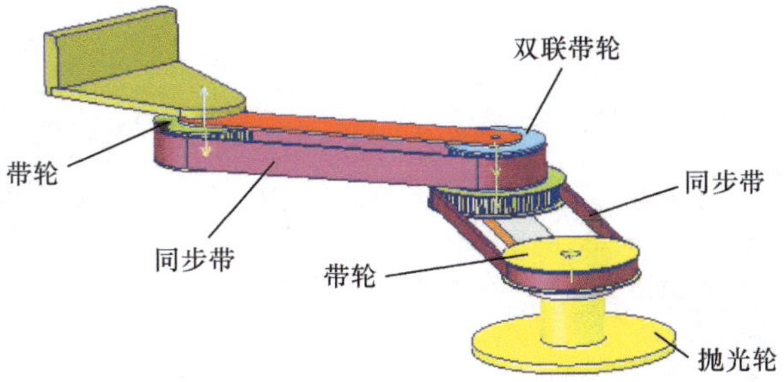

图 151　双摆杆挠性件差动机构

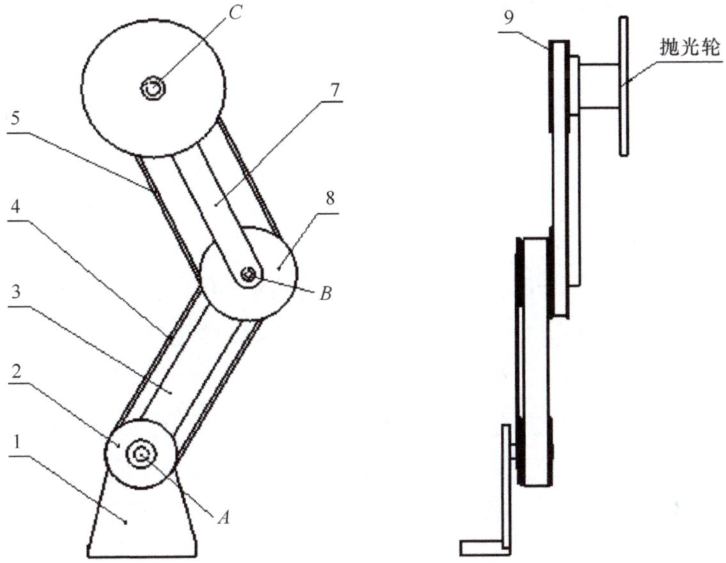

1—机架；2、9—带轮；3、7—摆杆；4、5—同步带；8—双联带轮

图 152　双摆杆挠性件差动机构工程图

例 20　双曲柄与转动导杆串接机构

如图 153 所示的双曲柄与转动导杆串接机构是利用双曲柄机构中连杆上一点及其运动轨迹，来驱动一个导杆转动的机构。

如图 154 所示为该机构的工程图。*ABCD* 为一个双曲柄机构，曲柄 1 左端与机架 6 在 *B* 点铰接，右端与连杆 2 在 *C* 点铰接；曲柄 3 用一个扩大了的转动副在 *A* 点与机架 6 铰接，在 *D* 点与连杆 2 铰接；连杆 2 与滑块 4 在 *E* 点铰接；滑块 4 与导杆 5 滑动连接；导杆 5 在 *F* 点与输出轴 7 固接。

当曲柄 1 绕 *B* 点匀速转动时，连杆 2 上 *E* 点的轨迹是绕 *F* 点转动的闭合曲线，曲柄 1 转一圈，*E* 点绕 *F* 点变速转两圈，因此，与导杆 5 固接的输出轴 7 变速转两圈。

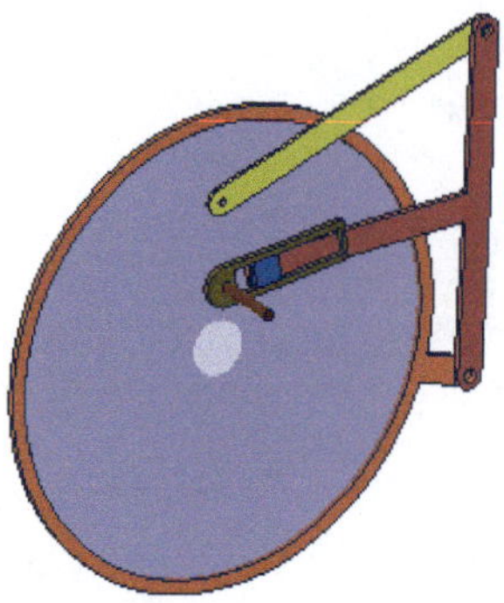

图 153　双曲柄与转动导杆串接机构

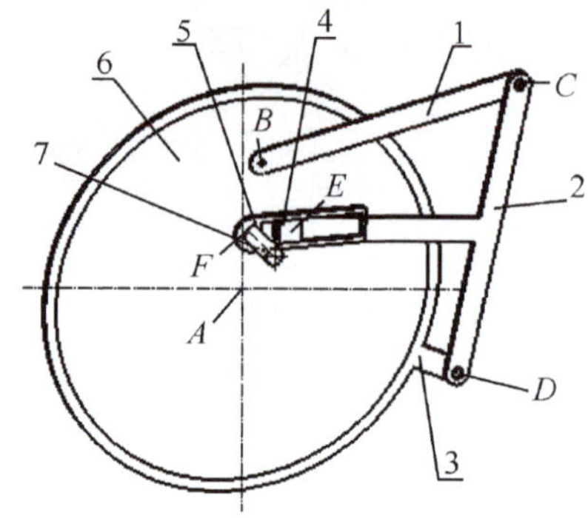

1—曲柄；2—连杆；3—扩大了转动副的曲柄；4—滑块；
5—导杆；6—机架；7—输出轴

图 154　双曲柄与转动导杆串接机构工程图

例 21　转动导杆机构应用实例

如图 155 所示的转动导杆机构，是在利用匀速转动的齿轮上固接的圆柱销，拨动一个带导槽的导杆。由于导杆的转动中心与齿轮不同轴，因此做变速转动，可实现调速的目的。

如图 156 所示为该机构的工程图。主动齿轮 1 与齿轮 2 啮合，齿轮 2 与圆柱销 3 固接，从动转动的齿轮 2 上的圆柱销 3 驱动导杆 4 绕机架 5 上的 B 点转动。当 AE 长度大于 AB 时，导杆 4 绕 B 点整周变速旋转。由于 A、B 两点不重合，圆柱销 3 在导杆的槽中滑动，导杆上的输出 B 轴变速转动。

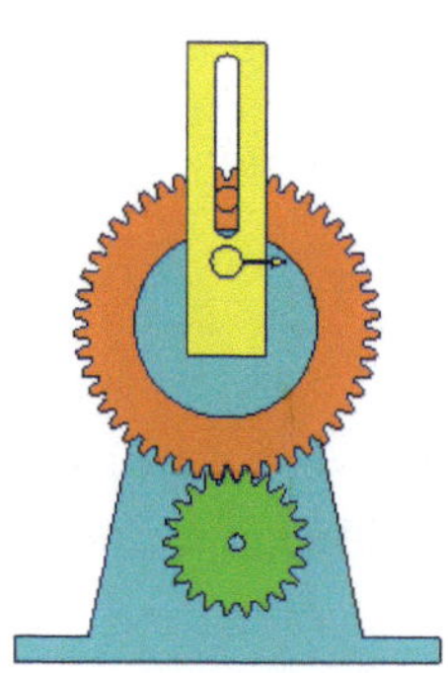

图 155　转动导杆机构应用实例

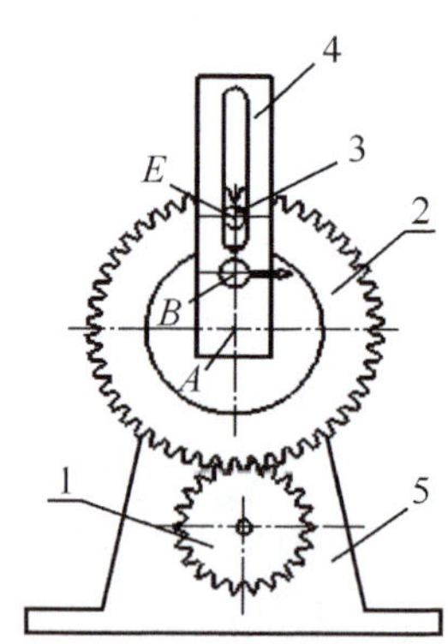

1、2—齿轮；3—圆柱销；4—导杆；5—机架

图 156　转动导杆机构应用实例工程图

例 22　带轮驱动的导杆机构

在如图 157 所示的机构中，主动带轮做匀速转动时，可得到绕同一轴作变角速度转动

的导杆。

如图 158 所示为该机构的工程图。固接在主动匀速转动的带轮 1 上的滚子 4 拨动双臂连杆 3 绕 B 轴转动，B 轴线为双臂连杆 3 的几何中心，该中心与带轮 1 中心的偏心距为 e；双臂连杆 3 下部固接滚子 5，该滚子可在导杆 2 的直槽中滑动；导杆 2 与带轮同轴铰接在 A 点，在双臂连杆的驱动下，从动的导杆 2 以变角速度输出转动。

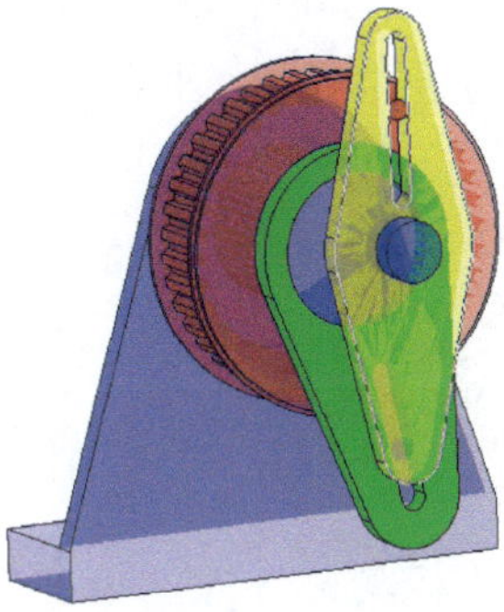

图 157　带轮驱动的导杆机构

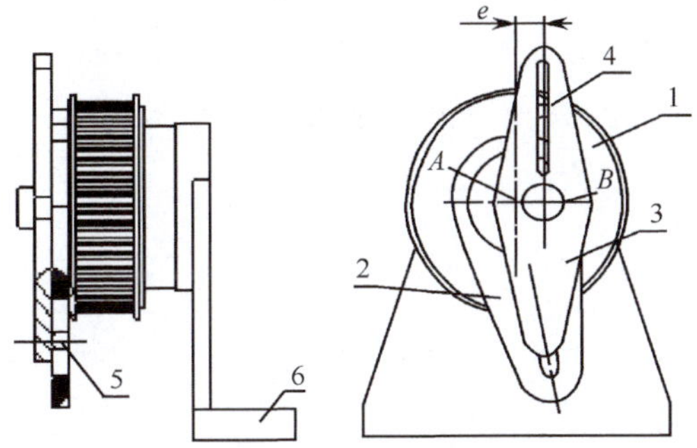

1—带轮；2—导杆；3—双臂连杆；4、5—滚子；6—机架

图 158　带轮驱动的导杆机构工程图

例 23　带固定凸轮的凸轮连杆机构

如图 159 所示的机构，用一个匀速转动的曲柄铰接一个双臂连杆，双臂连杆中的一个摇臂可沿一个固定的凸轮轮廓滚动，另一个摇臂拨动一个圆盘，使该圆盘做变速转动。

如图 160 所示为其工程图，曲柄 1 绕机架的 a-a 轴逆时针转动并带动双摇臂 2 一起转动，曲柄与双摇臂在 A 点铰接；双摇臂的两端固接滚子 3 与滚子 4，滚子 3 与固定凸轮 6 曲线轮廓接触；另一个滚子 4 与圆盘 7 上固接的凸块 5 接触，从而推动圆盘 7 绕 a-a 轴转动；滚子 3 在固定凸块 5 上滑动，使滚子 4 与凸块的接触点距圆盘 7 的转动中心 a-a 不断变化，使从动圆盘 7 做变角速度转动。

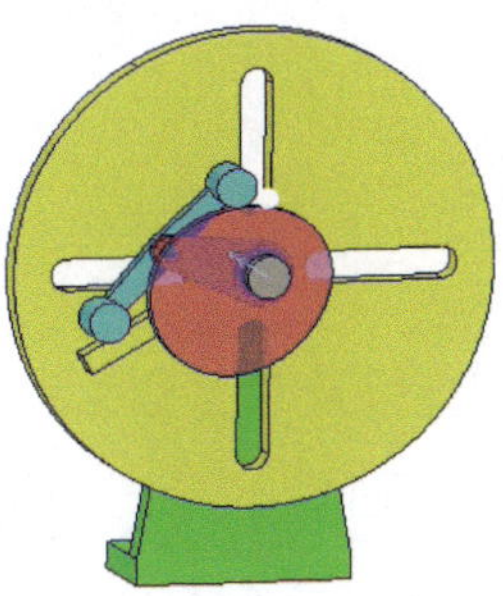

图 159　带固定凸轮的凸轮连杆机构

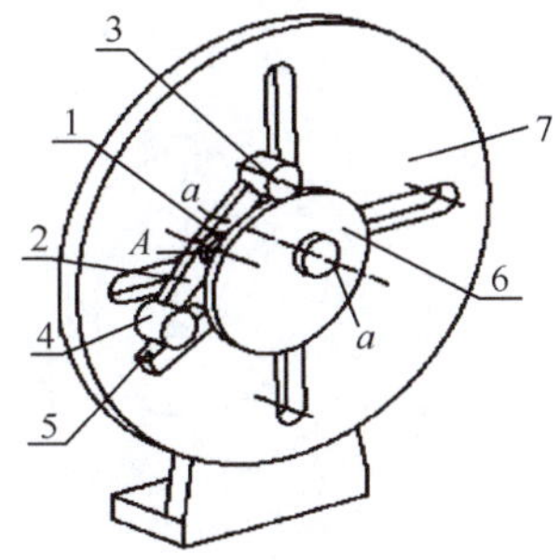

1—曲柄；2—双摇臂；3、4—滚子；5—凸块；6—固定凸轮；7—圆盘

图 160　带固定凸轮的凸轮连杆机构工程图

例 24　气钻行星齿轮机构

如图 161 所示气钻行星齿轮机构为气动叶片泵与行星齿轮传动机构的组合机构，图 162 是机构内部结构的分解图，图 163 为其工程图。压缩空气推动叶片 2 带动转子 1 旋转，与转子固接的中心齿轮 3 随之旋转；中心齿轮与三个均布的行星齿轮 5 啮合，行星齿轮又带动转臂 4 旋转；转臂上装有钻卡头（图中未画出），夹上钻头即可钻孔了。泵壳 6 是一个内齿轮，是行星轮系中另一个中心齿轮，工作时手握住该泵壳，泵壳的偏心距保证转子的转动，进气、排气孔的位置（图中未画出）应保证转臂的转动方向。

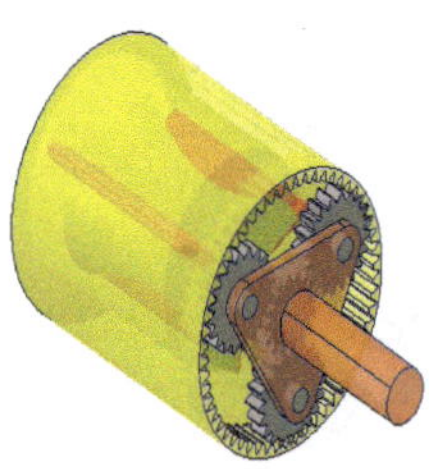

图 161　气钻行星齿轮机构

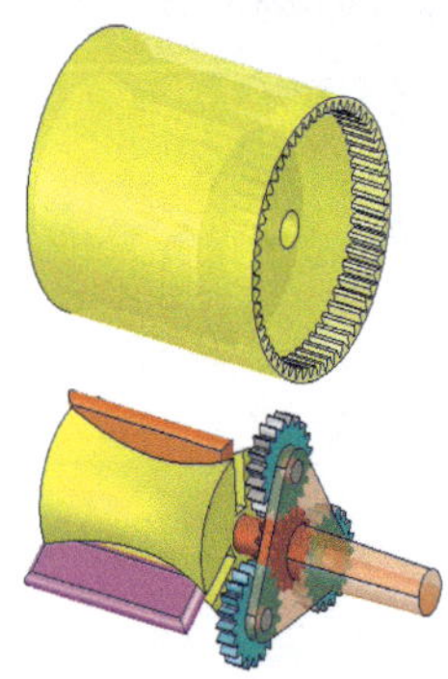

图 162　气钻行星齿轮机构内部结构图

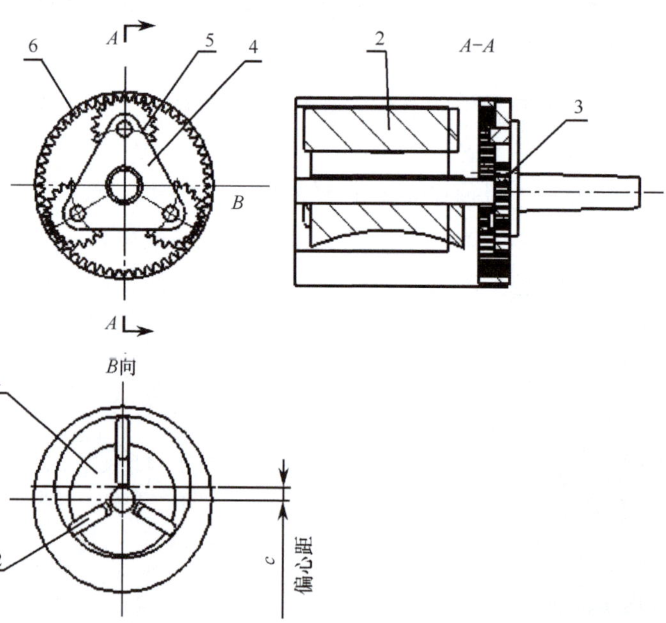

1—转子；2—叶片；3—中心齿轮；4—转臂；5—行星齿轮；6—泵壳（中心内齿轮）

图 163　气钻行星齿轮机构工程图

例 25 凸轮调节锥齿轮周转轮系输出轴转速机构

如图 164 所示的机构是利用转动的凸轮使行星锥齿轮产生附加转动，其结果使输出轴由匀速转动变为非匀速转动，凸轮使原来的定轴轮系变为周转轮系。

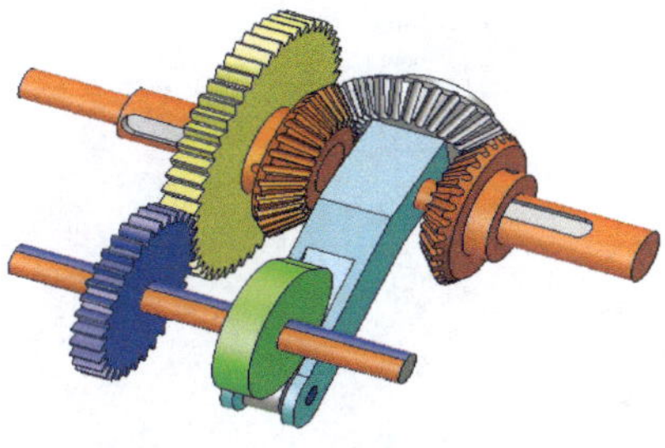

图 164 凸轮调节锥齿轮周转轮系输出轴转速机构

如图 165 所示为其工程图。主动锥齿轮 10 通过行星齿轮 3 将运动传递给从动锥齿轮 2；从动锥齿轮 2 与大直齿轮 4 固接在输出轴 1 上；行星齿轮 3 铰接在转臂 8 的一端，转臂 8 的另一端铰接滚子 9；小直齿轮 5 与凸轮 7 固接在轴 6 上，并与大直齿轮 4 啮合。

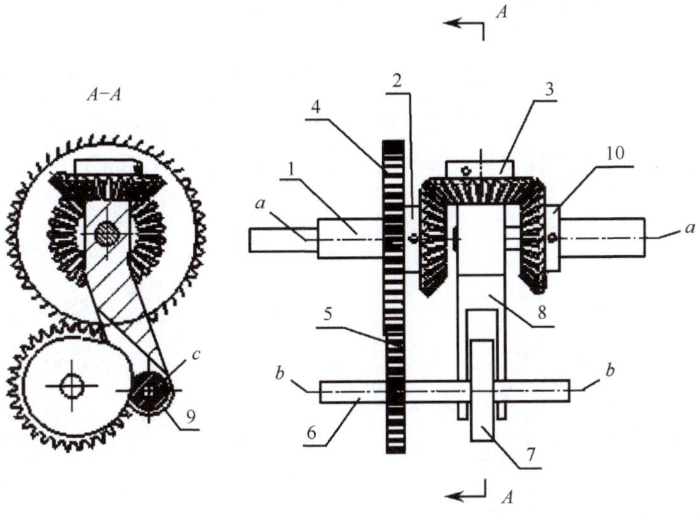

1—输出轴；2—从动锥齿轮；3—行星齿轮；4—大直齿轮；5—小直齿轮；6—轴；

7—凸轮；8—转臂；9—滚子；10—主动锥齿轮

图 165 凸轮调节锥齿轮周转轮系输出轴转速机构工程图

主动锥齿轮 10 转动时，轴 1 上的大直齿轮 4 带动小直齿轮 5 与凸轮 7 转动，凸轮通过滚子 9 使转臂 8 摆动，其结果使转动的锥齿轮绕轴线 *a-a* 转动（公转）成为行星齿轮；行星齿轮 3 的自转与公转使齿轮 4 做变速转动，输出轴 1 也做变速转动；输出轴速度的改变又影响凸轮的转速，从而使输出轴得到复杂的运动。通过改变凸轮的轮廓尺寸就可改变输出轴的转速。

例 26　凸轮调节输出轴转速机构

如图 166 所示的机构与例 25 的原理类似，也是通过改变凸轮的形状来改变输出轴的转速，只是其中的齿轮全部是直齿轮。

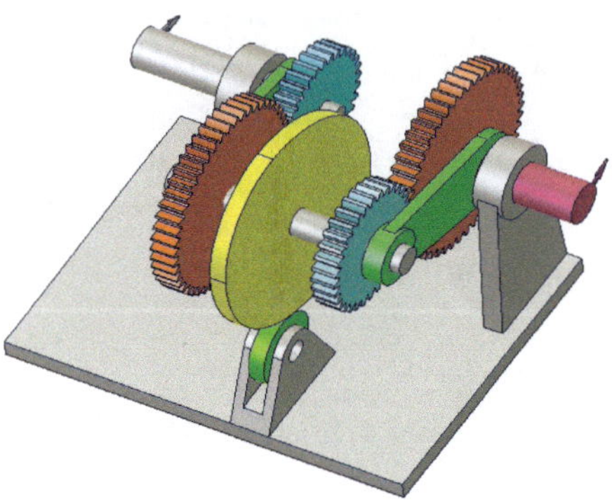

图 166　凸轮调节输出轴转速机构

例 27　保持工件姿势不变的运转机构

如图 167 所示的机构可保证工件在运转过程中姿势不变，图 168 为其工程图。转盘 1 上装有均布的链轮 2，各链轮齿数相同，用链条 4 将链轮连接起来；中心链轮与机架在 O 点固接，并与其中一个链轮用链条 3 连接；承物台与链轮水平固接。

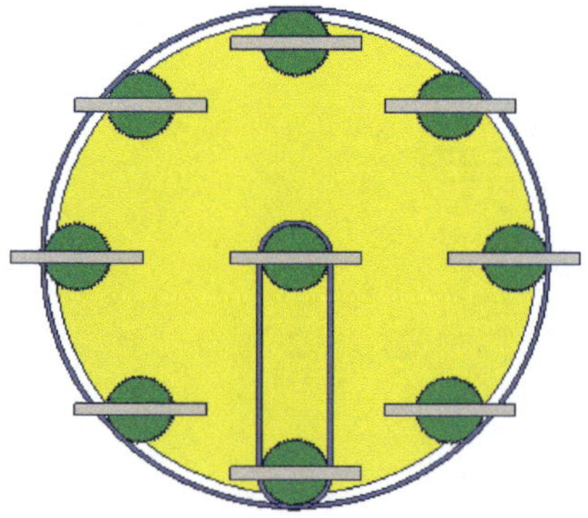

图 167　保持工件姿势不变的运转机构

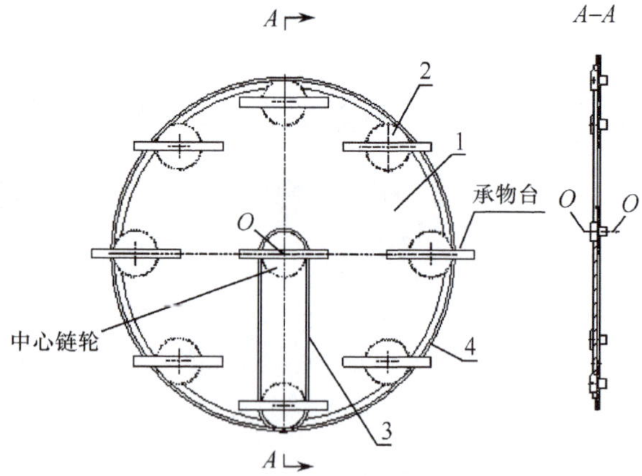

1—转盘；2—链轮；3、4—链条

图 168　保持工件姿势不变的运转机构工程图

此机构为一个挠性链轮行星齿轮机构，与多个平行四边形组成的机构类似，链轮起连杆作用。当转盘 1 绕 O 点转动时，各链轮上的承物台均保持姿势不变。

例 28　液体计量机构

如图 169 所示是利用双滑块原理制成的液体计量机构。在加油设备中，进入计量器的有两种压力的液体，一种是来自油泵的高压液体，另一种是来自储液罐的低压液体；高压液体按顺时针方向推动活塞往复移动，把低压液体排出给需加油的设备。四个活塞各运动一个来回动作，转动导杆旋转一周。

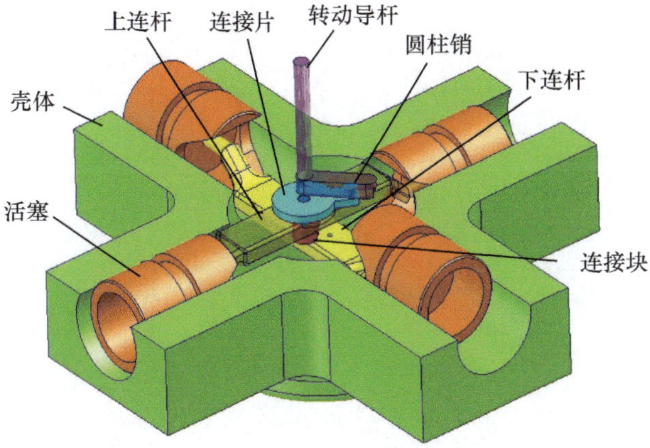

图 169　液体计量机构

其运动原理如图 170 所示，用该图的运动仿真来说明活塞与转动导杆的运动关系，即活塞往复一个来回，转动导杆转一周。

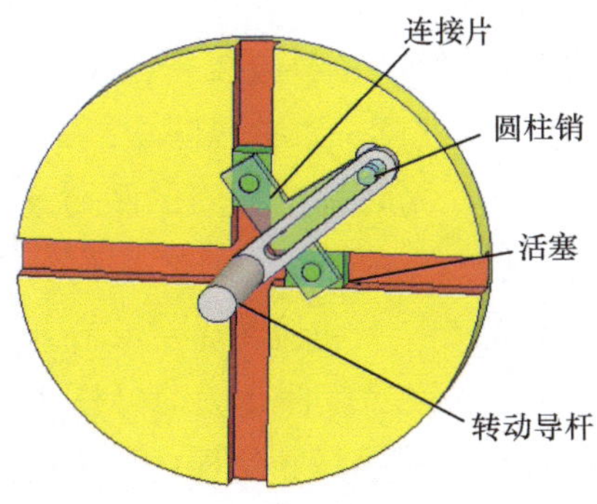

图 170　用双滑块机构说明计量原理

图 171 是该机构的工程图。连接块 5（相当于双滑块机构中的连杆）上有两个孔，一个孔用于与下连杆 4 铰接，另一个孔用圆柱销 7 与上连杆 6 铰接；连接片 9 与圆柱销 7 固接；四个活塞 2 在高压液体的推动下，与下连杆 4、上连杆 6 按顺时针方向依次做往复运动，连接块 5 与连接片 9 做平面运动；连接片 9 上又固结了一个圆柱拨销 8，该拨销随连接片运动时拨动转动导杆 3 转动。设计时可以计算出导杆每转一周所排出液体的质量，再

将转动导杆的输出轴与计数器连接，便可计算出加油量。

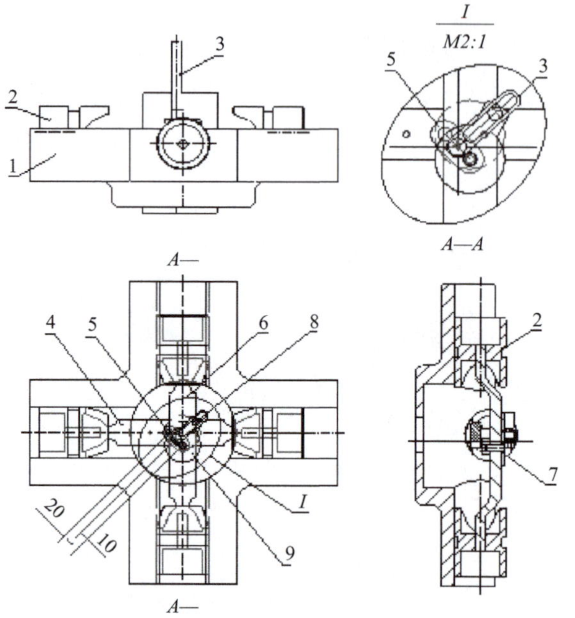

1—壳体；2—活塞；3—转动导杆；4—下连杆；5—连接块；6—上连杆；7—圆柱销；8—圆柱拨销；9—连接片

图 171　液体计量机构工程图

例 29　转动导杆切纸机构

如图 172 所示的机构可将成卷的纸或塑料包装袋切成所需要的长度。其功能是保证上下切刀在切纸时的瞬时速度与送纸的速度一致，以防止纸的堆积或扯断。如果要增加纸的切断长度时，应当提高送纸的速度，同时提高切刀的瞬时速度。反之，应降低切刀的瞬时速度。

如图 173 所示为该机构的工程图。主动齿轮 1 空套在下刀轴 7 上，当绕该轴转动时，其上固接的拨杆 2 拨动导杆 3，通过转动滑块 11 绕 *d-d* 轴变速转动；在导杆 3 的槽内装有滑块 4，该滑块 4 与转臂 5 在 *C* 点铰接，转臂 5 的下端与下刀轴 7 固接；上下刀轴上安装有上下切刀，并安装一对啮合齿轮 6，调整啮合齿轮的位置，可保证上下切刀刃口对齐。

调整切刀瞬时速度的方法有两种：一是调整主动齿轮的速度；二是转动螺杆 10。通过螺母 9 的上下移动调整转动滑块 11 在导杆 3 上的位置，即调整 *d-d* 导杆转轴的位置，保证切刀与纸的速度一致。

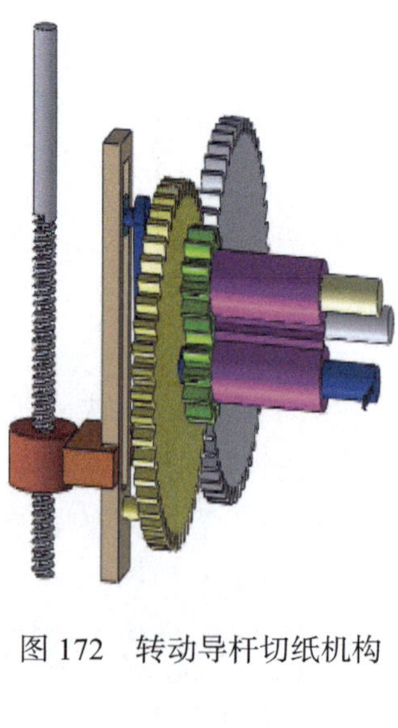

图 172　转动导杆切纸机构

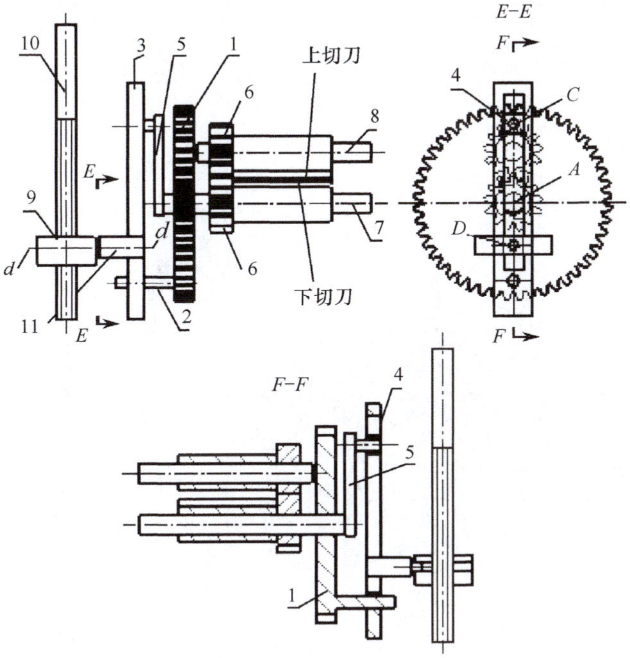

1—主动齿轮；2—拨杆；3—导杆；4—滑块；5—转臂；6—啮合齿轮；7—下刀轴；8—轴；

9—螺母；10—螺杆；11—转动滑块

图 173　转动导杆切纸机构工程图

该机构设计时还应注意一点，应当有消除啮合齿轮的啮合间隙的措施，保证正反转切刀的刃口对齐。

例 30　转动导杆调速机构

如图 174 所示的机构是一种利用转动导杆驱动与其偏置的链轮，使链轮做非匀速转动的机构，并且可以通过调节链轮偏心距的大小，使非匀速转动的链轮的转速进一步变化，以调节切纸刀的切纸瞬时速度，使其与纸的输入速度一致，完成切纸动作。

图 174　转动导杆调速机构

如图 175 所示为该机构的工程图。电动机用同步带轮 1 带动导杆 2 绕 *a-a* 轴转动；链轮组件 3 上的凸轮滚子轴承 7 可在导杆 2 的直槽中滑动；链轮组件 3 绕可调转臂 4 的 *b-b* 轴转动；由于 *a-a* 与 *b-b* 不同轴，可将导杆 2 的匀速转动通过凸轮滚子轴承 7 转化为链轮组件的非匀速转动。用手柄 8 转动螺杆 5，使可调转臂 4 绕 *c-c* 轴转动，以调节 *a-a* 轴与 *b-b* 轴的偏心距的大小，增加了调速范围（见图 176）。链轮组件 3 又用链条 6 把运动传递到切纸刀。通过试切，可使切刀速度与纸速同步。

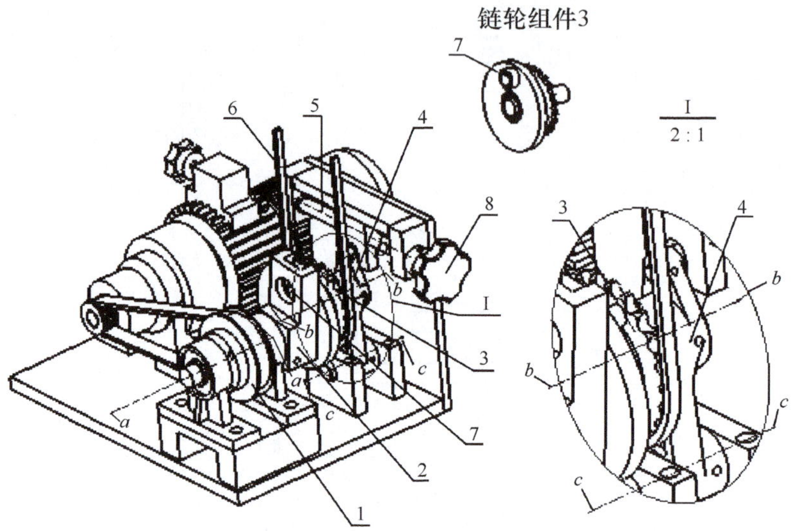

1—同步带轮；2—导杆；3—链轮组件；4—可调转臂；5—螺杆；6—链条；7—凸轮滚子轴承；8—手柄

图 175　转动导杆调速机构工程图

图 176　手柄调节链轮偏心距

例 31　输入 / 输出均为转动的导杆机构

如图 177 所示的机构为输入 / 输出均为转动的导杆机构，当一个主动导杆匀速转动时，通过一个双臂曲柄连接的另一个从动导杆做整周变速旋转。

如图 178 所示为该机构的工程图。主动导杆 1 绕机架上的 *A* 点匀速转动，其上的滑块

2 与双臂曲柄 3 铰接在 *C* 点，双臂曲柄 3 可绕机架上的 *B* 点转动，双臂曲柄的左端又与滑块 4 铰接，使从动导杆 5 也随之转动。主动导杆 1 做匀速转动，从动导杆 5 做变速转动。该机构应保证 *BC*、*BD* 的长度大于 *AB* 的长度。该机构实际上是通过双臂曲柄将两个转动导杆机构串联形成的机构。

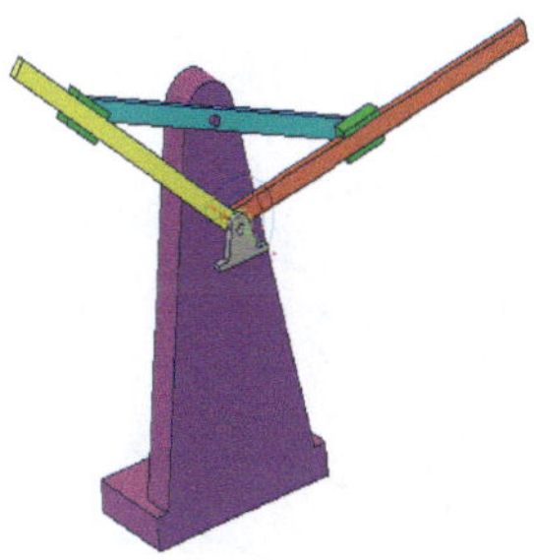

图 177　输入 / 输出均为转动的导杆机构

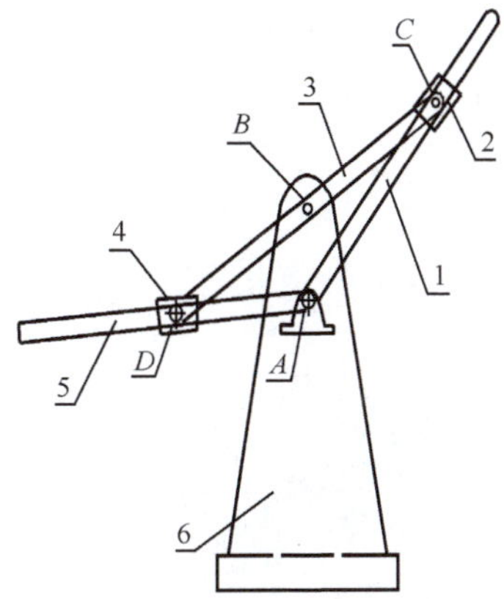

1—主动导杆；2、4—滑块；3—双臂曲柄；5—从动导杆

图 178　输入 / 输出均为转动的导杆机构工程图

例 32　输入 / 输出均为转动的导杆机构应用实例

如图 179 所示的模型为例 31 机构的具体应用实例，只是用两个带直槽的大齿轮作导杆。图 180 为该机构的工程图。主动的小齿轮带动输入端大齿轮 1，绕固定的曲轴 2 的 *a-a* 轴转动，用大齿轮 1 上的滑槽拨动双臂曲柄 3 绕 *b-b* 轴转动，双臂曲柄 3 的另一端在输出端大齿轮 4 上的滑槽内；由于 *a-a* 与 *b-b* 轴线不重合，双臂在转动的同时，还在大齿轮上的直槽中滑动；输入端大齿轮 1 在主动小齿轮驱动下做匀速转动，而输出端大齿轮 4 做变速转动，从动小齿轮也随之做变速转动。

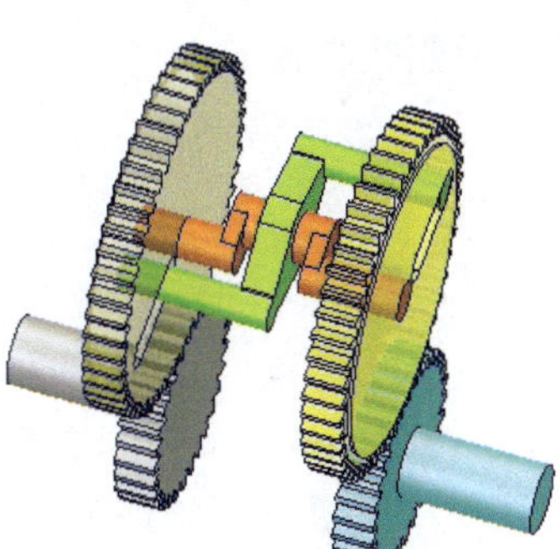

图 179　转动的导杆机构在齿轮传动中的应用

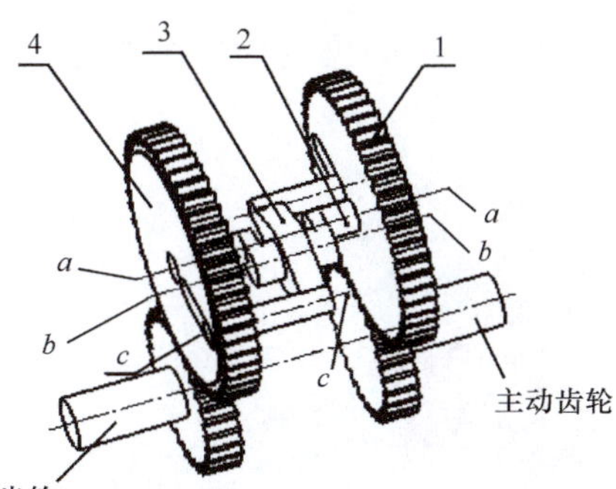

1—输入端大齿轮；2—曲轴；3—双臂曲柄；4—输出端大齿轮

图 180　转动的导杆机构在齿轮传动中的应用工程图

例 33　凸轮齿轮机构

如图 181 所示的机构是利用固接在行星齿轮上的凸轮来调节输出轴转速的机构。

如图 182 所示为其工程图。主动轴 1 与系杆 2 固接；行星齿轮 3 与凸轮 4 固接，与系杆 2 铰接；转臂 5 与从动轴 7 固接，其上的凸轮滚子轴承与行星齿轮 3 上的凸轮轮廓接触；中心齿轮 6 与机架 8 固接；主动轴、从动轴、系杆、转臂轴线与 *a-a* 轴线重合。

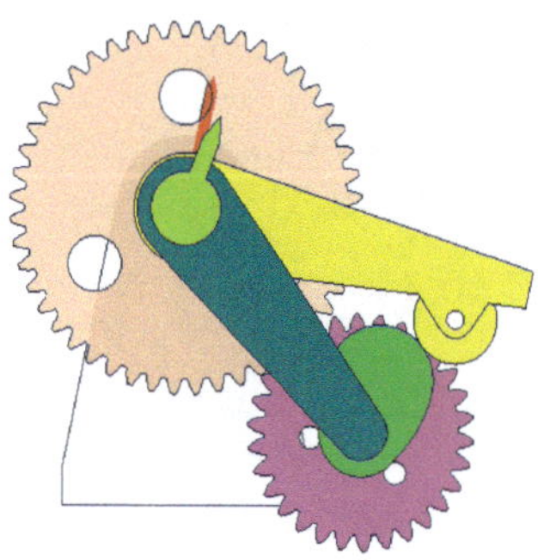

图 181　凸轮齿轮机构

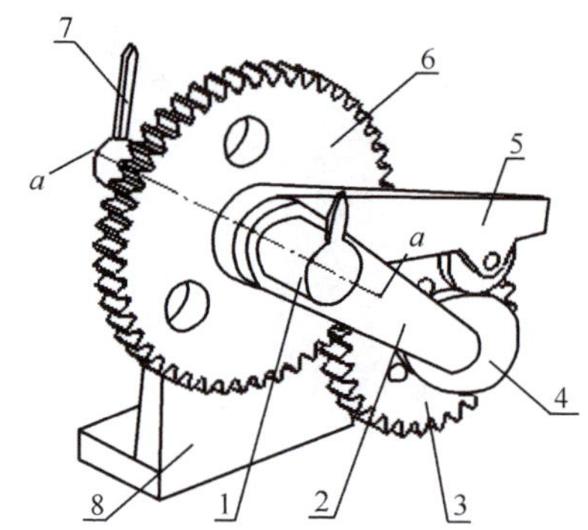

1—主动轴；2—系杆；3—行星齿轮；4—凸轮；5—转臂；
6—中心齿轮；7—从动轴；8—机架

图 182　凸轮齿轮机构工程图

系杆 2 在主动轴 1 驱动下带动行星齿轮 3 转动，凸轮在随行星齿轮自转的同时，驱使转臂 5 绕 *a-a* 轴做变速转动，其结果是从动轴也做变速转动。从仿真模型运动过程中可以看到，分别装在主动轴与从动轴上的两个指针的相对位置是不断变化的。为保证转臂上的滚轮与凸轮的良好接触，应在系杆与转臂间设置一个拉簧（图中未画出）。

例 34　用行星齿轮实现微量进给机构

如图 183 所示的机构为一个微量进给机构，利用行星齿轮机构降速比大的特点实现微量进给。此例中用丝杠带动需移动的构件，手轮转 30 周时，丝杠转一周；若丝杠导程为 6mm，手轮转一周，丝杠仅移动 0.2mm。

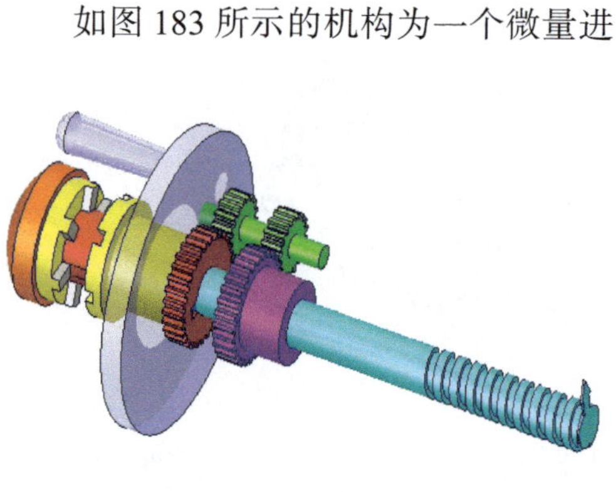

图 183　用行星齿轮实现微量进给机构

如图 184 所示为其工程图，手轮 1 与牙嵌离合器 9 固接，与丝杠转轴铰接；手柄 8、牙嵌离合器 7、活动中心齿轮 6 与丝杠 4 固接；齿轮 5 与机架固接。如图 184 所示为牙嵌离合器 7、9 分离的状态，此时，转动手轮 1（系杆），通过行星齿轮传动，手轮对丝杠的传动比为

$$i_{61}=1-\frac{Z_5\times Z_2}{Z_3\times Z_6}=1-\frac{29\times 17}{17\times 30}=\frac{1}{30}$$

其中，齿轮 2、齿轮 3 齿数 Z_2、Z_3 为 17；齿轮 5 齿数 Z_5 为 29；齿轮 6 齿数 Z_6 为 30。即手轮转 30 周，丝杠转一周。

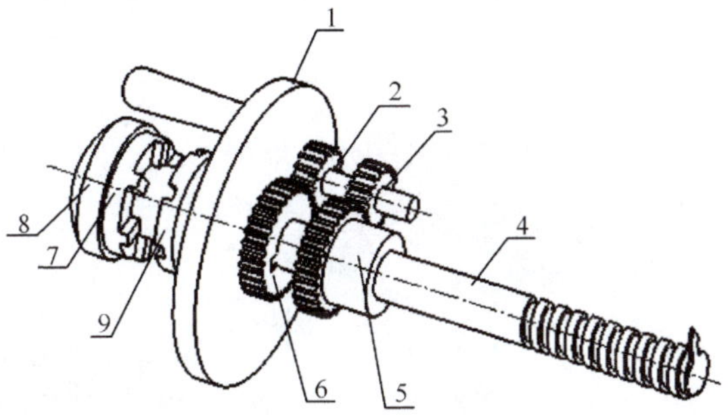

1—手轮（系杆）；2、3—行星齿轮；4—丝杠；5—固定中心齿轮；6—活动中心齿轮；7、9—牙嵌离合器；8—手柄

图 184　用行星齿轮实现微量进给机构工程图

当按下手柄 8 时，牙嵌离合器 7、9 结合，手轮 1 与丝杠联为一体。此时手轮转 1 周，丝杠也转 1 周，如图 185 所示。

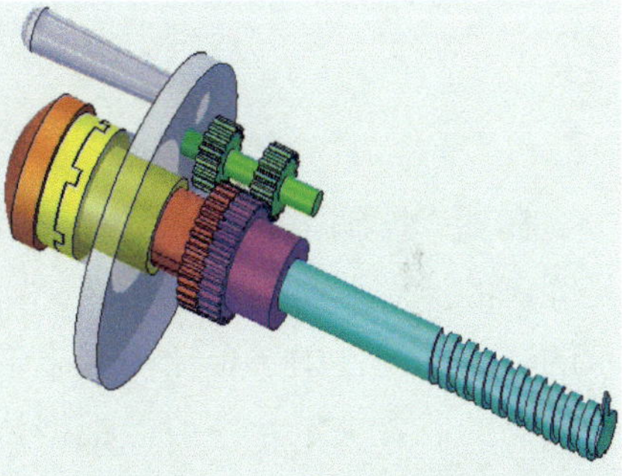

图 185　快速进给机构

目前，步进电机、伺服电机已普遍应用，除了一些专业的单位还是自己设计、制造，更多使用部门常常选择市场采购。但由于机械式无级变速器价格较低、结构简单、操作方便，还是被广泛应用在各行业的产品制造及自动化生产中。机械式无极变速器类型、品种较多，为了方便刚刚从事机械设计的人员了解机械变速技术特点，对几种有代表性的无极变速器进行简单介绍。

机械式无级变速器是在输入轴定转速情况下，使输出轴转速在一定范围内连续变化的一种运动和动力传递装置，一般由变速传动机构、调速机构及加压机构组成。

机械无级变速器的最大特点是用摩擦传递动力，但由于传动件之间的摩擦系数很小，因此要转递一定功率，就必须在传动件之间用加压机构施以较大的正压力。机械无级变速器中采用的加压机构有两大类：一类是恒压加压机构；另一类是自动加压机构。恒压加压机构是按传递最大扭矩时所需的正压力而设计的，摩擦传动件之间的正压力不能随负载变化而改变，无论在空载或满载的情况下，摩擦传动件一直承受很大的压紧力，因此容易引起发热及疲劳破坏，而且传动效率低；自动加压机构能随载荷的大小，自动地调节摩擦传动件之间的压力。

例 35　宽三角带式机械无级调速器

如图 186 所示是一种机械无级调速机构内部结构的示意图。它利用两个活动半带轮在轴向的分离或靠近，来改变与皮带接触圆直径的大小，从而实现无级调速的目的。图 187 是输入轴组件示意图，图 188 是输出轴组件示意图，图 189 是调速器的工程图。

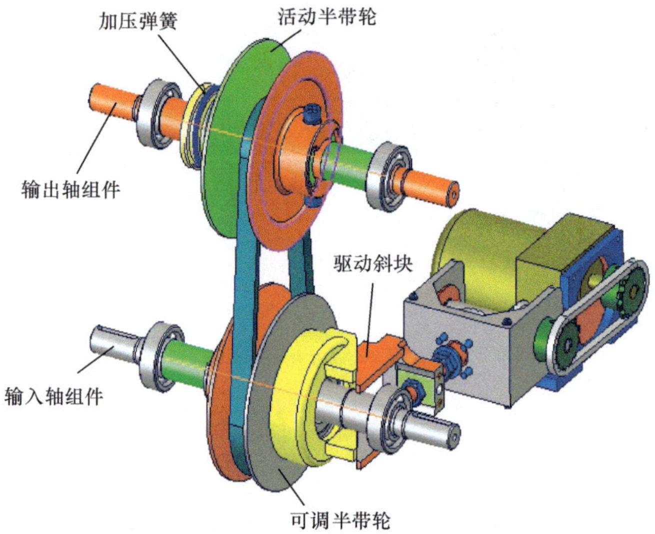

图 186　宽三角带式机械无级调速器

在图 187 输入轴组件图中，可调半带轮在斜块的驱动下可轴向移动。另外的半带轮是固定的。可调半带轮移动后，宽三角带会自动调整与带轮组件的摩擦直径。在图 188 所示的输出轴组件中，可活动的半带轮受调压弹簧的压力控制，其压力的大小可通过调整弹簧挡圈的位置决定，一般应根据传递的最大负载来调定弹簧压缩量，此为恒压装置。当调定的压力过大时，调节斜块所受的摩擦力越大，磨损也越快，这也是该机构常见的问题之一。

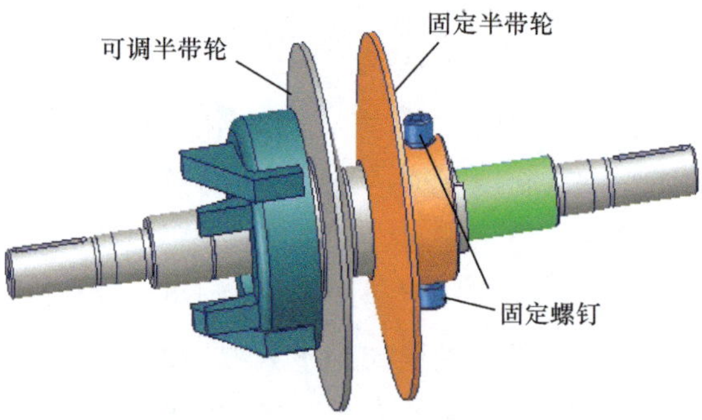

图 187　输入轴组合式的皮带轮机构

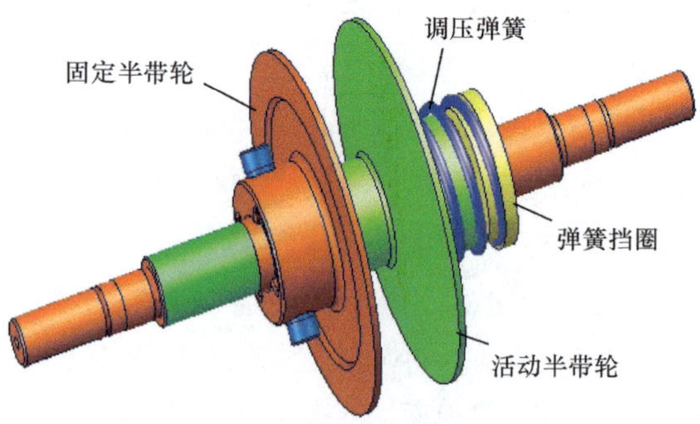

图 188　输出轴组合式皮带轮机构

如图 189 所示，需要调速时，启动电动机 1，通过同步带 2 驱动一对啮合的锥齿轮 3，转动丝杠 4，使驱动斜块 5 前后移动，推动可调半带轮 7 在输入轴 11 上滑动，改变与宽三角带 8 的接触圆直径的大小，输出轴 12 上的活动半带轮 9 在压簧 10 的作用下沿轴向移动，直到与宽三角带接触。

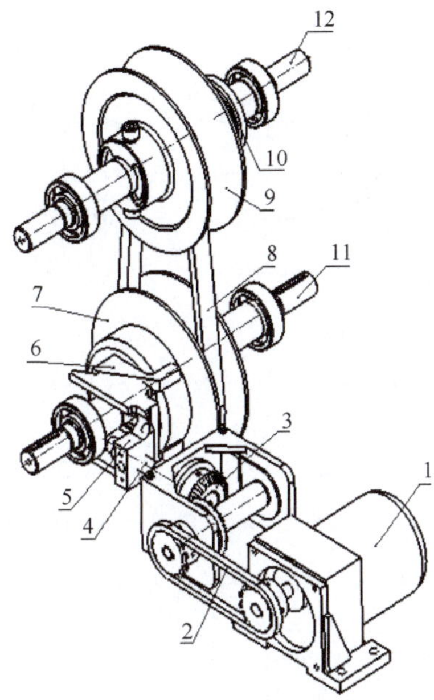

1—电动机；2—同步带；3—锥齿轮；4—丝杠；5—驱动斜块；6—斜块；7—可调半带轮；8—宽三角带；9—活动半带轮；10—压簧；11—输入轴；12—输出轴

图 189　宽三角带机械无级调速器工程图

例 36　钢球无极变速器

图190是钢球无极变速器的示意图，图191显示该机构的主要传动件，图192是其工程图。

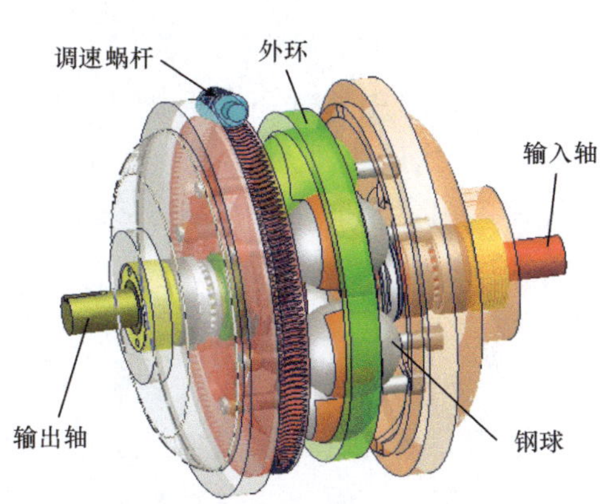

图 190　钢球无极变速器

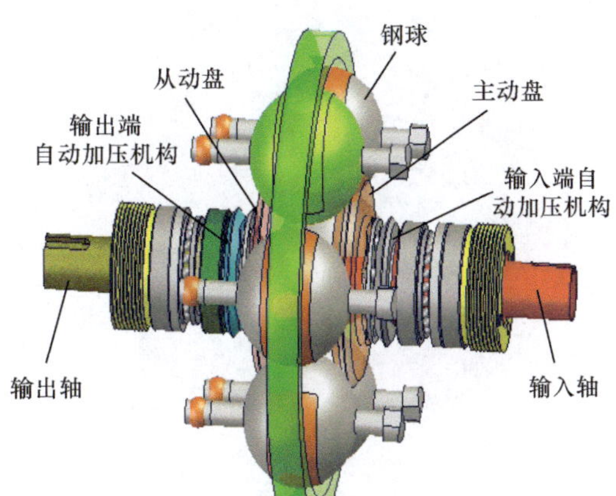

图 191　主要传动件

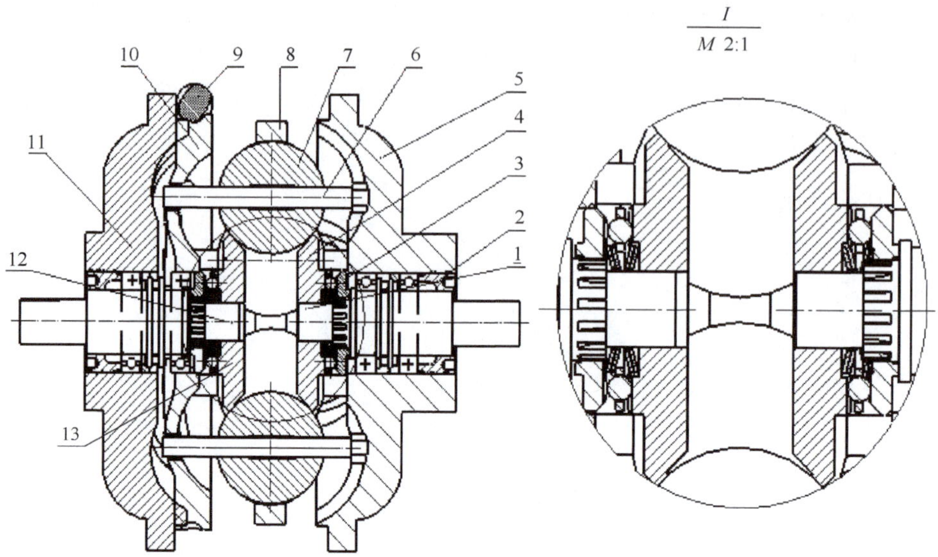

1—输入轴；2—调节螺母；3—自动加压机构；4—主动盘；5—右端盖；6—支承轴；7—钢球；8—外环；9—调速蜗杆；10—调速蜗轮；11—左端盖；12—输出轴；13—从动盘

图 192　钢球无极变速器工程图

当输入轴 1 转动时，输入端的自动加压机构 3 带动主动盘 4 回转。在圆周方向均布七个钢球 7，钢球 7 套装在支承轴 6 上。主动盘 4 通过摩擦力，使钢球 7 及从动盘 13 回转，最后通过输出端的自动加压机构将转速传递给输出轴 12。外环 8 是一个弹性环，使钢球不能沿径向飞出，并有吸收震动的作用。

图 193 所示为无极变速器调速机构运动仿真模型。转动调速蜗杆 9 使蜗轮 10 转动，用蜗轮端面的斜圆弧槽迫使支承轴 6 绕钢球球心摆动，使主从动盘与钢球 7 的接触半径发生变化，实现了无级调速。

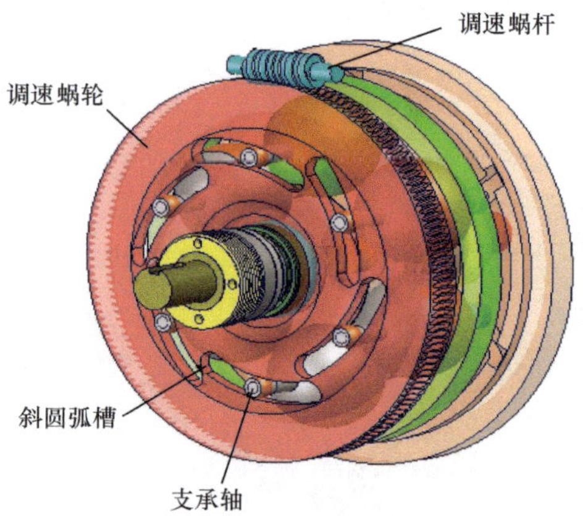

图 193　钢球无极变速器调速机构

图 194 所示是输入端与输出端的自动加压机构，图 195 是输入端自动加压机构的放大图。

输入端加压盘与输入轴以花键连接，主动盘空套在输入轴上；在主动盘和加压盘的端面上各有数条 V 形槽，加压钢球放置其间，保持架使钢球不沿径向飞出；碟形弹簧背对背放置，其间隔着调整垫圈。在没有载荷时，钢球位于 V 形槽的底部与 V 形槽的两个侧壁同时接触。此时加压机构不产生轴向力，而是靠碟形弹簧的预紧力产生初始压力。当有负载时，加压盘与主动盘 V 形槽产生一定错位，而产生一个水平力，载荷越大，水平力也越大，驱动钢球的摩擦力越大。

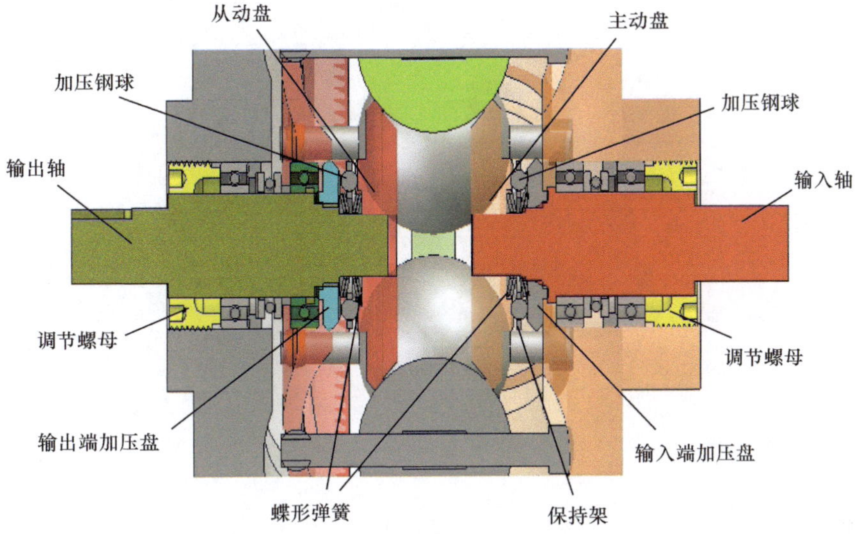

图 194　钢球无极变速器两端的自动加压机构

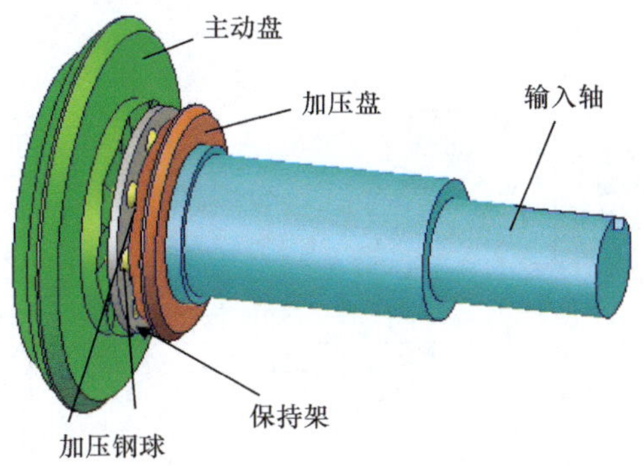

图 195　输入端自动加压机构

例 37　棱锥无极变速器

如图 196 所示为一个棱锥无极变速器。图 197 是其工程图。棱锥无级变速器的主要传动件是主动盘 11、棱锥 8 和外环 10。在输入端和输出端各采用了一套自动加压机构，以保证摩擦传动件之间产生必要且适宜的压紧力。

当输入轴 1 转动时，输入端自动加压机构 12 带动主动盘 11 回转。在支架 3 的圆周方向上均布着八个棱锥 8，在摩擦力的作用下，主动盘 11 迫使棱锥 8 及外环 10 转动，进而再通过输出端自动加压机构 9 带动转盘 5 及输出轴 6 回转。

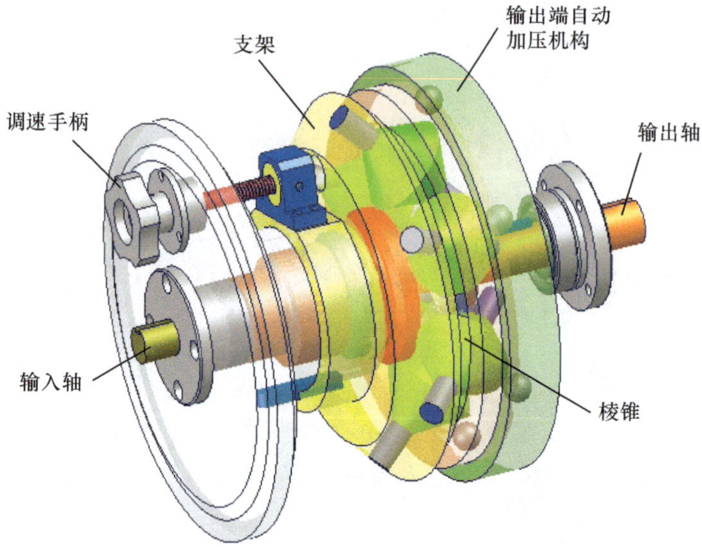

图 196　棱锥无极变速器

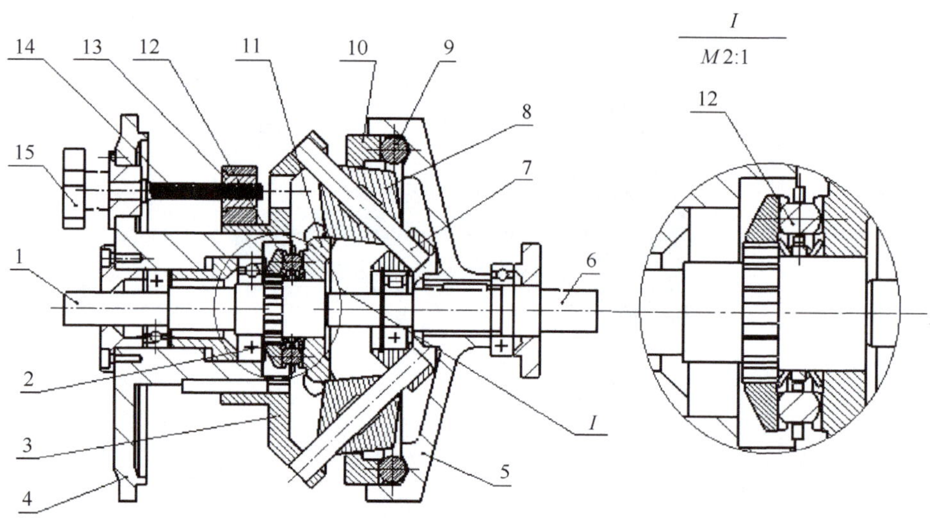

1—输入轴；2—加压盘；3—支架；4—端盖；5—转盘；6—输出轴；7—支承轴；8—棱锥；9—输出端自动加压机构；10—外环；11—主动盘；12——输入端自动加压机构；13—螺母；14—调速丝杠；15—手柄

图 197　棱锥无极变速器工程图

输入轴端的轴承盖是个调整环节，用来压缩自动加压机构 12 中的碟形弹簧，在各摩擦传动件之间产生初始压力。

螺母 13 装在支架 3 上，当转动调速丝杠 14 时，支架 3 即沿端盖 4 上的导向圆柱轴向移动，棱锥 8 在随支架 3 水平移动的同时，还自动地沿支承轴 7 的轴线方向相应移动，使主动盘 11 及外环 10 与棱锥 8 的接触点位置发生变化，从而实现无级调速（见图 198）。

图 198 棱锥无极变速器调速机构

例 38 行星锥无极变速器

如图 199 所示是一个行星锥无极变速器，图 200 是其工程图。

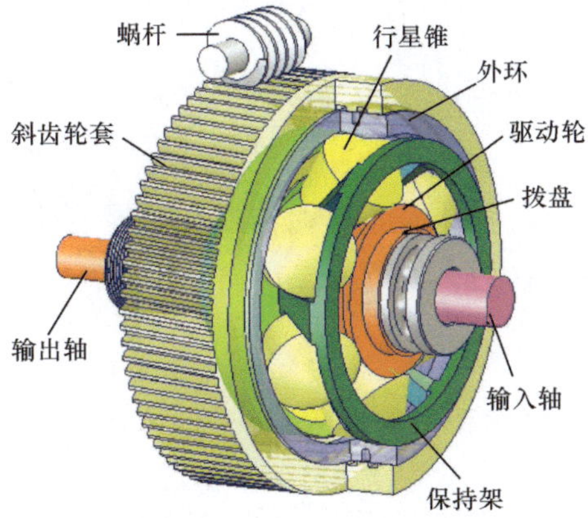

图 199 行星锥无极变速器

行星锥无级变速器具有恒扭矩的输出特性。驱动轮 1 空套在输入轴 2 上，靠与其固接拨盘 3 带动。在圆周方向上等距分布着五个行星锥 5，用保持架 4 将它们隔开。外环 6 不能转动，但可以沿水平方向做轴向移动。在驱动轮 1 及外环 6 的作用下，行星锥 5 围绕本身轴线自转的同时还绕驱动轮 1 公转，并通过摩擦力使从动盘 7 随之转动。从动盘空套在输出轴 11 上，通过自动加压机构 12 将运动传递给输出轴 11 。

用手转动调速蜗杆 9，使斜齿轮套 8 转动，来带着外环 6 做轴向移动，使外环 6 与行星锥 5 接触点位置发生变化，从而实现无级调速。

调整螺母 10 用于压缩自动加压机构的碟形弹簧，以便在摩擦传动件之间产生必要的初始压力。

行星锥无极变速器输入轴与输出轴同轴线，结构紧凑，体积小。行星锥做行星运动，因此可得到较大的变速范围，且静止和运转状态均可调速。

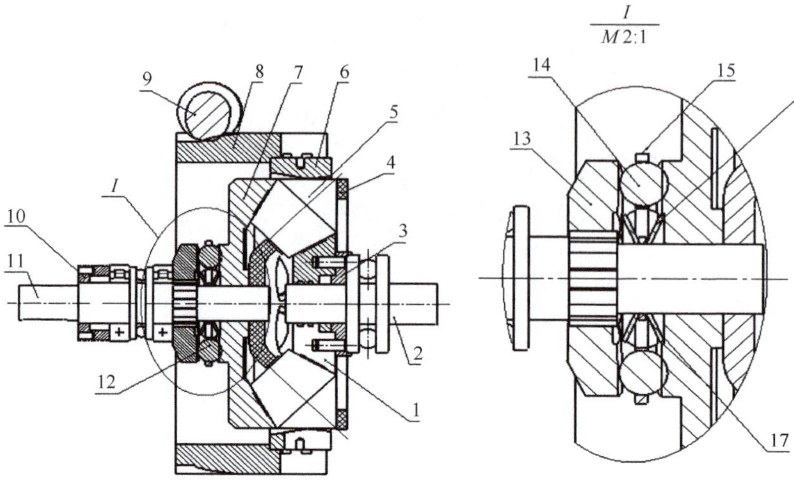

1—驱动轮；2—输入轴；3—拨盘；4—保持架；5—行星锥；6—外环；7—从动盘；8—斜齿轮套；9—蜗杆；10—调节螺母；11—输出轴；12—自动加压机构；13—加压盘；14—加压钢球；15—钢球保持架；16—蝶形弹簧；17—调整垫圈

图 200　行星锥无极变速器工程图

以上简单说明了几种有代表性的机械无极调速器的运动原理、调速方法及主要的传动构件。希望读者对其有基本的了解，以便在选型、维护、修理以及设计其他机构时有所参考。另外，无极变速器调速的范围不宽，有时需要与其他变速机构串接起来；最好把机械无极变速器安排在传动链的高速段，即与电动机直接联接。

例 39　普通回轮式六角车床装刀盘运动机构

如图 201 所示为一个回轮式六角车床刀盘分度机构。回轮刀盘与刀盘主轴固接，其轴线是水平的。刀盘的端面有六个安装刀具的孔，当刀具孔转到最上端位置时，与机床主轴中心正好同心。回轮刀盘可沿着床身导轨（未显示）做纵向进给运动，可在挡块的作用下，每纵向进给一次，刀盘转动一次，换把新刀可车削台阶轴。但刀盘不能做横向直线进给，只能做成形车削，通过回轮刀盘的缓慢转动来实现切槽及切断等工作。在横向转动进给过程中，刀尖运动的轨迹是圆弧，所以刀具的前角和后角是变动的，但由于回轮式六角车床主要用于加工直径较小的零件，而回轮刀盘的直径却相对大得多，所以刀具前角和后角的变化量很小，对切削工作影响不大。

图 201 对应的模型仿真运动展示了刀盘横向车削或换刀运动的过程。回转刀盘与刀盘轴固接，分度轴与小齿轮、锥齿轮、蜗轮、分度手轮固接。动作顺序为：转动插拔小手柄拔出插销（见图 202）；转动小手轮（或大手轮、分度手轮）以转动分度轴，用小齿轮驱动回转刀盘上的大齿轮，回转刀盘随之缓慢转动，用装在刀盘最上端孔中的刀（未显示）进行一次横向进给或转换到另外一把刀。

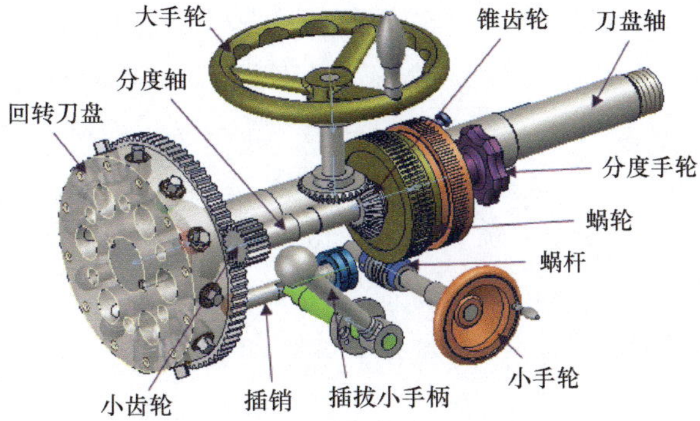

图 201　回转刀盘分度机构

图 202 对应动画是插拔销动作的仿真，拨杆结构简单实用。

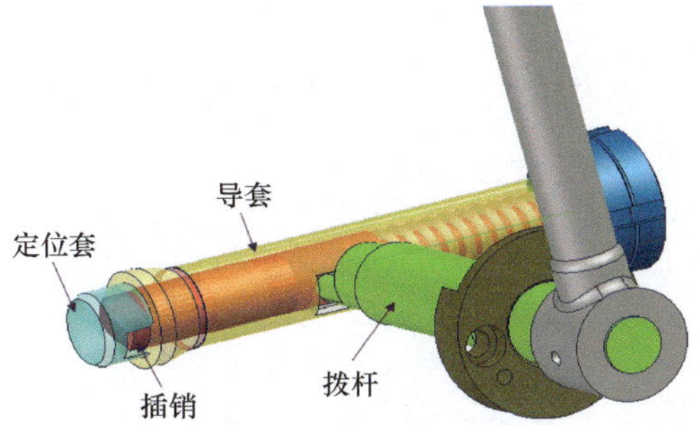

图 202　插拔销机构

例 40　旋转取纸机构

如图 203 所示的机构用六个装有真空吸盘的转臂，连续快速地从纸槽中取出单张印刷纸，并输送到水平位置的输送带上。

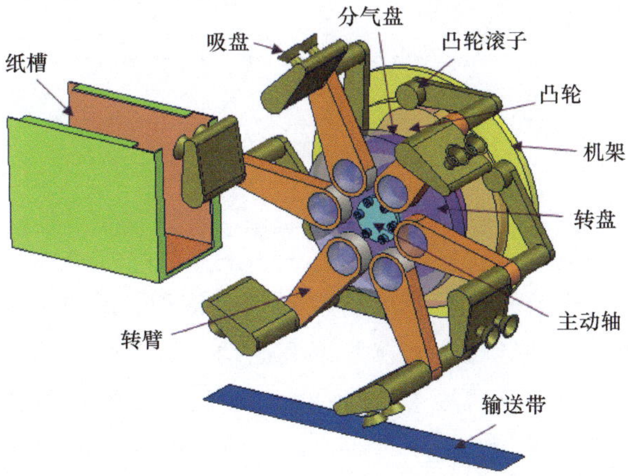

图 203　旋转取纸机构

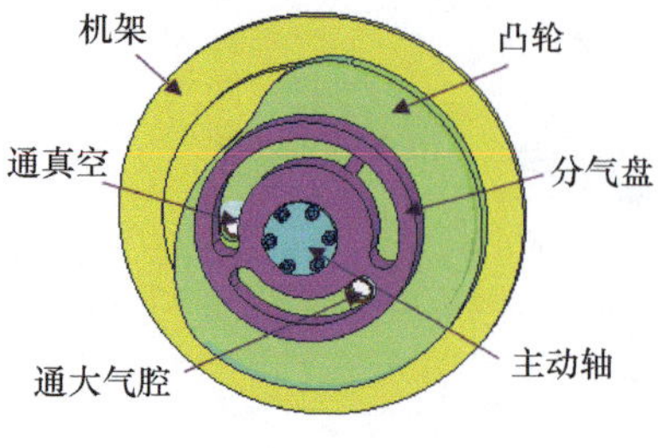

图 204　分气盘、凸轮、机架组合

分气盘、凸轮与机架固接成一组件（见图 204）；主动轴与转盘固接；转臂前端装有真空吸盘，后端装有与凸轮配合的凸轮滚子；转臂与转盘铰接，在凸轮的作用下，保证吸盘经过纸槽时与吸取的单张纸平行，便于顺利取纸。吸盘在取纸位置时，与分气盘上的通真空半月槽接通，当吸盘旋转到下水平位置时断真空通大气，单张纸落到输送线上。

2. 往复摆动运动机构的仿真实例

往复摆动运动机构是指输出构件（从动构件）做往复摆动的机构，且机构完成一个运动周期，从动件回复到初始位置。

例 41　双滑块与齿轮齿条组合机构

如图 205 所示是双滑块与齿轮齿条机构串接的组合机构，即前一个机构的输出构件与后一个机构的输入构件连接。图 206 是该机构的工程图。

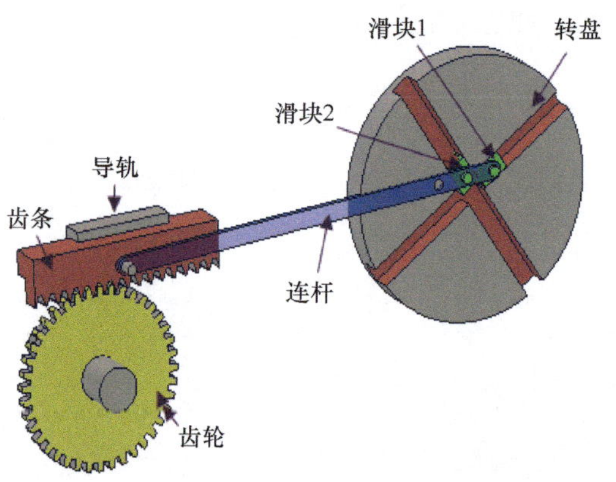

图 205　双滑块与齿轮齿条组合机构

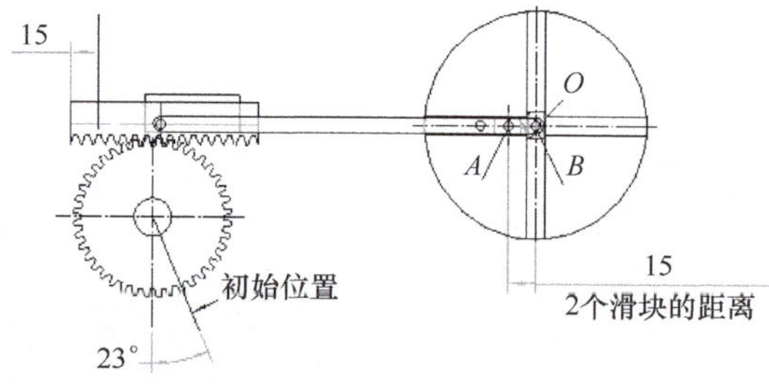

图 206　双滑块与齿轮齿条组合机构工程图

前一个双滑块机构中带有垂直导槽的转盘做匀速转动，通过两个滑块及连杆，带动后一个齿轮齿条机构中的齿条在导轨中做往复直线运动，齿条又带动齿轮做摆动。

在图 206 中连杆上的 B 点（滑块 1 的转动中心）与转盘的中心 O 点重合是该机构的极限位置之一，另一极限位置为滑块 2 中心点 A 与 O 点重合，因此，做直线移动的齿条从最左端的极限位置移动到最右端极限位置的距离是两滑块间距 15mm，齿轮也从初始位置顺时针转过 23°。若要增大齿轮摆动角度，可以增大连杆与两滑块的配合距离。如图 207 所示是将此距离增大到 30mm 的模型，图 208 是此模型的工程图。

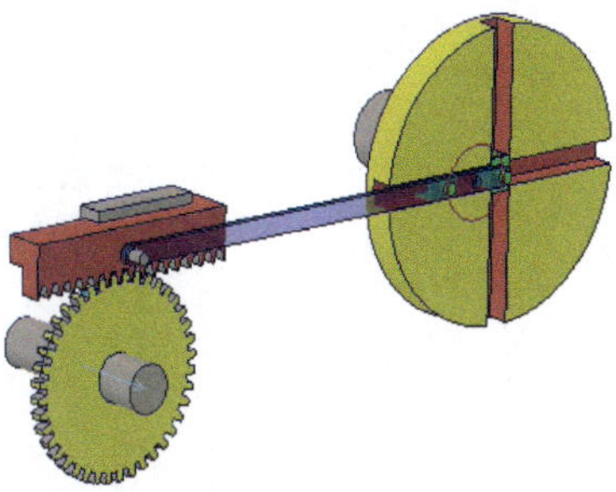

图 207　增大连板孔距至 30mm

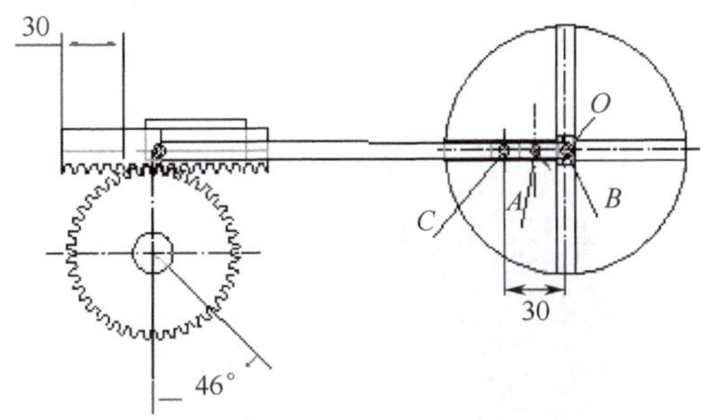

图 208　增大连板孔距至 30mm 工程图

例 42　四杆导杆机构

如图 209 所示的四杆导杆机构，它的三个活动构件的角速度始终相等。图 210 为该机构的工程图。主动导杆 1 绕固定在机架上的圆弧滑块 4 上的 *A* 点转动，与导杆 1 组成滑动副 *C* 的导杆 2 可在导杆 1 上滑动；导杆 2 又与圆弧导杆 3 在 *D* 处组成滑动副，其结果是圆弧导杆 3 沿圆弧滑块 4 绕 *B* 点转动。导杆 1、导杆 2 与圆弧导杆 3 的角速度相等。

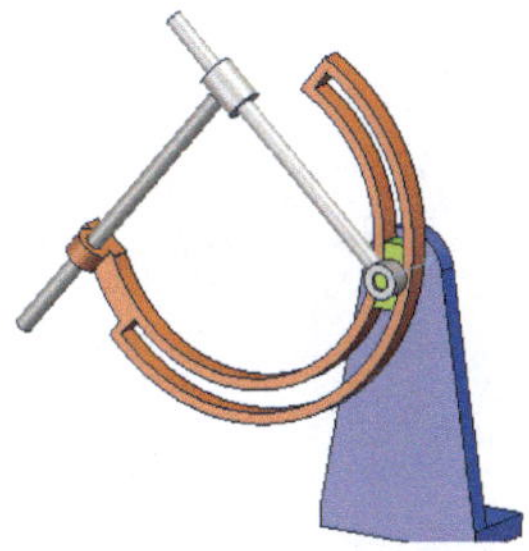

图 209　四杆导杆机构

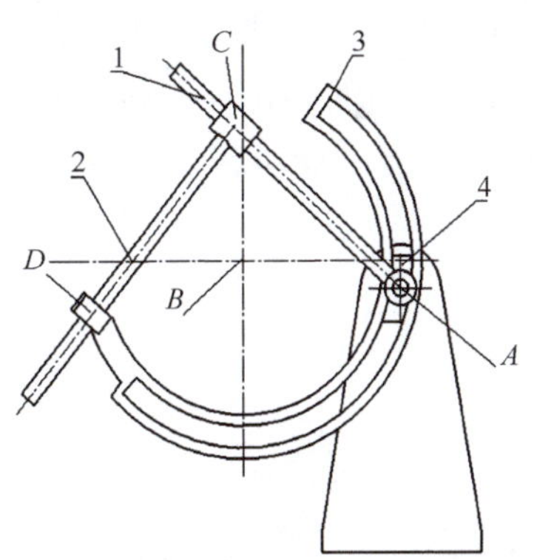

1、2—导杆；3—圆弧导杆；4—圆弧滑块

图 210　四杆导杆机构工程图

例 43　摇台机构

如图 211 所示的摇台机构是食品生产中用来摇制元宵的机构，属于空间机构。图 212 是该机构的工程图。

主动曲柄 1 绕机架上的 *a-a* 轴转动，*B* 点的球面轴承将曲柄与摇台 2 铰接，摇台 2 与摇杆 3 在 C 点铰接，摇杆 3 与轴 4 在 D 点铰接，轴 4 与机架上的轴座铰接。曲柄的匀速转动迫使摇台 2 完成摇制元宵的动作。

图 211　摇台机构

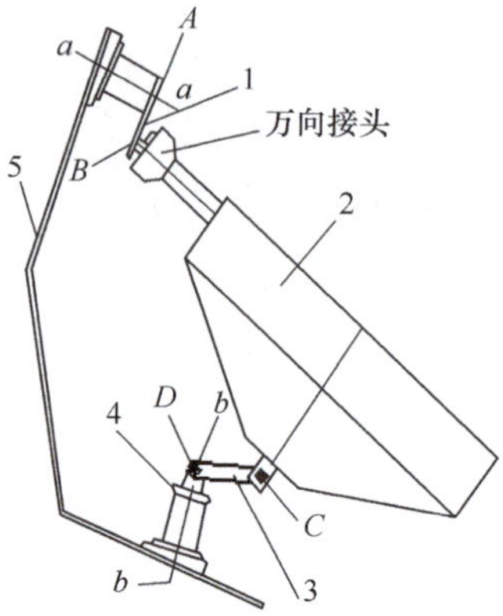

1—曲柄；2—摇台；3—摇杆；4—轴；5—机架

图 212　摇台机构工程图

例 44　雨刷器

如图 213 所示的车用雨刷器由曲柄摇杆机构与平行四杆机构串接而成，图 214 是其工程图。两个雨刷 6 是平行四杆机构 *EHGF* 中的摇杆，分别与 *EH*、*FG* 固接，并与曲柄摇杆机构 *ABCD* 中的摇杆 3 铰接，*HG* 为机架。主动曲柄 1 绕机架上的 *A* 点转动时，雨刷 6 完成刷雨水运动。该机构有下述两个特点。

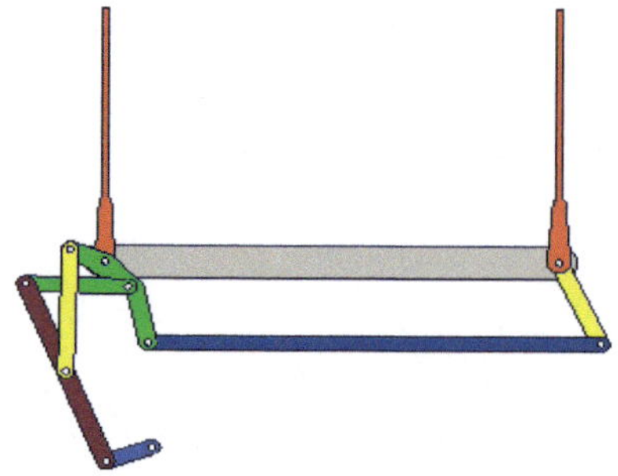

图 213　雨刷器

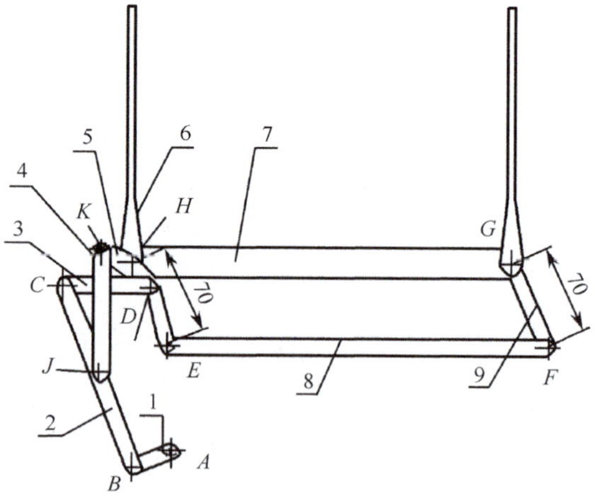

1—主动曲柄；2—杆；3、5、9—摇杆；4—连接杆；6—雨刷；7—机架；8—连杆

图 214　雨刷器工程图

① 曲柄摇杆机构 *ABCD* 除了 *A* 点与电动机的转动轴固接外，没有固定杆，即无机架，摇杆 3 上的 *D* 点与摇杆 5 铰接。

② 增加了一个连接杆 4，该杆与杆 2 在 *J* 点铰接，与摇杆 5 在 *K* 点铰接。

特点①是为了使雨刷器的运动能满足设计要求，若把 *D* 点与机架铰接，使 *AD* 固定，则该机构运动到如图 215 所示的位置时，连接杆 4 与 *KH* 共线，雨刷器停止运动。若 *D* 点不与摇杆 5 连接，也不与机架连接，相当于摇杆 3 失去作用，虽然机构可以运动，但不是所需要的运动（见图 216）。

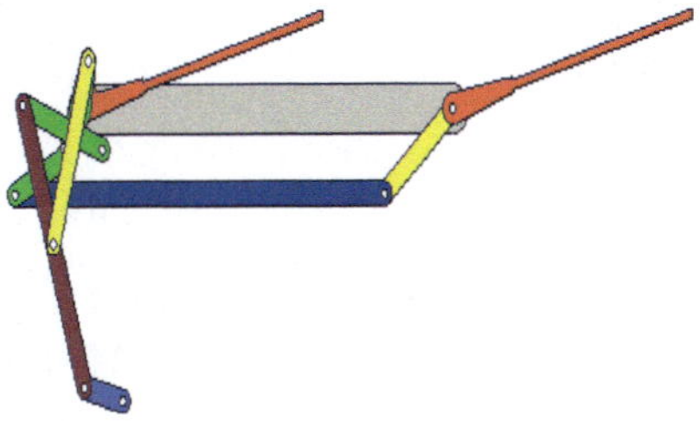

图 215　*D* 点固定，机构运动到该位置时停止运动

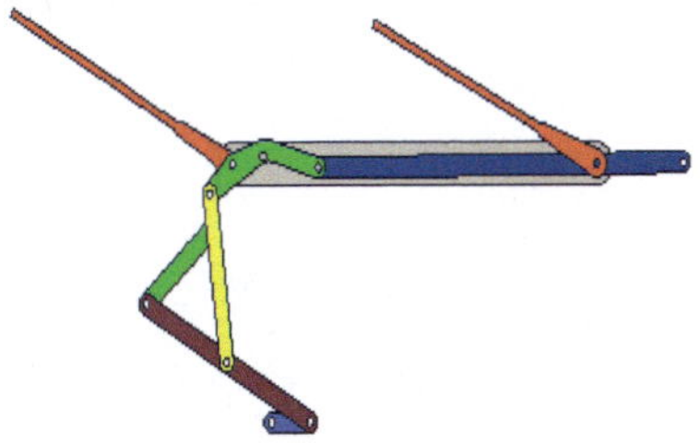

图 216　*D* 点不连接时机构运动模型

特点①与特点②的共同作用除了保证机构的运动满足要求外，还保证了机构中的雨刷有较大的摆角。这一点可用如图 217 所示的方法来证明，该方法是暂时让连接杆 4 失去作用，相当于没有此杆，虽然该雨刷器可以摆动，但雨刷摆动的角度就不能满足要求了，或者有可能发生平行四杆机构绕 *H* 点转动的情况，详见此图的仿真动画。

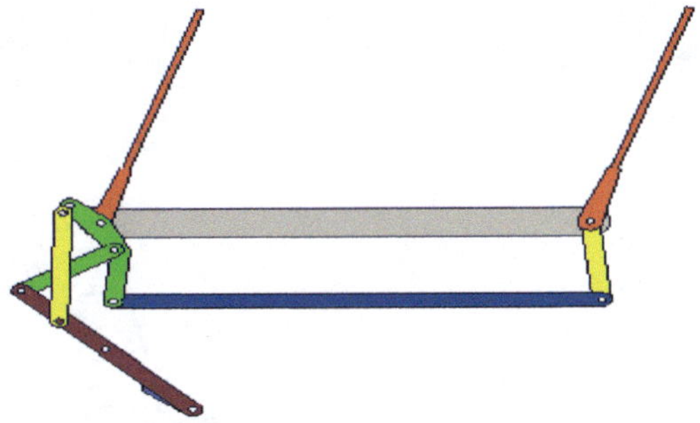

图 217　连接杆 4 失去作用时机构的运动模型

平行四杆机构可保证两个雨刷摆动角度相同且不会发生干涉。曲柄 1 用电动机驱动绕 *A* 轴匀速转动，从动雨刷做变速摆动并有急回特性。

例 45　车外球回转刀架

如图 218 所示为车外球回转刀架。当其用在普通车床上时需卸掉车床的小刀架，再安装上该回转刀架，并在车床的横向用挡块将回转刀架固定，使回转刀架横向不能移动。

图 219 是该回转刀架的工程图。

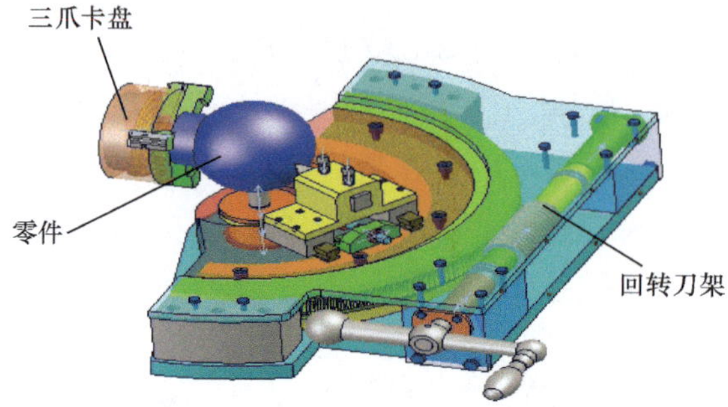

图 218　车外球回转刀架

加工前，首先应插上对刀棒 7，移动安装在线性导轨 5 上的刀架 2，使车刀与对刀棒 7 接触，记住刻度；然后根据所加工零件球体半径，把车刀后退到大于球半径的位置，随后再拔出对刀棒；在三爪卡盘上安装零件，使零件球体的中心与对刀棒的轴线重合；加工是靠刀架 2 进刀，以及靠手柄转动蜗杆，使蜗杆驱动蜗轮绕回转中心转动车制所要求的外球体。图 218 所对应的运动仿真动画只是展示了蜗轮蜗杆转动的过程，没有进刀过程。

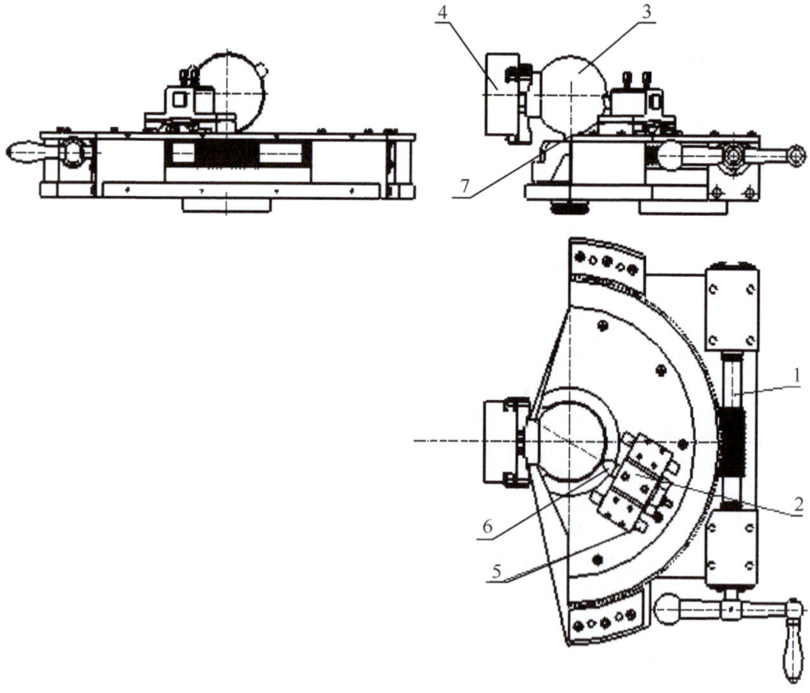

1—蜗轮蜗杆机构；2—刀架；3—零件；4—三爪卡盘；5—线性导轨；6—车刀；7—对刀棒

图 219　车外球回转刀架工程图

例 46　车内球回转刀架

如图 220 所示是车内球的回转刀架。图 221 是该机构的工程图。加工前把该回转刀架的底架加持在车床的小刀架的刀台上，用车床的中托板丝杠手柄做进刀。要将回转刀架深入到被加工零件内部，刀架横向也应固定，使刀架的回转中心在零件过球心的轴平面上。依靠回转刀架的转动及中托板丝杠进刀完成内球体的车制，注意加工过程中要不断地进行测量。

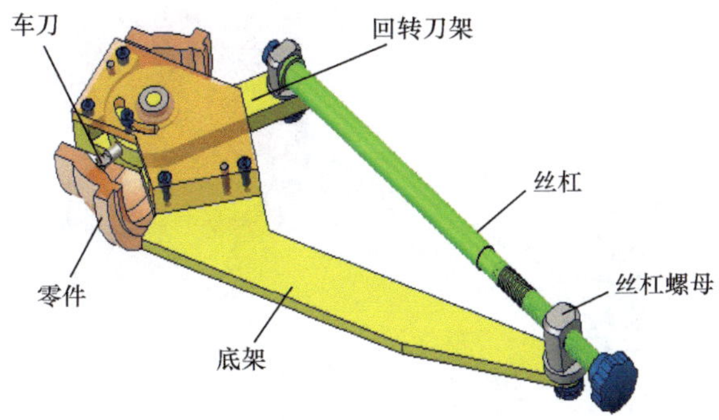

图 220　车内球回转刀架

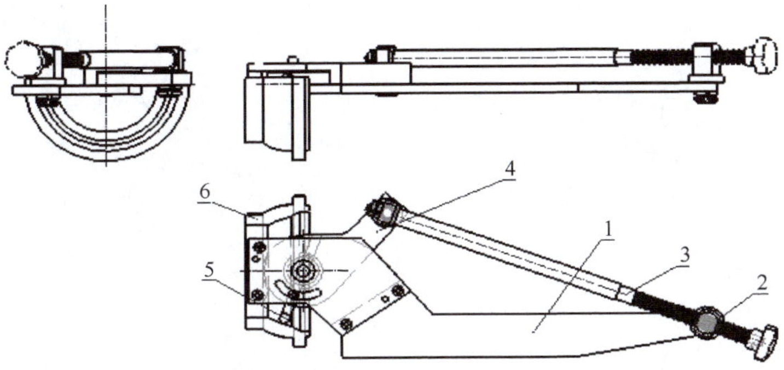

1—底架；2—丝杠螺母；3—丝杠；4—回转刀架；5—车刀；6—零件

图 221　车内球回转刀架工程图

例 47　扇形齿轮作摇杆的间歇送料机构

如图 222 所示为一个典型的曲柄摇杆机构与齿轮机构组合的应用实例。主动曲柄做整周匀速转动，从动摇杆（扇形齿轮）做变速摆动。曲柄与连杆的长度可以调节，其目的是改变摇杆即扇形齿轮的摆动角度与机构的起始位置；从动小齿轮与扇形齿轮做反向转动。

图 223 为其工程图，*AB* 为曲柄 1，其长度可用手轮 5 调节；*BC* 为连杆，为方便调节

长度，其上的可调连杆 2 两端采用正反螺纹；扇形齿轮 3 绕定轴 *D* 摆动，它相当于一个摇杆；与扇形齿轮啮合的小齿轮 4 是从动件，小齿轮绕自身轴线做正反两个方向旋转。扇形齿轮非匀速摆动，并有急回特性，小齿轮也做非匀速转动。采用小齿轮与扇形齿轮啮合可获得大的传动比，即小齿轮可获得更大的转动角度。当用电磁离合器与小齿轮轴连接，小齿轮反转时，离合器分离，可实现小齿轮所驱动的构件的停歇，以满足步进输送物料的要求。图 224 为其应用实例。

图 222　扇形齿轮作摇杆的间歇送料机构

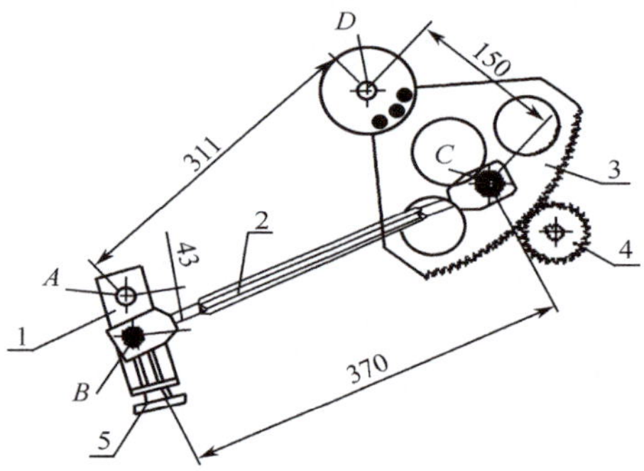

1—可调曲柄；2—可调连杆；3—扇形齿轮；4—小齿轮；5—手轮

图 223　扇形齿轮作摇杆的间歇送料机构工程图

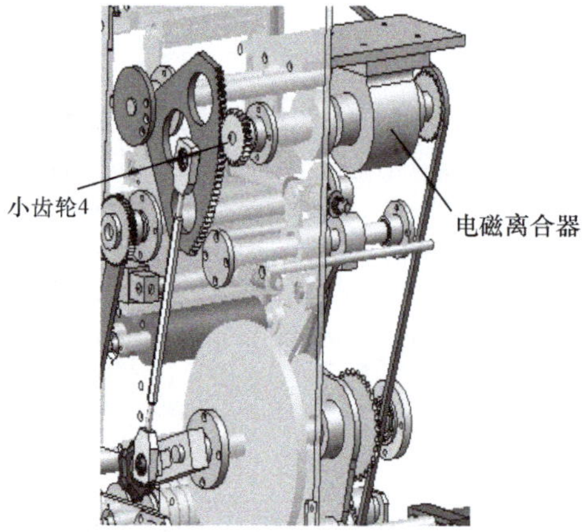

图 224　扇形齿轮作摇杆的间歇送料机构应用实例

例 48　可逆转坐席机构

如图 225 所示为可逆转坐席机构的运动原理模型，图 226 为其工程图。图中 *ABCD* 铰链四杆机构为一个双摇杆机构；件 1、2 为摇杆，坐垫 3 为机架，靠背 4 为连杆。摇杆 1 绕 *A* 点顺时针转过一个角度时，靠背 4 在摇杆 1、2 的作用下旋转 180°。

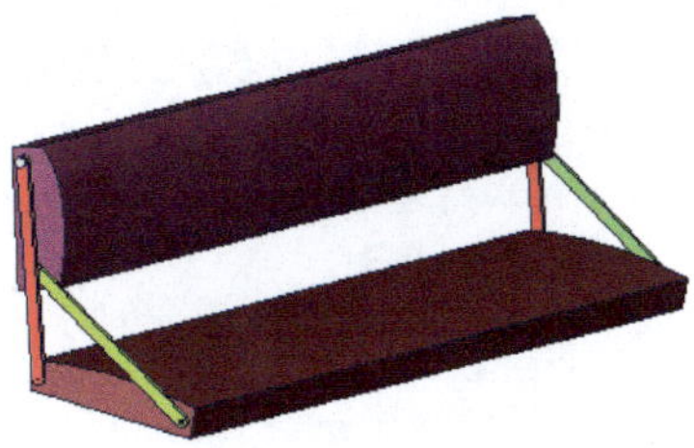

图 225　可逆转坐席机构

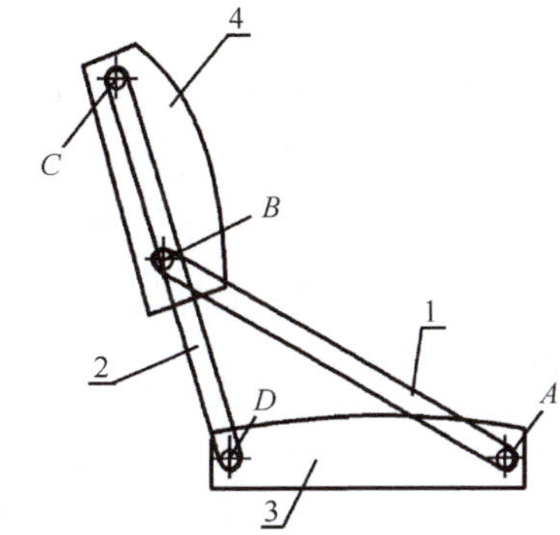

1、2—摇杆；3—机架（坐垫）；4—连杆（靠背）

图 226　可逆转坐席机构工程图

例 49　砂箱翻转机构

如图 227 所示的砂箱翻转机构为外形复杂的铸件采用分模造型时所用的机构。在上下砂箱中型砂充填完毕翻箱起模时要保证上下砂箱不能有较大的错位，该机构为一个双摇杆机构。

如图 228 所示为该机构的工程图，*ABCD* 为双摇杆机构，*AB* 为摇杆 1，*CD* 为摇杆 2，*CB* 为连杆，*AD* 为机架。上砂箱 3 与连杆固接，下砂箱 4 静止不动。可根据要求确定摇杆 1、摇杆 2 的运动轨迹 *R*1、*R*2，从而确定各构件的尺寸。该机构也可用于大型灌装设备的开盖机构。

图 227　砂箱翻转机构

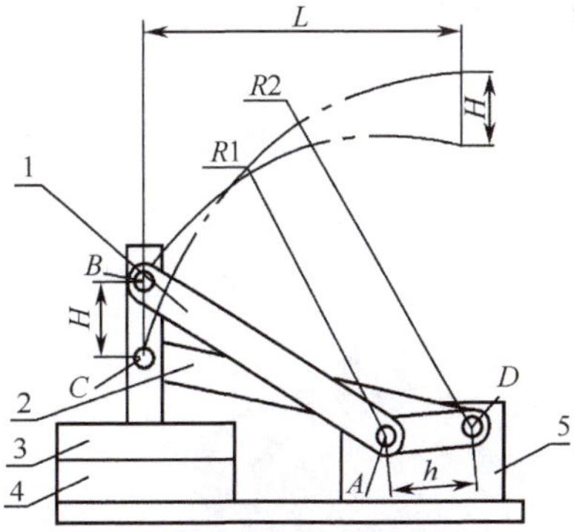

1、2—摇杆；3—上砂箱；4—下砂箱；5—机架

图 228　砂箱翻转机构工程图

例 50　单侧停歇机构

如图 229 所示的单侧有停歇的机构，利用曲柄摇杆机构中摆动的摇杆上的一个圆销及

锁弧，驱动一个类似槽轮机构中的槽轮做间歇运动。

图 230 是该机构的工程图，主动曲柄 1 绕机架上的 A 点转动，摇杆 3 绕机架上的 D 点做摆动，摇杆 3 上固接有圆柱销 E。当摇杆 3 在曲柄的驱动下逆时针摆动时，圆柱销 E 进入摆杆 4 的槽内并驱动摆杆 4 绕 O 点摆动；当摇杆 3 顺时针摆动，转动到 DE 与摆杆 4 的槽垂直位置时，圆柱销 E 脱离摆杆 4，此刻，摇杆上的凸圆弧将摆杆 4 上的凹圆弧锁住，摆杆 4 停歇。

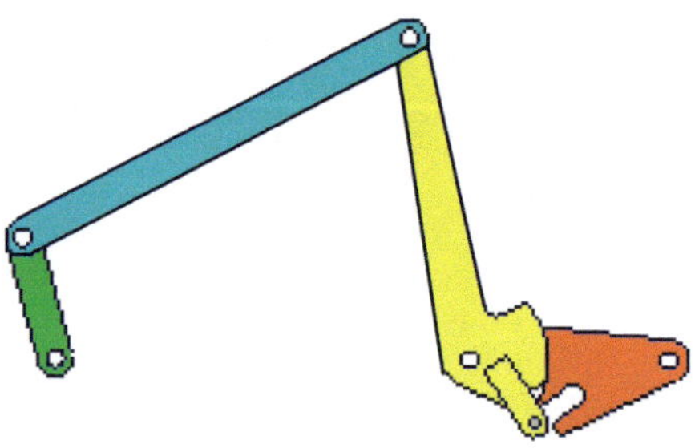

图 229　单侧停歇机构

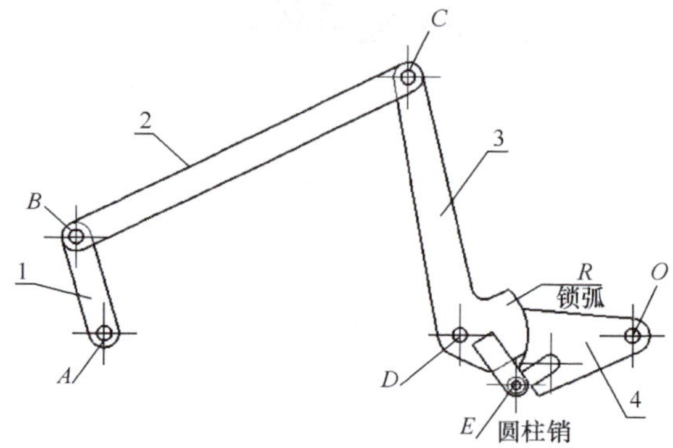

1—曲柄；2—连杆；3—摇杆；4—摆杆

图 230　单侧停歇机构工程图

例 51　开关炉门机构

如图 231 所示的开关炉门机构是一种常用于实验室及热表面处理部门的设备。由于加热温度高，要求保温效果好，因此炉门较重，一般要求用机械开启，采用该图所示的双摇杆机构。

如图 232 所示为其工程图。在双摇杆机构 $ABCD$ 中，AB 为摇杆 2，CD 为摇杆 1，连杆 CD 为炉门 3，AD 为机架 5。件 1 为主动摇杆，件 2 为从动摇杆。设计该机构主要是根据炉门打开、关闭时的两个位置要求，来确定两个摇杆的运动轨迹的。

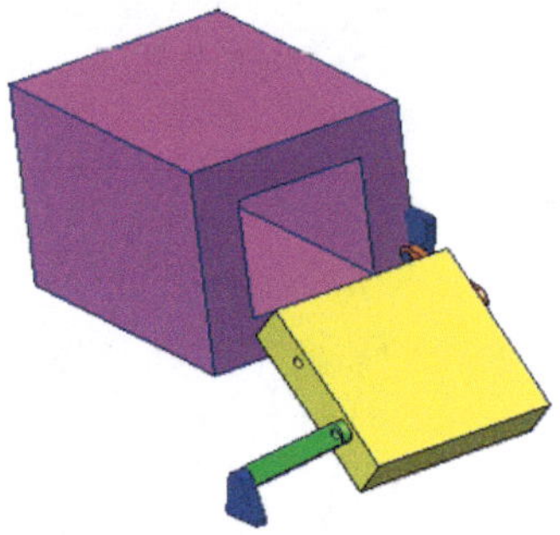

图 231　开关炉门机构

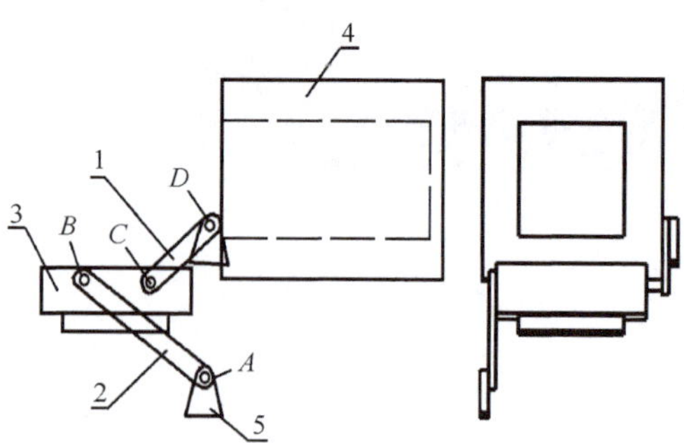

1、2—摇杆；3—炉门；4—加热箱；5—机架

图 232　开关炉门机构工程图

例 52 气弹簧翻转机构

气弹簧翻转机构如图 233 所示。利用具有弹性的支撑力，解决尺寸较大的钣金件绕铰链翻转后位置不稳定、来回摆动的问题。气弹簧是一种常用的五金件，应用于各行业中，本例只是介绍气弹簧的使用方法。可根据阻力矩的大小，使气弹簧充填一定压力的气体，其一般有两种使用类型，一是伸出型，二是收缩型。伸出型的气弹簧加压气体推动活塞杆伸出，自然状态下活塞杆是伸出的；而收缩型气弹簧活塞杆的自然状态是收缩的，加压气体使活塞杆收回。无论使用哪种类型的气弹簧都需要预压力，将转动构件翻转到位后，可利用气弹簧产生的翻转力矩来克服阻力矩，两力矩方向相反，才可阻止所翻转构件的摆动。

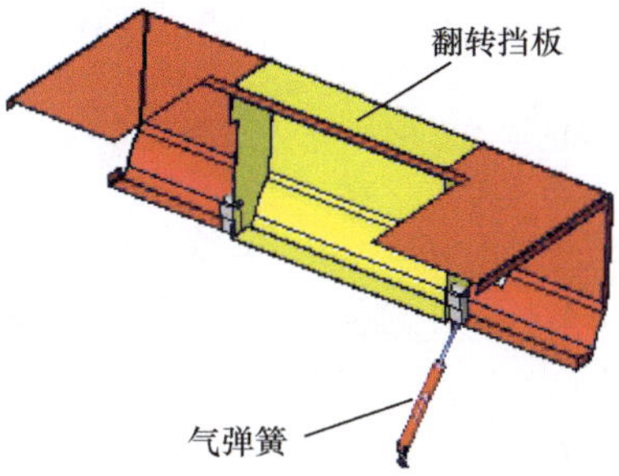

图 233 气弹簧翻转机构

例 53 齿轮副连接曲柄摇杆与摆动导杆机构

如图 234 所示的机构是通过一扇形齿轮（摇杆）与圆柱齿轮的啮合，将曲柄摇杆机构与摆动导杆机构串接，并使导杆在两个极限位置处得到短暂停歇的机构。

图 234 齿轮副连接曲柄摇杆与摆动导杆机构

如图 235 所示为该机构的工程图。*ABCD* 为一个曲柄摇杆机构，*EFG* 为摆动导杆机构。曲柄 1 与机架在 *A* 点铰接，曲柄绕 *A* 点旋转时，扇形齿轮 3 绕机架上的 *D* 点摆动；与扇形齿轮啮合的齿轮 4 绕机架上的 *E* 点摆动；齿轮 4 上固接的摆杆 5 跟随齿轮 4 摆动；摆杆

5 在 F 点与滑块 6 铰接，滑块 6 随摆杆 5 摆动的同时又沿导杆 7 滑动，从而使导杆 7 绕 G 点摆动。机构将曲柄的旋转运动转变成导杆的摆动。

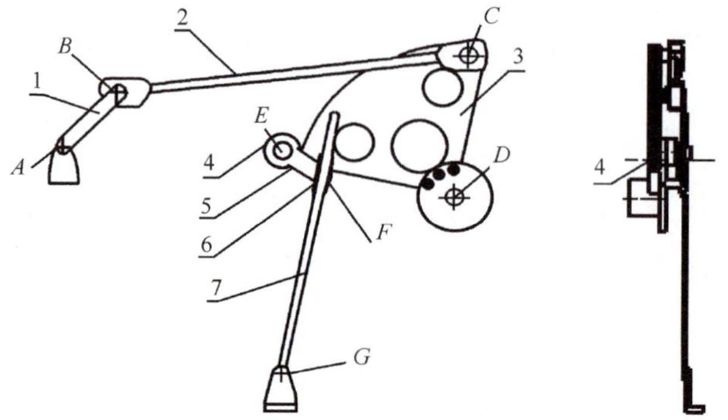

1—曲柄；2—连杆；3—扇形齿轮；4—齿轮；5—摆杆；6—滑块；7—导杆

图 235　齿轮副连接曲柄摇杆与摆动导杆机构工程图

摇杆 CD（扇形齿轮）在左极限位置（曲柄与连杆重合，见图 236）和在右极限位置（见图 237）时，摇杆 CD 的角速度方向改变，使导杆 7 在两极限位置有短暂的停歇。

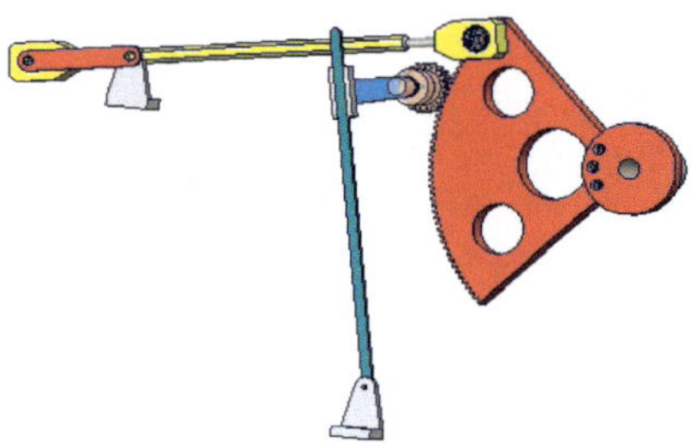

图 236　摇杆在左极限位置

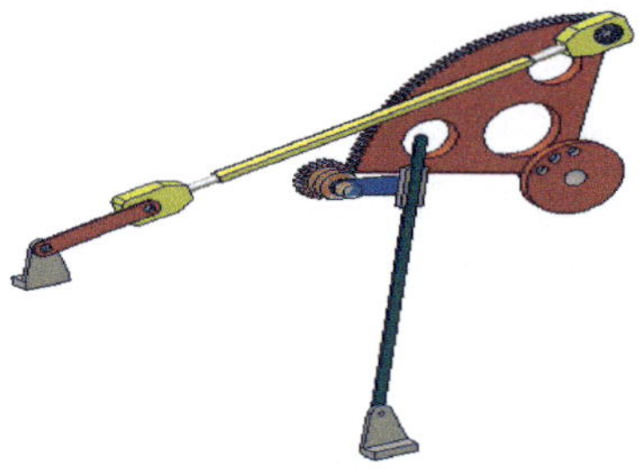

图 237　摇杆在右极限位置

设计该机构时要根据导杆 7 的尺寸和摆角大小，确定摆杆 5 的尺寸，即求出摆动的弧长；该弧长与齿轮转动的弧长有关；齿轮的尺寸与扇形齿轮的尺寸有关；在保证扇形齿轮有足够的啮合弧长后，确定曲柄的长度。设计时要保证曲柄存在的条件。

例 54　前轮转向机构

如图 238 所示为汽车前轮转向机构模型，移动推拉杆时前轮摆动完成转弯。

如图 239 所示为该机构的工程图。$ABCD$ 四杆机构为双摇杆机构。装有一个前轮的 CD 杆为摇杆 1，装有另一个前轮的 AB 杆为摇杆 2，AD 为机架 3，BC 为连杆 4，拉杆 5 在 E 点与摇杆 1 铰接。

汽车转弯时为使后轮与地面做纯滚动，应保证前后轮呈如图 239 所示的几何关系：推动拉杆 5，使摇杆 1 转过 α 角，摇杆 2 转过 β 角，两前轮轴线的交点 P 应落在后轮轴线上。另外，要注意在双摇杆机构中无论哪个摇杆主动，均有两个死点位置，所以转角应在合理范围内。

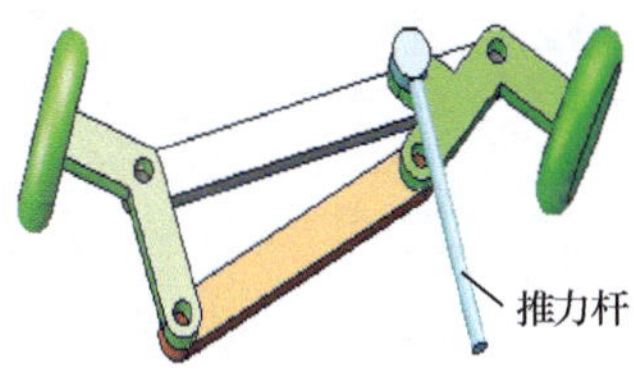

图 238　前轮转向机构

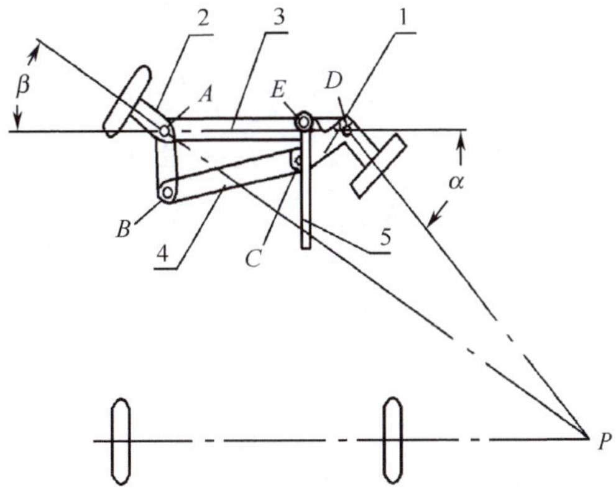

1、2—摇杆；3—机架；4—连杆；5—拉杆

图 239　转弯时前后轮保持的几何关系

例 55　换向机构

如图 240 所示的换向机构，是差动轮系与曲柄滑块的组合机构。主动系杆是曲柄，连杆与行星齿轮固接，使行星齿轮的自转受到限制。

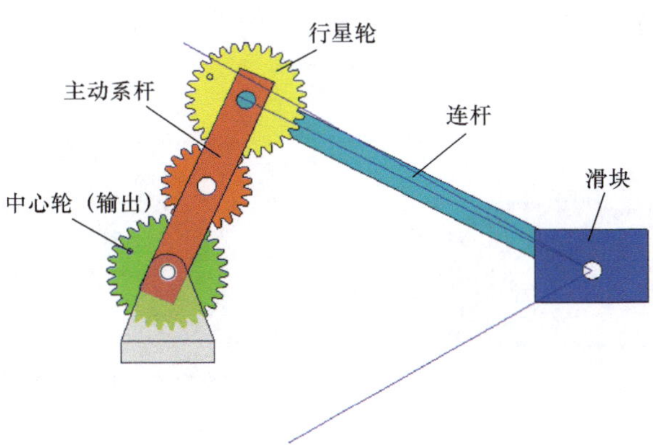

图 240　换向机构

图 241 是其工程图。中心轮 1、系杆 3 在 A 点与轴座 7 铰接，惰轮 2 与中心轮 1 及行星齿轮 6 啮合，惰轮 2 和行星齿轮 6 与系杆 3 分别在 B、C 点铰接；行星齿轮 6 与中心轮 1 尺寸相等，并与连杆 4 固接；滑块 5 与连杆 4 在 D 点铰接，可在机架上沿水平方向滑动。当系杆 3 主动旋转时，输出的中心轮 1 与连杆 4 有相同的摆动角度。

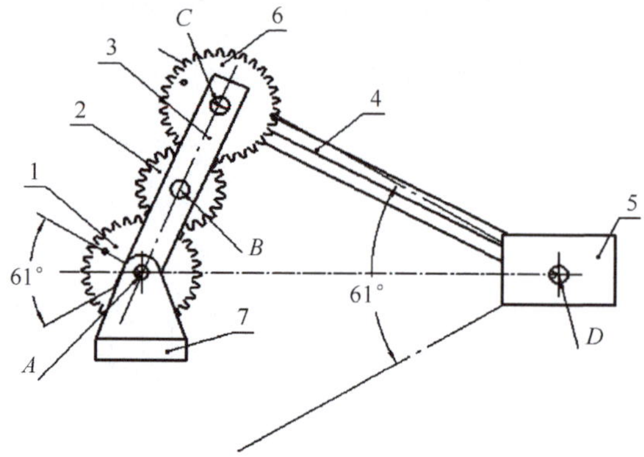

1—中心轮；2—惰轮；3—系杆；4—连杆；5—滑块；6—行星齿轮；7—轴座

图 241　换向机构工程图

例 56　双连杆送料机构

如图 242 所示的双连杆送料机构可完成物料的接力运送工作。用链传动将有两个自由度的铰链五杆机构和一个曲柄摇杆机构组合起来，并利用两个连杆完成物料的接力运送。

如图 243 所示为该机构的工程图。*ABCDE* 为铰链五杆机构，*FGHE* 为曲柄摇杆机构，连接杆 3、6 固接并在 *E* 点与机架 9 铰接。曲柄 1 与链轮 7 固接，通过链条与链轮 7 的同向转动，使另一个固接在链轮 8 上的曲柄 4 也随之转动。初始位置时曲柄 1、曲柄 4 的夹角为 150°，两个连杆 *BC* 与 *GH* 的夹角为 90°。主动链轮 7 通过带动两个曲柄转动，使两个连杆交接完成物料的输入与输出。

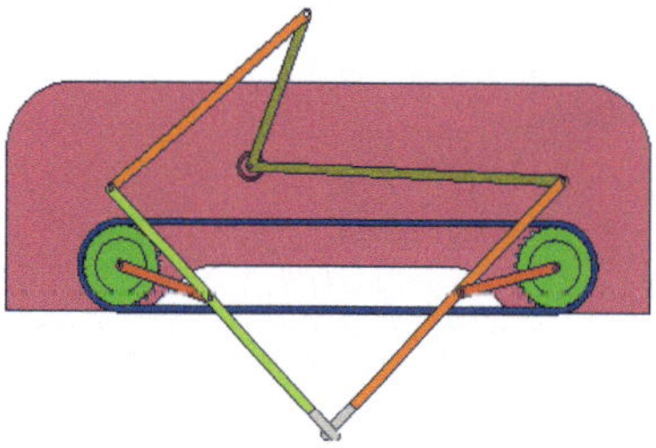

图 242　双连杆送料机构

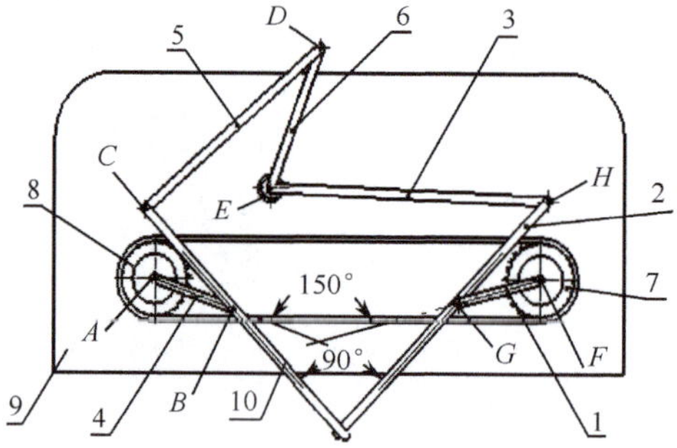

1、4—曲柄；2、10—连杆；3、5、6—连接杆；7、8—链轮；9—机架

图 243　双连杆送料机构工程图

例 57　输送机构

如图 244 所示的输送机构应用于翻草机，它是一个五杆机构与一个曲柄摇杆机构的组

合机构，利用摇杆下端点的轨迹完成所需的运动。

图 245 是该输送机构的工程图。*OABC* 为曲柄摇杆机构，*OADEG* 为五杆机构，两机构用一个Ⅲ副构件 2 连接。当主动曲柄 1 匀速转动时，摇杆 3 与摇杆 4 做相互交替的翻草动作。

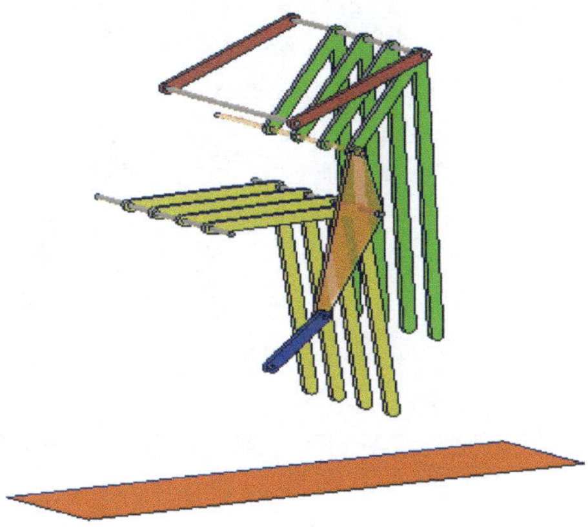

图 244　输送机构

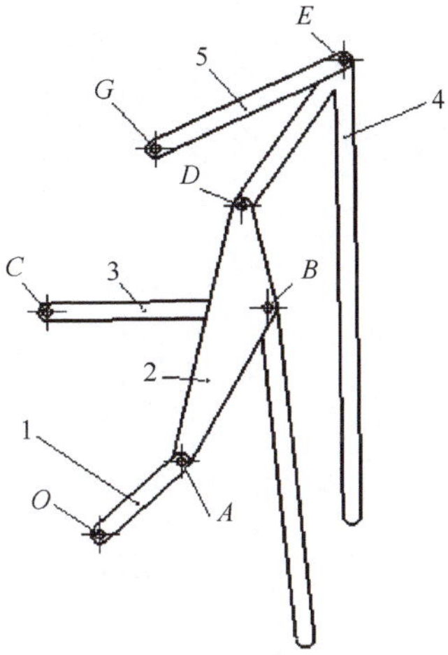

1—曲柄；2—连杆；3 ～ 5—摇杆

图 245　输送机构工程图

例 58　正反转销驱动摆杆机构

如图 246 所示为正反转销驱动摆杆机构，可将转动转换成导杆的往复摆动。它通过两个反向转动的圆柱销（也可用多个），驱动一个带滑槽的导杆做往复摆动。

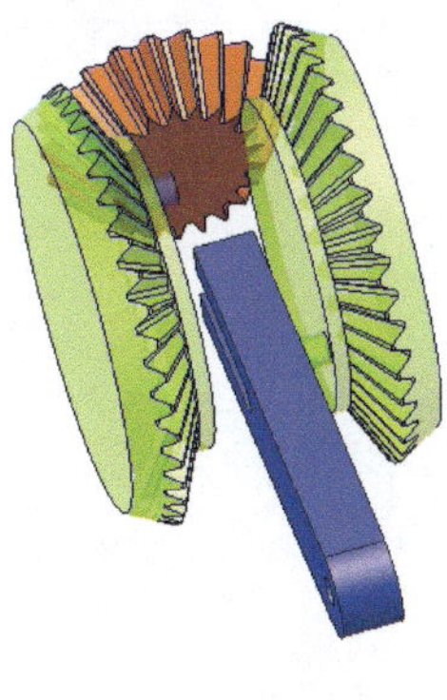

图 246　正反转销驱动摆杆机构

如图 247 所示为其工程图。主动的小锥齿轮 1 同时与两个大小相同的锥齿轮 2 啮合，在锥齿轮 2 上各固接一个圆柱拨销 3，两个对装锥齿轮 2 转动方向相反，圆柱拨销 3 交替拨动导杆 4，使从动导杆 4 绕机架上的 *A* 点往复摆动。要保证机构中导杆的槽不能与拨销脱离，如图 248 所示，导杆在到达上极限位置时，一个拨销脱离，同时另一个拨销入槽。

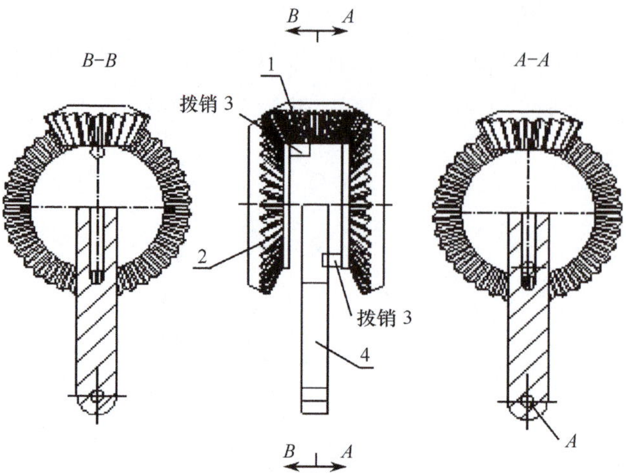

1—小锥齿轮；2—锥齿轮；3—圆柱拨销；4—导杆

图 247　正反转销驱动摆杆机构工程图

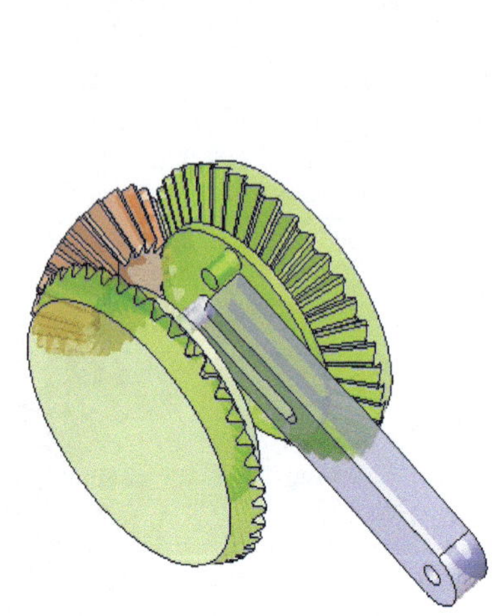

图 248　导杆在上极限位置时，转换拨销拨动

例 59　翻转机构

如图 249 所示的翻转机构，可将所夹持的零件翻转 180°。它将主动滑块的直线移动转换成零件夹持器 180° 的翻转。

如图 250 所示为其工程图，构件 1 ～ 4 组成一个摇杆滑块机构，夹持器 2 在 *B* 点与摇杆 1 铰接，在 *C* 点与滑块铰接。当主动的滑块 3 沿滑座 4 左右移动时，摇杆 1 绕机架上的 *A* 点摆动，零件夹持器 2 绕 *C* 点摆动；设定滑块 3 移动的距离，可保证夹持器 2 将零件翻转 180°；零件通过输送线应事先送到夹持器中。该机构反转的零件不能准确定位，只解决翻转问题。滑块移动的行程大小决定了夹持器翻转角度的大小，若需要较大的行程时，构件 3 也可用齿条制作，并用齿轮来驱动。

图 249　翻转机构

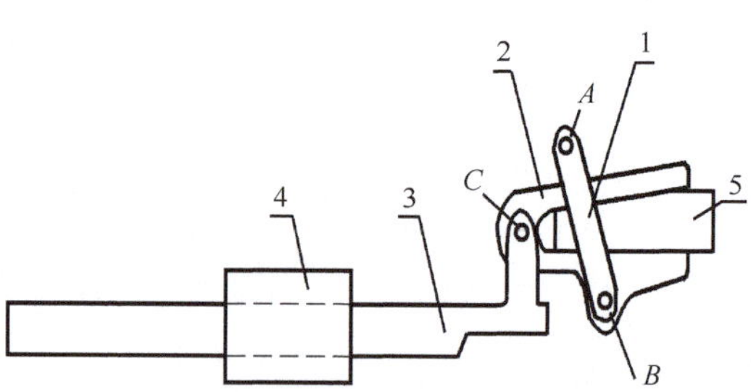

1—摇杆；2—夹持器；3—滑块；4—滑座；5—零件

图 250　翻转机构工程图

例 60　安装吸盘的翻转机构

如图 251 所示的机构利用例 59 翻转机构的运动原理，稍加变动增加了一个真空吸盘

（安装在夹持器上），实现了轻薄零件 180° 翻转后的定位精度要求。

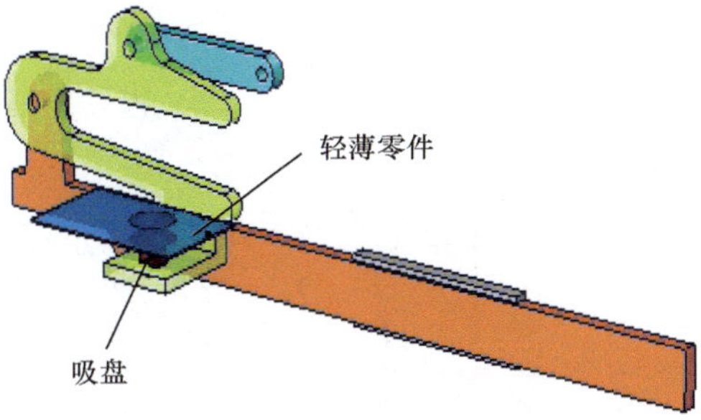

图 251 安装吸盘的翻转机构

例 61 量筒开盖落料机构

如图 252 所示为用于电子秤自动计量设备上的量筒开盖落料机构。当进入量筒中的物料达到设定的要求时，称重传感器发出信号，通过电磁阀接通单作用气缸，使活塞杆伸出，推动摇杆转动，打开量筒盖，物料下落；落料完毕，电磁阀断电，活塞杆回收，依靠配重量筒盖自动关闭。

如图 253 所示为该机构的工程图。量筒 9 用挂钩连接在称重传感器上；气缸 1 的一端与机架（图中未画出）连接，另一端用关节轴承与摇臂 2 铰接；摇臂 2 通过转轴 3 将转动传递到另一摇臂 4 上；带有配重 6 的摇杆 5 与量筒 9 铰接，摇杆 5 绕 *b-b* 轴线转动；当摆动的摇臂 4 使摇杆 5 逆时针转动时，配重 6 的作用解除，盖 8 打开，物料下落；物料下落完毕电磁阀断电，单作用气缸回复到初始状态，靠配重重量将盖自动关闭，并用摇杆 7 上的锁钩将摇杆 5 锁住，完成一个工作循环。

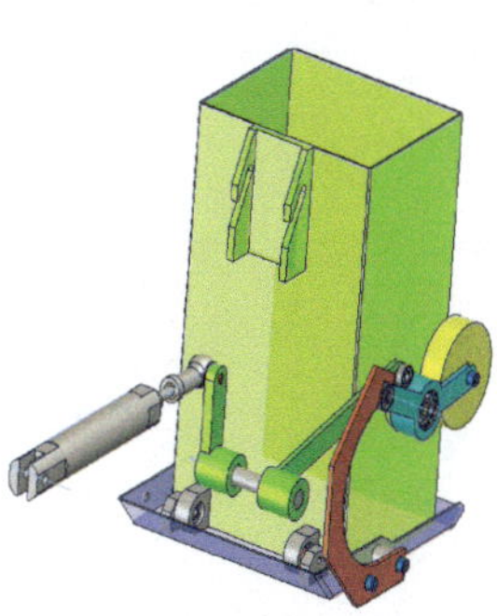

图 252 量筒开盖落料机构

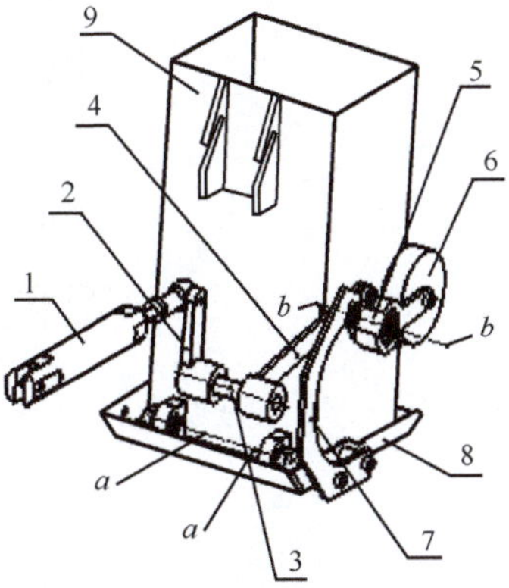

1—单作用气缸；2、4—摇臂；3—转轴；5、7—摇杆；6—配重；8—盖；9—量筒

图 253 量筒开盖落料机构工程图

例 62　开门机构

如图 254 所示的开门机构显示了半扇门的开关门动作原理，可依靠气动（或液动）自动完成开关门动作。

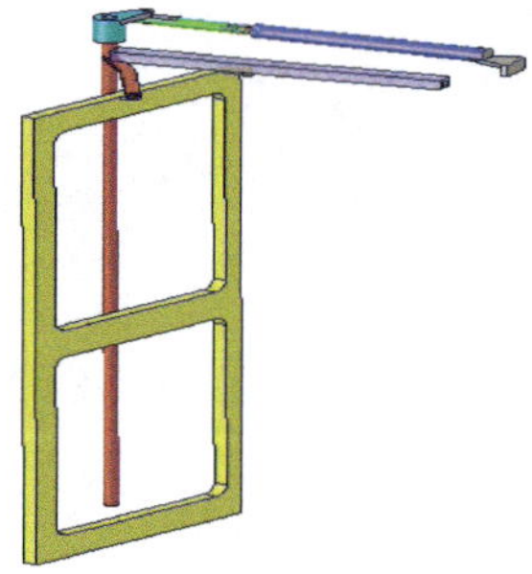

图 254　开门机构

如图 255 所示为该机构的工程图。其主要执行机构为摇杆滑块机构；气缸可带动摇臂 2 及与其固接的驱动轴 3 摆动；驱动轴 3 的端头与门在 C 点铰接；门起连杆作用，其上固接有滚轮 4，滚轮可在固定导轨 5 的直槽中滑动。在气缸的驱动下，驱动轴 3 转动，门一方面绕 C 点转动，另一方面其上的滚轮沿导轨滑动，完成开门动作。当活塞杆伸出时，又把门关闭。

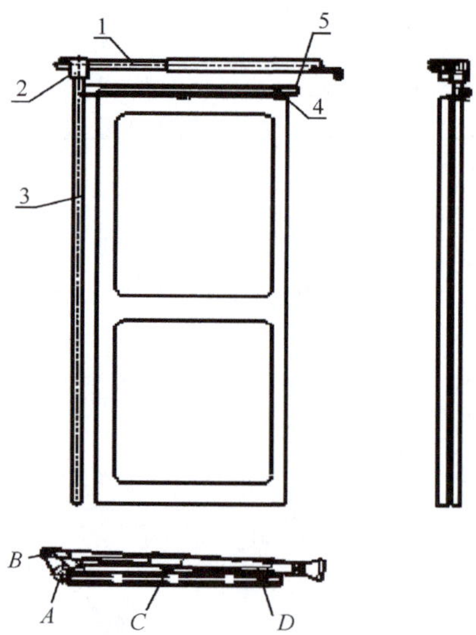

1—气缸；2—摇臂；3—驱动轴；4—滚轮；5—固定导轨

图 255　开门机构工程图

例 63　摆动式油泵

如图 256 所示的摆动式油泵机构是利用曲柄摇块机构的运动原理制成的，图 257 为其工程图。曲柄 1 绕机架上的 *A* 点转动，带动与其在 *B* 点铰接的导杆 2（柱塞）绕 *C* 点摆动，摇块 3（泵体）随之绕 *C* 点摆动。导杆 2 摆动的同时还在摇块 3 的径向孔中滑动，完成吸油和排油动作。

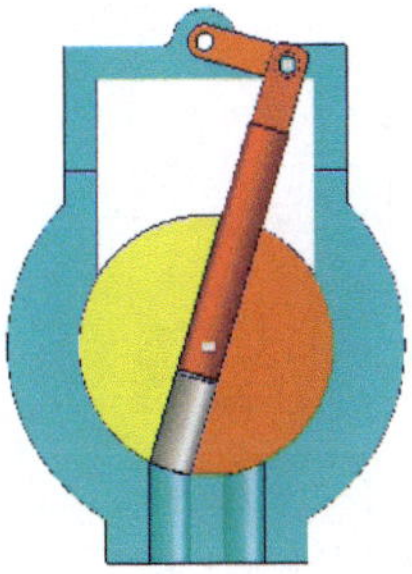

图 256　摆动式油泵

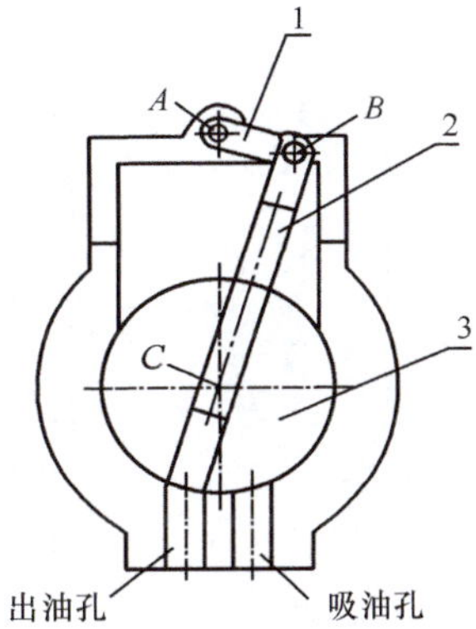

1—曲柄；2—导杆；3—摇块

图 257　摆动式油泵工程图

例 64　简易气动转阀

如图 258 所示机构是用于大管径接口的真空转阀，利用气缸接通和关闭真空。其结构简单，安装方便。

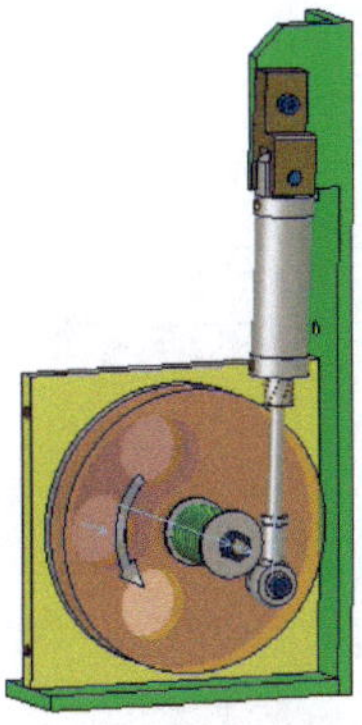

图 258　简易气动转阀

图 259 是其工程图。从右视图中可看到阀体 3 上有三个管子接口，最上边的接口是真空泵接口，中间接口是需要抽气的工作腔接口，最下边的是大气接口。由气缸 9 控制的转盘 1，在与阀体 3 的贴合面上有一个月牙槽（见零件 1 转盘），气缸的活塞伸出时（见图 258），真空泵接口与工作腔连通，当活塞杆收回时，工作腔与大气接通。通过活塞杆的伸出与收回完成工作腔的抽真空与断真空的要求。

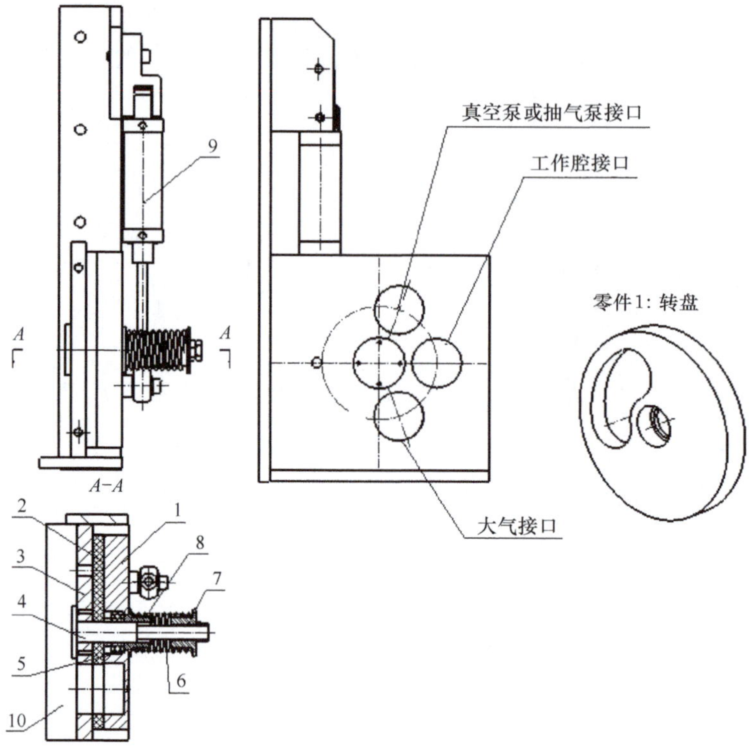

1—转盘；2—阀芯；3—阀体；4—轴；5—轴承；6—压簧；7、8—弹簧套；9—气缸；10—阀体安装座

图 259　简易气动转阀工程图

例 65　电磁夹紧机构

如图 260 所示的电磁夹紧机构用于在包装机中对塑料包装膜进行间断热合。它利用电磁铁在通、断电时对铁芯的释放与吸合，驱动两个摇臂上的加热体的开闭，完成对塑料膜的加热、黏合。

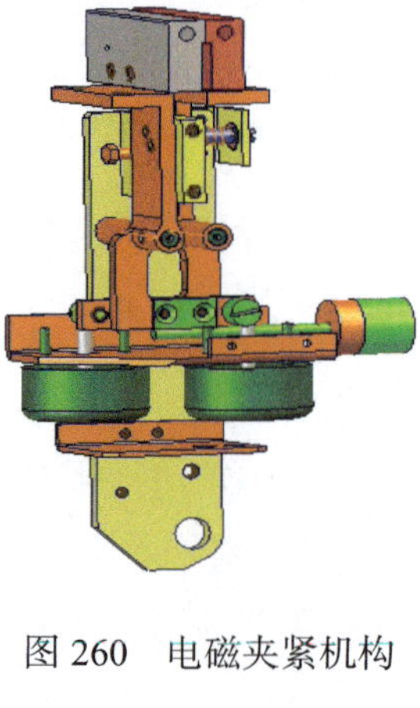

图 260　电磁夹紧机构

如图 261 所示为该机构的工程图。通电时，左右布置的两个电磁铁 1 使铁芯 2 向上伸出，推动左右布置的两个摇臂 3 分别绕机架上的 *A*、*B* 点反向转动，使安装在其上的两个加热块 4、5 分开；当按规定的时间断电时，铁芯靠自重及配重块 6 下落，使加热块自动闭合，对夹在中间的塑料膜进行加热。

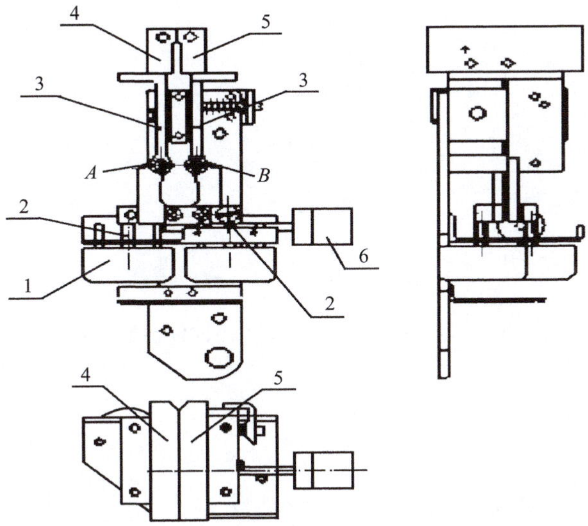

1—电磁铁；2—铁芯；3—摇臂；4、5—加热块；6—配重块

图 261 电磁夹紧机构工程图

例 66 往复摆动两侧停歇的挠性件机构

如图 262 所示是往复摆动两侧停歇的挠性件机构。同步带、链条均属于挠性件，此例所用的挠性件是金属链条。在链条上固接一个圆柱拨销，用一个导杆上的直线导槽与圆柱拨销滑动配合。当链条转动时，其上的圆柱拨销拨动摆杆做两侧有停歇的摆动。

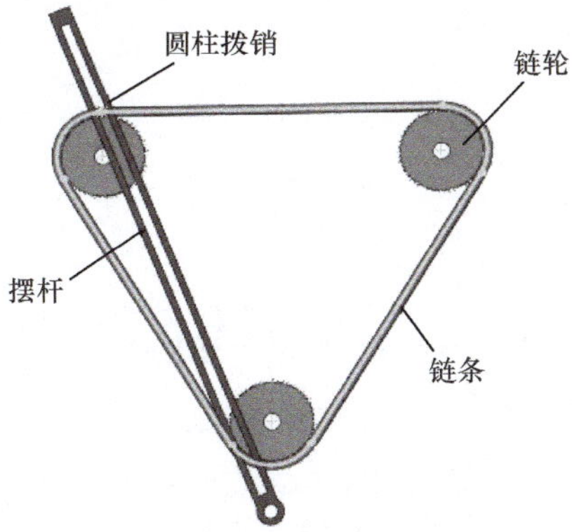

图 262 往复摆动两侧停歇的挠性件机构

图 263 是该机构的工程图。当链条上的圆柱拨销 2 运动，且其中心轨迹与摆动导杆 3 的

导槽方向重合时，摆动导杆停歇，在此例中左右两侧都有重合，摆动导杆左右停歇。

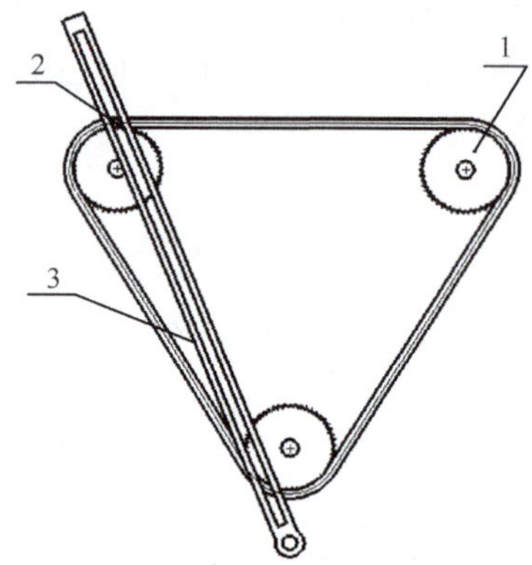

1—链轮；2—圆柱拨销；3—摆动导杆

图 263　往复摆动两侧停歇的挠性件机构工程图

例 67　往复摆动一侧有停歇的挠性件机构

如图 264 所示是往复摆动一侧有停歇的挠性件机构，其运动原理与图 262 一致。当链轮与摆杆的布置如图 264 所示时，摆杆会在左侧停歇。

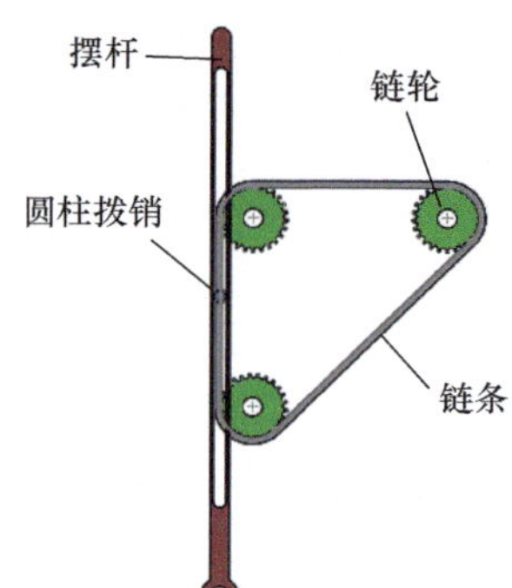

图 264　往复摆动一侧有停歇的挠性件机构

例 68　圆锥齿轮行星机构机械手

如图 265 所示的机构利用圆锥行星齿轮的运动特点，通过摇臂（公转）与手爪（自转）的转动，实现了用抓取机构把零件从一个位置转到另一位置且翻转 180° 的目的。

如图 266 所示为该机构的工程图。圆柱齿轮 2 与轴 3 及摇臂（系杆）4 固接；手爪抓取机构 5 与行星锥齿轮 6 固接并与摇臂 4 铰接；中心锥齿轮 7 与机架 8 固接并与圆柱齿轮 2 同轴。齿条 1 往复移动时，圆柱齿轮 2、轴 3 转动并驱动摇臂 4 带动手爪抓取机构 5、行星锥齿轮 6 绕中心锥齿轮 7 摆动（公转）；行星锥齿轮 6 与固定的中心锥齿轮 7 啮合做自转，两个锥齿轮有相等的模数、齿数，摇臂转过 180°，行星齿轮也自转 180°，可将工件翻转 180°。如图 267 所示为该机构机械手初始位置，图 268 所示为该机构机械手终止位置。

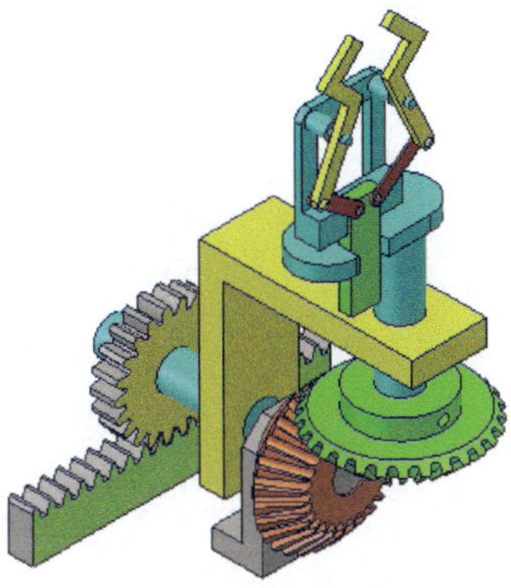

图 265　圆锥齿轮行星机构机械手

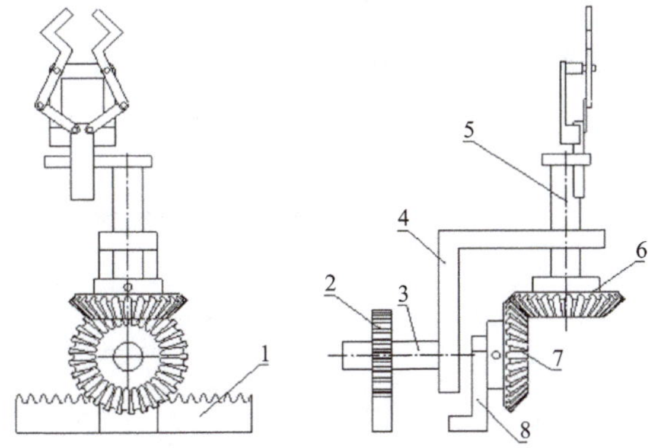

1—齿条；2—圆柱齿轮；3—轴；4—摇臂（系杆）；5—手爪抓取机构；6—行星锥齿轮；7—中心锥齿轮；8—机架

图 266　圆锥齿轮行星机构机械手工程图

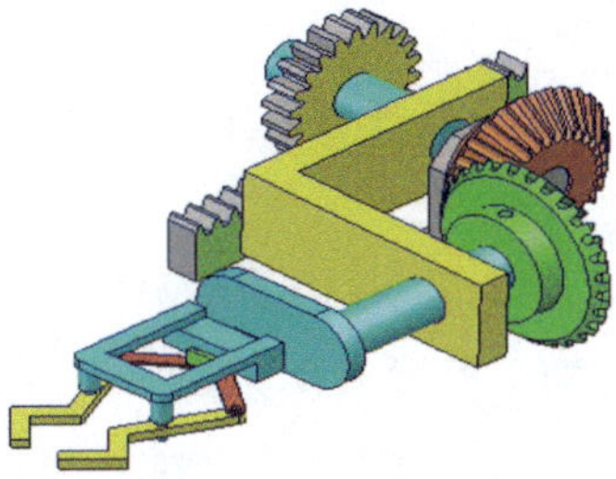

图 267　圆锥齿轮行星机构机械手初始位置

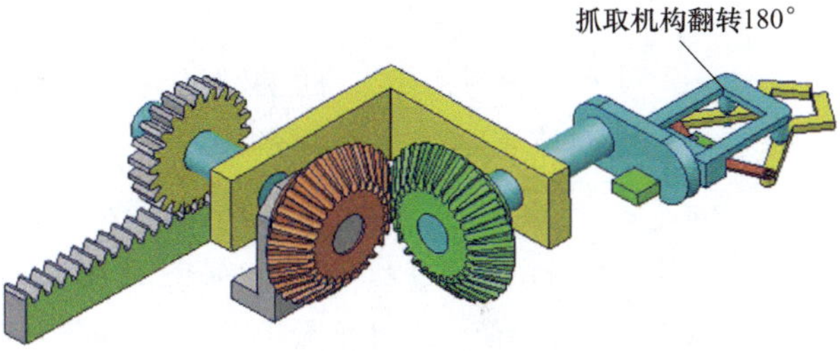

图 268　圆锥齿轮行星机构机械手终止位置

例 69　卸料小车挡料板自动开启机构

如图 269 所示的卸料小车为一个双摇杆机构。当转动摇杆时，可实现料仓翻转与挡料板自动开启完成卸料。

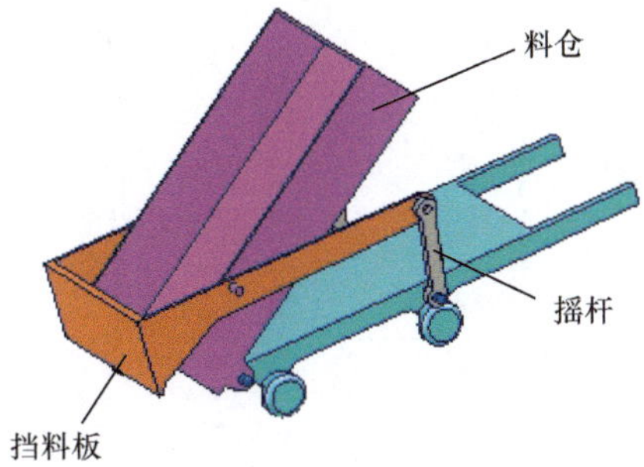

图 269　卸料小车挡料板自动开启机构

如图 270 所示为该机构的工程图。*ABCD* 为双摇杆机构，摇杆 1 下端与车架在 *A* 点铰接，上端与挡料板 3 在 *B* 点铰接；挡料板 3 在 *C* 点与料仓 2 铰接；料仓 2 在 *D* 点与车架铰接。逆时针转动摇杆 1 时，料仓绕 *D* 点转动，挡料板绕 *C* 点转动，物料自动滑出。改变 *C* 点的位置可改变挡料板与料仓的开口大小。

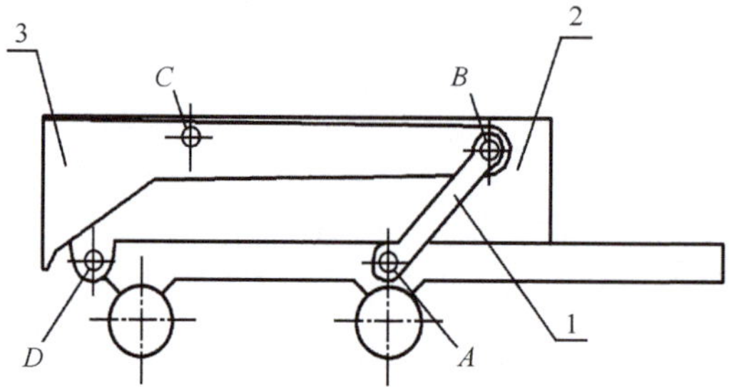

1—摇杆；2—料仓；3—挡料板

图 270　卸料小车挡料板自动开启机构工程图

例 70　转动导杆与有停歇的摆动导杆机构

如图 271 所示的机构中，曲柄转动时，转动导杆与摆动导杆连续完成不同的动作，且摆动导杆在极限位置时还有短暂停歇。

如图 272 所示为其工程图，曲柄 1 绕机架上的 *A* 点转动时，其上端的滚子在导杆 2 上的导槽中滑动，并带动导杆 2 绕机架上的 *B* 点做整周转动；导杆 2 的 *D* 点处装有另一个滚子，该滚子可在导杆 3 的导槽中滑动，并带动导杆 3 绕机架上的 *C* 点摆动；调整导杆 3 的装配位置，可改变导杆 3 的摆动角度。若将此机构用在包装线上，在导杆 3 的上端安装真空吸盘可完成取物动作。

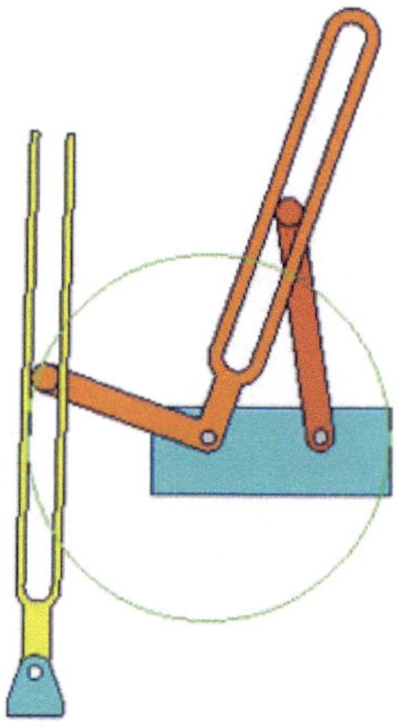

图 271　转动导杆与有停歇的摆动导杆机构

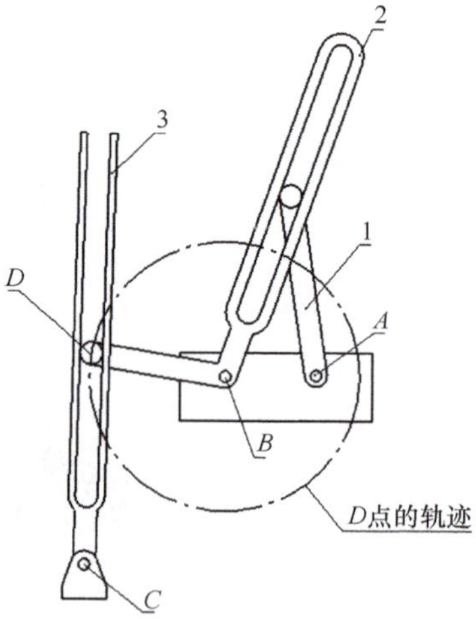

1—曲柄；2—转动导杆；3—摆动导杆

图 272　转动导杆与有停歇的摆动导杆机构工程图

例 71　曲柄滑块与转动导杆串接机构

如图 273 所示的机构是用曲柄滑块机构中的滑块来驱动导杆转动的机构。该机构用另一个既可转动又能滑动的滑块，来约束连杆运动；没有此滑块，机构就没有确定的运动。

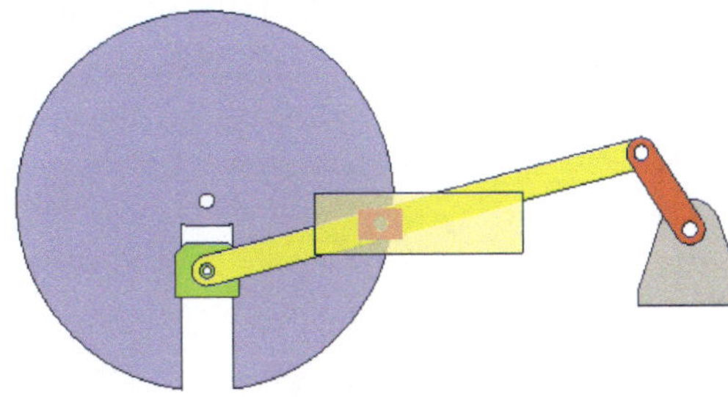

图 273　曲柄滑块与转动导杆串接机构

如图 274 所示为该机构的工程图。曲柄 1 与机架在 *A* 点铰接，连杆 2 在 *C*、*D* 点分别与滑块 3、4 铰接，滑块 3 可在固定的滑座 6 的导槽中滑动，滑块 4 在导杆 5 的导槽中滑动。曲柄转动时，滑块 4 在导杆 5 的导槽中滑动的同时，又驱动导杆 5 绕机架上的 *E* 点转动。

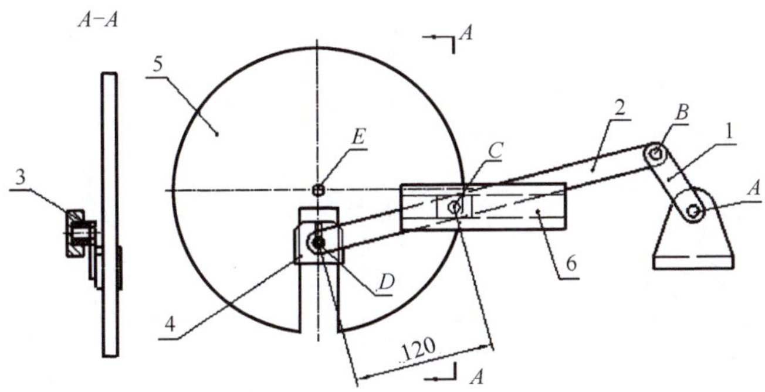

1—曲柄；2—连杆；3、4—滑块；5—导杆；6—滑座

图 274　曲柄滑块与转动导杆串接机构工程图

当调整滑座的位置，改变连杆 2 支点 *C* 的位置使 *DC* 间距由原来的 120mm 变成 80mm（见图 275）时，*CD* 的摆角变小了，*D* 点不能绕 *E* 点做整周转动，导杆 5 转变成摆动导杆（见图 276）。

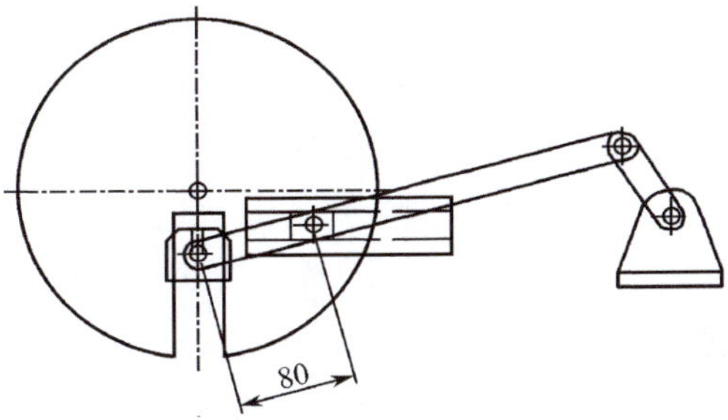

图 275　改变 *C* 点位置

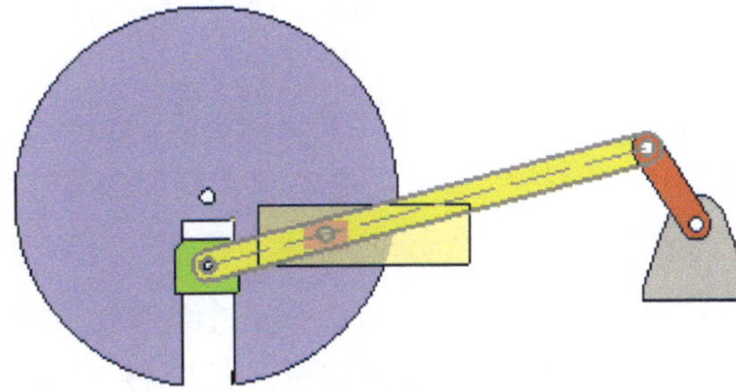

图 276　*C* 点位置改变后成曲柄滑块与摆动导杆串接机构

例 72　增大凸轮转角的转动导杆机构

如图 277 所示的机构可以增大凸轮的升程角，即当主动曲柄转过一个小角度时，从动凸轮转过一个大角度。

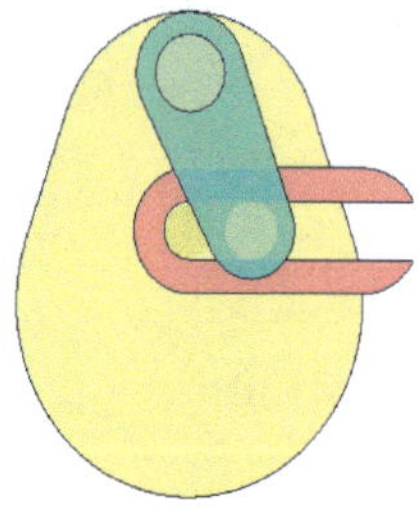

图 277　增大凸轮转角的转动导杆机构

如图 278 所示为其工程图。曲柄 1 与机架上的 *b-b* 轴铰接；凸轮与导杆 2 固接，与机架在 *a-a* 轴铰接。图中显示曲柄 1 与凸轮的初始夹角为 23.7°。图 279 显示了当曲柄绕 *b-b* 轴转过 47.4° 时，凸轮转 180° 的结果。设计时可调整 *a-a* 轴与 *b-b* 轴的间距，即可调整初始角度。

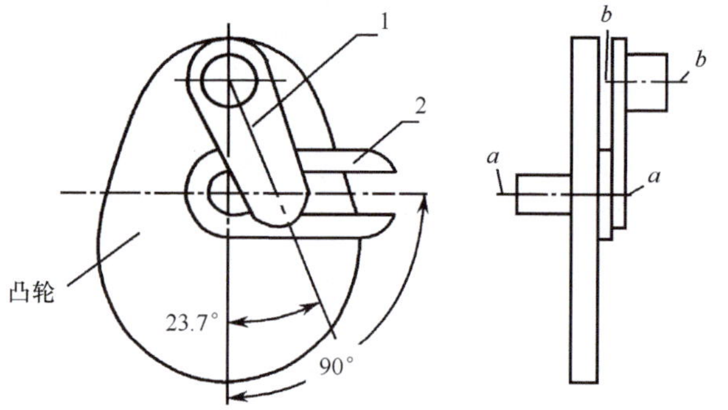

1—曲柄；2—导杆

图 278　增大凸轮转角的转动导杆机构工程图

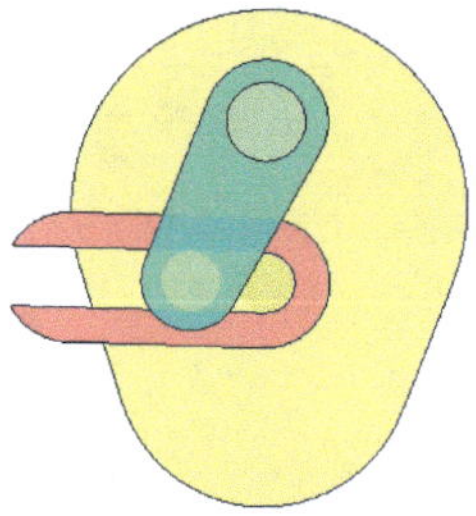

图 279　凸轮转过 180°

例 73　增大摆角的摆动导杆机构

当摆动导杆摆动的角度不能满足要求时，可采用如图 280 所示的增大摆角的摆动导杆机构。

如图 281 所示为该机构的工程图。主动曲柄 1 绕机架上的 *B* 点转动时，滑块 2 带动摆杆 3 摆动，其摆动角度为 28°。当该角度不能满足要求时，可在摆杆 3 的上端 *D* 点处固接一个滑销，并新增一个摆杆 4，在摆杆 4 上设计直导槽，让滑销可在槽中滑动，并在机架上选择一点 *C* 点作为摆杆 4 的转动中心，*C* 点应选在 *A* 点与滑销的中心点之间，否则不能增大摆角。如图 281 所示的 *C* 点位置可将新增摆杆 4 的摆角增大到 90°。

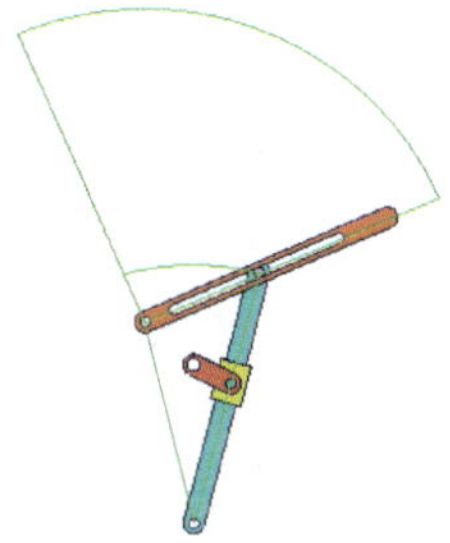

图 280　增大摆角的摆动导杆机构

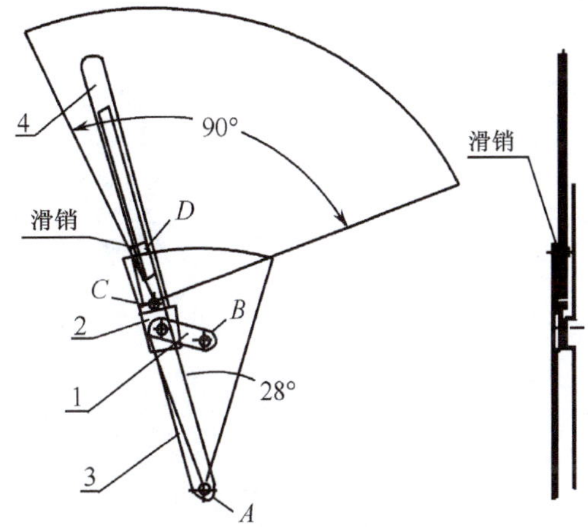

1—主动曲柄；2—滑块；3、4—摆杆

图 281　增大摆角的摆动导杆机构工程图

3. 往复移动机构的仿真实例

往复移动机构是指从动件做直线平移运动，且当机构完成一个运动周期时，从动件可回复到起始位置。往复运动中的主动件可以是做往复运动的，也可以是做连续转动的。

例 74　三联动丝杠定位机构

如图 282 所示的三联动丝杠定位机构，可在圆盘轴向移动时保持与固定盘平行，而又不遮挡中心部分的光路。

图 283 是该机构的工程图。移动盘 1 与三个均布的丝杠 2 固接，丝杠 2 又与三个螺母齿轮 3 用螺纹连接；螺母齿轮 3 与固定盘 8 铰接，并与大齿轮 7 啮合；大齿轮 7 通过轴承 5 与固定盘 8 铰接。通过与大齿轮 7 啮合的驱动小齿轮 9 驱动大齿轮，可带动所有齿轮及丝杠转动，使移动盘 1 平行移动。移动的平行度与丝杠精度有关。

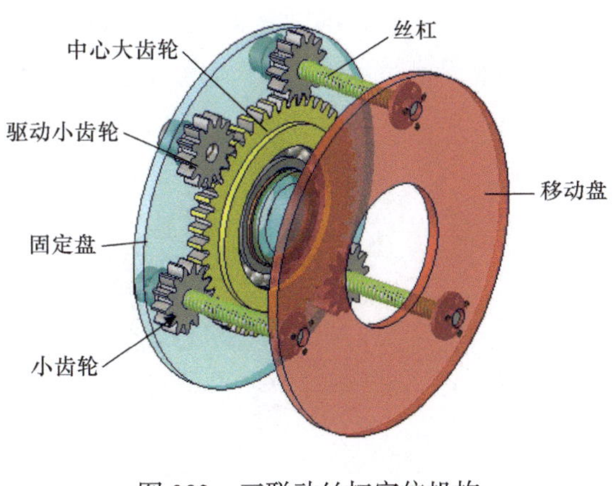

图 282　三联动丝杠定位机构

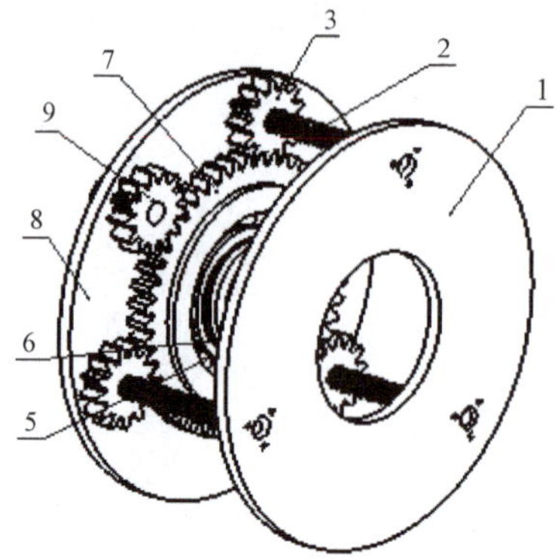

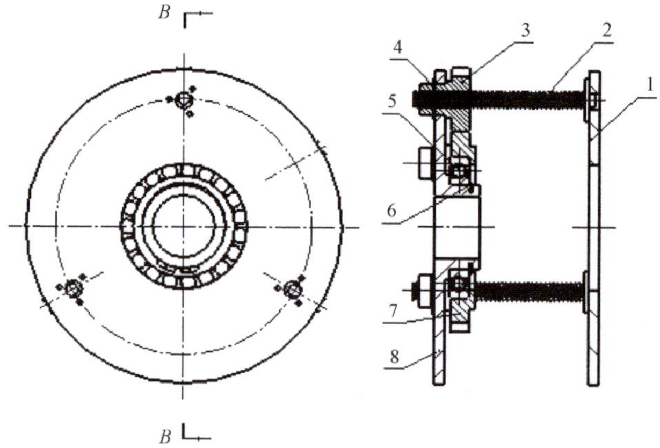

1—移动盘；2—丝杠；3—螺母齿轮；4、6—挡圈；5—轴承；7—大齿轮；8—固定盘；9—驱动小齿轮

图 283　三联动丝杠定位机构工程图

例 75　增大滑块行程机构

如图 284 所示的机构为一个双滑块机构。为了使连杆绕十字导轨座的中心转动，设置一个曲柄，该曲柄的一端与连杆的中点铰接，另一端与十字导轨座中心铰接。如图 285 所示，*B* 点为连杆 2 的中点，*A* 点为十字导轨座的中心点，连杆在 *D*、*C* 两点与两个

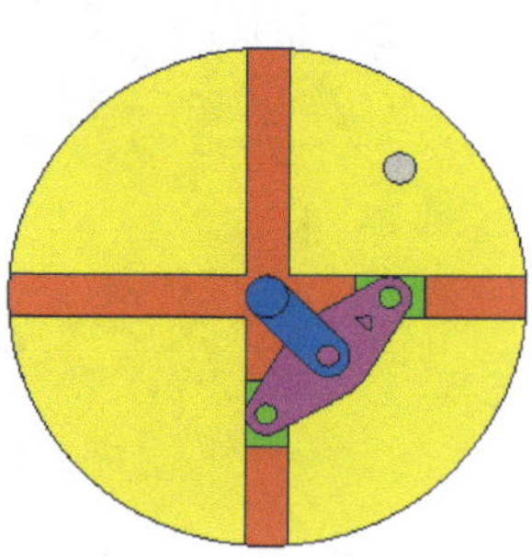

图 284　增大滑块行程机构

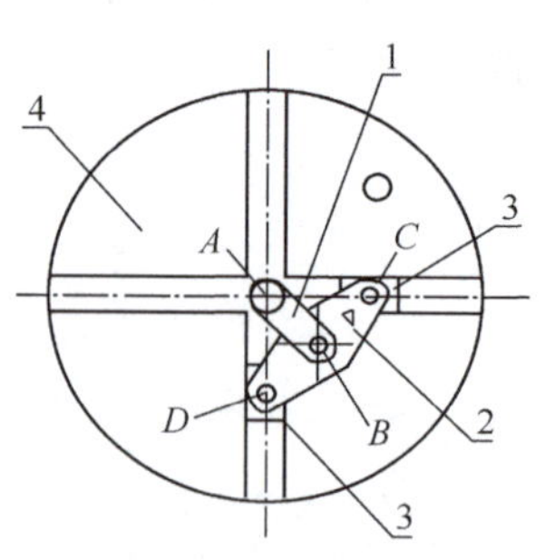

1—曲柄；2—连杆；3—滑块；4—十字导轨座

图 285　增大滑块行程机构工程图

滑块 3 铰接。当曲柄 1 绕 *A* 点转动时，任一个滑块在垂直导轨上的移动距离为曲柄半径的 4 倍。

例 76　两组平行四杆机构串接的升降机构

如图 286 所示的升降机构，是利用平行四杆机构中连杆平动的原理设计的。图 287 是该机构的工程图。*ABCD*、*CDFE* 为两个平行四杆机构，件 5 是一个三副元素构件，其上有转动副，在 *G* 点与撑杆 7 铰接，在 *D* 点与连杆 4 铰接，在 *F* 点与连杆 6 铰接。当用摇杆 2 或撑杆 7 作主动件，绕机架上 *A* 点或绕机架上 *B* 点转动时，连杆 4、6 做平动，使升降平台做升降运动。为保证升降到位后平台锁定，主动件应采用液压缸驱动。

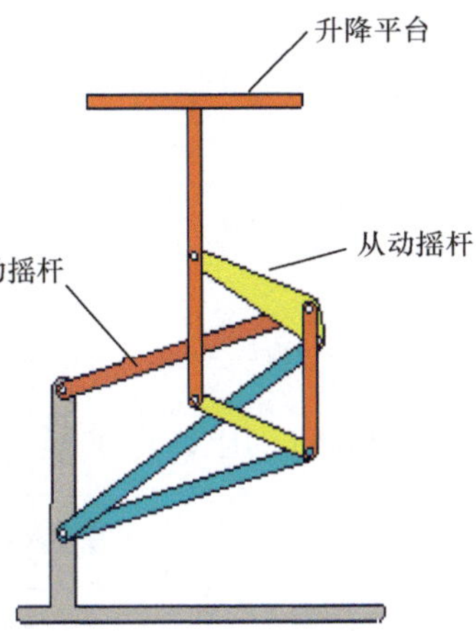

图 286　两组平行四杆机构串接的升降机构

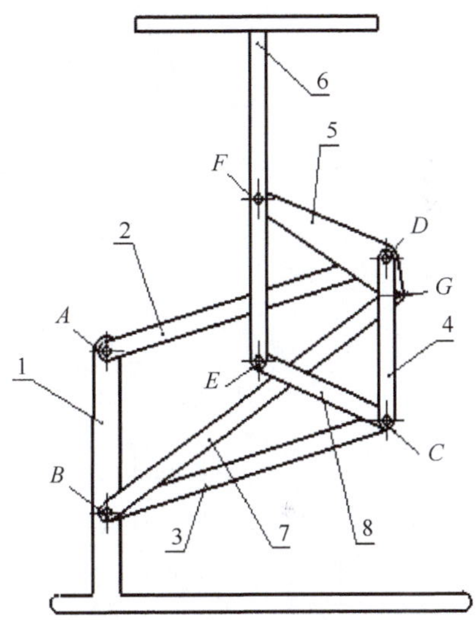

1—机架；2、3、5、8—摇杆；4、6—连杆；7—撑杆

图 287　两组平行四杆机构串接的升降机构工程图

例 77　电动机皮带张紧机构

如图 288 所示的机构用于张紧皮带。在电动机座上固结两个导柱，导柱与机架上的导套配合，当移动导柱时即可使电动机前后移动。该机构在两个导柱上各切出一个槽，用两个凸轮滚子轴承作滑块，使滑块与导柱的槽组成移动副。用手柄转动滑块时即可拨动导柱，使电动机前后移动，完成张紧或松开皮带的动作。

图 288　电动机皮带张紧机构

如图 289 所示为其工程图，装有皮带轮的电动机 1 与电动机安装板 2 及两个导柱 3 固接，导柱可在与机架固接

的导套 7 中滑动；转动手柄 4 时，装有凸轮滚子轴承 6 的转臂 5 拨动导柱 3，使电动机移动，完成皮带的张紧。

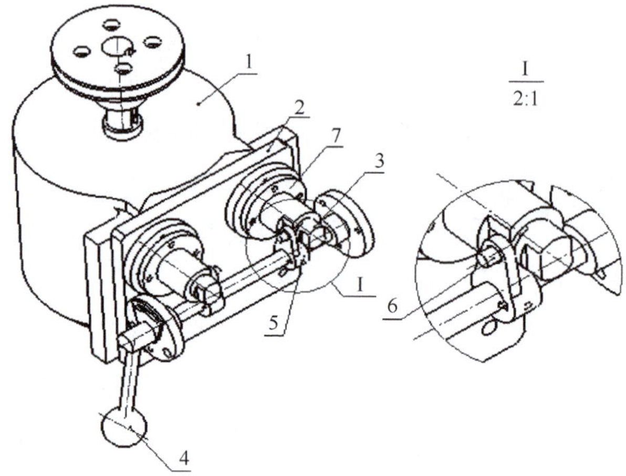

1—电动机；2—电动机安装板；3—导柱；4—手柄；5—转臂；6—凸轮滚子轴承；7—导套

图 289　电动机皮带张紧机构工程图

例 78　从水平到水平的输送机构

如图 290 所示的从水平到水平的输送机构，利用平行四杆机构中连杆平动的原理，使吸盘完成从水平到水平的输送运动。

图 291 是该机构的工程图。*ABCD* 为平行四杆机构，连接杆 4 与 *AB* 连杆固接，并在下部安装了真空吸盘。连杆 1 与机架固接，在 *C*、*D* 点与摇杆 3、2 铰接。摇杆 2、3 与连杆 *AB* 在 *A*、*B* 点铰接。当任一摇杆绕 *C* 点或 *D* 点按设计的角度摆动时，做平动的连杆 *AB* 使吸盘完成从水平到水平的运动。

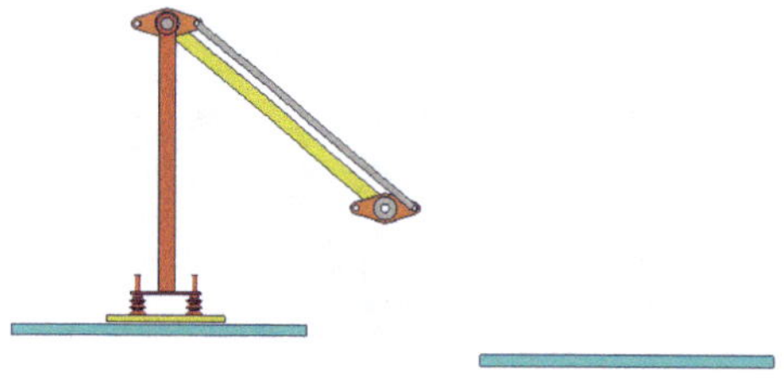

图 290　从水平到水平的输送机构

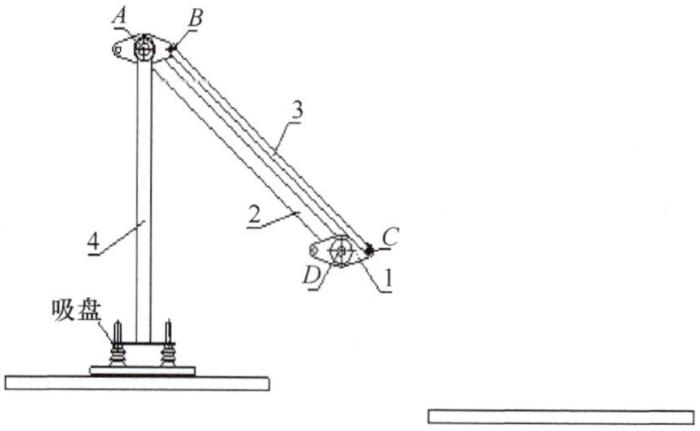

1—连杆；2、3—摇杆；4—连接杆

图 291　从水平到水平的输送机构工程图

例 79　曲柄摇杆串接正弦机构

如图 292 所示的机构是将曲柄摇杆与正弦机构串接起来，把曲柄的旋转运动转换成导杆的直线移动并具有急回特性的机构。

如图 293 所示为该机构的工程图。*ABCD* 为铰链四杆机构，曲柄 1 绕机架上的 *A* 点转动，通过连杆 2 使摇杆 3 绕机架上的 *D* 点摆动；滑块 4 与摇杆在 *E* 点铰接，滑块可在导杆 5 的垂直导槽中滑动，并将摇杆的摆动转换为导杆在滑座 6 上的往复直线运动。

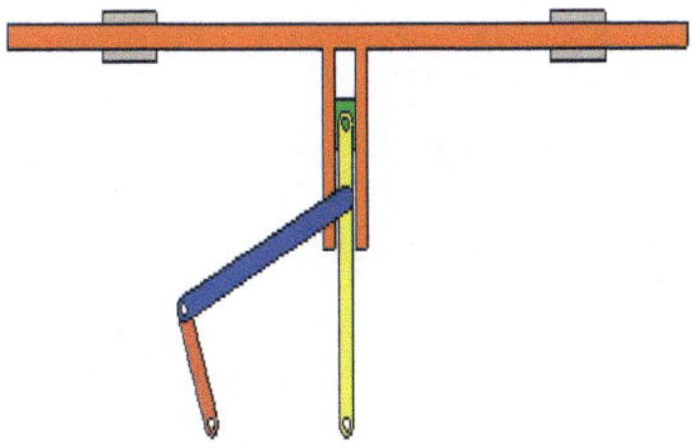

图 292　曲柄摇杆串接正弦机构

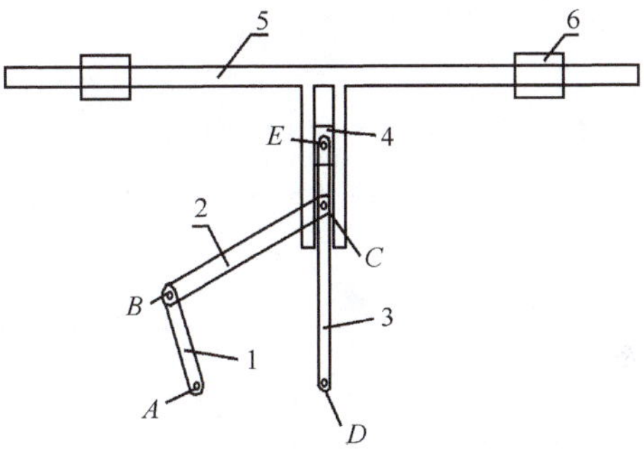

1—曲柄；2—连杆；3—摇杆；4—滑块；5—导杆；6—滑座

图 293　曲柄摇杆串接正弦机构工程图

例 80　曲柄摆动导杆串接正弦机构

如图 294 所示的机构与例 79 所示的机构一样，都可将旋转运动转化为直线运动，只是用摆动导杆来驱动导杆移动。

如图 295 所示为该机构的工程图。曲柄 1 绕 *D* 点转动，与其铰接的滑块 3 也随同曲柄旋转，旋转的滑块 3 在摆动导杆 2 上滑动的同时，又驱动摆动导杆 2 绕 *A* 点摆动。摆动导杆上端铰接滑块 4，滑块 4 在导杆 5 的垂直导槽中滑动的同时，又使导杆 5 做往复直线运动，该机构有急回特性。

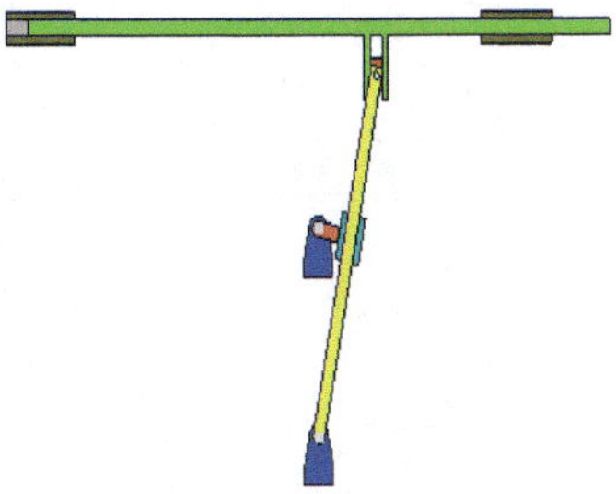

图 294　曲柄摆动导杆串接正弦机构

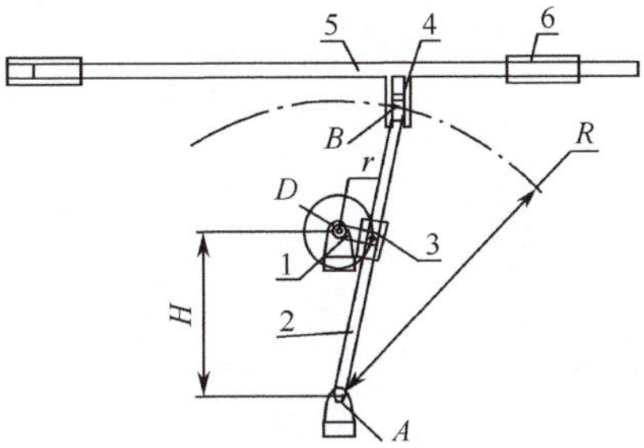

1—曲柄；2—摆动导杆；3、4—滑块；5—导杆

图 295　曲柄摆动导杆串接正弦机构工程图

例 81　曲柄摇块滑块三级机构

图 296 所示为一种可将曲柄的旋转运动转换成导杆的往复直线运动的机构，只是工作速度变化比较均匀，有急回特性。

如图 297 所示为该机构的工程图。曲柄 1 绕机架上的 *A* 点转动，带动与其在 *B* 点铰接的滑块 2，滑块随曲柄转动的同时又在摆动导杆 3 上滑动，使摆动导杆 3 绕 *C* 点摆动的同时，又在摇块 5 的导槽中滑动；摆动导杆 3 的上端与移动导杆 4 在 *D* 点铰接，从而驱动移动导杆 4 做往复直线运动。

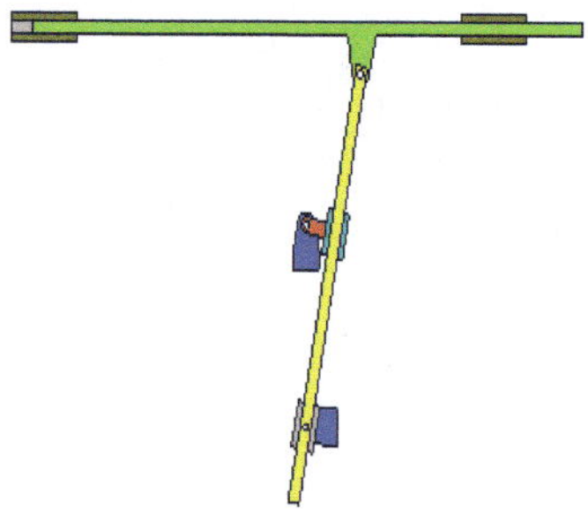

图 296　曲柄摇块滑块三级机构

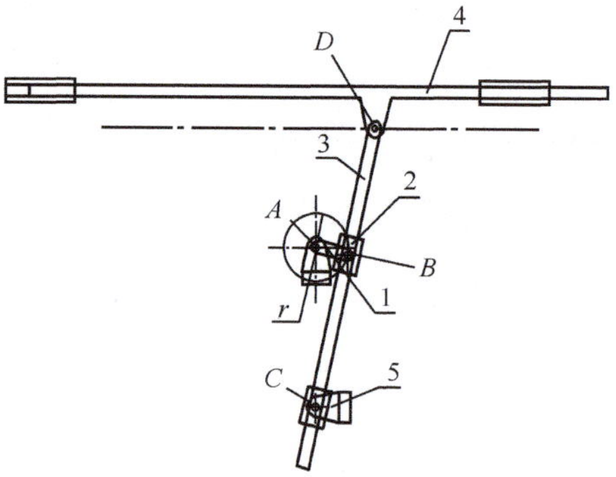

1—曲柄；2—滑块；3—摆动导杆；4—移动导杆；5—摇块

图 297　曲柄摇块滑块三级机构工程图

例 82　曲柄摇杆滑块三级机构

图 298 所示为曲柄摇杆滑块三级机构，它也是一种将主动曲柄的转动转换为导杆的往复直线运动的机构，工作行程变化比较均匀，适用于长行程的设计需求。

如图 299 所示为该机构的工程图。与例 81 不同的是，把摇块换成了摇杆，并将其在 *A* 点与摆动导杆铰接，其余运动与例 81 相同，此机构运动变得简单。

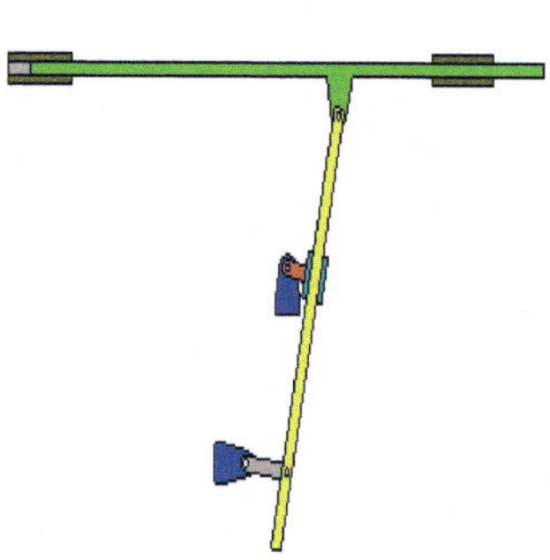

图 298　曲柄摇杆滑块三级机构

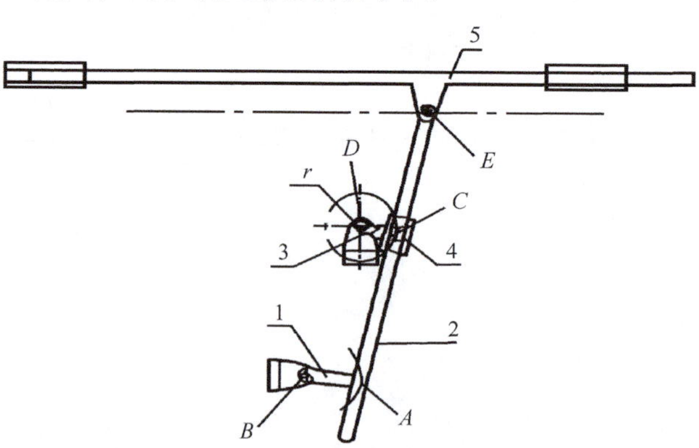

1—摇杆；2—摆动导杆；3—曲柄；4—滑块；5—移动导杆

图 299　曲柄摇杆滑块三级机构工程图

例 83　双曲柄与曲柄滑块串接机构

如图 300 所示的机构是插床主运动机构模型。该机构由双曲柄机构与曲柄滑块机构串接组合而成，其结构简单、紧凑，并有急回特性，它将齿轮的旋转运动转换成滑块的往复直线运动。

如图 301 所示为该机构的工程图。*ABCD* 为双曲柄机构，*DEF* 为曲柄滑块机构。驱动力来源于小齿轮 1，它将旋转运动传递给啮合的大齿轮 2，大齿轮与机架 4 用转动副 *A* 连接，其上有固接的销轴 *B*，旋转的大齿轮通过销轴 *B* 使曲柄 3 绕机架上的 *A* 点转动，又通过连杆 5 使曲柄 6 绕机架上的 *D* 点转动；曲柄 6 的导槽中装有滑块 7，滑块 7 通过铰链 *E* 与连杆 8 连接，连杆 8 通过铰链 *F* 使滑块 10 在导轨 9 的直槽中滑动，在滑块 10 上装上插刀（图中未画出），即可完成插切工作。调整滑块 7 在曲柄 6 的导槽中的位置，可调整滑块 10 的行程及极限位置。

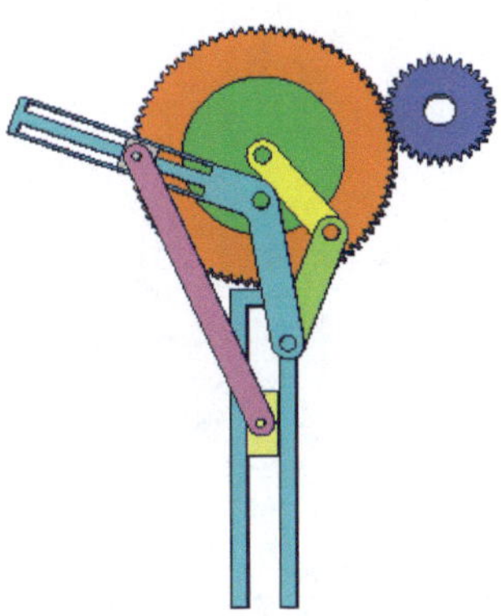

图 300　双曲柄与曲柄滑块串接机构

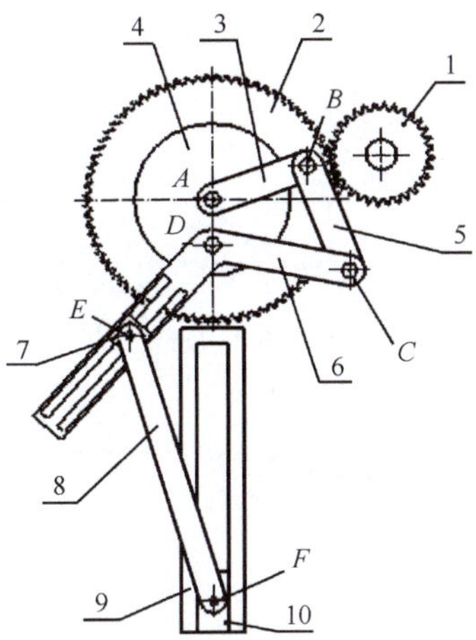

1—小齿轮；2—大齿轮；3、6—曲柄；4—机架；5、8—连杆；7、10—滑块；9—导轨

图 301　双曲柄与曲柄滑块串接机构工程图

例 84　摆动导杆与双滑块机构

图 302 所示的是摆动导杆与双滑块机构。它是在曲柄滑块机构的基础上进行了改进，主动曲柄通过带有两个导槽的摇杆，同时驱动两个滑块，从而实现双滑块双向运动。

如图 303 所示为该机构的工程图。*ABC* 为曲柄滑块机构，主动曲柄 1 绕机架上的 *A* 点转动，驱动与其在 *B* 点铰接的连杆 2 带动通过销轴 5 与连杆 2 铰接的滑块 4 沿 *a-a* 方向移动；为使另一个滑块 6 沿 *b-b* 反方向移动，增加了一个上下对称开有直槽的摇杆 3，使销轴与滑块移动的同时，又在摇杆 3 的直槽中滑动带动摇杆 3 绕 *D* 点摆动，使另一滑块反向移动。导路 *a-a*、*b-b* 在 *D* 点的两侧，且到 *D* 点的距离相等，使两滑块滑动的距离相等。

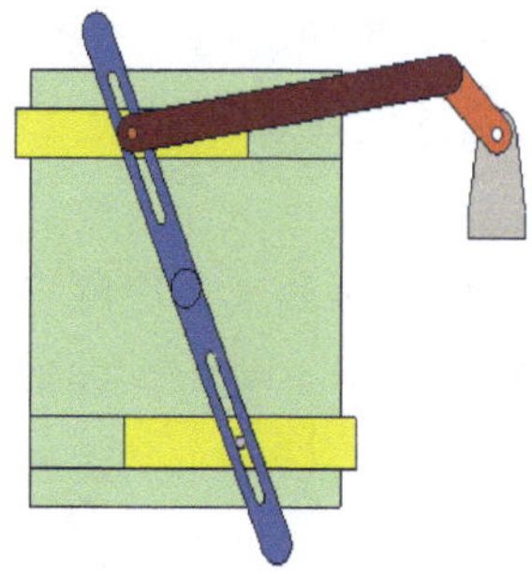

图 302　摆动导杆与双滑块机构

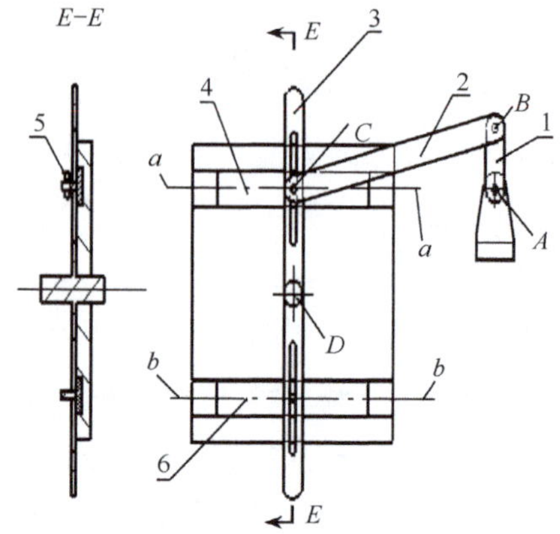

1—主动曲柄；2—连杆；3—摇杆；4、6—滑块；5—销轴

图 303　摆动导杆与双滑块机构工程图

例 85　曲柄双滑块机构用于金属丝（片）成型机构

如图 304 所示为一个金属丝（片）成型机构，它在曲柄摇杆机构中的连杆上铰接两个连接杆，驱动两个滑块完成金属丝成型动作。

如图 305 所示为其工程图，*ABCD* 为曲柄摇杆机构。连杆 2 在 *B*、*E* 点分别与连接杆 4、3 铰接，连接杆又与滑块 5、6 铰接。曲柄顺时针转动，两个滑块依次完成金属丝（片）成型动作。设计该机构的关键是要满足曲柄存在的条件，其尺寸比例如图 305 所示。

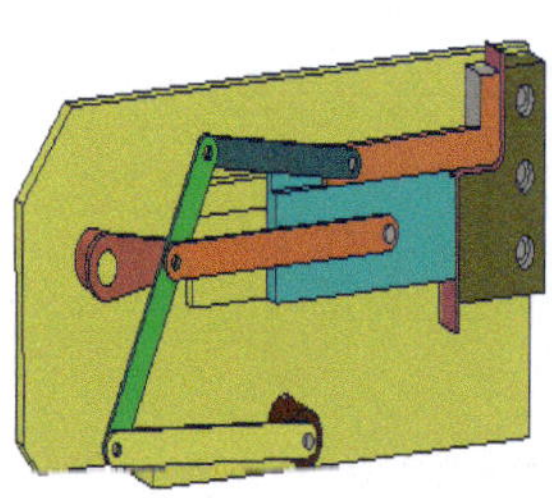

图 304　金属丝（片）成型机构

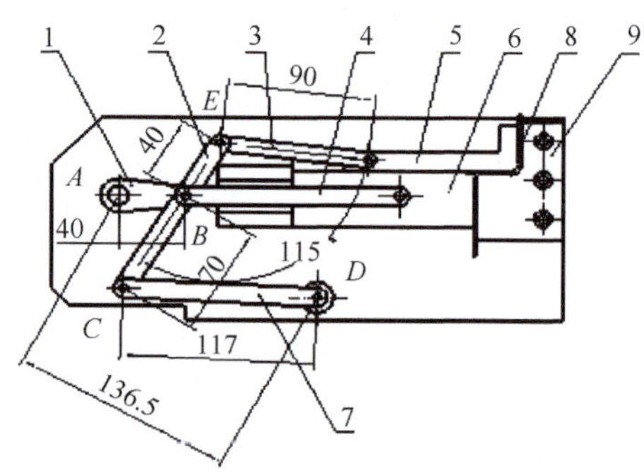

1—曲柄；2—连杆；3、4—连接杆；5、6—滑块（凸模）；7—摇杆；8—零件；9—凹模

图 305　金属丝（片）成型机构工程图

例 86　偏置曲柄滑块机构（弓锯床主运动机构）

如图 306 所示为弓锯床主运动机构，它利用了偏置曲柄滑块机构滑块转动中心不通过曲柄转动副中心的运动轨迹。

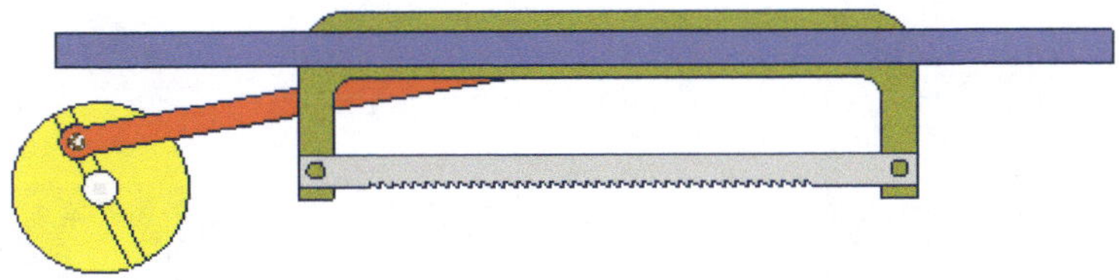

图 306 弓锯床主运动机构

如图 307 所示为该机构的工程图。转盘 1 绕机架上的 *A* 点转动，其上有一个梯形槽，用梯形螺栓与连杆 2 在 *B* 点铰接，移动梯形螺栓可调节 *AB* 的长度（*AB* 为曲柄）；连杆 2 的另一端与滑块 3（弓锯）在 *C* 点铰接。转盘 1 绕 *A* 点转动时，连杆 2 带动滑块 3 在滑轨 4 上滑动，完成锯料动作。为了减少锯条在回程时与所锯材料的摩擦，滑轨 4 在回程时还应依靠凸轮（图中未画出）做一个向上抬起的动作，见仿真运动模型动画。该机构有急回特性。

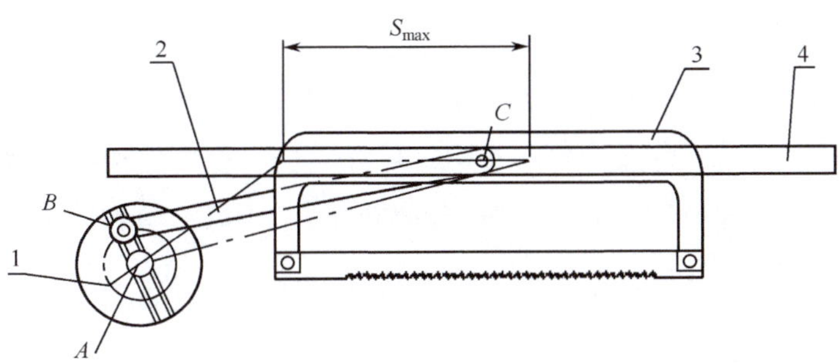

1—转盘；2—连杆；3—滑块（弓锯）；4—滑轨；S_{max}—滑块行程

图 307 弓锯床主运动机构工程图

例 87 深拉压力机

如图 308 所示的深拉压力机为曲柄双滑块机构，两滑块分别安装有压头与成型模。曲柄转动，压头处于静止状态并将板材压住，而成型模继续向下移动，将板材拉伸成型。

如图 309 所示为该机构的工程图。曲柄 1 在 *A* 点与机架 7 铰接，在 *B* 点与连杆 2 铰接；连杆 2 的下端与带有成型模的下滑块 3 在 *E* 点铰接，下滑块可在机架的垂直导轨上滑动；连杆 2 的上端在 *C* 点与连接杆 4 铰接，连接杆 4 在 *D* 点与上滑块 5 铰接。上滑块两侧对称固接了滑柱 6，滑柱 6 连接了压头，在机架的垂直导轨上移动。当曲柄逆时针转动，*B* 点向上运动时，上滑块、下滑块沿导轨上移；当 *B* 点转到圆心在 *D* 点的弧线 *a*-*a* 时，两侧的压头将板材压住，上滑块 5 静止，如图 310 所示。此时，下滑块 3 继续向下移动，直到板材成型。

图 308 深拉压力机

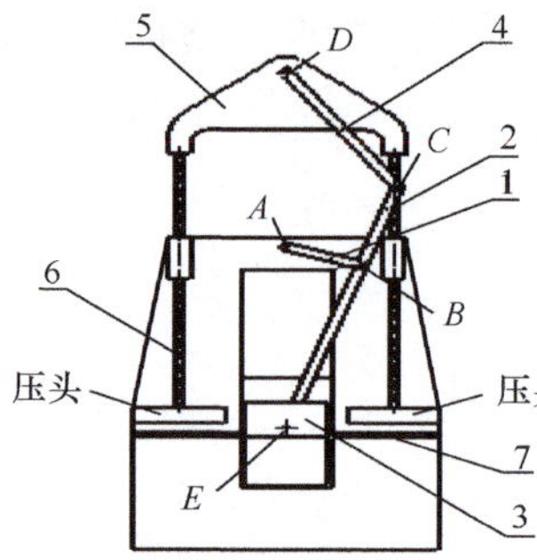

1—曲柄；2—连杆；3—下滑块；4—连接杆；5—上滑块；6—滑柱；7—机架

图 309　深拉压力机工程图

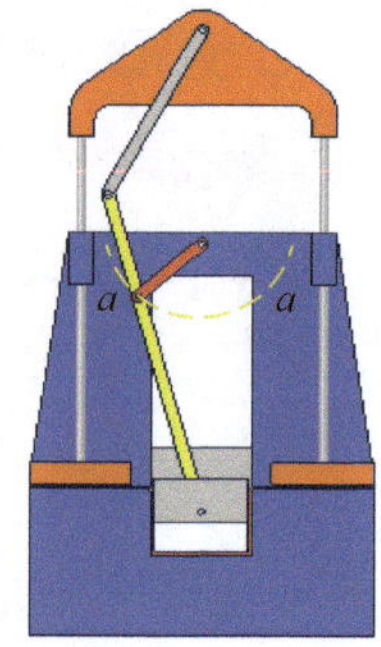

图 310　压头处于静止状态

例 88　斜直槽双移动副机构

如图 311 所示的机构是用转动的曲柄来驱动导杆双向移动的机构，图 312 所示为该机构的工程图。曲柄 1 上端装有滚子 *B*，滚子 *B* 可在导杆 2 上的导槽中滑动，当曲柄绕机架上的 *A* 点转动时，驱动导杆沿 *a*-*a* 方向做往复运动。图中的 γ 角为传动角，γ =90° 时为一个正弦机构，γ 角过小会发生自锁。

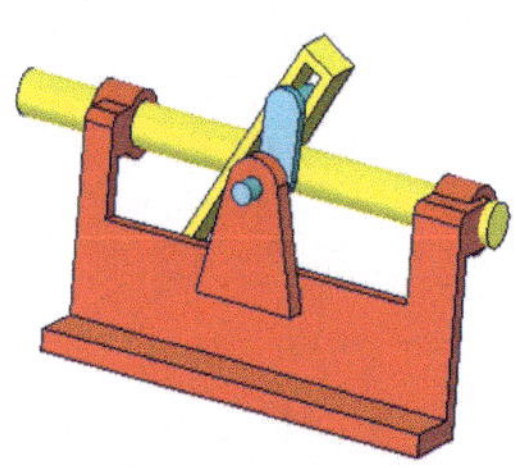

图 311　斜直槽双移动副机构

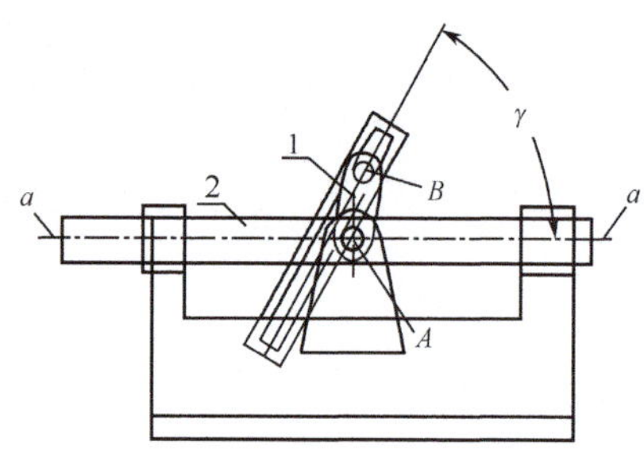

1—曲柄；2—导杆

图 312　斜直槽双移动副机构工程图

例 89　用开口同步带实现往复运动

如图 313 所示为用开口同步带实现往复运动的机构，设计目的是使扫描相机能做往复运动，这里仅介绍开口同步带的使用方法，它与通常封闭的同步带有所不同，封闭的同步带一般带动连续转动的同步带轮运动。当运动为不连续的正反方向的往复运动，且对同步带轮的中心距没有严格要求时，可采用这种开口的同步带。只要按所传递的功率选择同步带的型号即可，对带长没有严格的要求。

如图 314 所示的是开口同步带安装方法之一。用一个压板将同步带与往复移动的构件固定即可，开口处所留的间隙大小没要求，只要求压板能压住同步带。

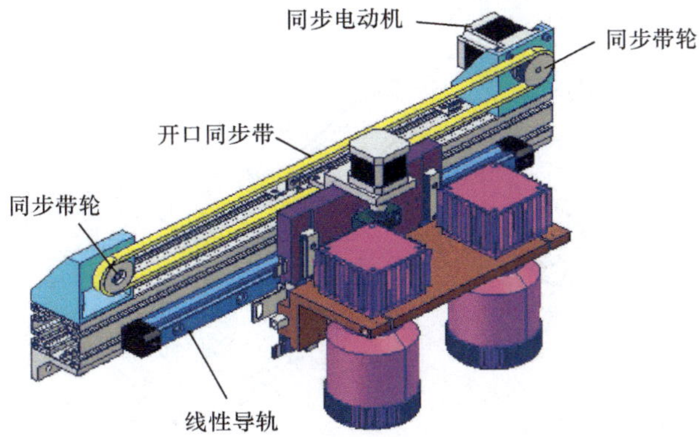

图 313　用开口同步带实现往复运动的机构

如图 315 所示为另一种用压板的安装方法。它用两个带齿的压板分别固定开口同步带的两端，此方法比第一种方法好，但压板结构较复杂。

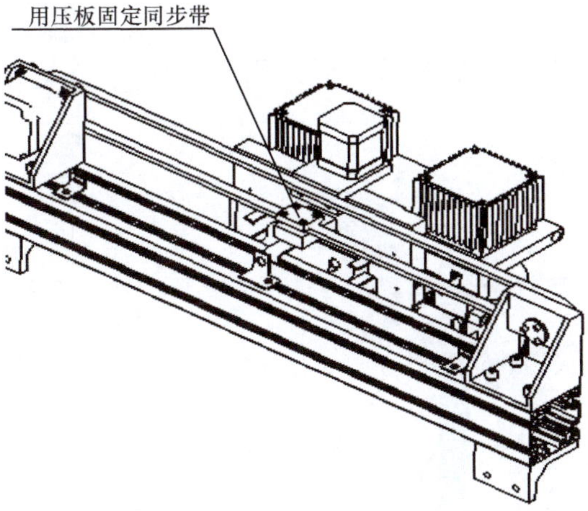

图 314　开口同步带的安装方法一

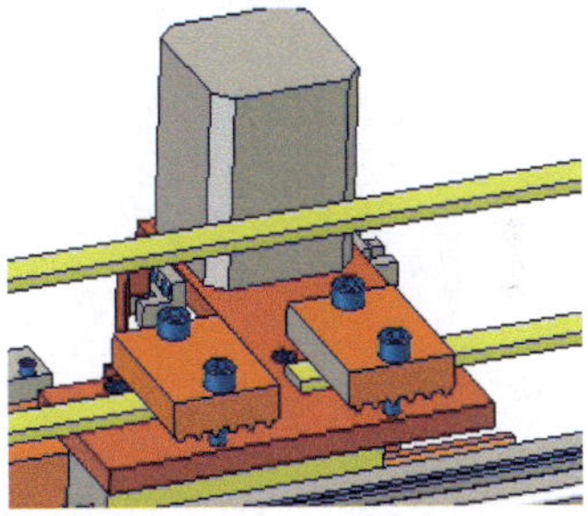

图 315　开口同步带的安装方法二

例 90　夯土机

如图 316 所示为一个夯土机模型，它利用配重块产生的离心力完成对地面土壤的夯实工作。

如图 317 所示为其工程图。电动机 1 通过皮带 2、3 传动，使带有离心配重的皮带轮 4 绕 *b-b* 轴转动，依靠配重的离心力使夯头 5 绕 *a-a* 轴上下摆动，下落时速度逐渐加大，用冲击力夯实土壤。

图 316　夯土机

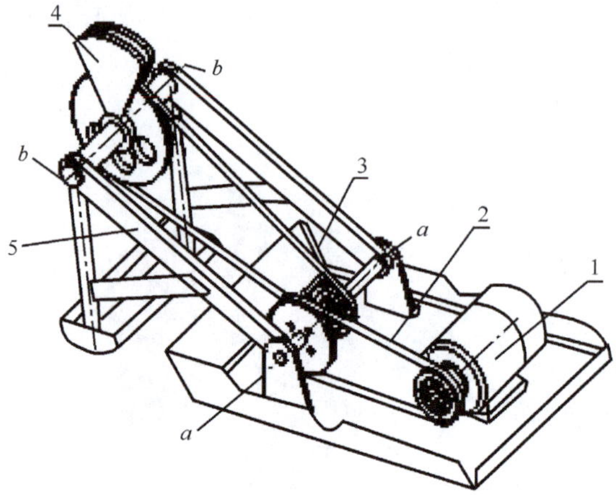

1—电动机；2、3—皮带；4—配重皮带轮；5—夯头

图 317　夯土机工程图

例 91　平衡吊直线引导机构

如图 318 所示的平衡吊直线引导机构是生产装配现场常用的吊装设备，用于起吊、搬运较重的物件。

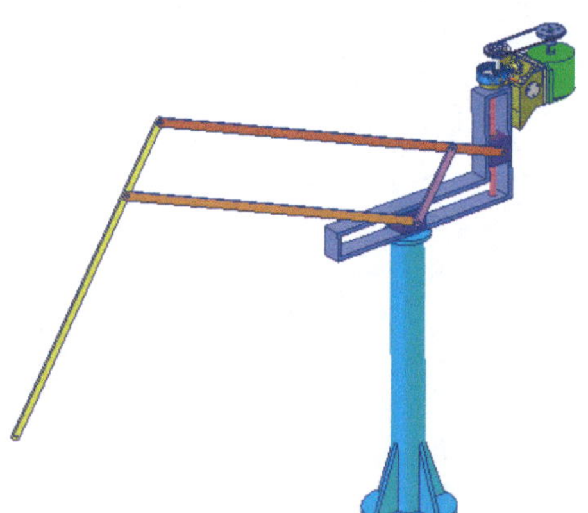

图 318　平衡吊直线引导机构

如图 319 所示为该机构的工程图。*B*、*A*、*E* 三点共线，使差动平行四杆机构 *ABCD* 随遇平衡，手动拖动 *E* 点使吊钩（图中未显示）接近吊装物体；再启动电动机，通过皮带轮 1、3 及皮带 2 将转动传递给外齿轮 4，外齿轮 4 又将转动传递给与之啮合的内齿轮 5；内齿轮 5 与丝杠 6 固接，慢速转动的丝杠 6 带动滑块螺母 7 沿导轨 12 上下移动，连杆 9 上的 *E* 点沿竖直直线移动。机构还可使平衡吊绕机架上的 *d*-*d* 轴转动。该机构设计应考虑吊装最大质量与该机构的平衡。

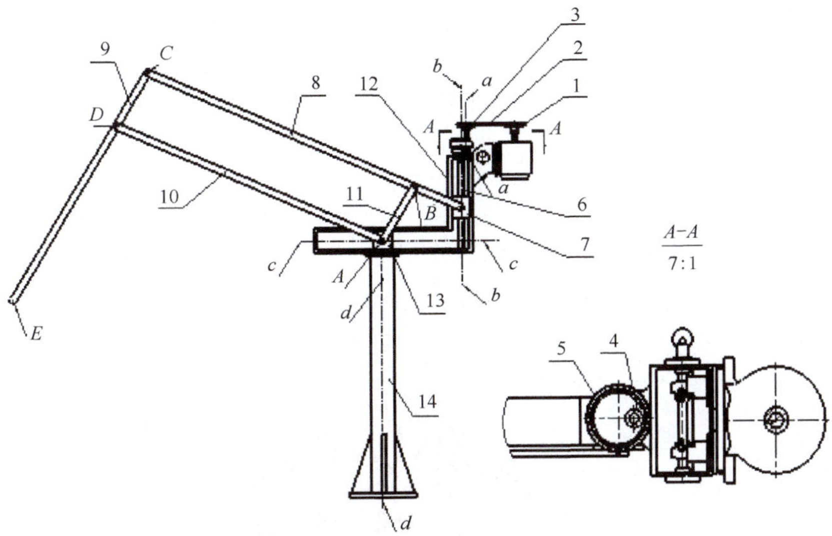

1、3—皮带轮；2—皮带；4—外齿轮；5—内齿轮；6—丝杠；7—滑块螺母；8、10—摇杆；9、11—连杆；12—导轨；13—滑块；14—机架

图 319　平衡吊直线引导机构工程图

例 92　热合夹紧机构

如图 320 所示的热合夹紧机构，是安装在真空箱内部对抽真空后的塑料包装袋进行热合的机构。

如图 321 所示为该机构的工程图。在可活动的箱盖上安装前热合刀 2，其上固接推板 1，前热合刀可沿导杆 5 滑动。合盖时，推板 1 推动铰接在固定的后真空箱体上的双摇臂 7 上的滚子 3，使双摇臂 7 绕固定箱体上的 *a-a* 轴转动，通过连杆 8 的作用，使固接在导杆 6 上的后热合刀 4 前移，直到与前热合刀 2 贴合，加热塑料袋并使其黏合。开盖

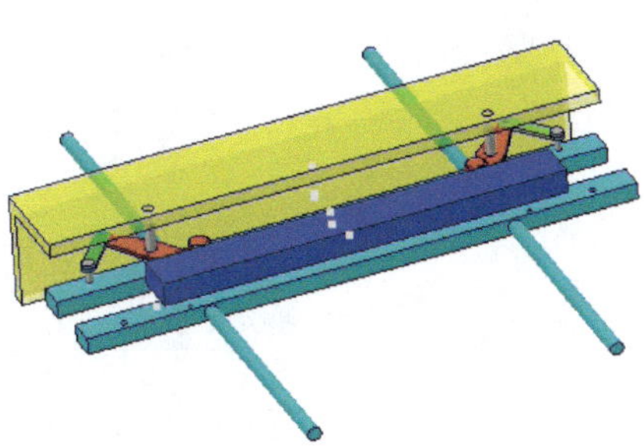

图 320　热合夹紧机构

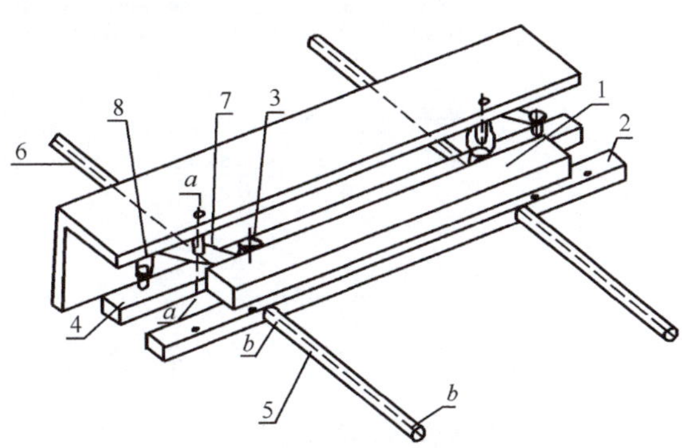

1—推板；2—前热合刀；3—滚子；4—后热合刀；5、6—导杆；7—双摇臂；8—连杆

图 321　热合夹紧机构工程图

时，前、后热合刀自然分开，完成在真空箱内的热合工作。设计该机构时，前后热合刀应装有缓冲弹簧，以减少接触时的冲击。

例 93　交换平台

如图 322 所示为交换平台模型，该机构在印刷、制版行业中使用，目的是为了提高工作效率。当在移动平台上的制品进行检测时，在交换平台上准备另一个需要检测的制品；按照设定的时间，两平台进行交换，可提高检测效率。

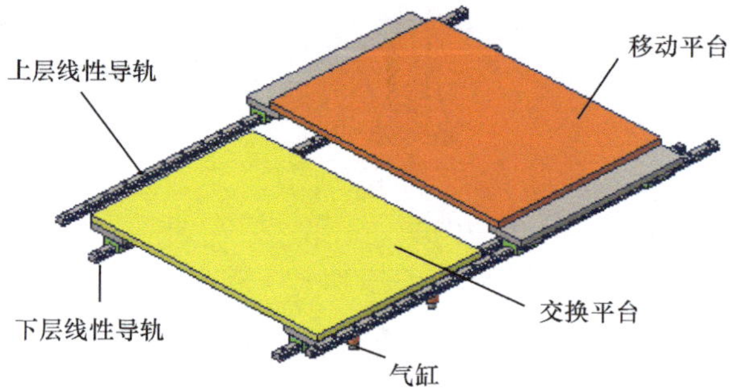

图 322　交换平台

图 323 是其工程图。移动平台 1 安装在上层的线性导轨 3 上，交换平台 2 安装在下层的线性导轨 5 上。根据事先设定的程序到交换时间后，移动平台 1 向左移动，同时交换平台 2 向右移动。交换平台 2 移动到位后，通过传感器接通电磁阀，安装在交换平台 2 下部的四个气缸 7 动作，使交换平台 2 上升到与移动平台 1 等高的位置并停歇；停歇时间结束气缸收回，两个平台返回原位，之后不断循环上述过程。

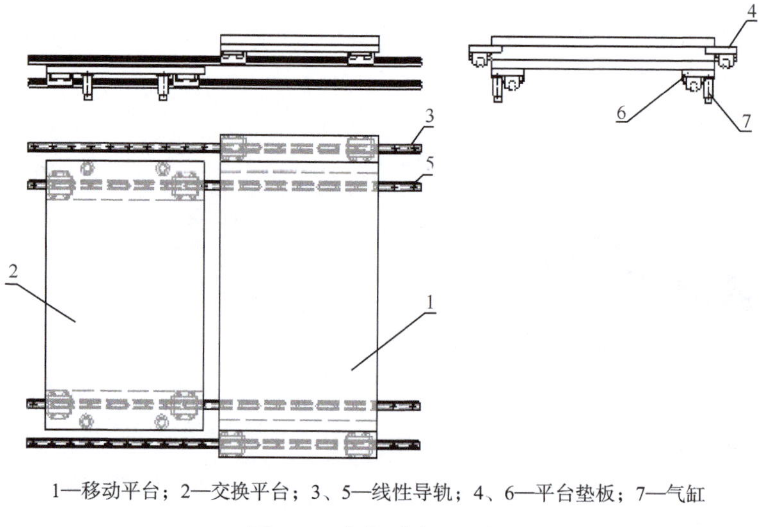

1—移动平台；2—交换平台；3、5—线性导轨；4、6—平台垫板；7—气缸

图 323　交换平台工程图

例 94　移动导杆近似等速移动机构

如图 324 所示的机构，当主动齿轮做匀速转动时，从动导杆可实现近似等速移动。

如图 325 所示为其工程图。偏心齿轮 1 绕 F 点转动（A 点是其几何中心），与其相啮合的齿轮 2 随之转动，在齿轮 2 的几何中心 B 点上固接滚子 7，滚子 7 可沿机架 6 上的导槽 c-c 往复运动；连杆 3 两端在 A 点与 B 点和两个齿轮铰接，以保证两齿轮的中心距不变；齿轮 2 上又固接一个滚子 4，该滚子可在移动导杆 5 的直槽中移动。当齿轮 2 转动时，滚子 4 拨动导杆 5 沿固定的导路 s-s 往复运动。齿轮 1 转两周，导杆 5 往复移动一次。该机构尺寸满足下列条件：

$$r_2=2r_1,\quad AF=0.125r_1,\quad AB=3r_1,\quad CB=r_1$$

式中，r_1、r_2 分别为齿轮 1 和齿轮 2 的节圆半径。

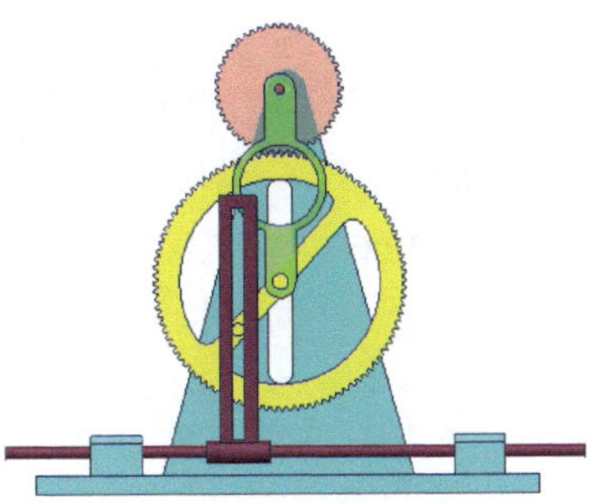

图 324　移动导杆近似等速移动机构

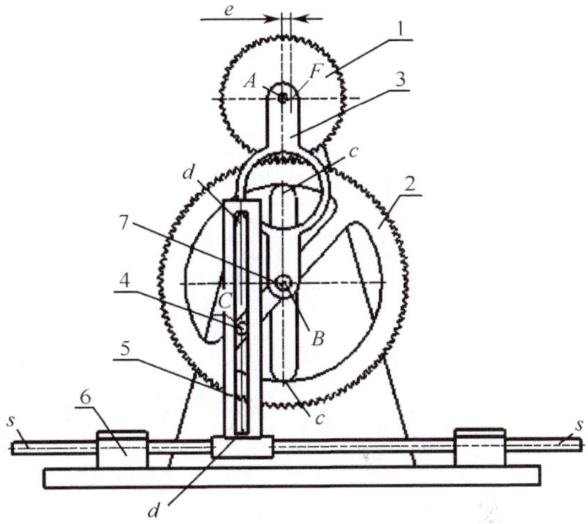

1—偏心齿轮；2—齿轮；3—连杆；4、7—滚子；5—移动导杆；6—机架

图 325　移动导杆近似等速移动机构工程图

例 95　曲柄摇杆与曲柄滑块串接机构

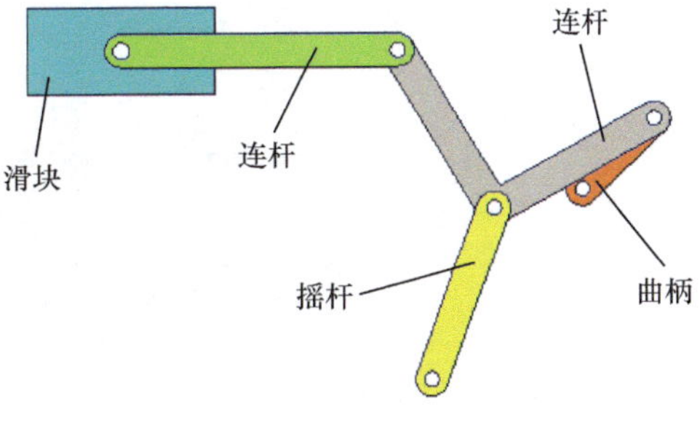

图 326　曲柄摇杆与曲柄滑块串接机构

如图 326 所示为曲柄摇杆与曲柄滑块串接机构，该机构构件的尺寸如图 327 所示。当曲柄摇杆机构 $ABCD$ 中的曲柄 1 绕 A 点转动时，从动的滑块 5 实现往复运动，并有急回特性。曲柄 1、连杆 2、摇杆 3 组成曲柄摇杆机构；摇杆 3 与机架在 D 点铰接，通过连接杆 4 将连杆 2 与滑块 5 连接，使滑块沿水平方向往复运动。

该机构将曲柄的旋转运动转化为滑块的直

线运动，有更大的急回特性系数及较大的行程。

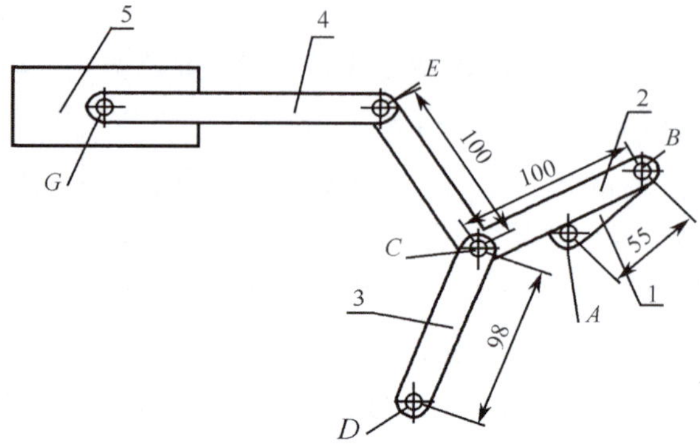

1—曲柄；2—连杆；3—摇杆；4—连接杆；5—滑块

图 327　曲柄摇杆与曲柄滑块串接机构工程图

例 96　割草机刀片驱动机构

如图 328 所示的机构为割草机刀片的驱动机构，图 329 是其工程图。*ABCD* 为曲柄摇杆机构，通过高速电动机驱动曲柄 1 绕机架上的 *A* 点旋转。连杆 2 在 *C* 点与摇杆 3 铰接，摇杆 3 在 *D* 点与机架铰接，连杆 2 上的 *E* 点做近似直线运动，拉杆 4 使刀片 6 沿固定刀座 5 做往复直线运动，完成割草动作。

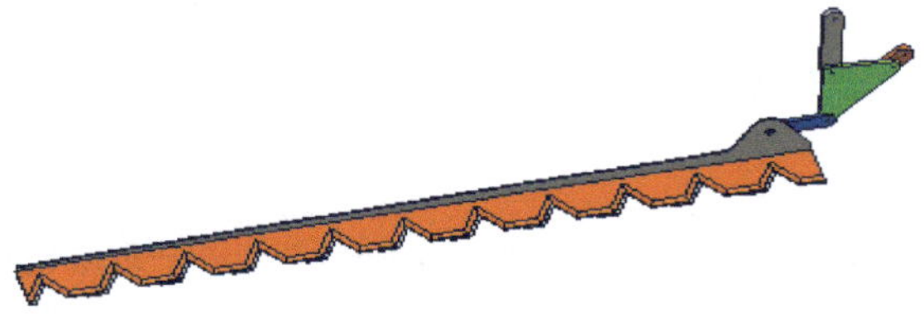

图 328　割草机刀片驱动机构

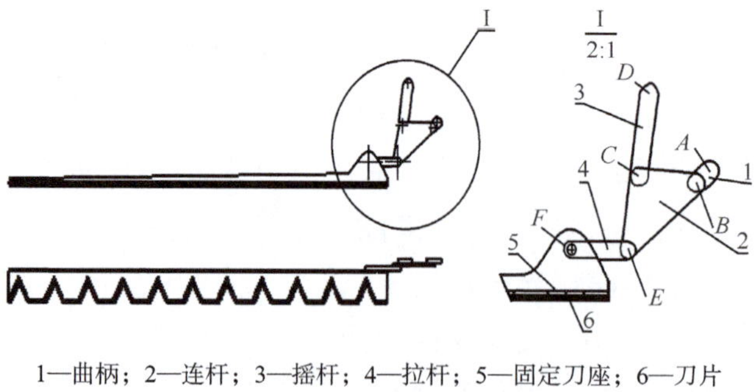

1—曲柄；2—连杆；3—摇杆；4—拉杆；5—固定刀座；6—刀片

图 329　割草机刀片驱动机构工程图

例 97　双面刀刃割草机驱动机构

如图 330 所示的双面刀刃割草机驱动机构是利用曲柄滑块机构的运动原理工作的，其结构比例 96 的更简单、合理，刀刃两面都可工作，更适合人的工作姿势。

如图 331 所示为其工程图，电动机驱动偏心距为 *AB* 的轴 1 绕机架上的 *A* 点旋转，连杆 2 的两端分别与轴 1、滑动刀片 3 在 *B*、*C* 点铰接，刀片 3 可沿机架 5 上的导槽滑动。高速电动机使有双面刀刃的滑动刀片 3 相对固定刀片 4 快速移动以完成灌木修剪工作。

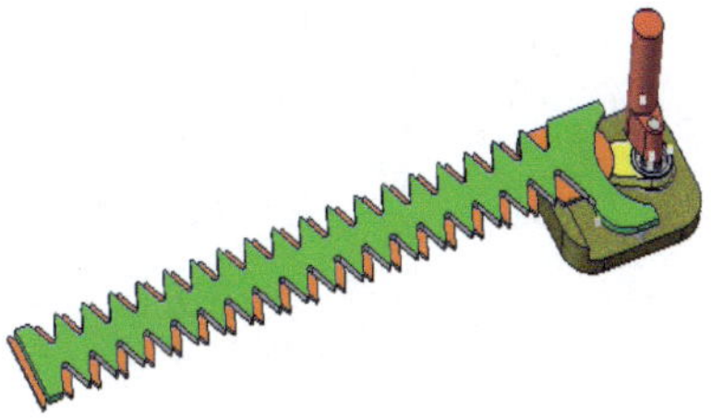

图 330　双面刀刃割草机驱动机构

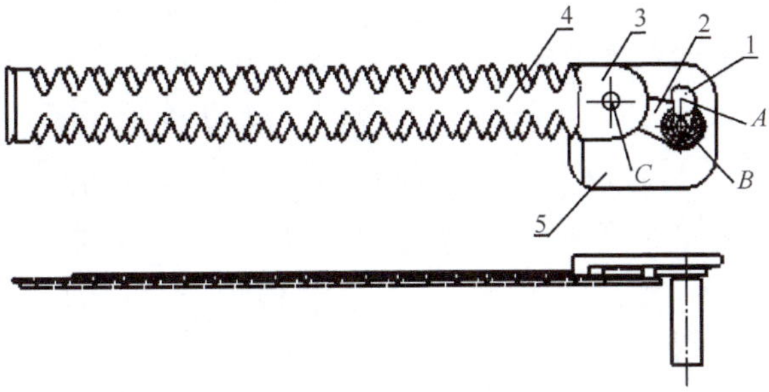

1—轴；2—连杆；3—滑动刀片；4—固定刀片；5—机架

图 331　双面刀刃割草机驱动机构工程图

例 98　六杆压力机机构

如图 332 所示为六杆压力机机构，图 333 为该机构的工程图。当各构件按图 332 所示尺寸设计时，扳动手柄 1，从动的压头 5 可沿机架 6 的垂直导轨上下移动。*ACFE* 为一个双摇杆机构。手柄 1 与连杆 2 在 *B* 点铰接；压头 5 与连杆 2 在 *D* 点铰接，压头 5 可

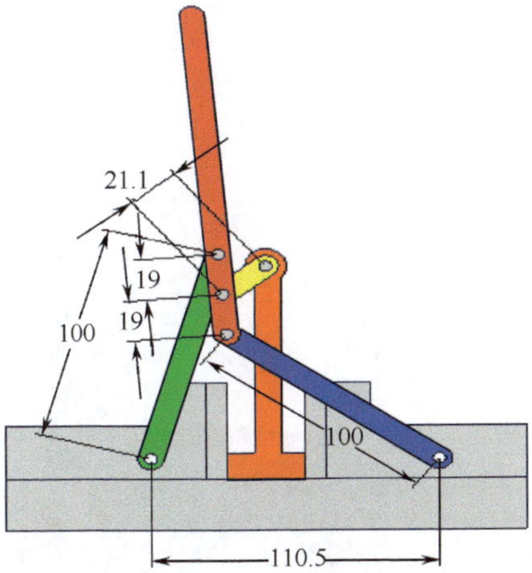

图 332　六杆压力机机构

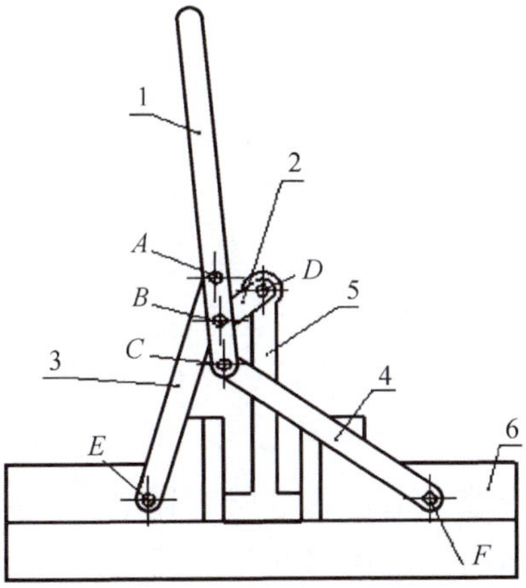

1—手柄；2—连杆；3、4—摇杆；5—压头；6—机架

图 333　六杆压力机机构工程图

在机架 6 上的垂直导槽中滑动；摇杆 3 与手柄 1 在 A 点铰接，与机架 6 在 E 点铰接；摇杆 4 与手柄 1 在 C 点铰接，与机架在 F 点铰接。手柄 1 顺时针转动，压头 5 下移，反之，压头上移。该机构原理可用于手动粉碎机械。

例 99　对开螺母机构

如图 334 所示为普通车床采用的对开螺母机构。它用燕尾安装在溜板箱中，用手柄使两个半螺母闭合与车床丝杠进入啮合状态时，旋转的丝杠可带动溜板箱、刀架运动，完成切削螺纹的工作。

如图 335 所示为其工程图。转动手柄（图中未画出），开合螺母控制板 4 随之转动，利用其上的两个对称布置的偏置凸轮槽拨动两个固接在螺母安装座 1、2 上的销轴 3，使螺母安装座 1、2 带动上下两个半螺母 5、6 开合。螺母闭合时与车床丝杠啮合，可带动溜板箱和刀架沿车床导轨移动，完成螺纹的车制。

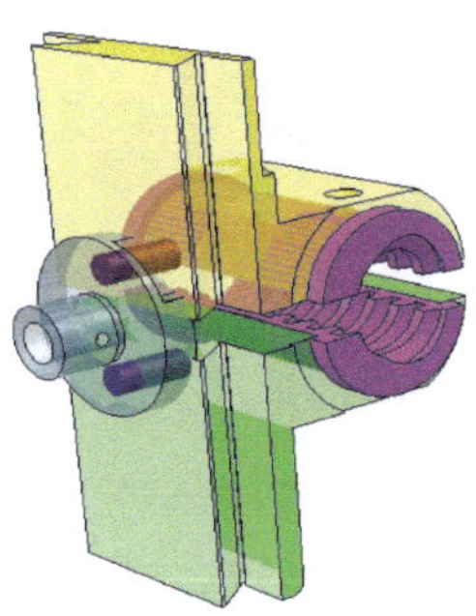

图 334　对开螺母机构

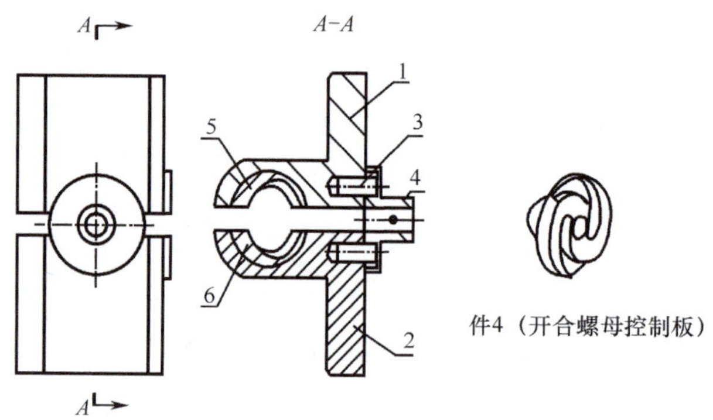

1、2—螺母安装座；3—销轴；4—开合螺母控制板；5、6—半螺母

图 335　对开螺母机构工程图

例 100　齿轮升降机构

如图 336 所示的升降机构，用一对锥齿轮副与丝杠螺母的组合完成左右滑板的升降调节。

如图 337 所示为该机构的工程图。转动手柄 1，两个同轴的小锥齿轮 2 驱动两个大锥齿轮 3 转动，与大锥齿轮 3 用键连接的套筒螺母 4 随之转动；螺杆 5 下部用紧定螺钉 9 与套筒螺母 4 连接，随套筒螺母 4 一起转动；与螺杆 5 配合的方螺母 6 与滑板 7 固接，转动的螺杆 5 使方螺母 6 带动滑板 7 升降。

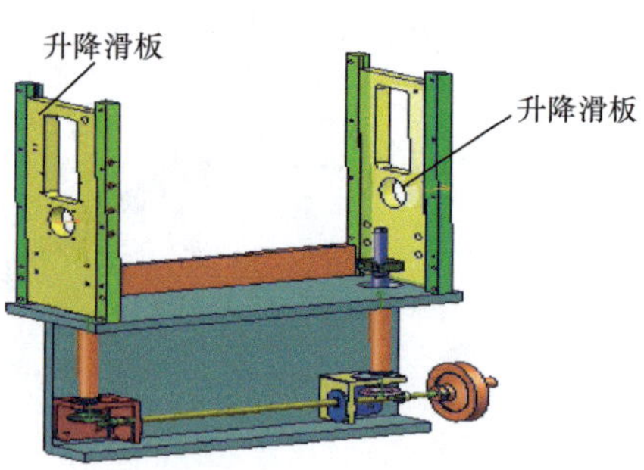

图 336　齿轮升降机构

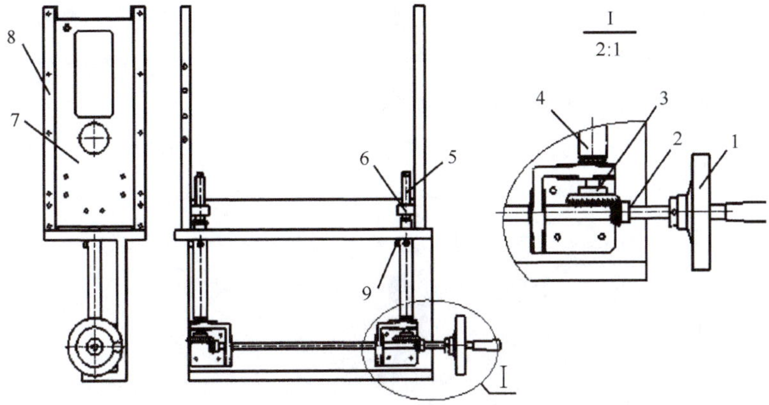

1—手柄；2—小锥齿轮；3—大锥齿轮；4—套筒螺母；5—螺杆；6—方螺母；7—滑板；8—导座；9—紧定螺钉

图 337　齿轮升降机构工程图

例 101　夹爪机构

如图 338 所示的夹爪机构，是一个手动螺杆机构，它用旋转螺杆驱动一个螺母直线移动，再用该螺母来通过一个导柱带动两个斜向移动滑块，该机构把旋转运动转换为双斜向移动。

如图 339 所示为该机构的工程图，转动手柄 1，螺杆 2 驱动螺母 3 直线移动，与螺母移动方向垂直的导柱 4 随螺母 3 一起移动；导柱 4 的两侧滑动配合安装滑块 5 与滑块 6，两滑块又与两个轴 7 滑动连接。转动手柄 1 时，两滑块 5、6 可沿倾斜的轴 7 移动。若在滑块 5、6 上安装夹爪，可同时夹住或撑开所夹持的零件或物品。此结构还可用于自动定心机构。

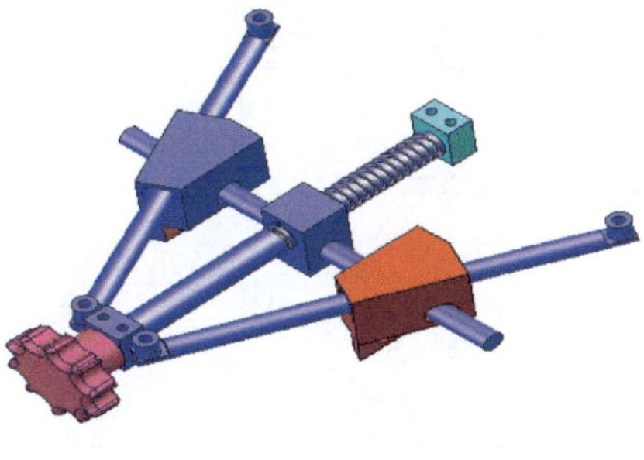

图 338　夹爪机构

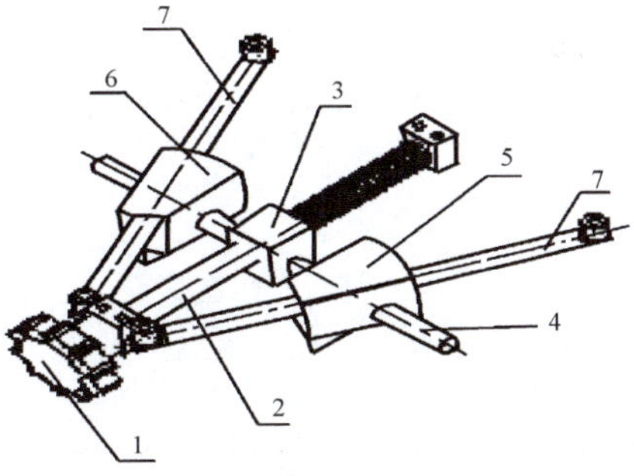

1—手柄；2—螺杆；3—螺母；4—导柱；5、6—滑块；7—轴

图 339　夹爪机构工程图

例 102　简易夹紧机构

如图 340 所示为简易夹紧机构。左右对称的两个夹爪与导柱滑动配合，当推拉板沿导柱轴线垂直方向前后移动时，利用推板上的斜槽与两个夹爪上圆柱销的滑动配合，使两个

夹爪闭合或打开。该机构与例 101 类似，只是一个用斜导柱一个用斜槽板，各有利弊，斜导柱可直接选购市场上易购的淬火镀铬光轴，而斜槽板热处理后容易变形，影响夹紧的质量；另外，本例需要有锁紧机构，而例 101 靠螺纹可自锁。

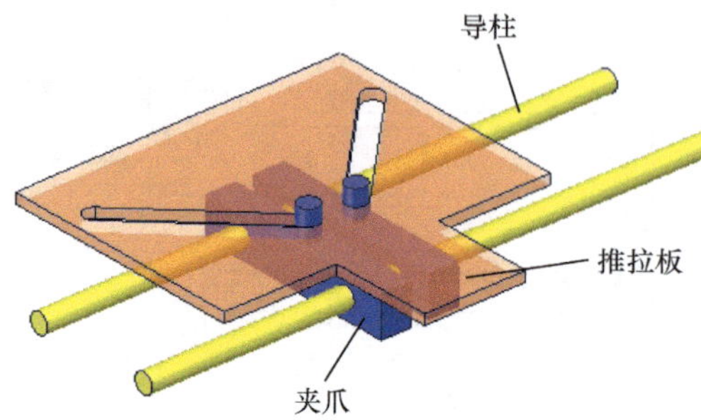

图 340　简易夹紧机构

例 103　可调行程的凸轮绕线机构

图 341 所示为可调行程的凸轮绕线机构，转动槽型凸轮使排线滑杆左右移动完成绕线动作。为使排线均匀，凸轮曲线应保证滑杆匀速移动。

如图 342 所示为该机构的工程图。槽型凸轮 1 绕机架上的 *a-a* 轴转动，使滑块 2 上的凸轮滚子在凸轮槽中滑动，并带动与它铰接的滑块 3 沿着导杆 4 滑动，从而带动滑杆 5 在滑座 6 的导槽中左右移动，若在滑杆 5 的左端装有引线机构，可完成排线。松开螺钉 8，沿着固定挡板 7 转动导杆 4，可调整滑杆 5 的行程。

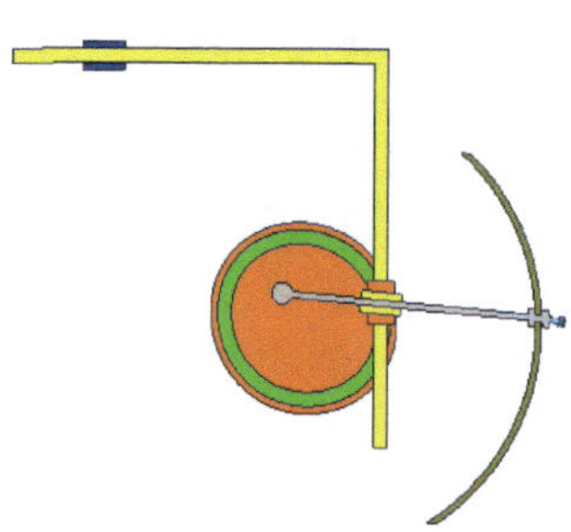

图 341　可调行程的凸轮绕线机构

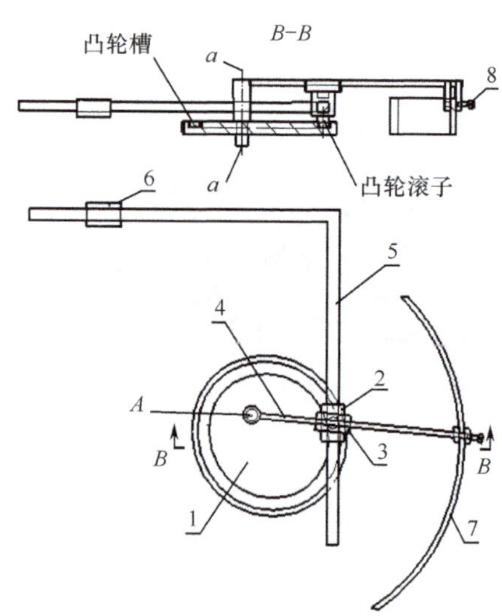

1—槽型凸轮；2、3—滑块；4—导杆；5—滑杆；6—滑座；7—固定挡板；8—螺钉

图 342　可调行程的凸轮绕线机构工程图

例 104　行程可调的凸轮导杆机构

行程可调的凸轮导杆机构如图 343 所示。该机构与例 103 的运动原理一样，供读者参考。图 344 是其工程图。

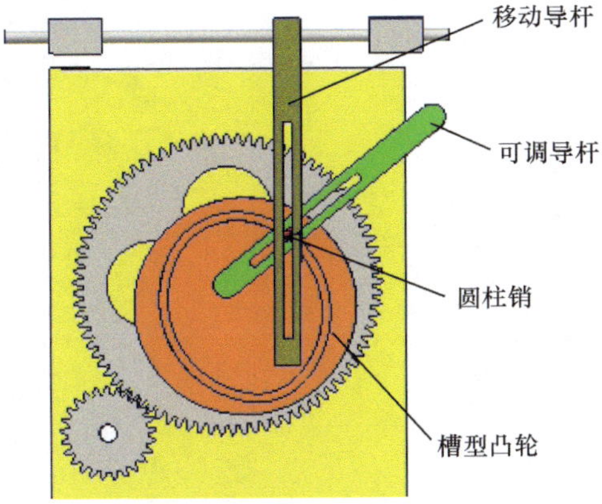

图 343　行程可调的凸轮导杆机构

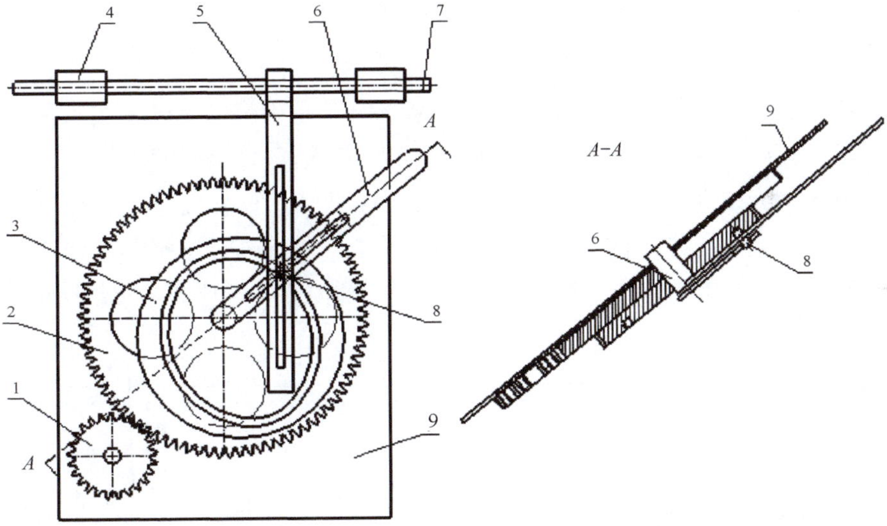

1—主动齿轮；2—从动齿轮；3—槽型凸轮；4—滑座；5—移动导杆；6—可调导杆；7—滑杆；8—圆柱销；9—机架

图 344　行程可调的凸轮导杆机构工程图

例 105　开锁机构

如图 345 所示的开锁机构，应用于一种野外设备。为了便于设备检查人员开锁，保障设备安全，不使用普通的钥匙，而是用异形截面的钥匙，其截面有三角形、五边形等。

如图 346 所示为该锁的工程图。用钥匙 1 插入锁眼，即插入齿轮 2 的内孔中，转动钥匙使齿条3、4缩回即完成开锁。

图345　开锁机构

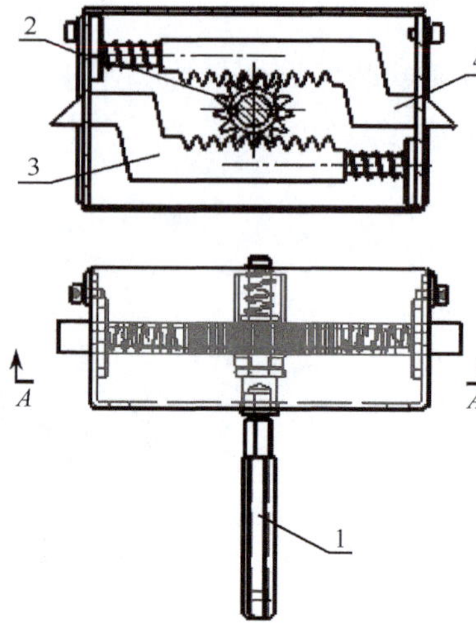

1—钥匙；2—齿轮；3、4—齿条

图346　开锁机构工程图

例106　切膜机构

如图347所示的切膜机构是包装机上的制袋部分，它可将一个已完成了封底的筒形塑料袋坯料切断，得到只有一个上开口的塑料袋，以备后续包装工作的进行。

如图348所示为该机构的工程图。槽型凸轮1绕机架上的轴10转动，驱动摇臂2绕轴9摆动，通过拉杆3、4，带动两个滑柱5在固定的直线轴承座6上滑动，并使前刀体8也随之移动；后刀体7与机架固接，凸轮每转动一圈，前刀体向后移动一次，切出一个袋。

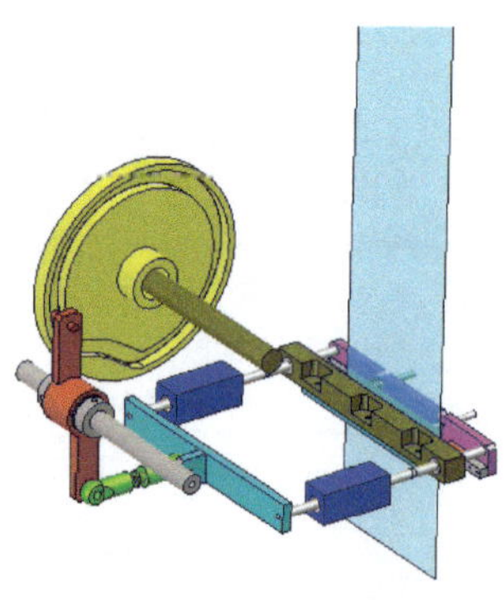

图347　切膜机构

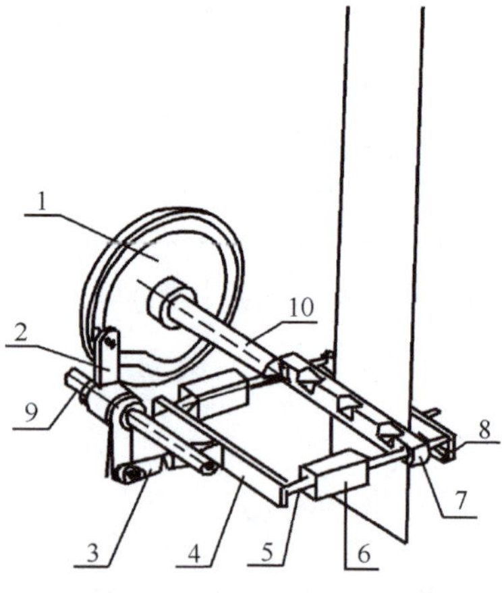

1—槽型凸轮；2—摇臂；3、4—拉杆；5—滑柱；6—直线轴承座；7—后刀体；8—前刀体；9、10—轴

图348　切膜机构工程图

例 107　机床尾座运动机构

图 349 所示的是车床尾座运动机构。该模型展示了两种运动，一是转动手轮带动丝杠旋转，丝杠驱动用键做导向的台尾主轴前后移动；利用台尾主轴内孔中的莫氏锥体，对钻头或钻套定位夹紧；台尾主轴回退时，螺杆前部可将钻头推出。二是转动手柄，利用偏心轴将压板上抬，将尾座与床身夹紧，防止其在加工时产生移动。图 350 所示为机床尾座运动机构内部结构。

图 349　机床尾座运动机构

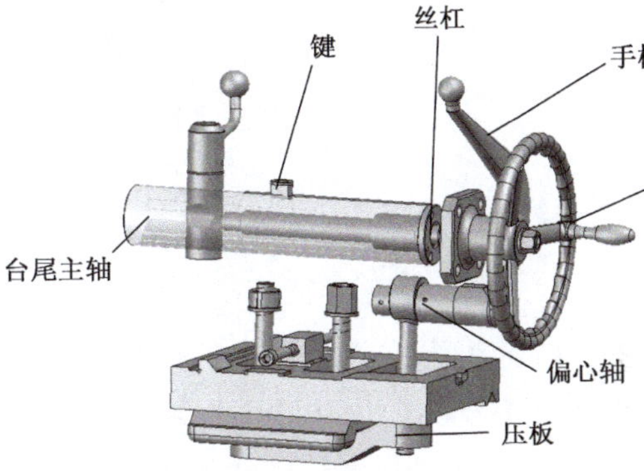

图 350　机床尾座运动机构内部结构

例 108　主从动轴线重合的齿轮连杆机构

如图 351 所示的机构可将主从动件不直接相连的主动杆的运动，通过齿轮、导杆传递给从动杆。

图 351　主从动轴线重合的齿轮连杆机构

如图 352 所示为该机构的工程图。推拉杆 1 带动摇杆 2 摆动，同时带动与摇杆 2 固接的齿轮 3 绕机架上的 *A* 点摆动；和齿轮 3 啮合的齿轮 5 反向转动；与齿轮 5 固接的摇臂 4 上铰接一个滚轮 6，滚轮 6 随同齿轮 5 转动时在摇杆 7 的直槽中滑动，使摇杆 7 也绕 *A* 点摆动，从动杆 8 随之移动，其方向与推拉杆 1 相反。

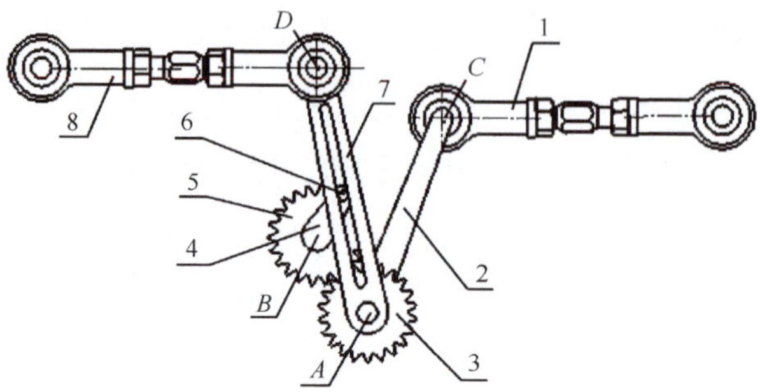

1—推拉杆；2、7—摇杆；3、5—齿轮；4—摇臂；6—滚轮；8—从动杆

图 352　主从动轴线重合的齿轮连杆机构工程图

例 109　开袋机构

如图 353 所示为用于包装线上的开袋机构。在包装线上的包装袋从一个工位转到下一个工位的过程中，利用该机构完成开袋动作，为下一步填充物料动作做好准备。在该机构中，与袋同行的真空吸盘初始为闭合状态，并吸住袋的两边；在将袋送到指定工位的过程中，真空吸盘把袋逐步打开到要求的开口大小，使包装线上的填充头下移时能顺利地插入袋中，在完成袋的移交后，该机构立即返回到初始位置，准备进行下一个袋的打开动作。

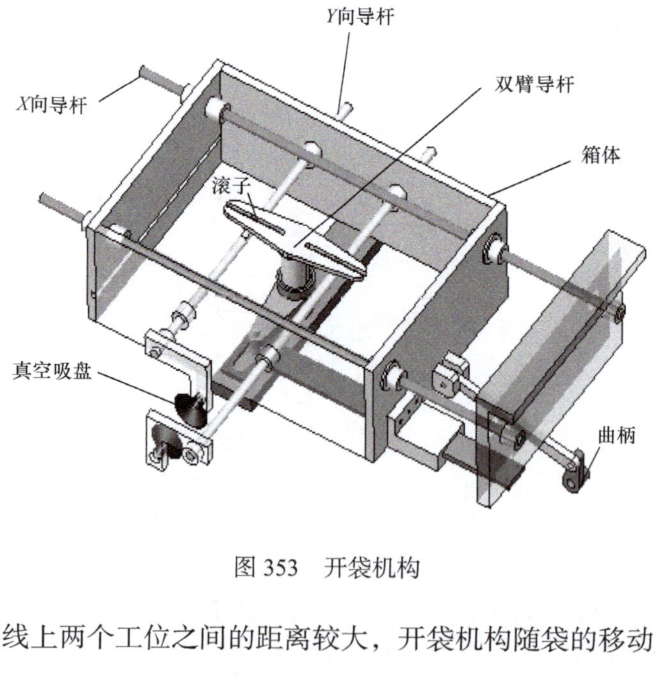

图 353　开袋机构

由于实际包装线上两个工位之间的距离较大，开袋机构随袋的移动是用链轮机构实现

的，本例用一个曲柄摇杆机构代替。

该机构的设计要点是将一个已知的旋转运动转换成二维的移动，即用一个转动的起始构件，实现两个垂直方向的移动。

设计采用了下述的办法：用曲柄滑块机构可实现一个方向的移动，把构件安装在一个箱体中，让组装后的箱体作为滑块，通过曲柄连杆的驱动，可实现 *X* 向的移动；为实现 *Y* 向的移动，即两个真空吸盘与箱体移动方向垂直的往复运动，用双臂导杆上的导槽驱动与 *Y* 向导杆固接的滚子，实现 *Y* 向导杆的移动，用双臂实现两个 *Y* 向导杆的双线移动。为了保证两个 *Y* 向导杆移动距离相等，又进行了如下设计（见图 354）。

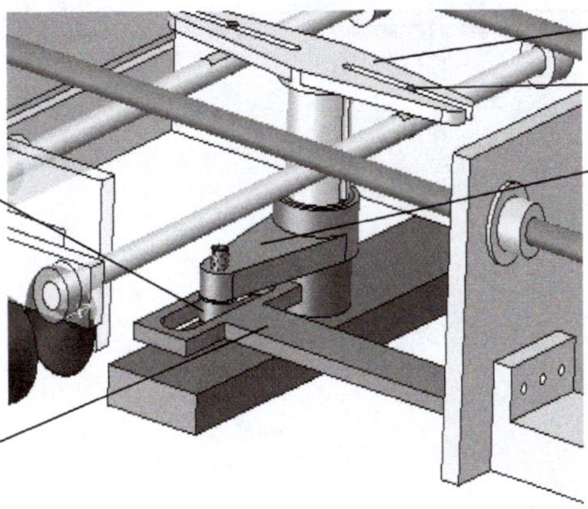

图 354　*Y* 向移动机构

在双臂导杆的转轴上固接一个单摇臂，方向与双臂导杆的导槽垂直；在单摇臂上装一个凸轮滚子，该凸轮滚子与一个固接在机架上的导杆的导槽配合，该导槽初始位置与双臂导杆上的导槽垂直；当箱体带着双臂导杆和单摇臂沿 *X* 向移动时，固定导杆使单摇臂绕双臂导杆轴线转动。单摇臂的长度决定了双臂导杆转角的大小，长度越长，转角越小。

如图 355 所示为开袋机构的工程图。与机架铰接的曲柄 1，通过连杆 2 带动箱体 4 沿着 *X* 向导杆 5 往复运动，*X* 向导杆与机架 3 固接。箱体上安装有直线轴承 6、8，分别与 *X* 向导杆 5、*Y* 向导杆 7 组成移动副；双臂导杆 9 与单摇臂 11 固接，可绕 *a-a* 轴转动；安装在单摇臂 11 上的凸轮滚子轴承 12，可在固定导杆 13 上的导槽中滑动；*Y* 向导杆 7 上固接的滚子 10，可在双臂导杆 9 的直槽中移动；箱体沿 *X* 向往复运动，固定导杆 13 使单摇臂 11 摆动，与其固接的双臂导杆随之摆动，通过滚子 10 驱动 *Y* 向导杆 7 往复运动，带动两个真空吸盘的闭合与打开，从而使箱体在移动中完成开袋动作。

如图 356 所示为两个真空吸盘相距最远（袋开口最大）时的开袋机构模型，图 357 所示为真空吸盘闭合时的开袋机构模型。

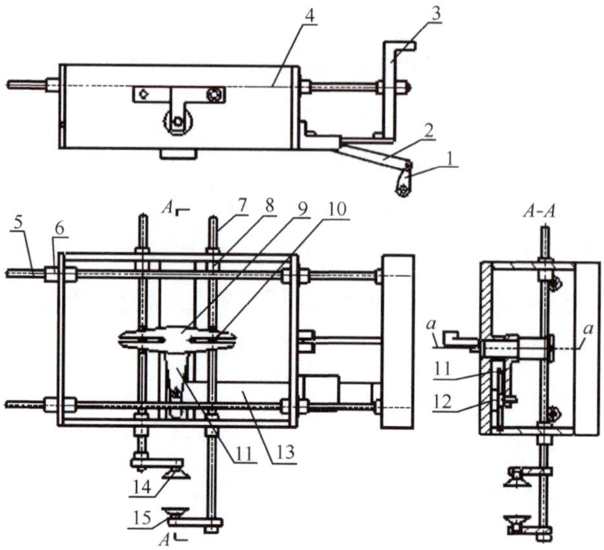

1—曲柄；2—连杆；3—机架；4—箱体；5—X 向导杆；6、8—直线轴承；7—Y 向导杆；9—双臂导杆；10—滚子；11—单摇臂；12—凸轮滚子轴承；13—固定导杆；14、15—真空吸盘

图 355　开袋机构工程图

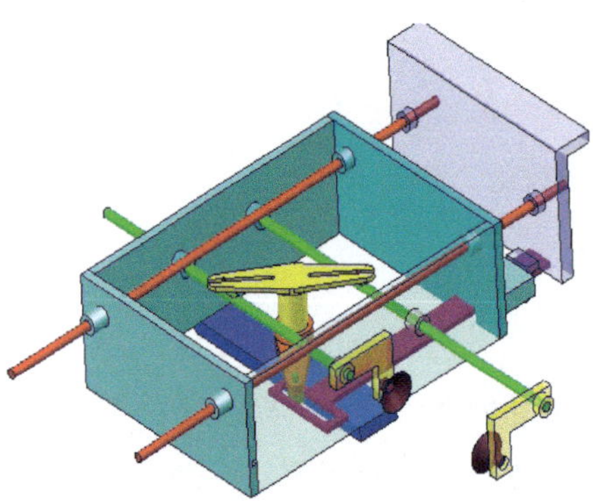

图 356　真空吸盘距离最远时的开袋机构模型

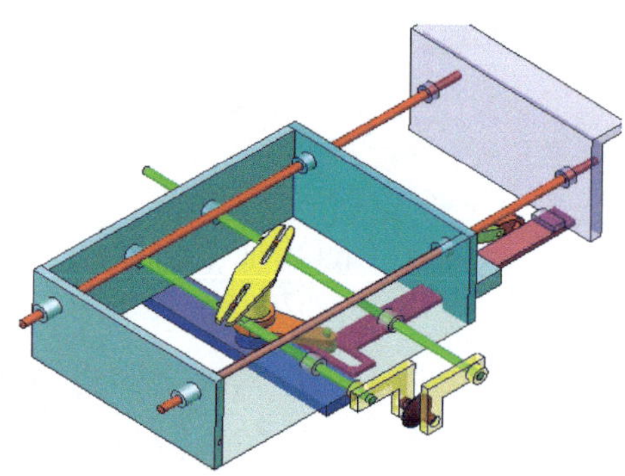

图 357　真空吸盘闭合时的开袋机构模型

例 110　双滑块原理用于食品机械 1

如图 358 所示的机构将双滑块原理用于食品机械，双滑块机构的运动原理在第一部分中讨论过。图 358 中六个切刀同时运动，时而闭合、时而张开（见图 359），完成切制生面团或制作鱼丸的动作。当然，该机构有自动对中的功能，也可用于生产线上零件的定位。

图 360 是其工程图。该机构上有六个相同切刀 2，其形状特殊，不易实现主动运动，需借助驱动盘 1 来驱动；当驱动盘 1 绕机构中心轴线 *a-a* 摆动时，驱动固接在切刀上的圆

柱销 3，使圆柱销 3 在固定盘 4 上的导槽中滑动，并拨动切刀 2 绕与固定盘 4 固接的圆柱销 5 摆动，从而使切刀时而张开、时而闭合。相机的快门片的运动也类似于此动作，不过快门片是相互重叠的。

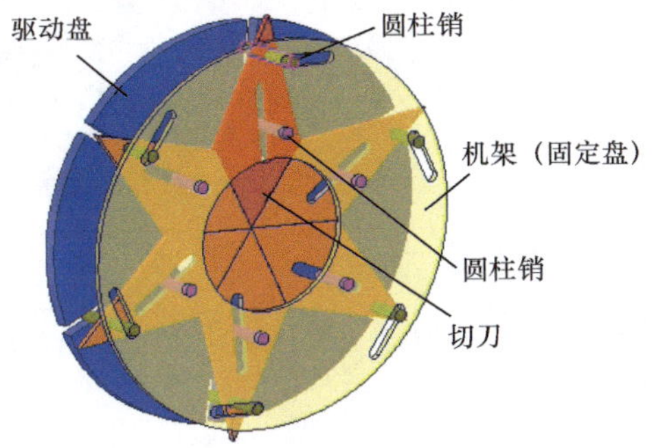

图 358　双滑块原理用于食品机械 1（闭合）

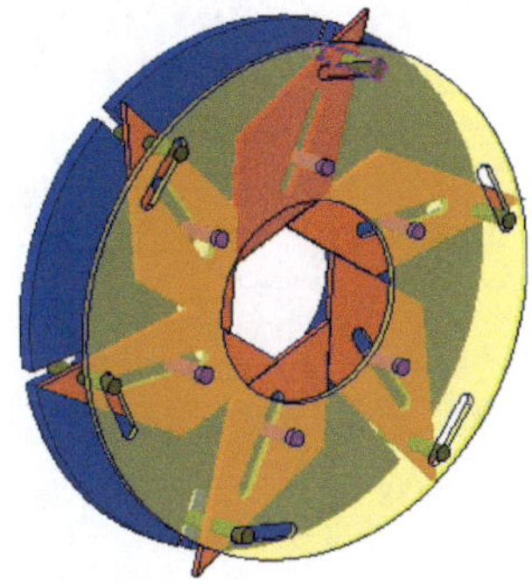

图 359　切刀张开状态

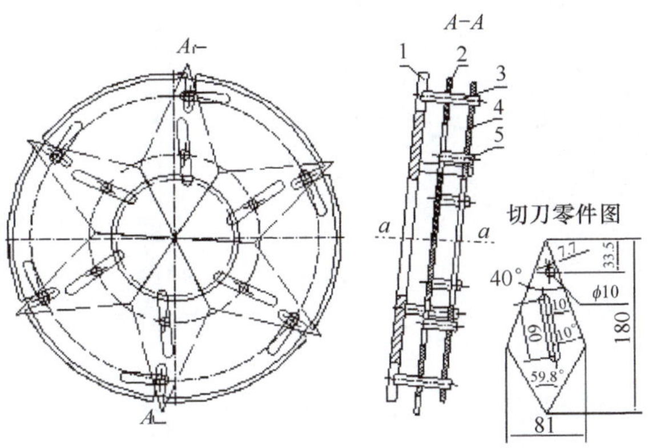

1—驱动盘；2—切刀；3、5—圆柱销；4—固定盘

图 360　双滑块原理用于食品机械 1 工程图

例 111　双滑块原理用于食品机械 2

如图 361 所示的机构其运动原理及功能与例 110 一样，但结构略有差别：第一，在驱动盘上直接固接了圆柱拨销以驱动切刀；第二，切刀形状、数量有变化，切削刃只在侧面，数量增加到九个；第三，增加了后固定盘，且在该盘上固接九个圆柱销，用于切刀的导向。图 361 所示为切刀闭合状态；图 362 所示为切刀张开状态。

图 363 是该机构的工程图。带有圆柱拨销 2 的驱动盘 1 绕机构中心摆动时，圆柱拨销 2 拨动切刀 3；切刀 3 上固接的圆柱销 4 在前固定盘 5 上的斜槽中滑动；切刀 3 下部的直槽（见图 363 中切刀零件图）与后固定盘 6 上固接的圆柱销 7 构成滑动副，使切刀完成切制运动。

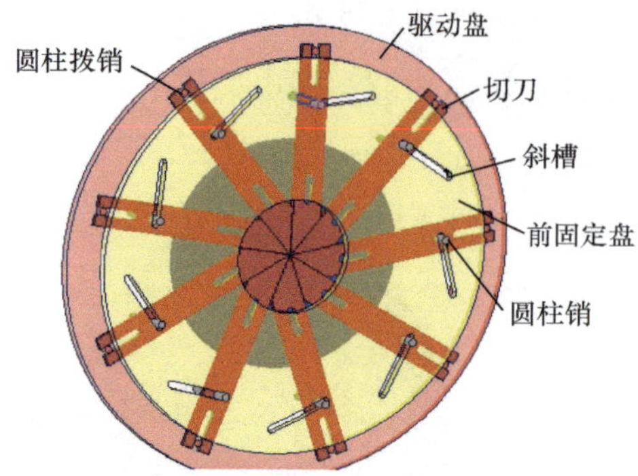

图 361　双滑块原理用于食品机械 2（闭合）

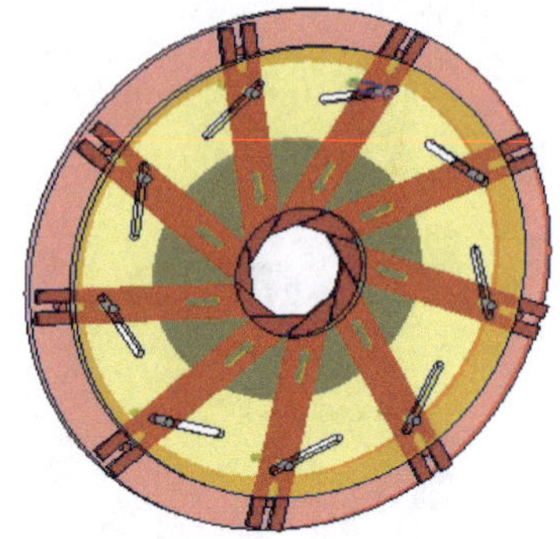

图 362　双滑块原理用于食品机械 2（张开）

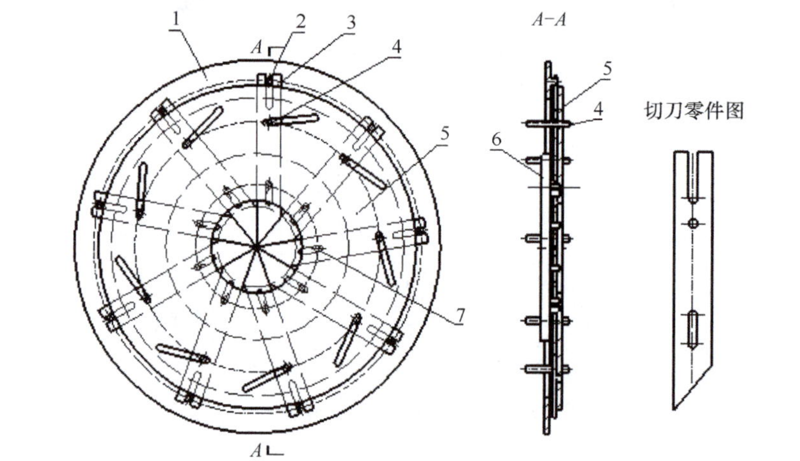

1—驱动盘；2—圆柱拨销；3—切刀；4—圆柱销；5—前固定盘；6—后固定盘；7—圆柱销

图 363　双滑块原理用于食品机械 2 工程图

例 112　三齿轮行程放大机构

在如图 364 所示的三齿轮行程放大机构中，三个相同的齿轮由一个系杆连接起来，其中一个齿轮与机架铰接，构成一个差动轮系。两个连杆分别与两个从动齿轮上的偏置孔铰接，且一个连杆的另一端与机架铰接，另一个连杆与一个滑块铰接，滑块可沿导座（图中未画出）在水平方向上移动。当铰接在机架上的齿轮转动时，图中下连杆绕机架摆动，滑块有较大的行程。

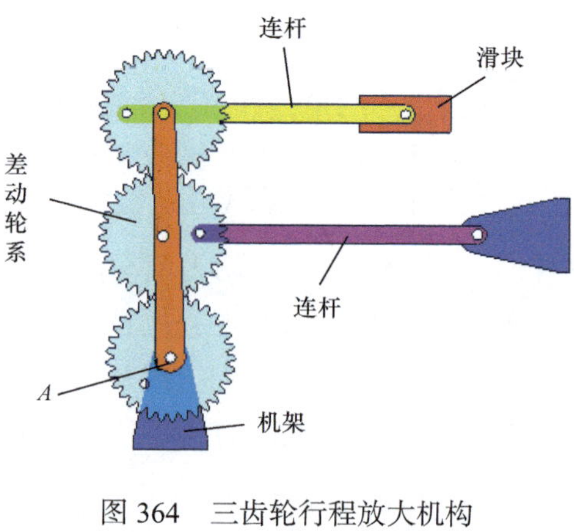

图 364　三齿轮行程放大机构

例 113　无导轨虎钳

如图 365、图 366 所示分别为无导轨虎钳打开与闭合状态下的模型图，该机构无滑动导轨，构件采用转动副连接，来使活动钳口平行移动，大大减少卡死现象的出现。

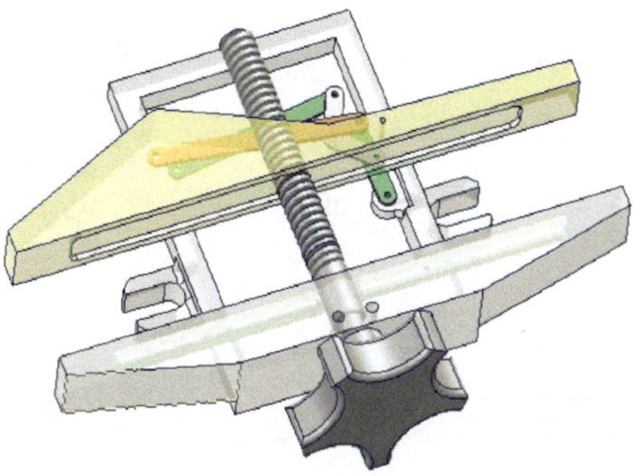

图 365　无导轨虎钳打开状态

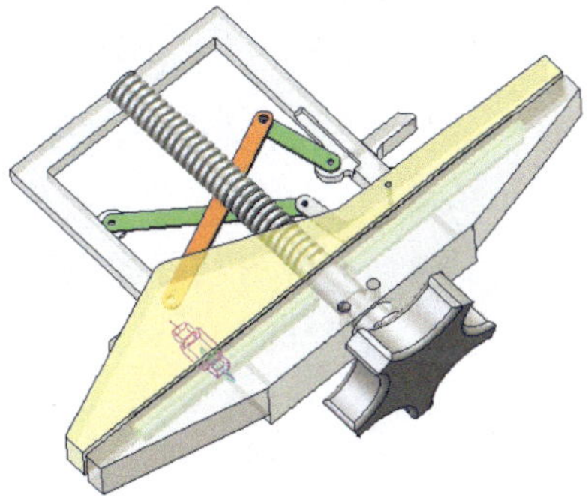

图 366　无导轨虎钳闭合状态

如图 367 所示为该虎钳的工程图。固定钳口 1 与机架 8 成一体，在机架 8 上有两个固定铰链 A 和 B，在活动钳口 3 上有两个动铰链 C 和 D；螺杆 2 与固定钳口组成转动副，与活动钳口组成螺旋副。当转动螺杆时，活动钳口平行移动，并通过铰链 C、D 使连杆 4 ～ 7 做平面运动。

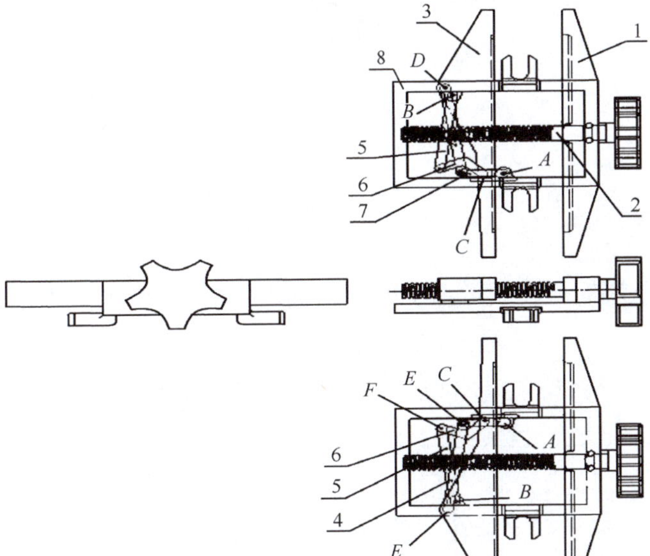

1—固定钳口；2—螺杆；3—活动钳口；4 ～ 7—连杆；8—机架

图 367　无导轨虎钳工程图

例 114　纠偏机构

如图 368 所示的纠偏机构是应用在全自动包装机上，当光电传感器感知到筒型袋胚跑偏时，使制袋器自动左右移动的机构。制袋器可将筒型塑料袋胚料按设定的长度，经底热封、切断后，间歇地输送到包装机的袋夹部分，由袋夹夹持着制成的塑料袋转移到充填部位。为了保证输送到要求的位置，使夹持可靠不产生掉袋现象，特设计此纠偏机构。如图 368 所示，在沿袋宽方向设置两个光电传感器，其间距大于袋宽 2 ～ 4mm，当输送的袋跑偏时，光电传感器被遮挡就会发出信号，自动启动电动机转动，使制袋器相对机架或左或右移动，直到不遮挡光电传感器为止。

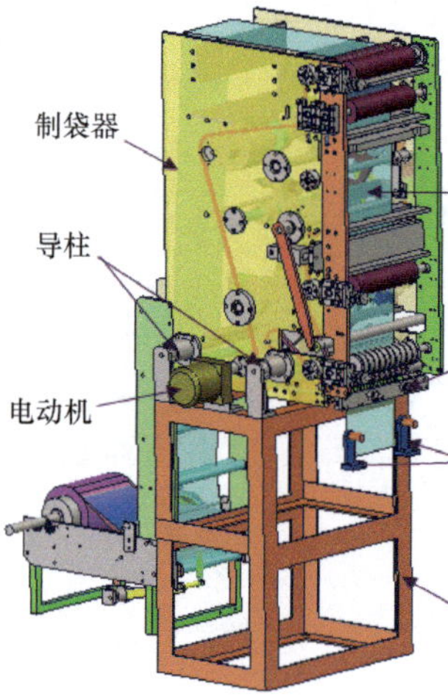

图 368　纠偏机构

例 115　单张纸输送机构

如图 369 所示是装有机器视觉系统的单张纸检测机的前端输送机构，是用于检测印刷品缺陷的设备。

在第一部分中，曾讨论过装有机器视觉系统的产品，需要有与相机相对运动的输送机构。其中用输送带输送被检测物的设计，应用于检测精度要求不高和没有背光源的情况。本例机构用于检测印刷后的单张纸，如包装盒的胚料，采用了四条并列的输送带（见图 370），这四条输送带平行支承在线性导轨上，可调整间距，以便适应不同宽度的单张纸；并用与带轮固接的六方轴驱动。

单个输送带的皮带张紧机构如图 371 所示。通过使用一个该图中所示的张紧工具可调整从动带轮位置使皮带张紧。皮带张紧后，该工具可拆卸。

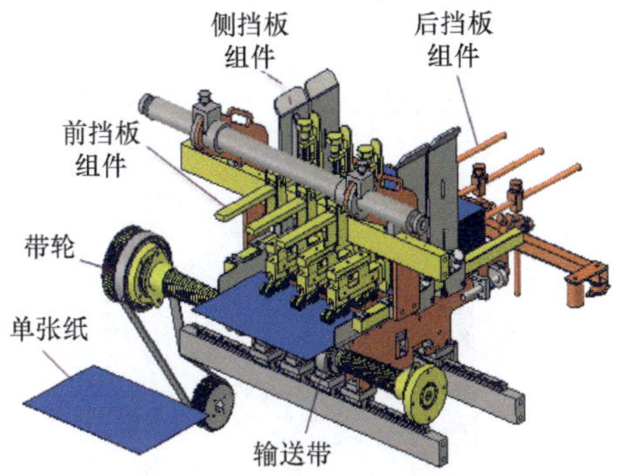

图 369　单张纸输送机构

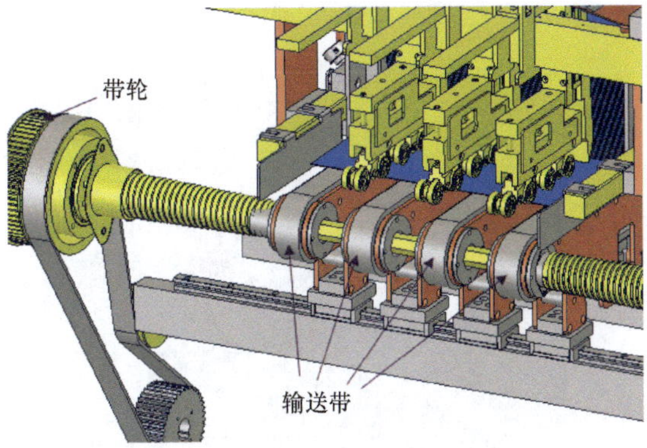

图 370　输送带的布置

当单张纸尺寸变化时，除了调整输送带的间距，还需调整左右侧挡板组件及前后挡板组件的距离。图 372 显示了用于手动调整左右侧挡板组件位置的构件，挡板组件用一个圆轴和一个方轴支承，方轴的作用是限制转动；左右侧挡板组件上又各有两个挡板，与导轨方轴滑动配合，便于调整两个挡板之间的距离。

图 371　皮带张紧机构

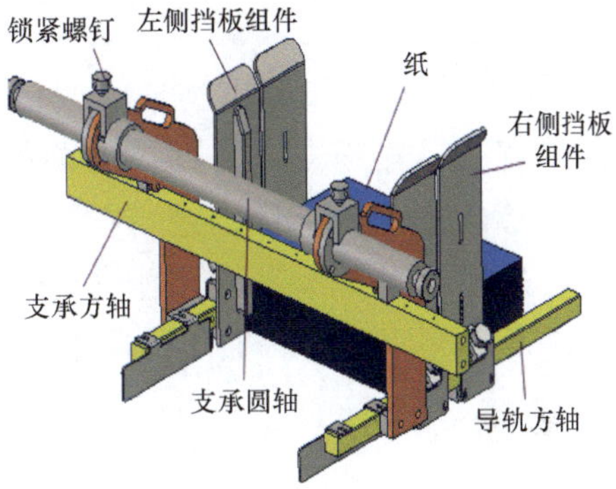

图 372　左右侧挡板组件调整机构

图 373 对应视频显示了后挡板组件的调整过程。与左右侧挡板组件一样，其上构件左右间距可调整。

图 374 对应视频显示了前挡板组件的调整过程。从图中可以看到，该组件固定在前挡板支承导轨上，与左右、后挡板组件一样其上构件左右间距可调整。该组件还有两个重要的功能，一是控制每次输出的是单张纸，即要使挡板与输送带间保持合理的距离，或在纸厚度变化时能现场快速调整；二是防止快速输送的单张纸由于摩擦力不够产生的上下跳动和多张重叠，因此在其上增加了上下位置可调整的压轮。前挡板压轮调整见图 375 对应视频。

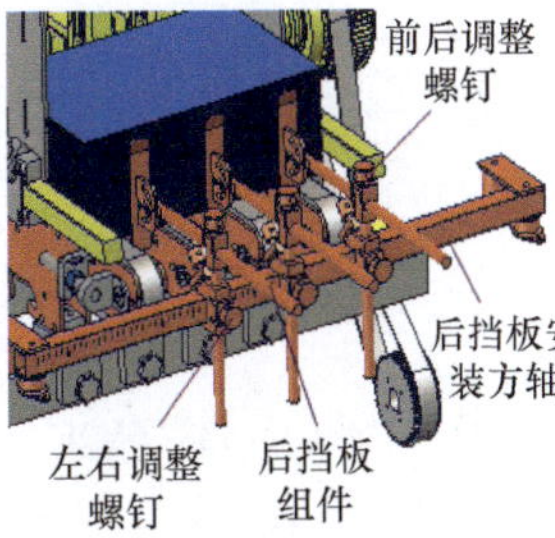

图 373　后挡板组件调整机构

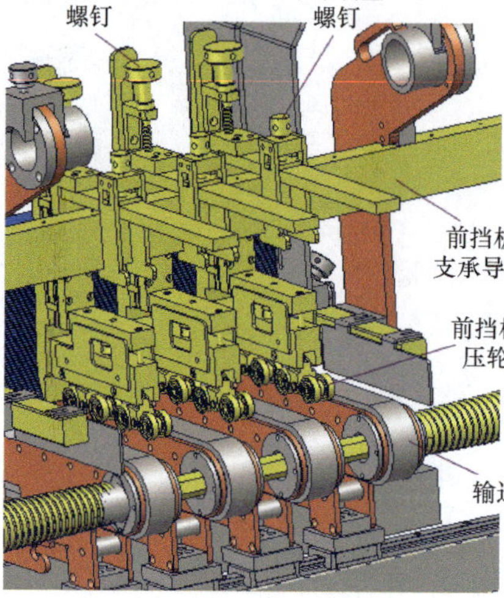

图 374　前挡板组件调整机构

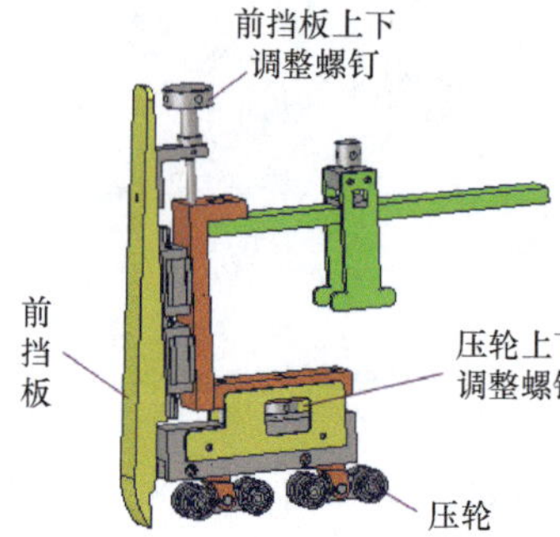

图 375　前挡板压轮调整机构

例 116　单张纸输送纠偏机构

如图 376 所示的纠偏机构是例 115 的后续部分，即单张纸输送到此部分再次进行整理，调整宽度及输送方向，使被检测的单张纸输送到视觉系统相机的视野范围，并在压紧输送带的配合下，保证左右摆动在合理的范围内。该机构的输送部分采用两条输送带传送并用六方轴驱动，与例 115 不同的是，在两条输送带上方增加了两条没有驱动的压紧输送带，调节左右加压机构手柄，使其与输送带上的单张纸贴合，靠摩擦力同步转动。

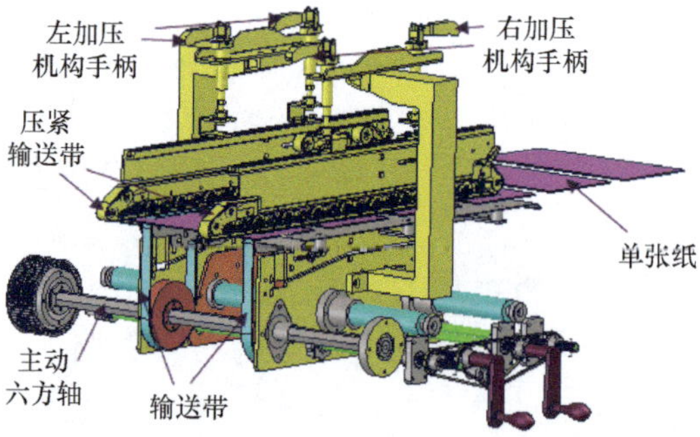

图 376　单张纸输送纠偏机构

从图 377 对应的视频可观察到，同时同方向转动两个手柄，可调节该机构的两条输送带（组件）的距离。上部的左右导轮组件与下部的左右输送带组件是固接的，所以调节宽窄时同步左右移动。两个支承的导柱与机架固接。

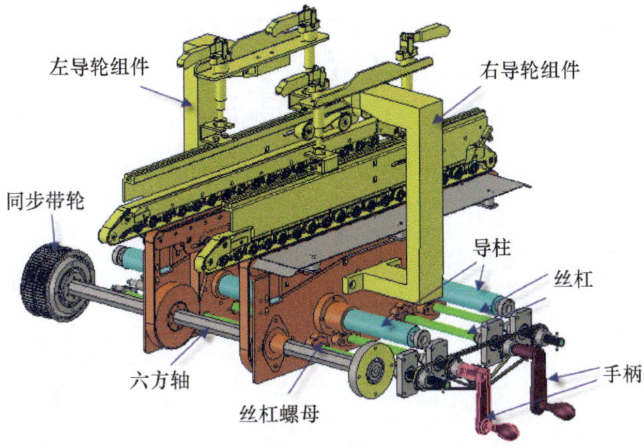

图 377　两输送带间距的宽窄调节

图 378 对应的是单边输送带对中调节的视频，用于保证两条输送带的对称中心线与相机轴线重合。

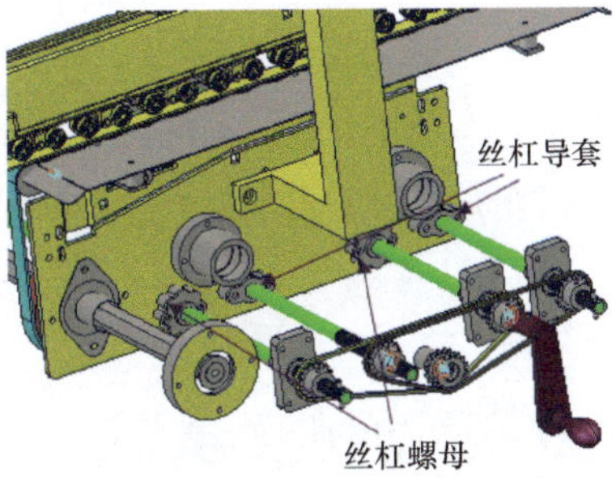

图 378　单边输送带对中调节

从图 378 中可见有四根丝杠穿过左右输送带组件，但每个输送带组件的侧板上分别装了两个丝杠螺母和两个丝杠导套；当转动任一手柄时，串联链轮同时转动两个丝杠，并与两个丝杠螺母配合，可驱动一个输送带组件移动，而两个导套与另外两根丝杠是滑动配合的，因此不会产生运动干涉。对中调节时，应当分别转动两个手柄，右侧手柄调节右侧的输送带组件，左侧的手柄调节左侧的输送带组件（图中未显示此部分）。

例 117　转动导杆与摆动导杆串接机构

如图 379 所示的转动导杆与摆动导杆串接机构为牛头刨床的主运动机构，该机构中的从动滑块在工作行程中做近似匀速的直线运动并有较大的急回特性。

如图 380 所示为其工程图。$ABCD$ 为一个转动导杆机构，曲柄 1 绕机架上的 A 点转动，与它在 B 点铰接的滑块 2 可在转动导杆 3 的直槽中滑动，转动导杆 3 在 C 点与机架铰接；曲柄 1 的长度大于机架 AC 的长度，导杆 3 可做整周转动。CDE 为一个摆动导杆机构，与转动导杆3在D点铰接的滑块5可在摆动导杆4的直槽中滑动；摆动导杆4在E点与机架铰接，在F点与连杆6铰接；连杆6在G点与滑块7铰接；滑块7可沿着机架在水平方向上往复运动，完成刨床的主运动。导杆3转动时，带动导杆4绕E点摆动。由于CD长度小于机架CE的长度，导杆4做摆动并通过连杆6驱动滑块7做往复运动。滑块7的运动是转动导杆3与摆动导杆4共同作用的结果。

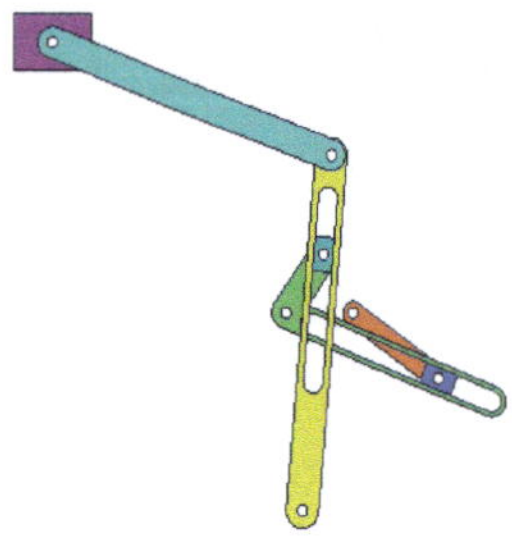

图379　转动导杆与摆动导杆串接机构

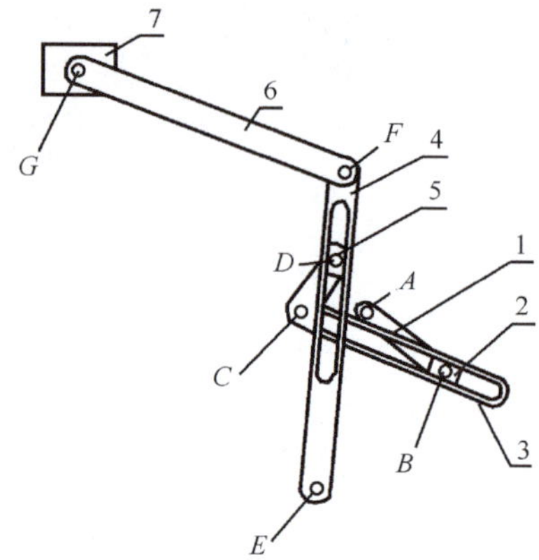

1—曲柄；2、5、7—滑块；3—转动导杆；4—摆动导杆；6—连杆

图380　转动导杆与摆动导杆串接机构工程图

4. 点的运动轨迹机构运动仿真实例

点的运动轨迹机构是指利用机构中某一构件上点的轨迹作输出的机构。

例118　精确直线行星轮系连杆机构

如图381所示的机构是根据行星齿轮传动中中心轮与行星齿轮的节圆半径比为2∶1时，行星齿轮节圆上一点的运动轨迹为一条精确的直线原理设计的。

如图382所示为该机构的工程图。中心轮1与机架固定；曲柄2一端与中心轮1的内孔组成转动副可绕a-a轴转动，另一端与行星齿轮3中心用转动副配合；行星齿轮上固接了一个转臂4，其上固接一个转轴，轴线c-c在行星齿轮的节圆上；导杆5上端与转臂4上的转轴铰接，导杆5可沿机架上的导轨座6上下滑动；中心轮与行星齿轮的节圆直径比为2∶1。当曲柄2绕a-a轴转动时，导杆5可实现精确的直线移动。

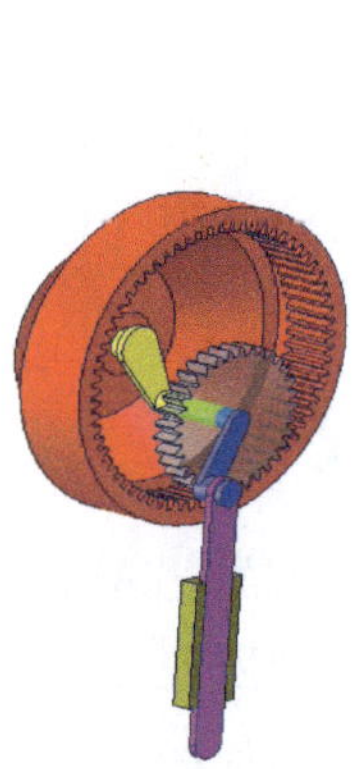

图381　精确直线行星轮系连杆机构

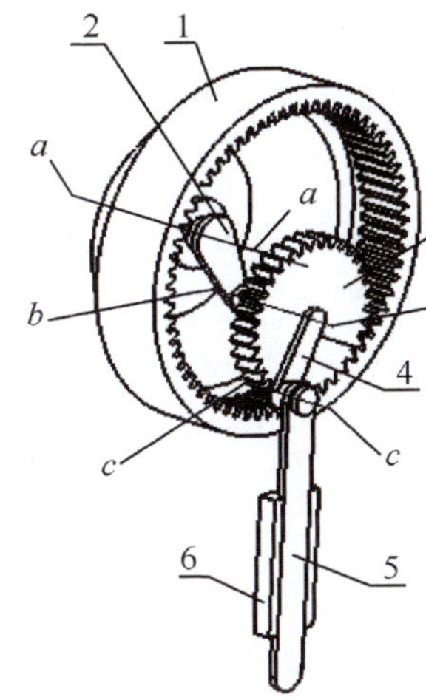

1—中心轮；2—曲柄；3—行星齿轮；4—转臂；5—导杆；6—导轨座

图 382　精确直线行星轮系连杆机构工程图

例 119　活塞行程可调节的行星齿轮机构

图 383 所示为活塞行程可调节的行星齿轮机构。机构的设计要点是用调整行星齿轮节点初始位置的方法来调节活塞的行程。

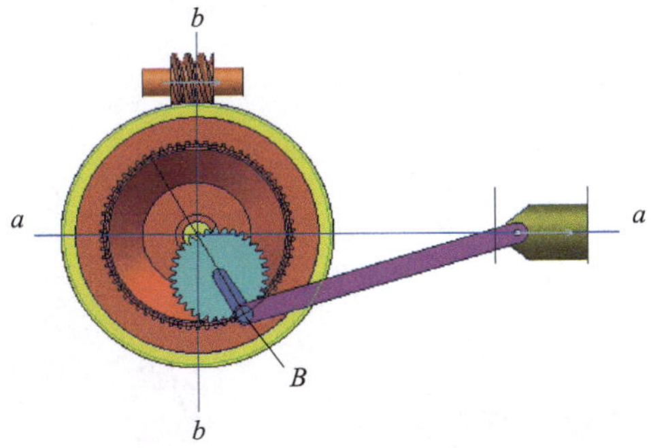

图 383　活塞行程可调节的行星齿轮机构

在第一部分中，曾讨论过行星齿轮机构行星齿轮上某一点的轨迹，以及轨迹和行星齿轮节圆半径与中心轮半径之比的关系。当中心轮节圆半径与行星齿轮节圆半径之比为 2 : 1 时，行星齿轮节圆上任一点的轨迹是一条过中心轮中心的直线。这样就可以通过调整节点的初始位置，来调节活塞的行程。当活塞的轴线与过中心轮轴线的 *a-a* 面重合，行星齿轮节圆上的节点 *B* 在如图 383 所示的位置时，可通过该机构的运动仿真，观察到活塞的移动行程。

图 384 是该机构的工程图。连杆 3 与行星齿轮 2 在 *A*、*B* 两点固接，*A* 点是行星齿轮 2 的中心点，*B* 点是行星齿轮 2 的节点。*O* 点是中心轮 1 的中心点，将 *OB* 两点的连线延长，并与中心轮 1 的节圆交于 *E* 点。*BE* 连线与过 *O* 点的竖直线 *b-b* 的夹角为 29.7°，在

a-a 面上的投影长度约为 65.4mm。用连杆 5 连接 *B* 点与活塞的连接孔 *C*，则前述投影长度（65.4mm）就是活塞 6 的行程。因此，只要在 0 ～ 90° 的范围内，改变 *B* 点的初始位置，就调节了活塞的行程。

蜗轮 8 与中心轮 1 固接，转动蜗杆 7 就调节了 *B* 点的位置，也就调节了活塞的行程。

若 *B* 点的初始位置如图 385 所示，即 *B* 点在 *a-a* 面上，活塞的行程最大，与中心轮节圆直径相等，其值为 132mm；若将 *B* 点调节至如图 386 所示的位置，活塞的行程最小。

说明一点，无论 *B* 点在哪个位置，活塞运动到两端的极限位置时都有短暂的停歇。

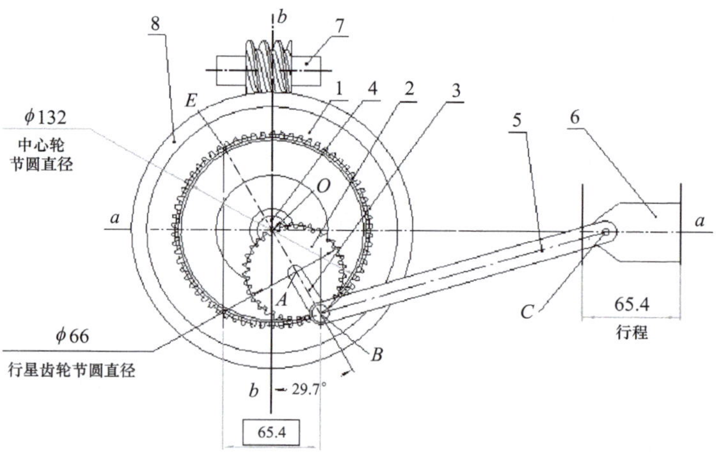

1—中心轮；2—行星齿轮；3、5—连杆；4—系杆；6—活塞；7—蜗杆；8—蜗轮

图 384　活塞行程可调节的行星齿轮机构（29.7°）工程图

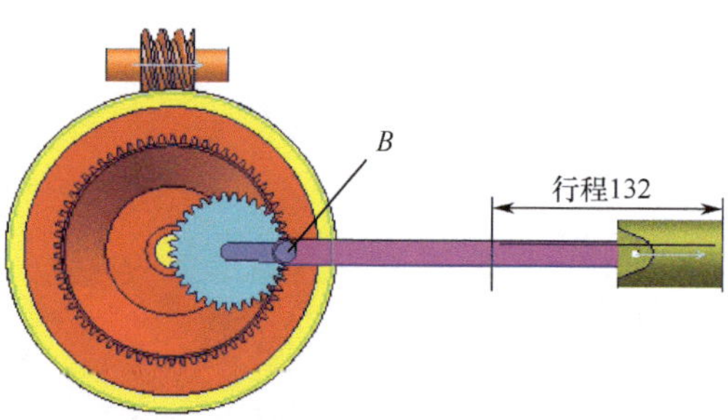

图 385　活塞最大行程时 *B* 点位置

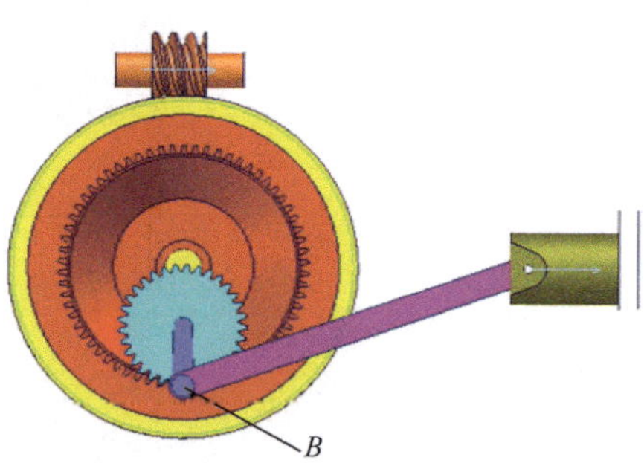

图 386　活塞最小行程时 *B* 点位置

例 120　导杆行星齿轮组合机构 1

如图 387 所示的机构为导杆与行星齿轮的组合机构。当系杆带动行星齿轮沿着与其啮合的内齿轮转动时，利用在行星齿轮上固接的滚子拨动导杆，使导杆沿着固定导轨往复运动。可使用例 119 的调整方法，以调整行星齿轮上的滚子与导杆接触点的位置，使导杆有

不同的移动速度和移动距离。

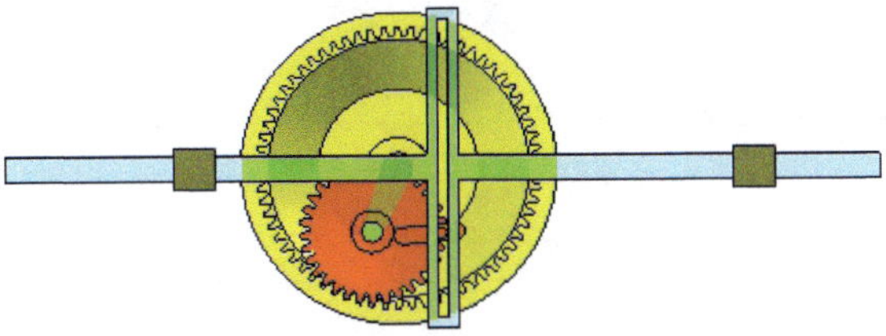

图 387　导杆行星齿轮组合机构 1

如图 388 所示为该机构的工程图。系杆 1 可绕 A 点转动，并在 B 点铰接行星齿轮 2；行星齿轮 2 与中心轮 5 啮合，在行星齿轮 2 的节点 C 上固接滚子 3。行星齿轮 2 做自转与公转运动时，滚子 3 驱动导杆 4 沿导轨座 6 做水平往复运动。行星齿轮公转一圈，导杆往返一次。其中：

$$R_5 = 2r_2，\ BC = r_2$$

式中，R_5、r_2 分别为中心轮 5 与行星齿轮 2 的节圆半径。

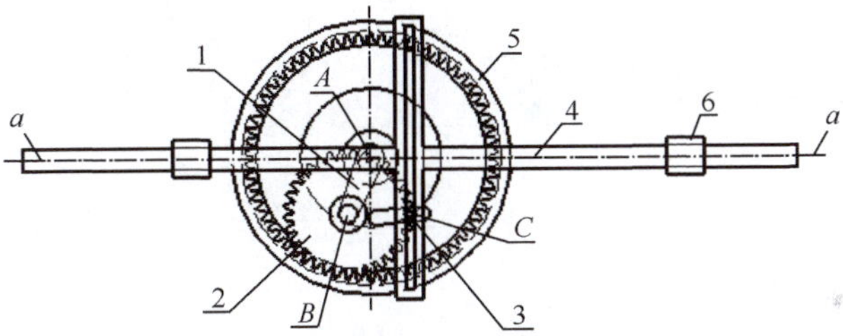

1—系杆；2—行星齿轮；3—滚子；4—导杆；5—中心轮；6—导轨座

图 388　导杆行星齿轮组合机构 1 工程图

调整滚子 3 的初始位置，使 C 点与 A 点重合且 AB 垂直于 a-a 导路，可使导杆的移动速度和移动行程最大，如图 389 所示。

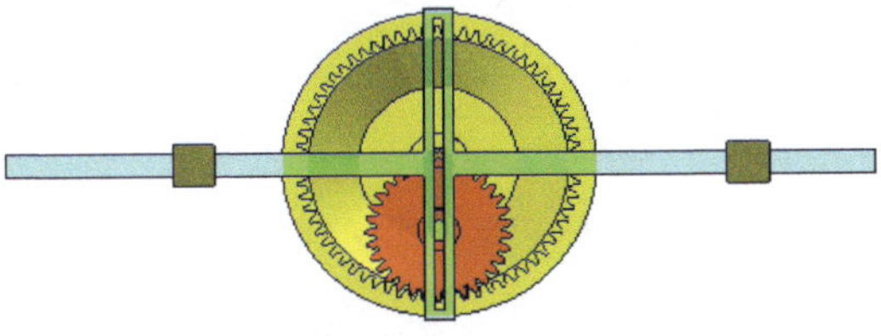

图 389　最大行程的导杆行星齿轮组合机构 1

使 C 点在远离 A 点且与 a-a 导路垂直的直径线上，导杆速度、行程最小（静止不动），如图 390 所示。

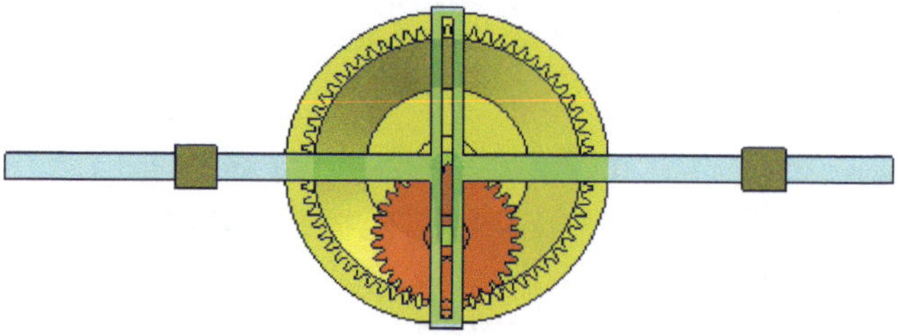

图 390　最小行程的导杆行星齿轮组合机构 1

例 121　导杆行星齿轮组合机构 2

如图 391 所示的机构其中心轮与行星齿轮节圆半径比为 4∶1。当行星齿轮与其上固接的滚子位置如图 391 所示时，导杆的行程最大。图 392 是该机构的工程图。

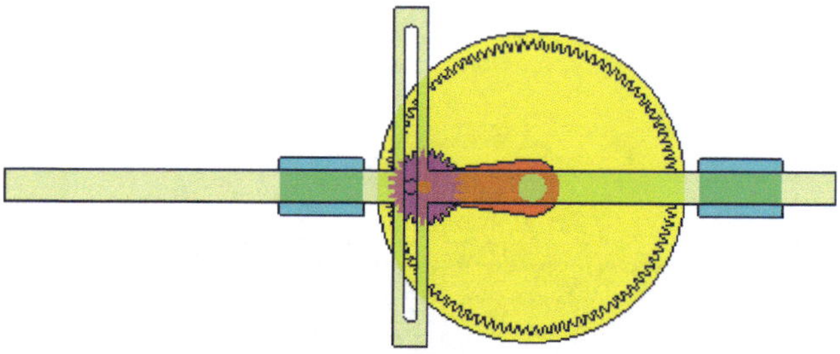

图 391　导杆行星齿轮组合机构 2

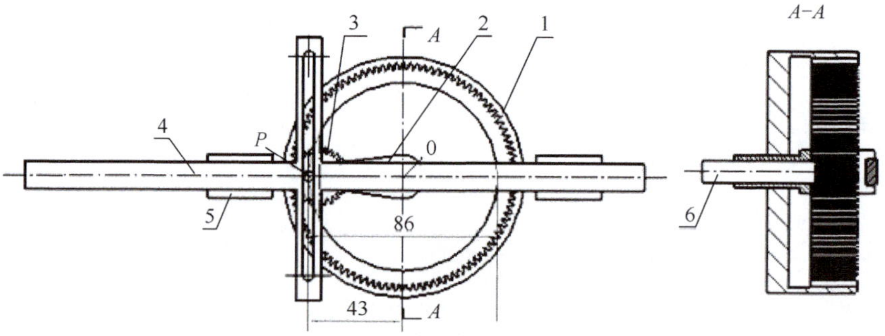

1—中心轮；2—系杆；3—行星齿轮；4—导杆；5—滑座；6—机架

图 392　导杆行星齿轮组合机构 2 工程图

行星齿轮上的 P 点在水平方向上移动的最长距离为 86mm，在 P 点的滚子与导杆 4 的直槽滑动配合。当系杆 2 主动旋转时，与行星齿轮 3 固接的滚子拨动导杆 4 使其在水平方向上做往复移动，其最大的移动距离为 86mm。

例 122　外啮合行星齿轮往复导杆机构

如图 393 所示为外啮合行星齿轮往复导杆机构。在第一部分中，曾讨论过当外啮合行星齿轮机构的中心轮节圆半径与行星齿轮节圆半径比为 2∶1 时，其节点轨迹（见图 87）是一个椭圆。若拨销在如图 393 所示的节点位置时，导杆移动的距离是椭圆长轴的尺寸。

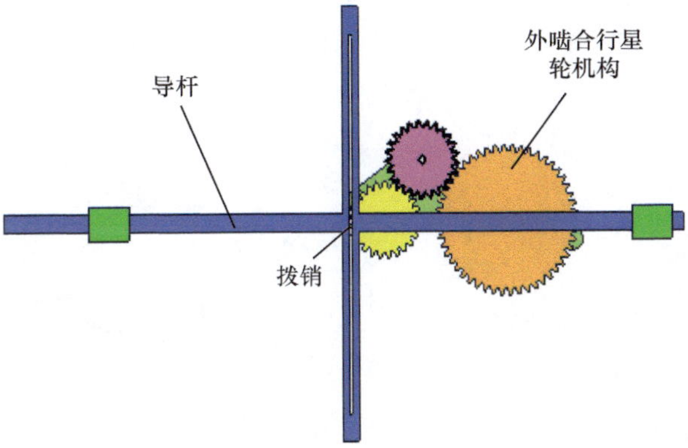

图 393　外啮合行星齿轮往复导杆机构

图 394 是该机构的工程图。行星齿轮节点上的拨销到中心轮 1 转动中心的距离为 114.9mm，导杆 4 的最大移动距离为 229.8mm。

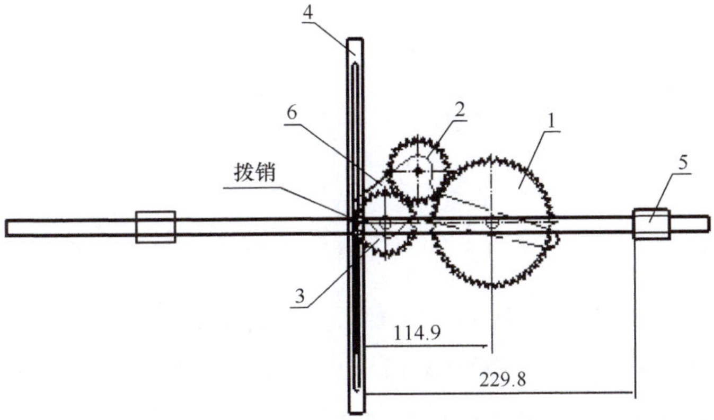

1—中心轮；2—惰轮；3—行星齿轮；4—导杆；5—机架；6—系杆

图 394　外啮合行星齿轮往复导杆机构工程图

例 123　四次瞬时停歇的内啮合行星齿轮导杆机构

如图 395 所示为四次瞬时停歇的内啮合行星齿轮导杆机构。在行星齿轮机构中，当中心轮节圆半径与行星齿轮的节圆半径比为 4∶1 时，行星齿轮上节点的轨迹由四段相同的内摆线组成，且轨迹与中心轮节圆有四个交点。当行星齿轮与中心轮啮合到四个交点处时，会有瞬时的停歇。因此，当导杆直槽与固接在行星齿轮节点上的圆柱销滑动连接时，圆柱销拨动导杆绕中心轮的中心转动，导杆也会有四次瞬时的停歇。

图 396 是该机构的工程图。当主动系杆 4 绕 O 点转动时，行星齿轮 2 的节圆在中心轮节圆上滚动，其上的节点 A 的轨迹是四段内摆线，与中心轮节圆有四个均布的交点。当固接在节点 A 上的圆柱销随行星齿轮转动时，拨动导杆 3 转动并使其在内摆线交点处有瞬时的停歇。

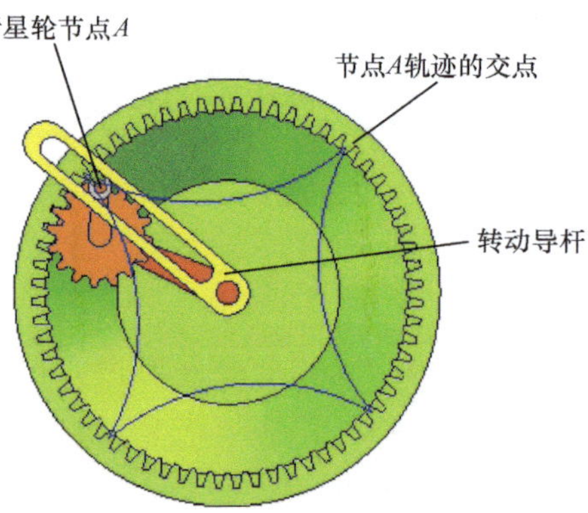

图 395　四次瞬时停歇的内啮合行星齿轮导杆机构

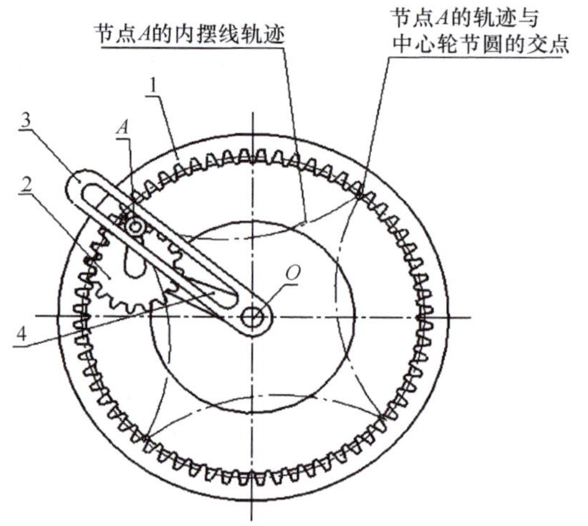

1—中心轮；2—行星齿轮；3—导杆；4—主动系杆

图 396　四次瞬时停歇的内啮合行星齿轮导杆机构工程图

例 124　两次瞬时停歇的外啮合行星齿轮导杆机构

如图 397 所示为两次瞬时停歇的外啮合行星齿轮导杆机构。该机构由外啮合行星齿轮机构与转动导杆组合而成，用链轮作系杆。中心轮节圆半径与行星齿轮的节圆半径比为 2∶1，因此，行星齿轮节点的轨迹是两段外摆线，其与中心轮节圆有两个交点（参考第一部分图 81）。当主动的链轮旋转时，行星齿轮节点上的拨销拨动导杆转动，会使导杆有两次瞬时的停歇。

图 398 是该机构的工程图。中心轮 3 与机架上的轴 5 固接；链轮 2 与轴 5 铰接，可绕轴 5 的 a-a 轴转动；行星齿轮 1 与中心轮 3 啮合并与链轮 2 在 b-b 处铰接，拨销固接在行星齿轮的节圆上；导杆 4 与轴 5 铰接，其上的直槽与拨销配合成滑动副。当链轮转动时，行星齿轮拨销的轨迹与中心轮的节圆有两个交点，在交点处行星齿轮与导杆有瞬时的停歇。

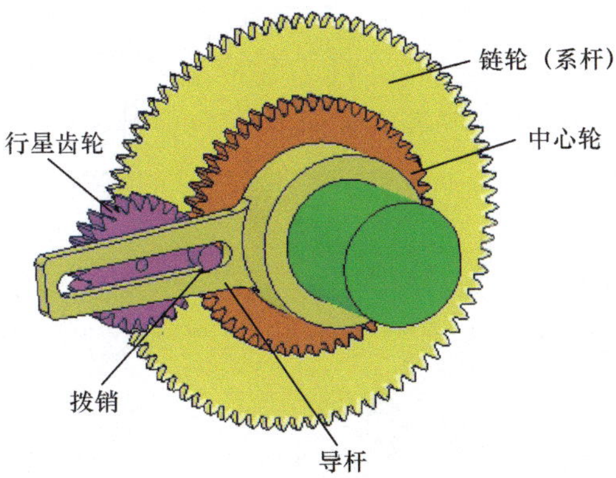

图 397 两次瞬时停歇的外啮合行星齿轮导杆机构

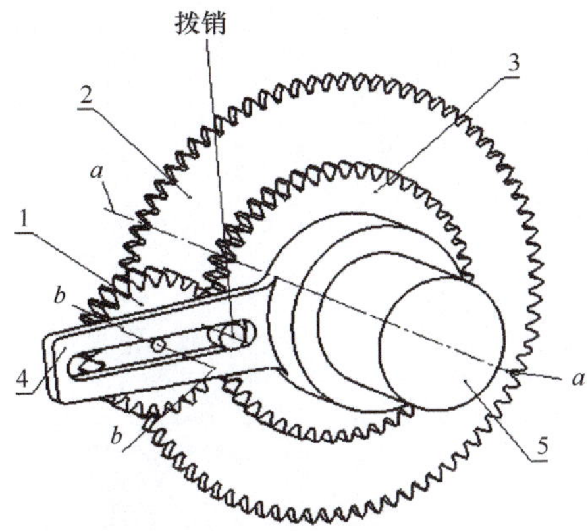

1—行星齿轮；2—链轮（系杆）；3—中心轮；4—导杆；5—轴

图 398 两次瞬时停歇的外啮合行星齿轮导杆机构工程图

例 125 行星齿轮连杆滑块机构

如图 399 所示的行星齿轮连杆滑块机构，其中心轮与行星齿轮的节圆半径比为 3：1，因此，行星齿轮节点的轨迹是三段近似圆弧的内摆线，其与中心轮节圆有三个交点，行星齿轮上的节点转动到交点处会有瞬时的停歇。当把滑块放置在任意一段圆弧轨迹的中心点时（该圆弧的半径大约是行星齿轮节圆半径的八倍），滑块可获得较长时间的停歇。

如图 400 所示为该机构的工程图。使可在水平 *a-a* 方向上移动的滑块 5 上的 *B* 点与圆弧轨迹的中心重合，该圆弧的半径约为 176mm，是行星齿轮 3 节圆半径 22mm 的八倍。当以 176mm 作为连杆 4 的长度，连杆 4 的一端与行星齿轮节点上的圆柱销铰接，另一端与滑块 5 在 *B* 点铰接，主动系杆 2 绕 *O* 点转动时，滑块 5 在圆弧轨迹的中心有较长时间的停歇。

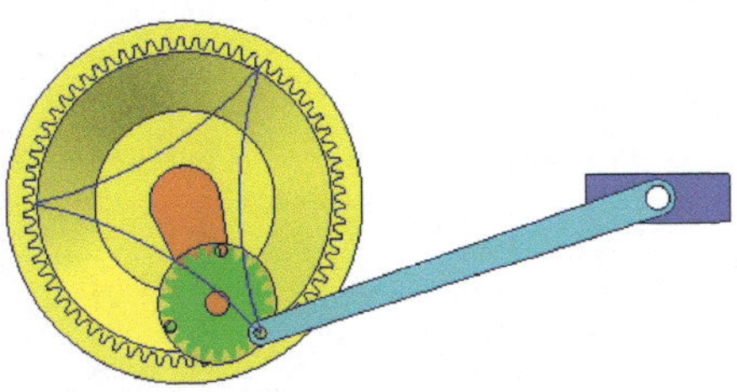

图 399 行星齿轮连杆滑块机构

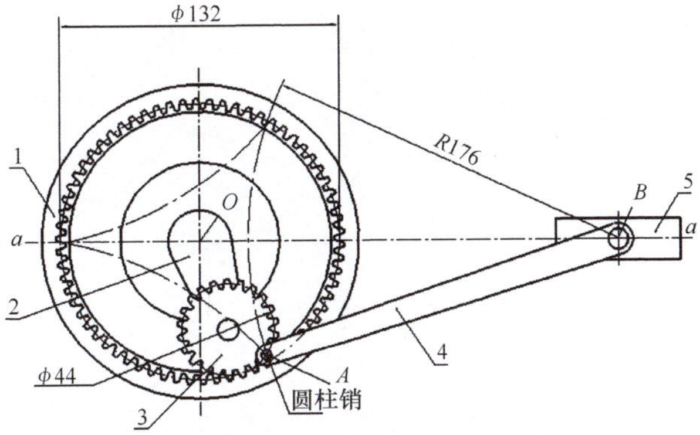

1—中心轮；2—系杆；3—行星齿轮；4—连杆；5—滑块

图 400 行星齿轮连杆滑块机构工程图

例 126　行星齿轮摇杆机构

如图 401 所示为行星齿轮与五杆机构的组合机构。图示位置中 B 点与 A 点的圆弧轨迹的中心点重合，连杆的长度等于圆弧半径。当系杆转动时，摇杆有较长时间的停歇。

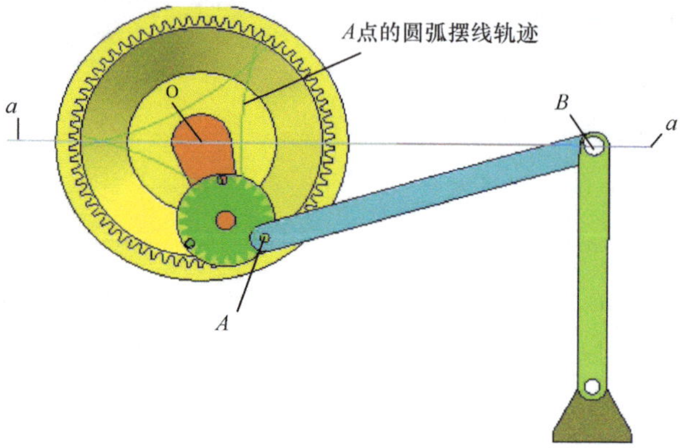

图 401　行星齿轮摇杆机构

图 402 是该机构的工程图。中心轮 1 与机架 6 固定，系杆 2 与中心轮在 O 点铰接，圆柱销固接在行星齿轮 3 的节点上。连杆 4 的长度等于行星齿轮节圆半径的八倍，在 A、B 点分别与圆柱销及摇杆 5 铰接，摇杆 5 的另一端与机架 6 铰接。当系杆 2 匀速转动时，摇杆 5 在图示的位置有较长时间的停歇。该机构首先要考虑机架 6 与摇杆 5 铰接点的位置，防止出现卡死；其次，B 点位置误差会影响停歇的时间，位置不对还会导致没有停歇时间。

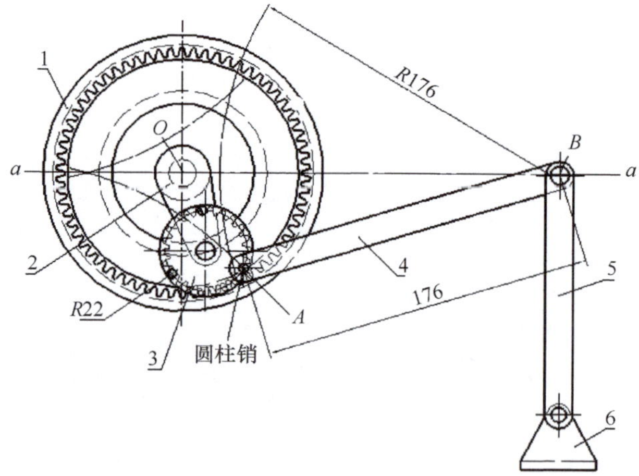

1—中心轮；2—系杆；3—行星齿轮；4—连杆；5—摇杆；6—机架

图 402　行星齿轮摇杆机构工程图

例 127　用两个行星齿轮机构实现方形轨迹

如图 403 所示为两个相同的行星齿轮机构的组合机构，利用了当中心轮节圆半径与行星齿轮节圆半径之比为 4∶1 时，行星齿轮机构近似方形的节点轨迹。使两机构节点的初始位置一致，则与两节点铰接的连杆的轨迹也是一个近似方形。该机构可用于自动生产线上物料的输送。

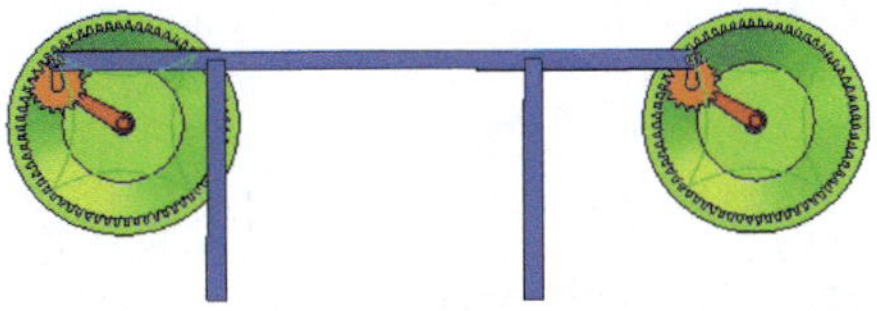

图 403　用两个行星齿轮机构实现方形轨迹

例 128　搅拌撒草机构

搅拌撒草机构如图 404 所示，转动的车轮带动固接在车轴上的链轮一起转动，链条又带动另一个装有曲柄的链轮转动，即曲柄随车轮的转动而转动，利用曲柄摇杆机构中连杆上 *E* 点轨迹，完成搅拌撒草动作。

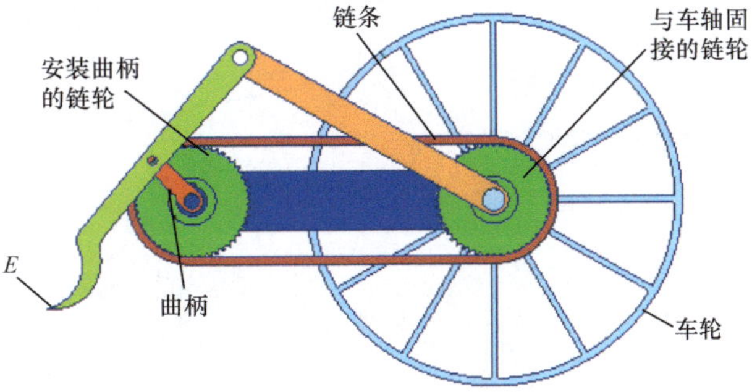

图 404　搅拌撒草机构

如图 405 所示为该机构的工程图。*ABCD* 为铰链四杆机构，*AD* 为机架，曲柄 1 与链轮固接，随链轮绕 *A* 轴转动；摇杆 3 绕 *D* 轴转动，连杆 2 做平面运动，其上 *E* 点的运动轨迹是搅拌的动作轨迹；该轨迹与各杆的尺寸及 *E* 点在连杆上的位置有关。设计时要注意保证曲柄存在的条件，曲柄的转速可通过改变两个链轮的齿数调整。

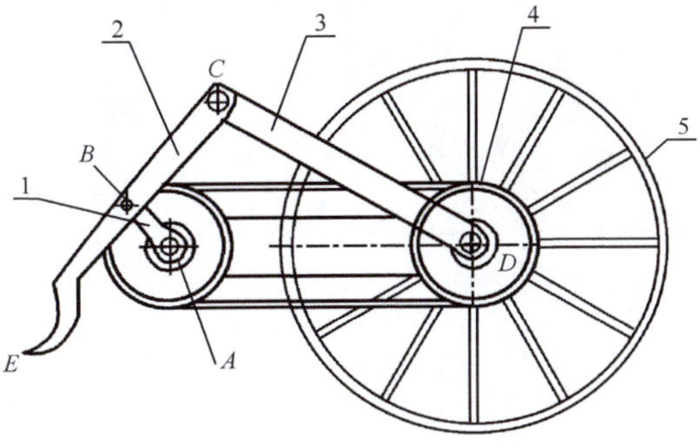

1—曲柄；2—连杆；3—摇杆；4—链轮；5—车轮

图 405　搅拌撒草机构工程图

例 129　插秧机

如图 406 所示的插秧机是利用曲柄摇杆机构连杆（秧爪）上某点的轨迹，来完成从秧桶中取秧、插秧的动作的，并且保证了秧爪出土时向后运动及垂直返回，秧爪的运动轨迹要求更严格。

如图 407 所示为该机构的工程图。*ABCD* 为曲柄摇杆机构。曲柄 1 绕机架上的 *A* 点转动，摇杆 3 绕机架上的 *D* 点摆动，连杆 2 上的 *E* 点完成插秧动作。

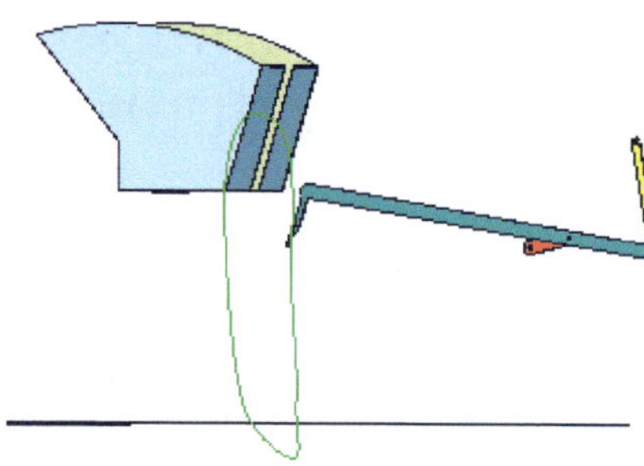

图 406　插秧机

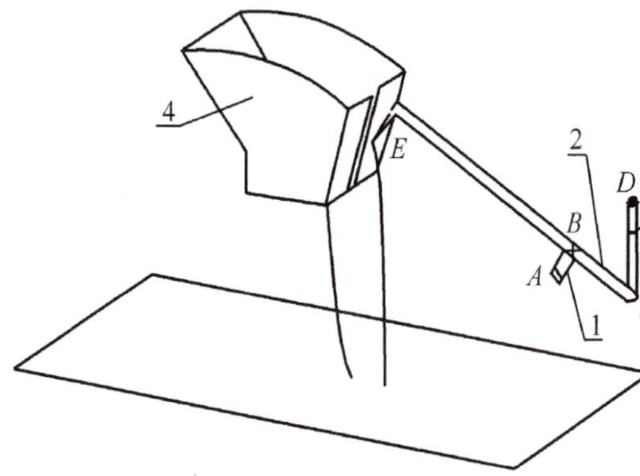

1—曲柄；2—连杆；3—摇杆；4—秧桶

图 407　插秧机工程图

例 130　划桨机构

如图 408 及图 409 所示为划桨机构模型及工程图，当曲柄 1 绕机架上的 *A* 点转动时，划桨 6 可实现划水动作。

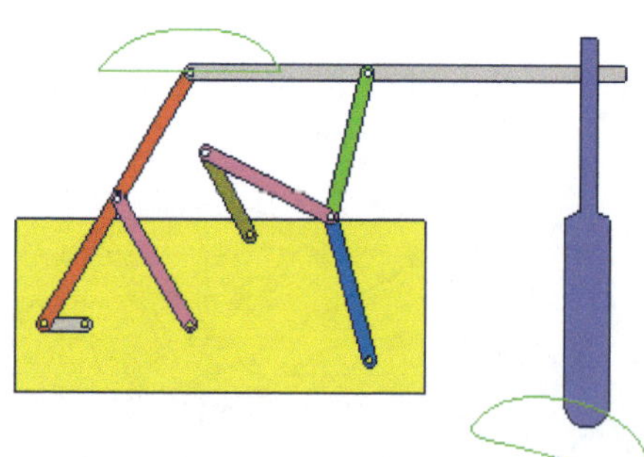

图 408　划桨机构模型

该机构由曲柄摇杆机构 *ABCD* 与几个连杆串接而成。*AB* 为曲柄 1，*BC* 为连杆 2，*CD* 为摇杆 3。杆 5 固接划桨 6；杆 4、杆 7 在 *J* 点、*H* 点与机架铰接。当各构件尺寸满足工程图所示的比例时，利用连杆 2 上的 *F* 点轨迹可完成划桨运动，轨迹的直线部分驱使划桨 6 前伸，圆弧部分驱使划桨完成入水、划水、出水的运动。划桨做变速运动，*G* 点的轨迹可实现划桨、划水加速运动与回程慢速运动。

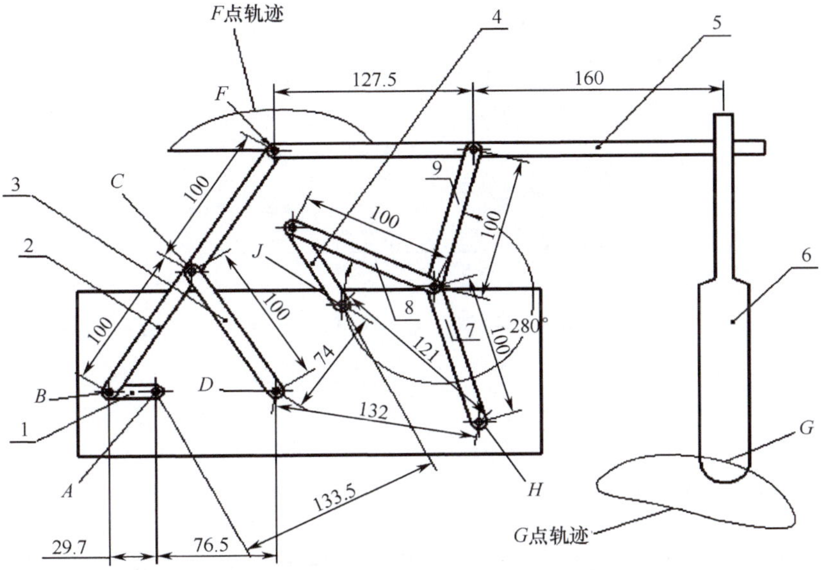

1—曲柄；2—连杆；3—摇杆；4、5、7、8、9—杆；6—划桨

图 409　划桨机构工程图

例 131　利用连杆上一点近似直线轨迹的皮革抛光机构

如图 410、图 411 所示为该机构的原理图及工程图。当各构件的尺寸满足如图 411 所示的比例时，抛光轮 6 可近似沿着直线轨迹移动，完成皮革的抛光工作。

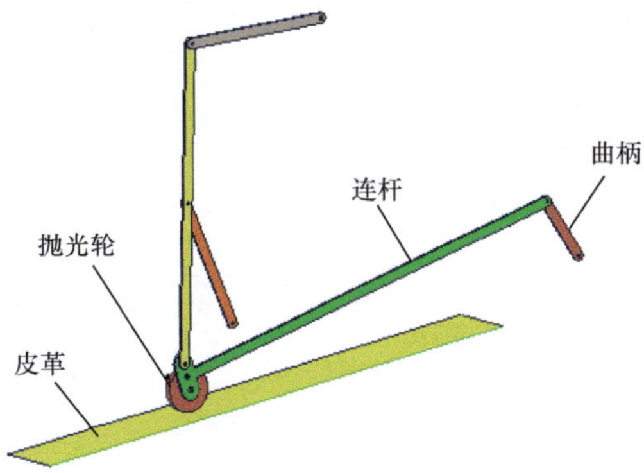

图 410　皮革抛光机构

曲柄 1 在 *A* 点与机架铰接，在 *B* 点与连杆 2 铰接；连杆 2 上的 *H* 点设置抛光轮 6，在

C 点与杆 4 铰接；杆 4 在 *F* 点与杆 5 铰接，在 *D* 点与杆 3 铰接；杆 3、杆 5 分别在 *E* 点、*G* 点与机架铰接。

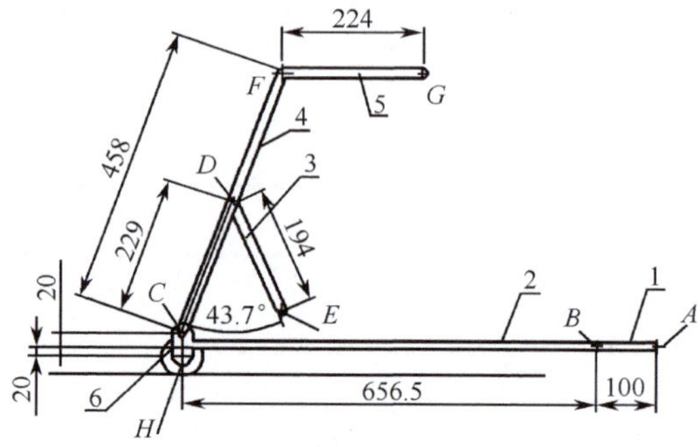

1—曲柄；2—连杆；3 ～ 5—杆；6—抛光轮

图 411　皮革抛光机构工程图

例 132　曲柄摇块机构实现近似直线轨迹

如图 412 所示的曲柄摇块机构，其构件的尺寸按图示的比例设计时，连杆上端的运动轨迹中的一段近似为直线。

如图 413 所示为其工程图。曲柄 1 绕机架 4 上的 *A* 点转动，摇块 2 在 *C* 点与机架铰接，并与连杆 3 用移动副相连。连杆绕 *C* 点摆动的同时还在摇块的导槽中滑动，其上 *D* 点的轨迹有一段近似为直线。

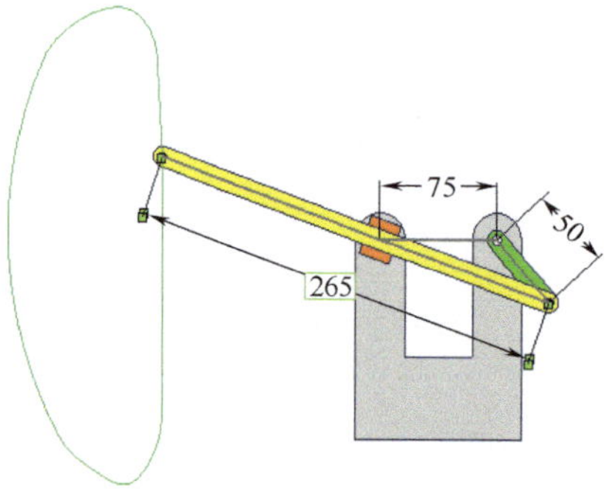

图 412　曲柄摇块机构实现近似直线轨迹

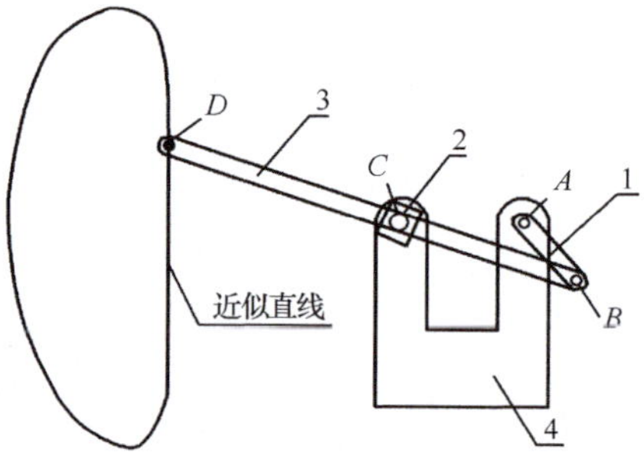

1—曲柄；2—摇块；3—连杆；4—机架

图 413　曲柄摇块机构实现近似直线轨迹的工程图

例 133　利用直线轨迹实现导杆停歇的机构

如图 414 所示的机构是利用例 132 中近似直线的轨迹来实现导杆停歇的。

图 415 是该机构的工程图。其基本构件与例 132 相同，只是在连杆 3 的 *D* 点增加一个拨销 2，还增加一个导杆 1 和滑座 4。驱动方式也与例 132 相同。

图 414　利用直线轨迹实现导杆停歇的机构

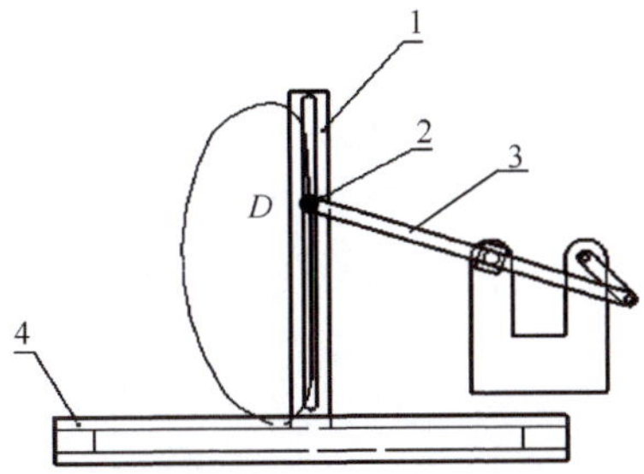

1—导杆；2—拨销；3—连杆；4—滑座

图 415　利用直线轨迹实现导杆停歇的机构工程图

例 134　实现精确直线移动的双滑块机构

如图 416 所示的机构为利用一个构件与双滑块配合以实现精确直线移动的机构，图 417 为其工程图。构件 1 用转动副 *B* 和 *C* 与两个滑块 3 配合；滑块 3 可沿滑座 2 的导路 *a-a*、*b-b* 移动；其导路 *a-a*、*b-b* 的交点为 *A*。当下侧的滑块 3 作主动件沿导路 *b-b* 移动时，构件 1 上 *A* 点的轨迹为一条垂直于 *AD* 的精确直线 *c-c*（*AD* 为导路 *a-a*、*b-b* 夹角的角平分线），其精确直线的总长为 *H*。

采用该机构时，需要注意下述三点：

① 该机构所建立的精确直线轨迹，是建立在本例构件所确定的尺寸基础上的，即构件 1 上的 *ABC* 为一个等边三角形，$L_1=L_2=L_3$；其次，两个滑座 2 倾斜 30°（见图 417）。

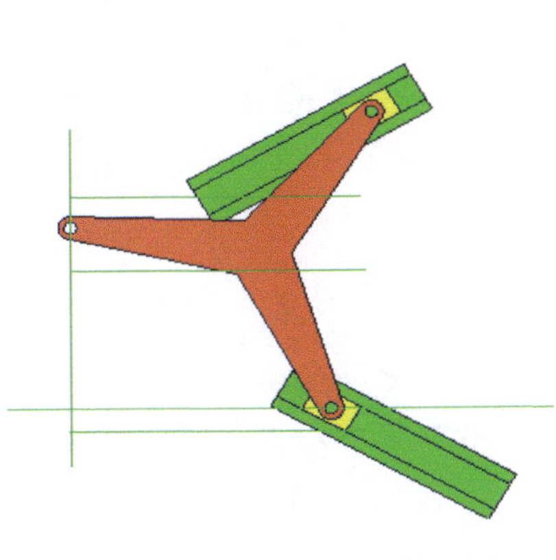

图 416　实现精确直线移动的双滑块机构

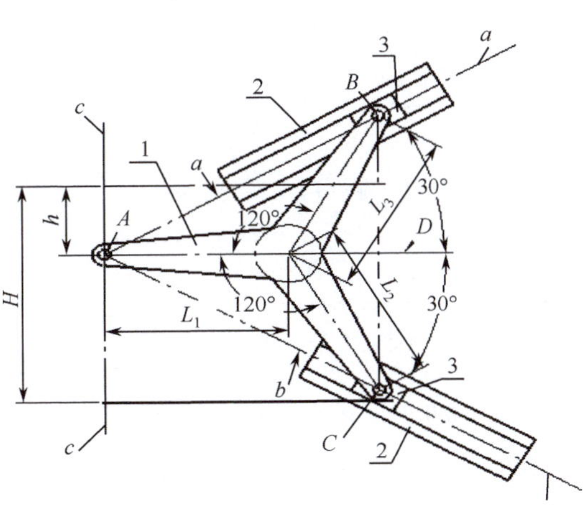

1—构件；2—滑座；3—滑块

图 417　实现精确直线移动的双滑块机构工程图

② 该机构的精确直线不与角平分线 AD 对称，即 $h \neq H/2$。

③ 该机构主动滑块的滑动距离不能过大，否则会出现死点。

当不能满足上述条件时，如 $L_1>L_2=L_3$，A 点移动到下端时会偏离精确直线（见图 418）。或者构件 1 尺寸不变，当滑座与 AD 夹角为 10° 时，精确直线轨迹大大缩短（见图 419），滑块的滑动距离缩小；若滑块移动距离稍大时，A 点偏离精确直线（见图 420）。滑块滑动距离过大时，会出现死点，构件 1 卡死不动（见图 421）。

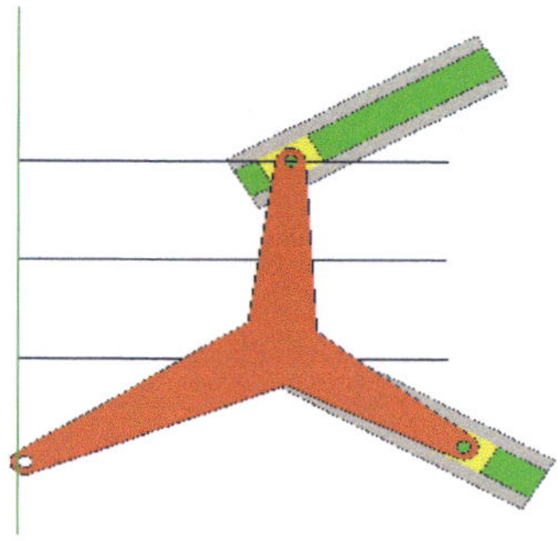

图 418　$L_1 > L_2 = L_3$ 时，A 点在下端偏离精确直线

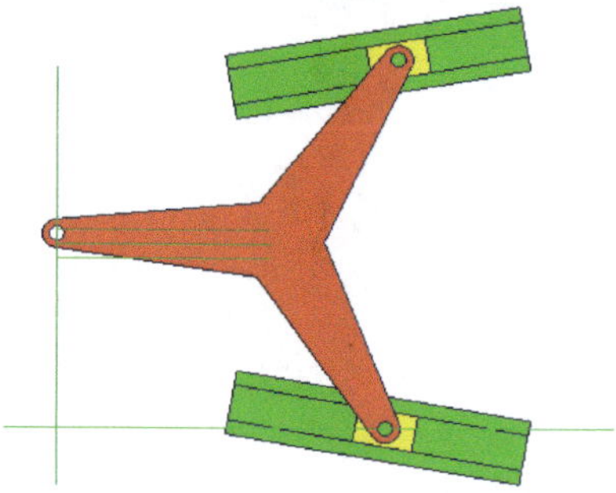

图 419　滑座倾斜 10° 时，精确直线长度变小

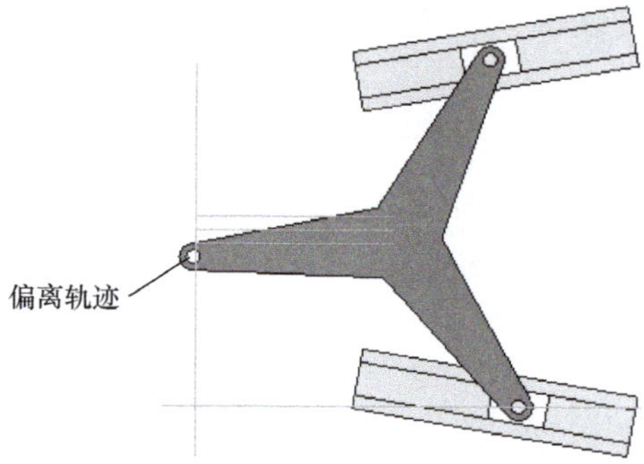

图 420　偏离精确直线轨迹

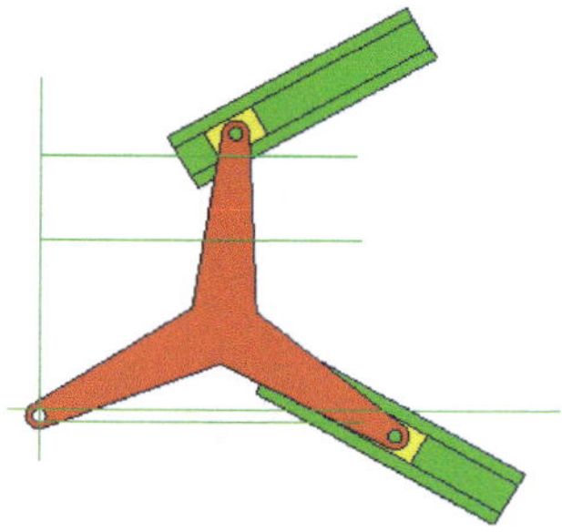

图 421　滑块滑动距离过大，构件 1 卡死

例 135　简易直线机构

如图 422 所示的简易直线机构由两个完全相同的齿轮和两个完全相同的连杆组成，其初始位置如图 422 所示，两个齿轮同时反方向转动时，两连杆的铰接点 A 会沿着 a-a 直线运动。

当然，用两个相同的齿轮直接啮合创建简易直线机构也是可行的，如图 423 所示，增加滑块、滑座（未显示）及连接杆三个零件，以使连接杆沿 e-e 做直线运动。

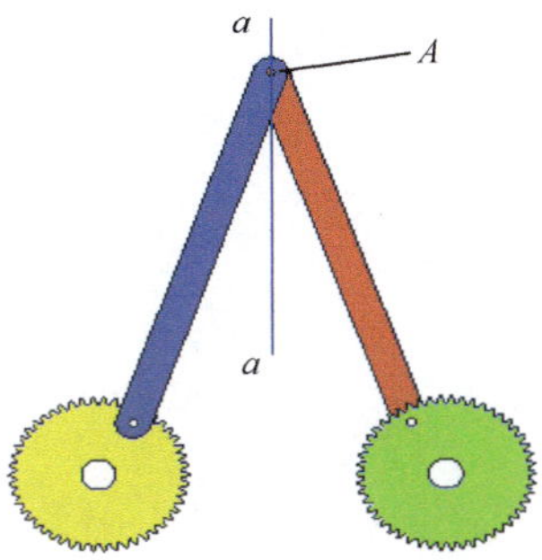

图 422　简易直线机构

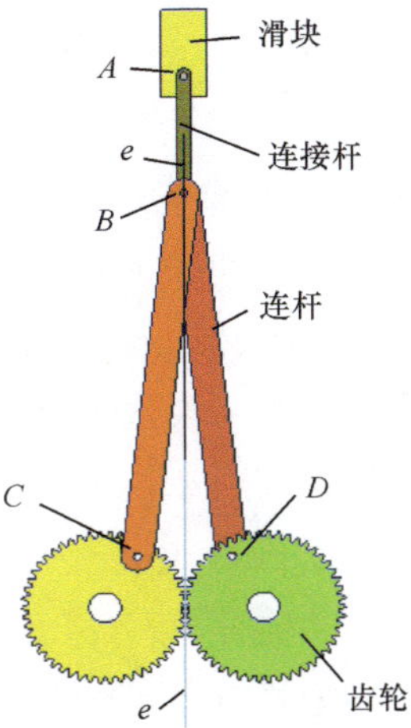

图 423　齿轮直接啮合的简易直线机构

例 136　摆杆滑块机构中连杆上一点的直线轨迹机构

在如图 424 所示的机构中，主动的摆杆可使连杆端点 *A* 沿一直线轨迹左右移动，而铰接的滑块做很小的上下移动。

图 425 是该机构的工程图。连杆 1 在 *C* 点与滑块 2 铰接，滑块 2 可在滑座 3 的直槽中沿 *a-a* 向移动，主动摆杆 4 在 *O* 点与在机架上的轴座 5 铰接。当摆杆做左右 20° 的摆动时，连杆上的 *A* 点在一条水平直线上移动，*C* 点只在很小的 *S* 距离范围内上下移动。

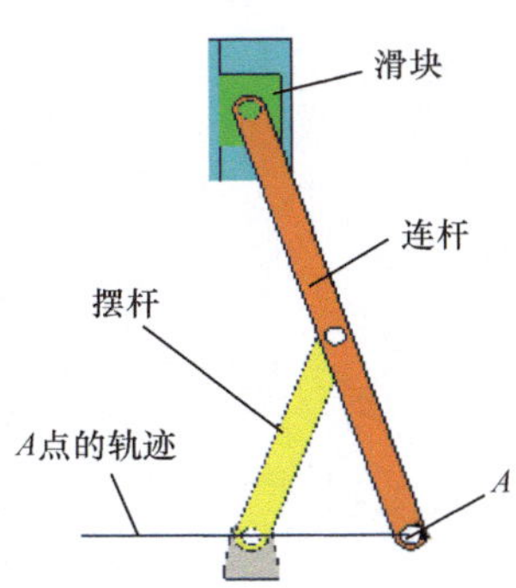

图 424　摆杆滑块机构中连杆上一点的直线轨迹机构

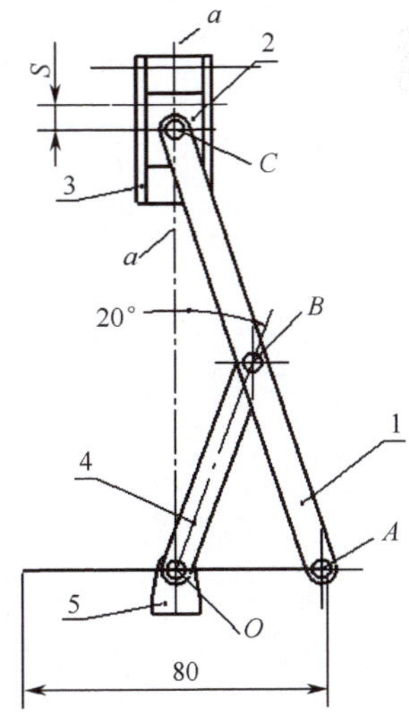

1—连杆；2—滑块；3—滑座；4—主动摆杆；5—轴座

图 425　摆杆滑块机构中连杆上一点的直线轨迹机构工程图

例 137　直线运动机构

如图 426 所示的直线运动机构，可使一个构件沿直线上下移动。图 427 为该机构的工程图，设计要求连杆 6 沿直线 *CD* 运动。通过作图得到的结果如下：

① *CDEF* 为一个平行四边形；

② *A*、*F* 两点的连线垂直直线 *CD*；

③ *AB*=*CB*=*BF*；

④ *A* 点在直线 *CD* 上。

用 *AB* 作主动摇杆 1；*CF*、*DE* 作摇杆 2、4；*CD*、*FE* 作连杆 6、3。平行四杆机构保证两连杆做平动；固定滑座 5 保证 *AF* 与 *CD* 垂直，又可使连杆 3 在其上滑动。

当主动摇杆 1 按设定的角度摆动时，连杆 6 即可按照要求做往复直线运动。根据移动的距离要求可确定构件的尺寸。

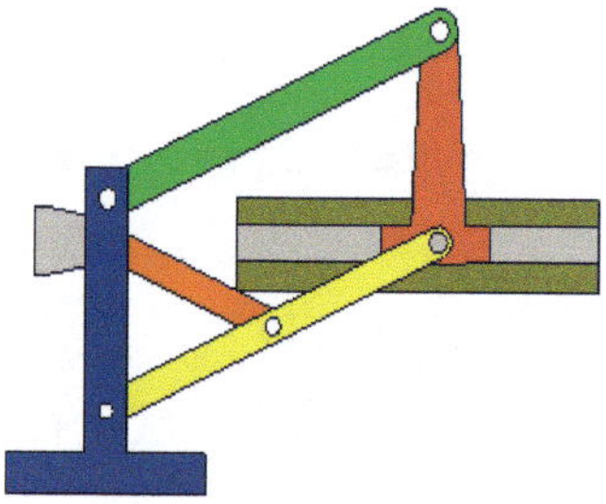

图 426　直线运动机构

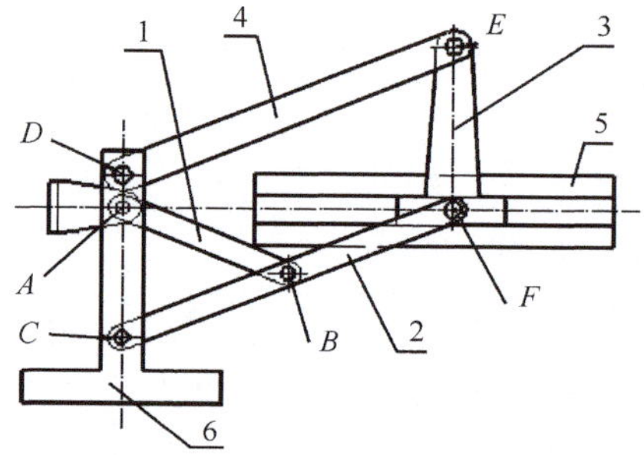

1—主动摇杆；2、4—摇杆；3、6—连杆；5—固定滑座

图 427　直线运动机构工程图

例 138　连杆上一点的直线轨迹平行于机架的四杆机构

如图 428 所示的四杆机构，当左右摇杆中的一个做摆动时，连杆上的一点的运动轨迹是一条平行于机架的直线。

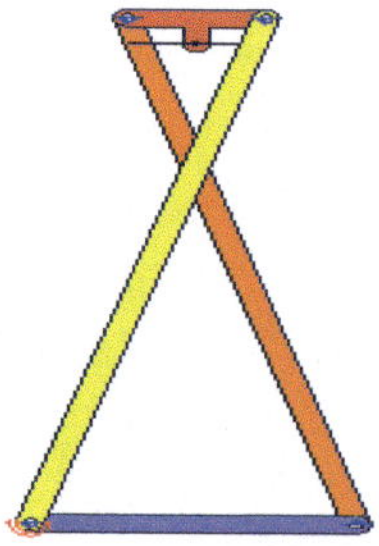

图 428　连杆上一点的直线轨迹平行于机架的四杆机构

如图 429 所示为其工程图。*ABCD* 为铰链四杆机构，各构件尺寸如图所示。当摇杆 1 摆动时，连杆 2 上 *E* 点的运动轨迹是一条直线，且平行于机架 3。

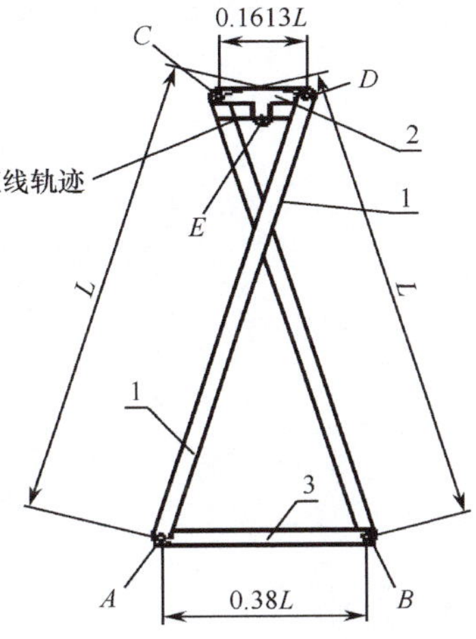

1—摇杆；2—连杆；3—机架

图 429 连杆上一点的直线轨迹平行于机架的四杆机构工程图

例 139 直线引导机构

如图 430 所示的直线引导机构，其主要构件的参考尺寸如图 431 所示。该机构通过双摇杆机构与两杆组合，使其中一个杆做近似直线的往复运动。

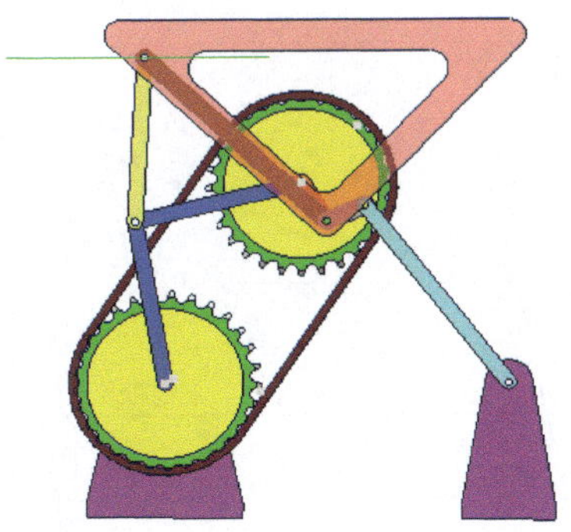

图 430 直线引导机构

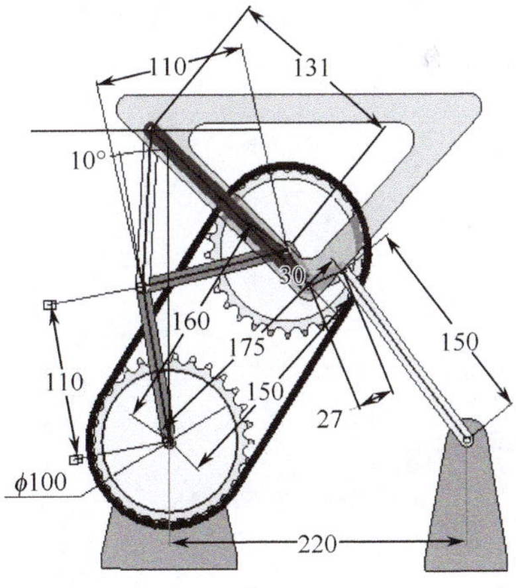

图 431 直线引导机构主要构件参考尺寸

如图 432 所示为该机构的工程图。*ABCD* 为一个双摇杆机构，*AGB* 为一个摇杆，*CD* 为另一个摇杆，*BC* 为连杆；摇杆 *AGB* 在 *A* 点铰接链轮 1，在 *B* 点铰接链轮 3；连杆 4（*CE*）、连杆 5（*BE*）与链轮 3 固接构成连杆 *BC*，当链轮 3 做整周转动时，连杆 *BC* 做整周转动；

杆 6 在 G、F 两点分别与摇杆 AGB、杆 7 铰接；杆 7 的另一端在 E 点与连杆 BC 铰接。当各构件尺寸如图 431 所示时，主动的链轮 1 通过链条 2 带动链轮 3 绕 B 点转动时，链轮 3 上的曲柄 BC 随之绕 B 点转动，摇杆 AGB、CD 也随着摆动，其结果是 E、F 两点及杆 7 的运动轨迹均为一条近似直线。

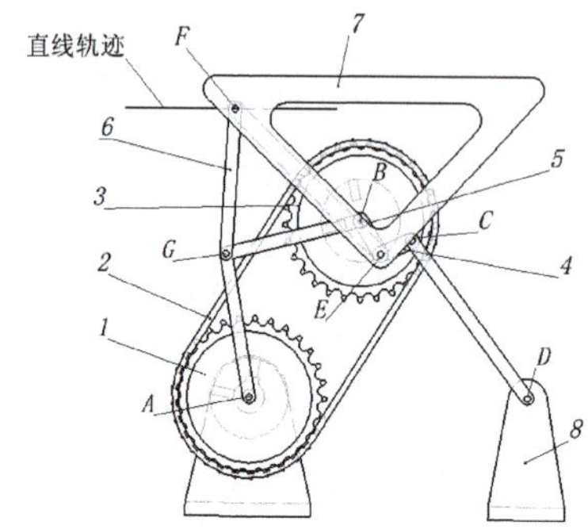

1、3—链轮；2—链条；4、5—连杆；6、7—杆；8—机架

图 432　直线引导机构工程图

例 140　输出摆杆有停歇的铰链连杆机构

如图 433 所示的机构，其从动摆杆在往复运动过程中有停歇。

如图 434 所示为该机构的工程图，各构件的尺寸如该图所示。ABCD 为做主运动的曲柄摇杆机构，曲柄 1 绕机架上的 A 点转动，在 C 点与摇杆 3 铰接的连杆 2 做平面运动，其上 E 点的轨迹中有部分为圆弧，该圆弧的圆心与摆杆 4 上 F 点重合时，就可实现从动摆杆 5 短暂停歇。

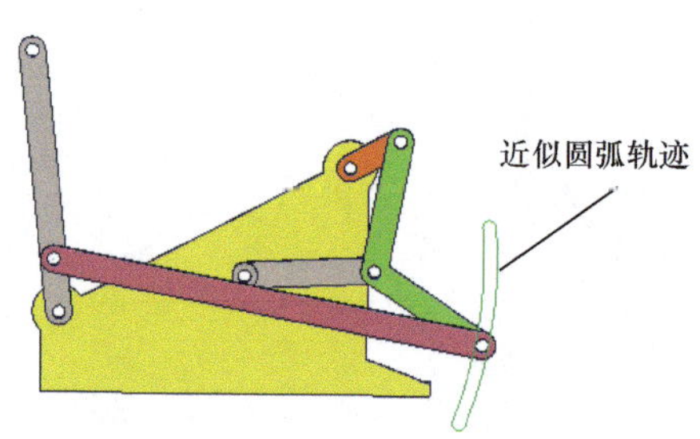

图 433　输出摆杆有停歇的铰链连杆机构

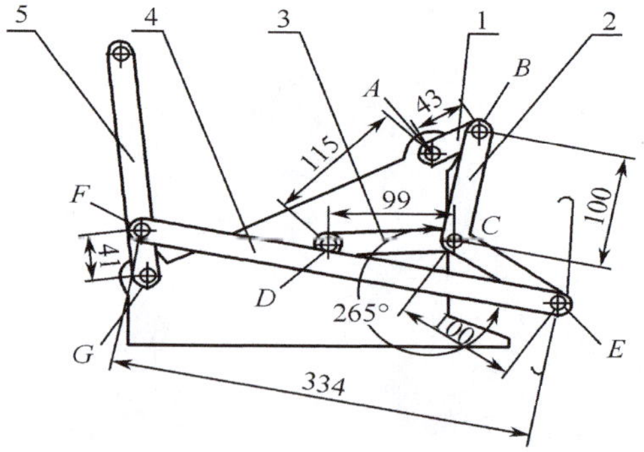

1—曲柄；2—连杆；3—摇杆；4—摆杆；5—从动摆杆

图 434　输出摆杆有停歇的铰链连杆机构工程图

运动中短暂停歇的机构常用在包装机械中，从动件的短暂停歇是为了把在输送线上已排列整齐的物料，定数量地被其他机构推到包装线上，或保证有足够的填充时间。

例 141　利用轨迹为近似圆弧段的机构

如图 435 所示的机构，是利用连杆上一点近似圆弧的轨迹实现停歇的机构。图 436 为各构件的参考尺寸及位置图。

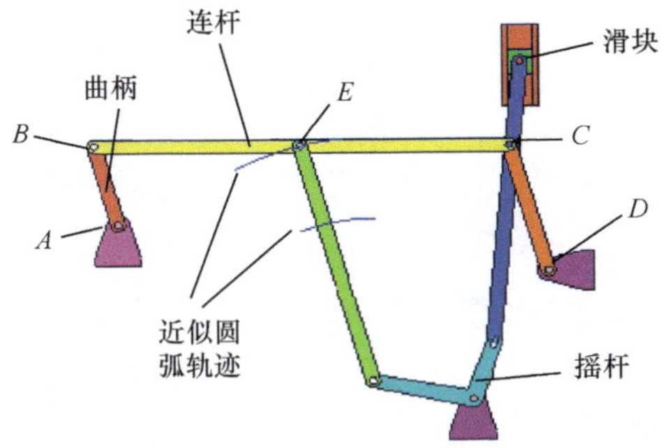

图 435　利用轨迹为近似圆弧段的机构

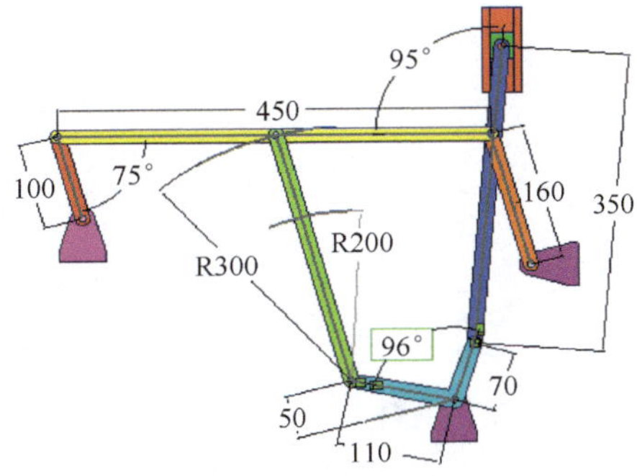

图 436　构件的尺寸及位置图

图 437 是该机构的工程图。在曲柄摇杆机构 *ABCD* 中，连杆 2 上一点 *E* 的运动轨迹有两段近似圆弧，通过与其在 *E* 点铰接的连杆 4，使摇杆 5 及滑块 7 有两次停歇。

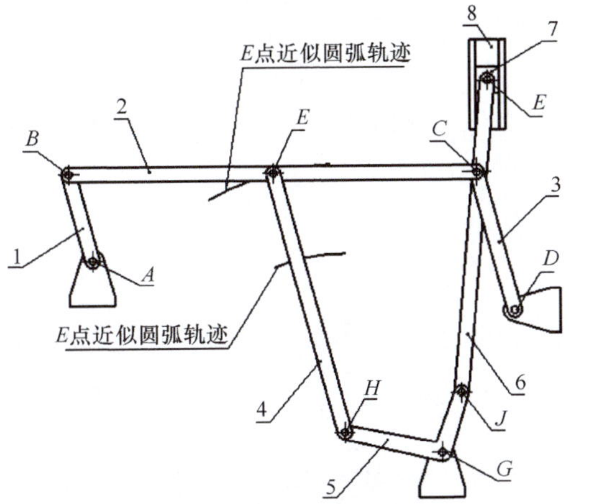

1—曲柄；2、4、6—连杆；3、5—摇杆；7—滑块；8—滑座

图 437　利用轨迹为近似圆弧段的机构工程图

例 142　从动件在极限位置有较长时间停歇的机构

如图 438 所示的机构是一个将多个四杆机构串接的机构。为了使从动件获得较长时间的停歇，可在各个四杆机构都处于极限位置时，再将它们串接起来。各个四杆机构在极限位置时间越长，停歇的时间就越长。

如图 439 所示为三组四杆机构在极限位置时的工程图。*ABCK* 为曲柄摇杆机构；*DEFG* 为从动双摇杆机构；*HYJK* 为从动双摇杆机构，通过连杆 4 将这三个四杆机构连接在一起。主动曲柄 1 绕机架上的 *A* 点转动，当 *B* 点经过一段圆弧轨迹 *a*-*a* 时，*DEFG* 四杆机构与 *HYJK* 四杆机构处于极限位置（摇杆与连杆重合），两组从动四杆机构停歇，直到脱离极限位置。

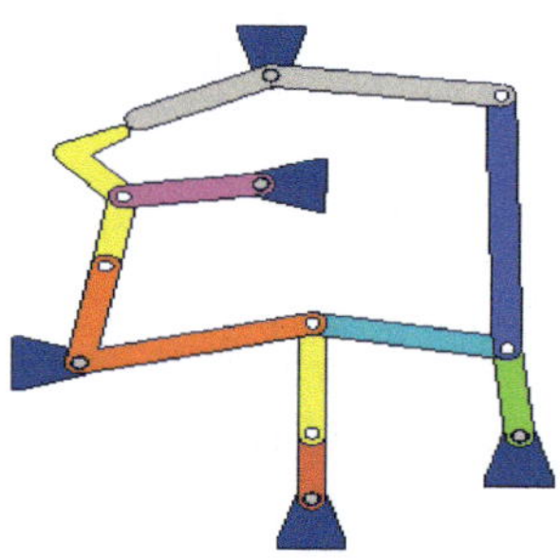

图 438　从动件在极限位置有较长时间停歇的机构

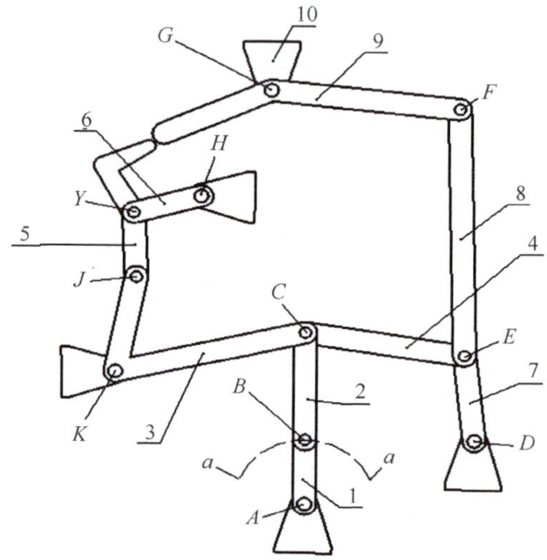

1—曲柄；2、4、5、8—连杆；3、6、7、9—摇杆；10—机架

图 439　从动件在极限位置有较长时间停歇的机构工程图

例 143　固定槽凸轮与摆动从动杆机构

在如图 440 所示的机构中，当槽凸轮固定，曲柄转动时，连杆上的 *A* 点转过一个近似方形的轨迹。

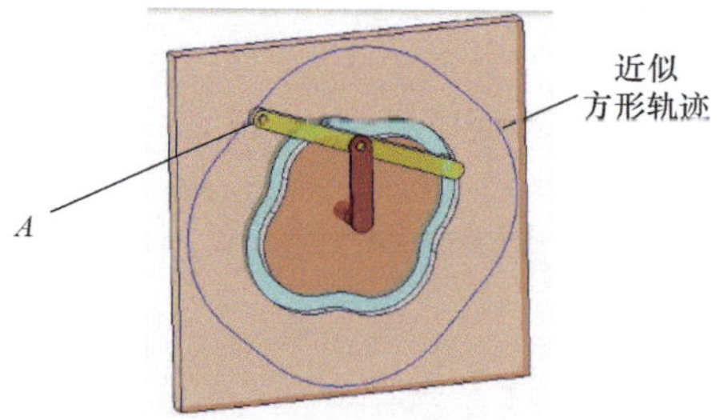

图 440　固定槽凸轮与摆动从动杆机构

如图 441 所示为该机构的工程图。当曲柄 1 绕机架 2 上的 *B* 点转动，连杆 3 与曲柄在 *D* 点铰接，其上的滚子沿槽凸轮滚动时，连杆上的 *A* 点转过一个近似方形的轨迹。

不同的凸轮形状，连杆上的 A 点得到的轨迹不同，如图 442 所示。

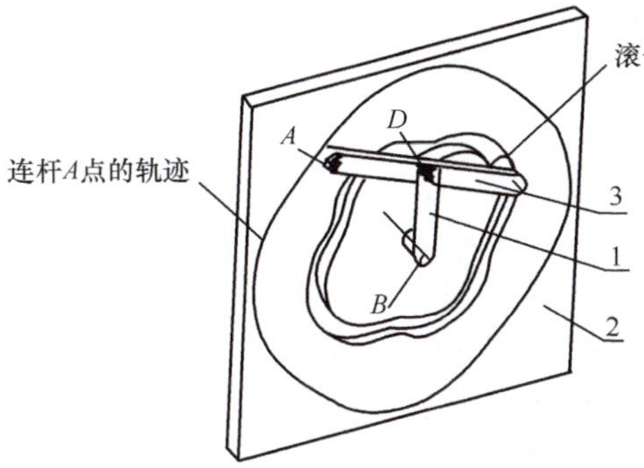

1—曲柄；2—机架；3—连杆

图 441　固定槽凸轮与摆动从动杆机构工程图

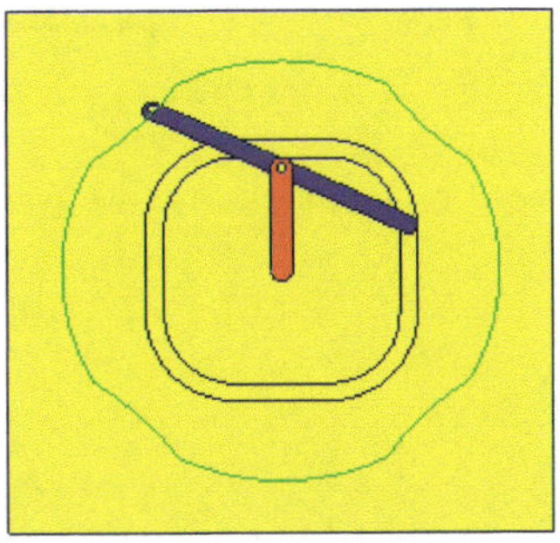

图 442　不同形状的槽凸轮得到的不同的轨迹

5. 间歇运动机构的仿真实例

间歇运动机构是指单方向转动、直线运动及摆动的构件在运动过程中有停歇的机构。

例 144　六槽轮机构应用

如图 443 所示是六槽轮机构实际应用模型，图 444 是其工程图。当工作转台 5 的分度数与槽轮 4 的槽数一致时，可将工作转台与槽轮固接，停歇时间根据圆柱销 2 的数量及驱动转盘 1 的转速来确定。

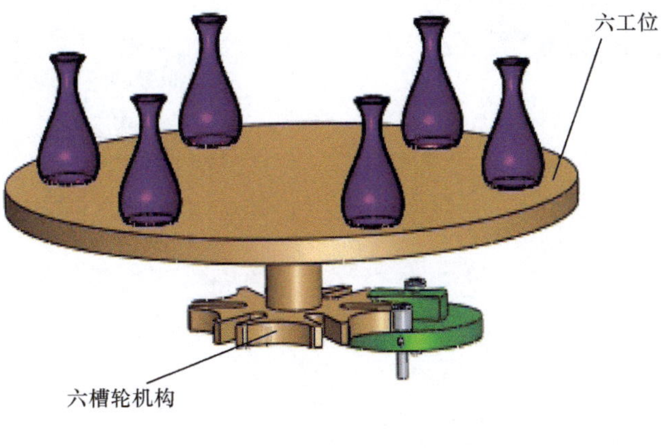

图 443　六槽轮机构应用

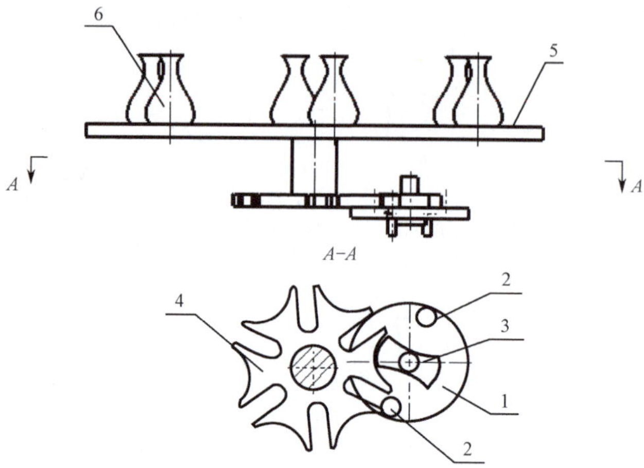

1—驱动转盘；2—圆柱销；3—机架轴；4—槽轮；5—工作转台；6—装配零件

图 444　六槽轮机构应用工程图

例 145　槽轮机构与齿轮组合机构

如图 445 所示为槽轮机构与齿轮的组合机构，当工作转台的分度数与槽轮的槽数不一致时可与齿轮机构组合，以满足设计要求。

图 446 是该机构的工程图。当要求工作台分度为八工位时，若使用四槽轮机构 1，可增加一对传动比为 1∶2 的啮合齿轮，大齿轮 3 与工作转台 4 固接，小齿轮 2 与四槽轮机构中的槽轮固接，可保证分度要求。

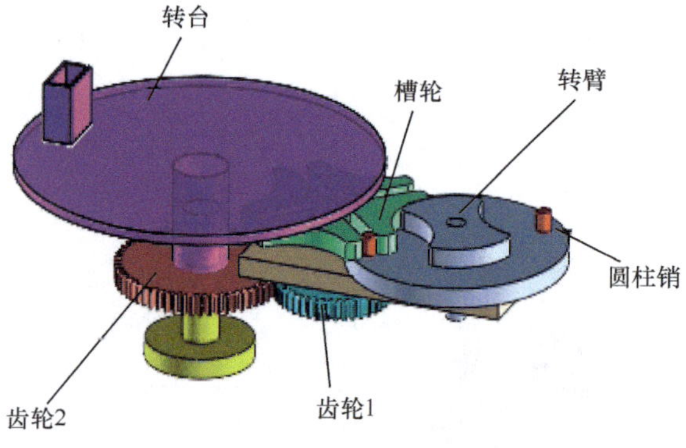

图 445　槽轮机构与齿轮组合机构

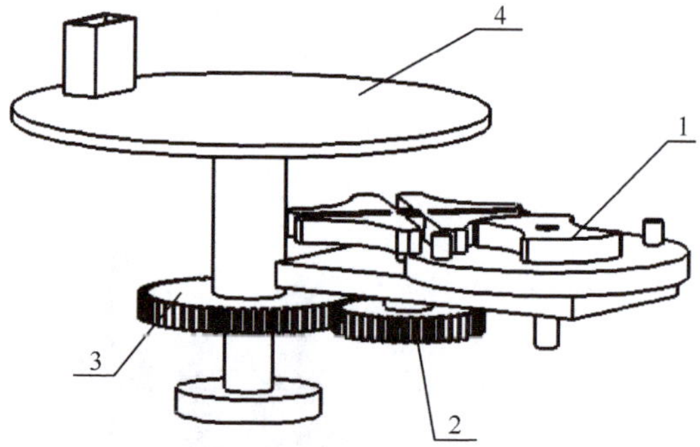

1—四槽轮机构；2—小齿轮；3—大齿轮；4—工作转台

图 446　槽轮机构与齿轮组合机构工程图

例 146　可实现长时间停歇的差动齿轮双导杆机构

如图 447 所示的机构是一个差动轮系与导杆的组合机构，图 448 是其工程图。

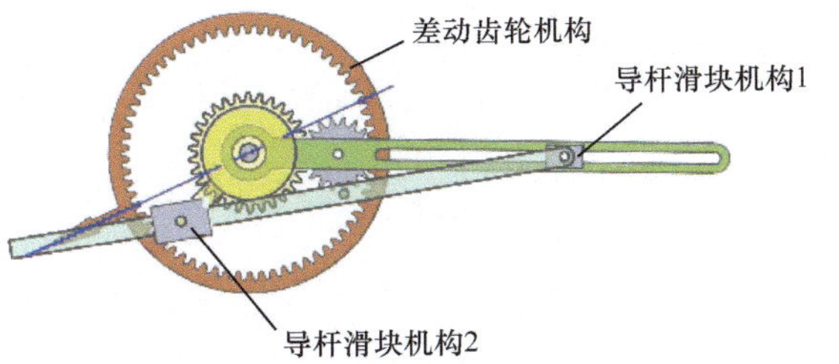

图 447　可实现长时间停歇的差动齿轮双导杆机构

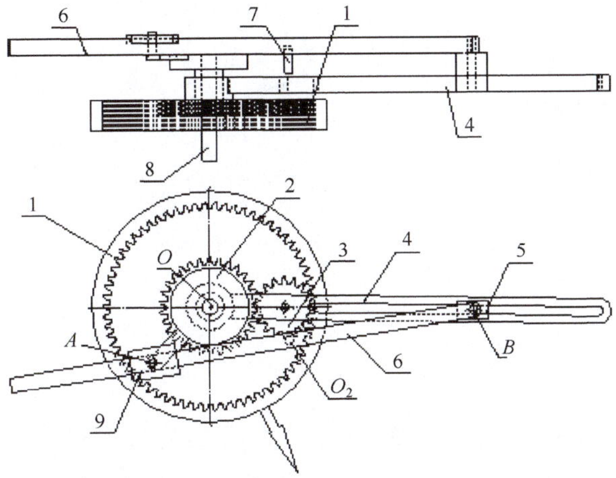

1、2—中心轮；3—行星齿轮；4—系杆（导杆）；5—滑块；6—导杆；7、8—固定轴（机架）；9—滑块

图 448　可实现长时间停歇的差动齿轮双导杆机构工程图

OA 杆与中心轮 2 固接，轴 7、轴 8 与机架固接，中心轮 2 为主动轮，中心轮 1 是输出轮；导杆 6 与滑块 9 组成滑动副，可绕机架 O_2 点（轴 7）转动，其上又铰接滑块 5，滑块 5 可在系杆 4 的直槽中滑动。主动轮 2 匀速转动时，*OA* 杆、行星齿轮 3 随之转动，系杆 4 与导杆 6 做摆动，中心轮 1 可长时间停歇，且有较高的分度精度（在仿真模型中箭头的位置重复时可见）。

例 147　输出构件做间歇摆动的机构

如图 449 所示的机构采用一个转动的等宽凸轮，以实现从动杆的间歇摆动。

如图 450 所示为该机构的工程图。凸轮 1 轮廓上有三段等圆弧 *R*，当其绕机架上的 *A* 点转动时，带动连杆 2 绕滑块 4 上的 *B* 点摆动，滑块 4 在导轨 3 的直槽上滑动，使从动杆 5 绕机架上的 *D* 点摆动。凸轮转动到等圆弧段，滑块 4 在左右两个极限位置时从动杆 5 停歇。

该机构连杆 2 槽口宽度 *L* 应等于凸轮接触点切线间的距离；改变导轨的倾斜角度可改变从动杆的摆动角度。

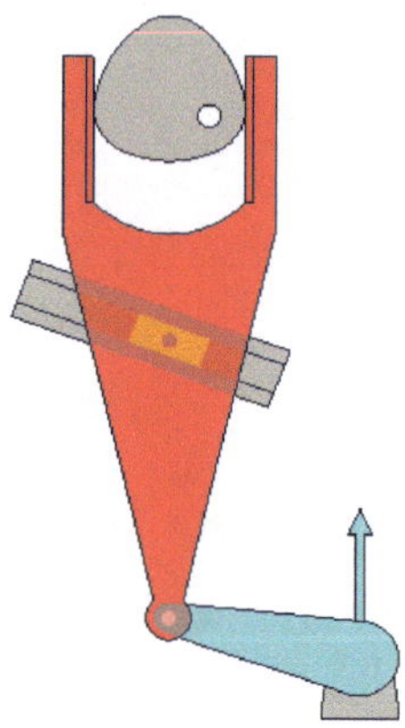

图 449　输出构件做间歇摆动的机构

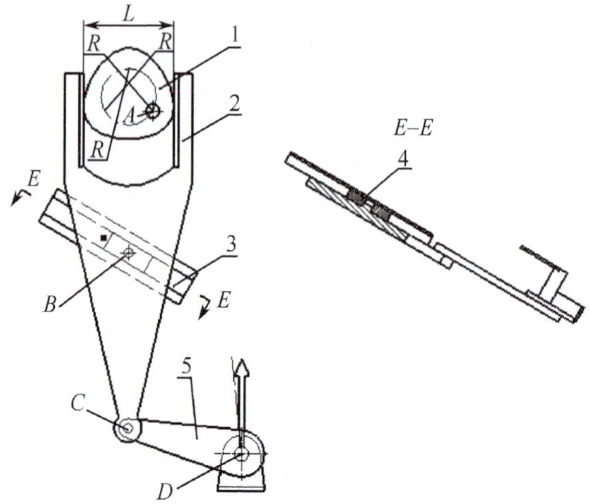

1—凸轮；2—连杆；3—导轨；4—滑块；5—从动杆

图 450　输出构件做间歇摆动的机构工程图

例 148　等宽凸轮移动间歇机构

如图 451 所示的机构利用旋转的等宽凸轮使导杆在左右移动的同时还有停歇。

如图 452 所示为其工程图。当等宽凸轮 1 绕机架上的点 *A* 转动时，框架导杆 2 在导套 3 上做直线移动，并在凸轮转到等圆弧段时停歇。

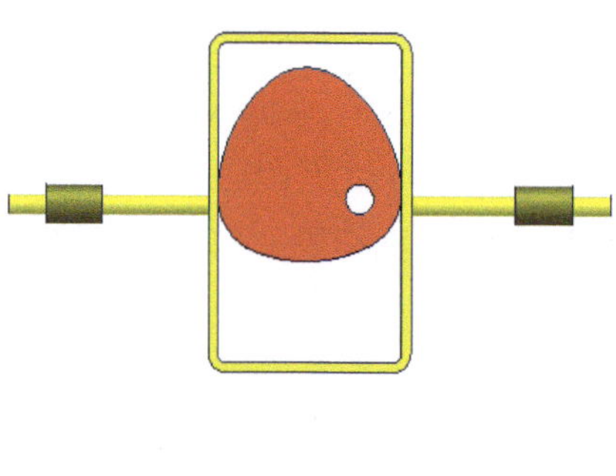

图 451　等宽凸轮移动间歇机构

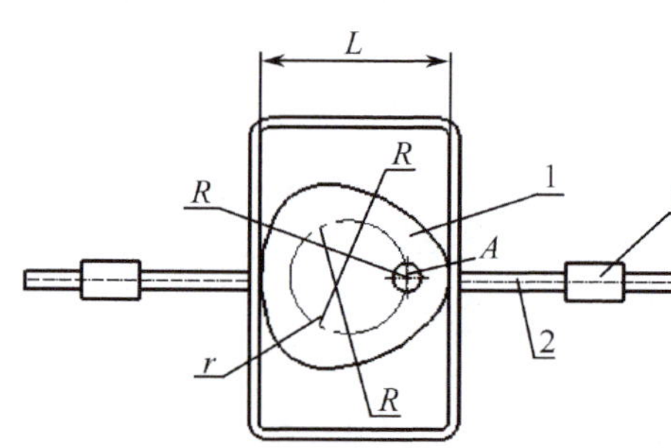

1—凸轮；2—框架导杆；3—导套

图 452　等宽凸轮移动间歇机构工程图

例 149　输出轴有停歇的凸轮连杆机构

如图 453 所示是一个利用凸轮的三段圆弧段使输出轴有三次停歇的机构。

图 454 是该机构的工程图。齿轮 2 与拨盘 3、4 固接，并空套在输出轴 1 上；连杆 8 在 *B* 点与拨盘 4 铰接，连杆 7 在 *C* 点与输出轴 1 铰接，两连杆在 *D* 点铰接并铰接了凸轮滚子 6；

连杆 7、8 及凸轮滚子 6 共三副沿圆周均布，并随拨盘 3、4 转动，连杆 7 推动输出轴 1 转动；凸轮滚子 6 沿静止的凸轮 5 内壁滚动，当滚动到凸轮 5 的三段等圆弧段处时，输出轴 1 停歇。

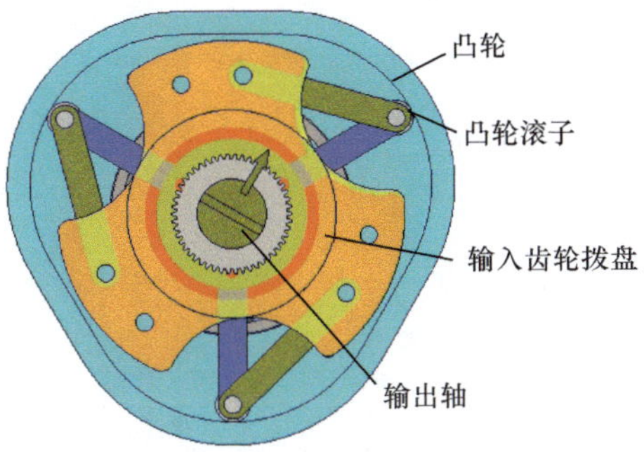

图 453　输出轴有停歇的凸轮连杆机构

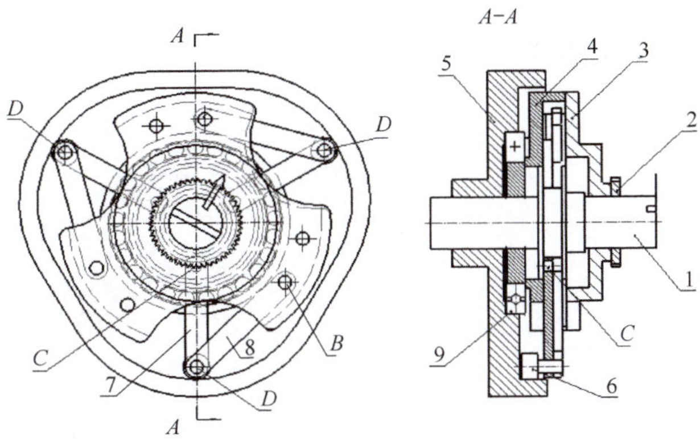

1—输出轴；2—齿轮；3、4—拨盘；5—凸轮；

6—凸轮滚子；7、8—连杆

图 454　输出轴有停歇的凸轮连杆机构工程图

例 150　移动导杆有单侧停歇的机构

如图 455 所示的机构使用一个摆杆驱动一个导杆移动，当导杆上的导槽右侧圆弧与摆杆的转动半径相同时，导杆在左侧极限位置有停歇。

如图 456 所示为该机构的工程图。摆杆 1 驱动导杆 2 沿导轨 3 上的直槽做往复直线运动。在导杆 2 的导槽上有一段圆弧，当摆杆摆动到其上的滚子与该圆弧段相切时，圆弧的圆心与 A 点重合，导杆 2 停歇。

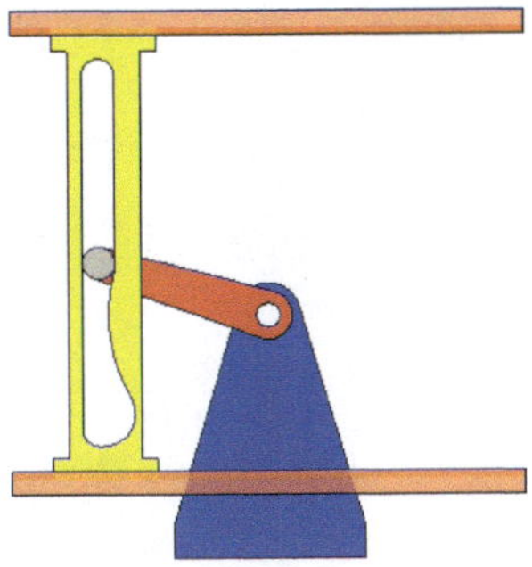

图 455　移动导杆有单侧停歇的机构

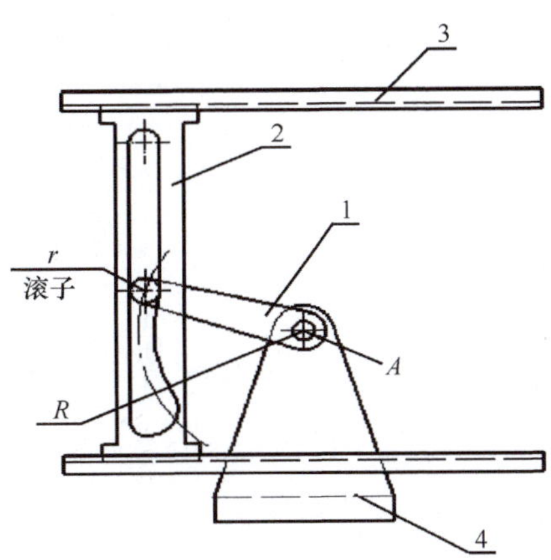

1—摆杆；2—导杆；3—导轨；4—机架

图 456　移动导杆有单侧停歇的机构工程图

例 151　输出摆杆有双侧停歇的机构

如图 457 所示的机构利用曲柄摇杆机构中连杆上一点的近似圆弧的轨迹，实现从动摆杆在两极限位置时的停歇。

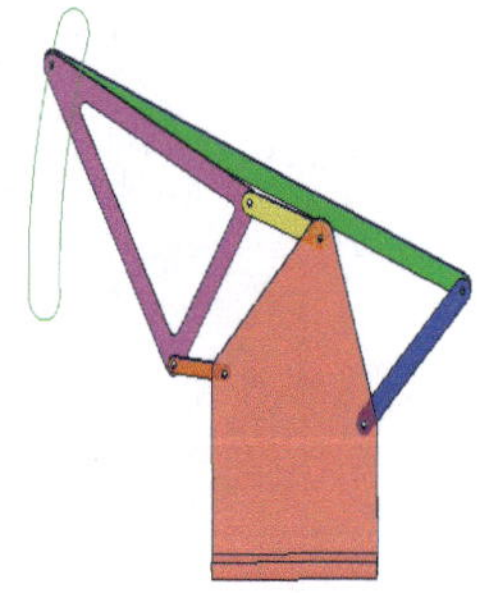

图 457　输出摆杆有双侧停歇的机构

如图 458 所示为该机构的工程图，各构件的尺寸比例如该图所示。*ABCD* 为一个曲柄摇杆机构，曲柄 1 主动。当摆杆 3 在两极限位置时，连杆 2 上一点 *E* 的轨迹如图 458 所示，轨迹 *R* 是以 *F* 点为中心、以 *FE* 为半径的圆弧，因此，摆杆 3 在两极限位置停歇。

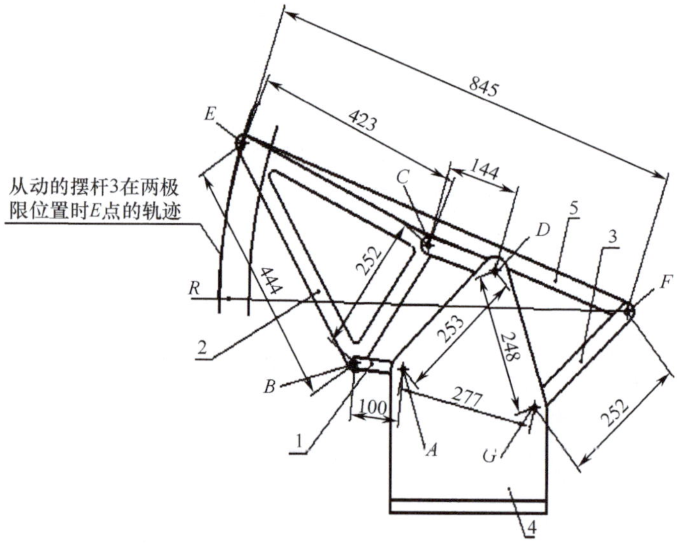

1—曲柄；2—连杆；3—摆杆；4—机架；5—连接杆

图 458　输出摆杆有双侧停歇的机构工程图

例 152　可实现单侧停歇的摆动导杆机构

如图 459 所示的机构可实现导杆在左侧停歇，图 460 为其工程图。主动转盘 1 固接圆柱销 2，旋转时拨动导杆 3 左右摆动；导杆 3 上的圆弧槽宽等于圆柱销直径，圆弧槽的中段圆弧半径与圆柱销的转动半径相等；当导杆 3 摆动到左侧时，圆柱销 2 在导杆 3 的圆弧槽中滑动，导杆 3 停歇，导杆 5 也停歇；当圆柱销转过此圆弧槽，导杆 3 又重新摆动起来。

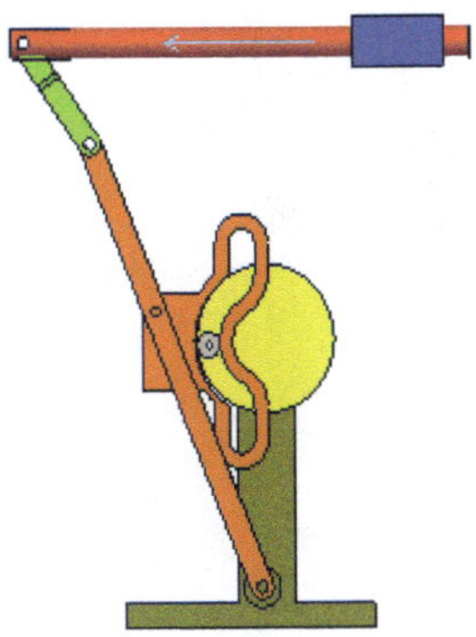

图 459　可实现单侧停歇的摆动导杆机构

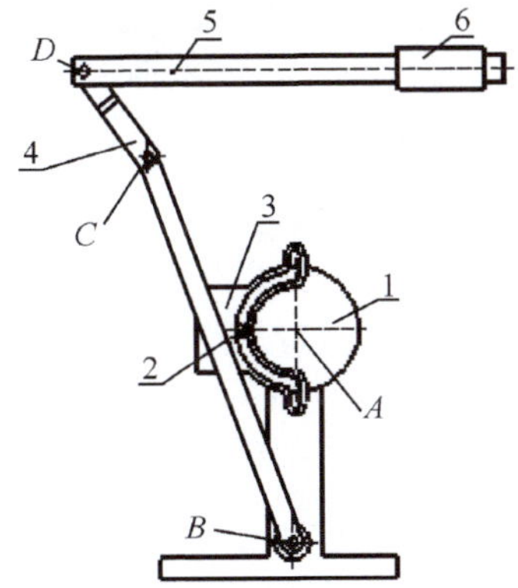

1—主动转盘；2—圆柱销；3、5—导杆；4—连杆；6—导座

图 460　可实现单侧停歇的摆动导杆机构工程图

例 153　利用圆弧轨迹实现导杆停歇的机构

图 461 所示的机构是利用圆弧轨迹实现导杆停歇的机构。该机构是曲柄摇块机构与转动导杆的组合机构。曲柄匀速转动，利用连杆延长部分铰接的滑块，驱动导杆在做整周转动的同时还有瞬时的停歇。

图 462 是该机构的工程图。曲柄 1 与机架 6 在 *O* 点铰接，与连杆 2 在 *B* 点铰接；连杆 2 在摇块 3 的导槽中滑动的同时，还随摇块 3 摆动；在连杆 2 的延长部分 *E* 点又铰接一个滑块 5，滑块 5 拨动导杆 4 绕 *D* 点做整周转动，导杆 4 还有瞬时的停歇。

导杆 4 的转动是由滑块 5 驱动的，导杆 4 上的直导槽与滑块 5 做滑动配合，滑块 5 又铰接在连杆 2 的 *E* 点，当导杆 4 转动到直导槽与连杆 2 重合时（本例是当 *C-C* 与 *OD* 线重合），连杆 2 上的 *E* 点瞬时处在连杆 2 的回转中心上，而此瞬间滑块 5 在直导槽中停歇，使导杆 4 有瞬时的停歇；随着连杆 2 的摆动，滑块 5 又恢复了对导杆 4 的驱动能力。

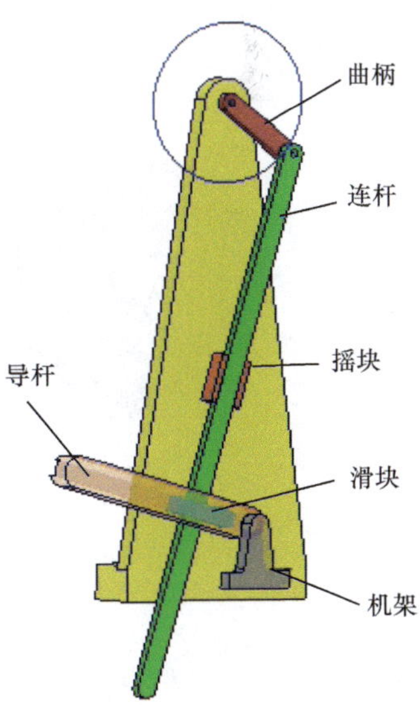

图 461　利用圆弧轨迹实现导杆停歇的机构

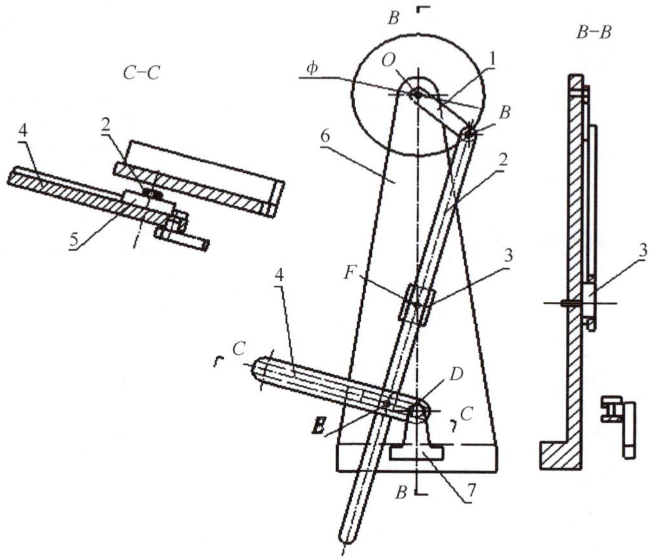

1—曲柄；2—连杆；3—摇块；4—导杆；5—滑块；6—机架；7—轴座

图 462　利用圆弧轨迹实现导杆停歇的机构工程图

例 154　槽轮与链轮组合机构

如图 463 所示槽轮与链轮组合机构，与单一槽轮机构在本质上没有区别，只是用链轮代替了转动圆盘，且在链轮上固接两个圆柱销与锁弧结构即可。图 464 是该机构的工程图。

图 463　槽轮与链轮组合机构

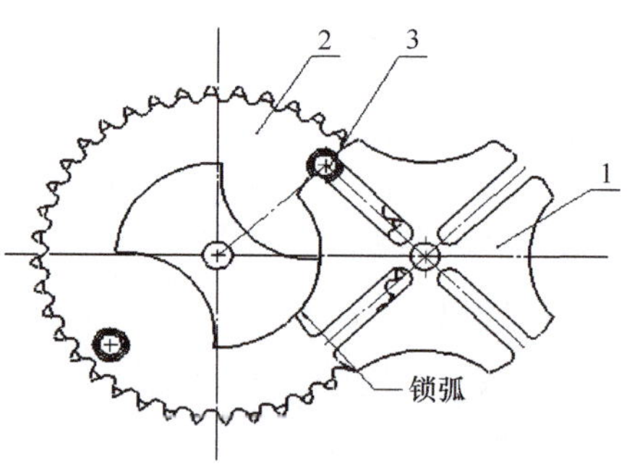

1—槽轮；2—链轮；3—圆柱销

图 464　槽轮与链轮组合机构工程图

例 155　槽轮与行星齿轮机构的组合机构

如图 465 所示是槽轮与行星齿轮机构的组合机构，这样的组合可改善槽轮的运动特性。在第一部分中曾讨论过，行星齿轮节点到中心轮圆心的距离与系杆的长度和行星齿轮节圆半径有关。这样将圆柱销设置在行星齿轮节点上，当其拨动槽轮时，作用半径能有所变化，可改善槽轮的运动特性。内啮合行星齿轮机构行星齿轮转动时，节点的运动轨迹是近似圆弧的内摆线，行星齿轮公转与自转的结果使作用半径不断变化。因此，只要槽轮的槽数和行星齿轮机构中的中心轮节圆半径与行星齿轮节圆半径的比例相对应，并且在槽口处保证最大作用半径与槽垂直（应增加调整机构），就可改善槽轮机构的运动特性。

图 466 是该机构的工程图。图中中心轮的节圆半径与行星齿轮节圆半径之比为 4∶1，节点的轨迹由四段内摆线组成，与槽轮的四个槽线对应。圆柱销在节点上，图示的位置正好处于一条内摆线的起始点，退出直槽时刚好是内摆线的终止点，也是另一条内摆线的起始点，因此，在槽轮入口及出口处有瞬时的停歇。

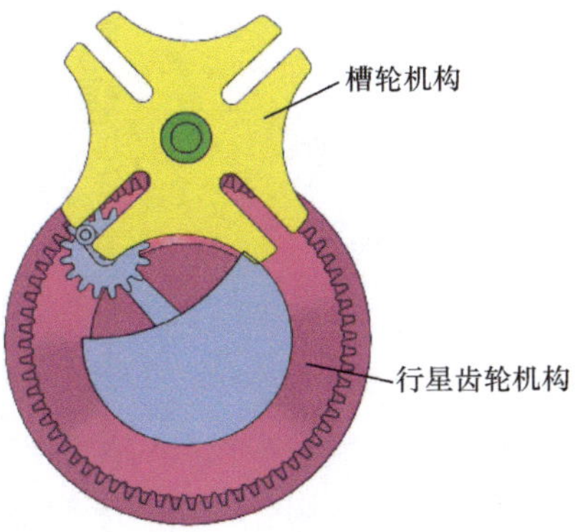

图 465　槽轮与行星齿轮机构的组合机构

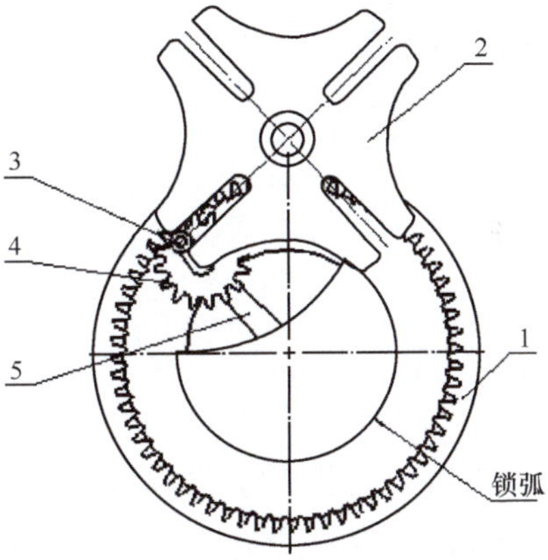

1—中心轮；2—槽轮；3—圆柱销；4—行星齿轮；5—系杆

图 466　槽轮与行星齿轮机构的组合机构工程图

例 156　外啮合行星齿轮与槽轮组合机构 1

在如图 467 所示的机构中，外啮合行星齿轮机构中心轮与行星齿轮的节圆半径比为 2∶1，行星齿轮上一点的轨迹是一个椭圆，椭圆有长轴方向与短轴方向之分。当槽轮的直槽在水平

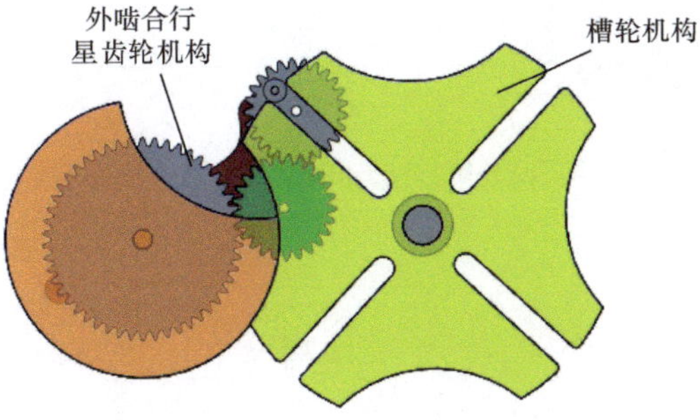

图 467　外啮合行星齿轮与槽轮组合机构 1

位置且槽口对着行星齿轮机构时，作用半径在最短的位置，圆柱销处于短轴方向上，如图 468 所示，这会改善槽轮机构的运动特性，但是运动特性不如节圆半径之比为 4∶1 的好。图 469 是该机构的工程图。

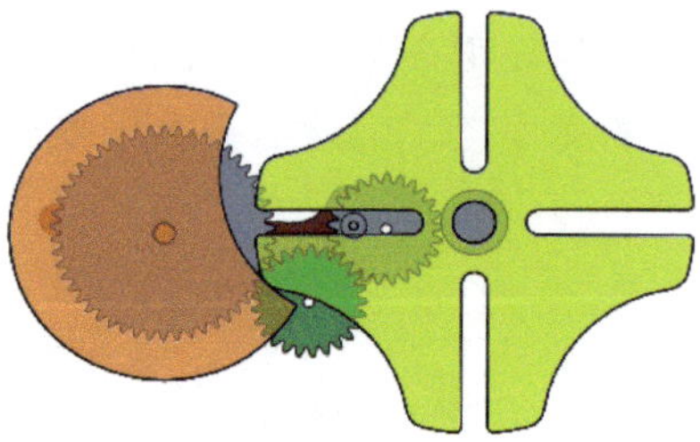

图 468　作用半径在最短位置

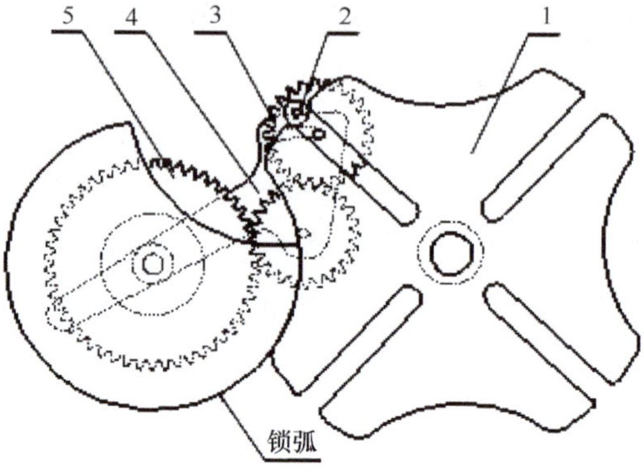

1—槽轮；2—圆销；3—行星齿轮；4—系杆；5—中心轮

图 469　外啮合行星齿轮与槽轮组合机构 1 工程图

例 157　外啮合行星齿轮与槽轮组合机构 2

如图 470 所示也是外啮合行星齿轮与槽轮组合机构，其中外啮合中心轮与行星齿轮节圆半径之比为 4∶1，在该比例下行星齿轮上一点的轨迹是四段内摆线的组合，有利于改善槽轮机构的运动特性。

图 471 是该机构的工程图。

图 470　外啮合行星齿轮与槽轮组合机构 2

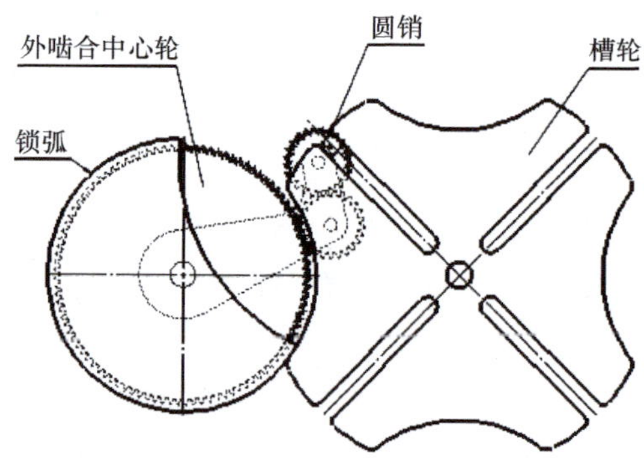

图 471　外啮合行星齿轮与槽轮组合机构 2 工程图

例 158　从动件在极限位置有较长停歇的机构

在如图 472 所示的机构中，一个偏心的等宽凸轮主动旋转，移动从动件并使其获得较长时间的停歇。

如图473所示为其工程图，偏心凸轮1的轮廓曲线由三条大圆弧 R 和三条小圆弧 r 组成，且三个圆弧的中心 A、B、C 构成一个等边三角形。当凸轮绕偏心 A 点转动时，从动框架2沿着导轨3上下移动，在极限位置有较长时间的停歇。框架的宽度 D 等于 R 与 r 之和。

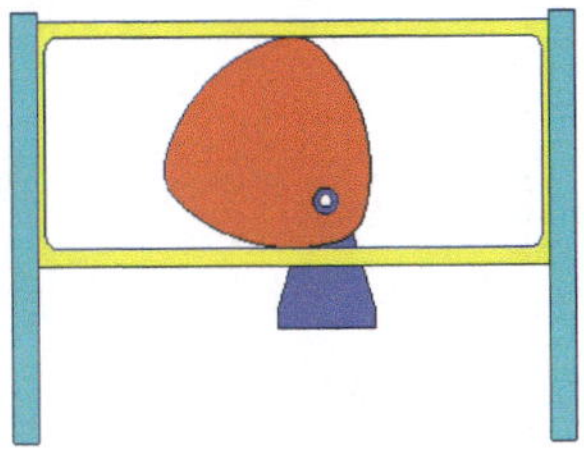

图472　从动件在极限位置有较长停歇的机构

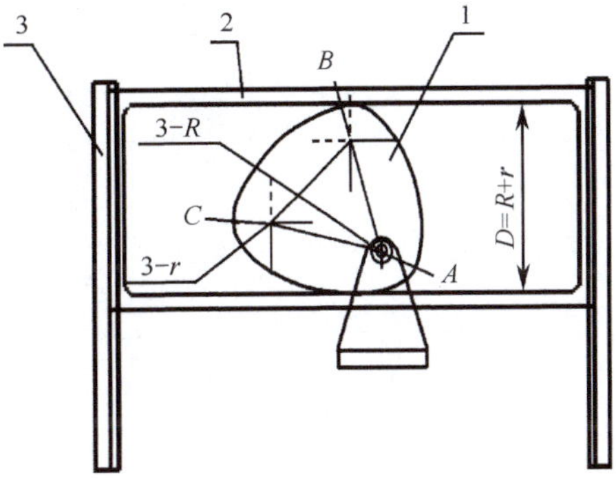

1—偏心凸轮；2—从动框架；3—导轨

图473　从动件在极限位置有较长停歇的机构工程图

6. 复合运动和合成运动机构的仿真实例

复合运动是指机构中的某一输出构件做平面运动，如铰链四杆机构中连杆的运动。

合成运动机构中对象的运动是由几个机构、构件和自身运动联合作用的结果。

例159　齿轮－螺旋差动机构

如图474所示为齿轮－螺旋差动机构。机构中的螺母板（托架）可实现两个运动：一是绕自身几何中心转动，二是可沿与转轴平行的方向移动。它采用行星轮系与螺旋传动组合的形式，将螺母板与两个带有螺纹的行星齿轮轴配合，行星齿轮公转时，螺母板也随同转动；行星齿轮自转时，利用与行星齿轮固接的行星齿轮轴的转动，使其上的螺纹驱动螺母板移动，达到螺母板既转动又移动的目的。

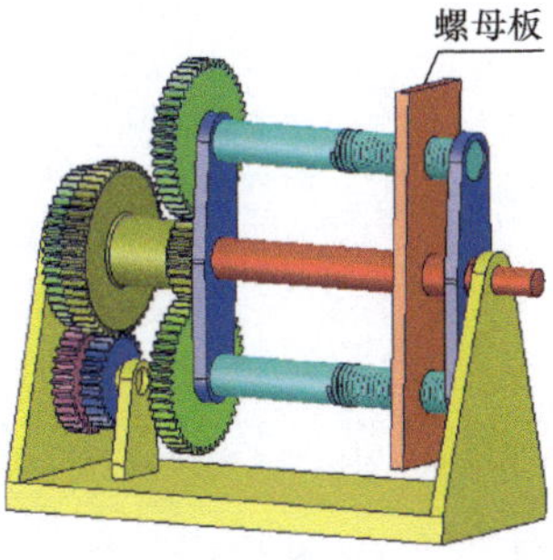

图474　齿轮－螺旋差动机构

如图475所示为该机构的工程图。轴1与中心齿轮2及系杆11固接，行星齿轮7与螺杆8固接，齿轮3与齿轮4固接，齿轮5与齿轮6固接并空套在轴1上，件9为螺母板（托板）。转动轴1时，系杆11带动两个行星齿轮7及其上固接的螺杆8一起绕 a-a 轴公转，使螺母板9绕 a-a 轴转动；转动的齿轮2通过齿轮3、4带动空套在轴1上的齿轮5、6旋转，使齿轮 7 和螺杆 8 自转，从而带动螺母板 9 在螺杆 8 上移动。

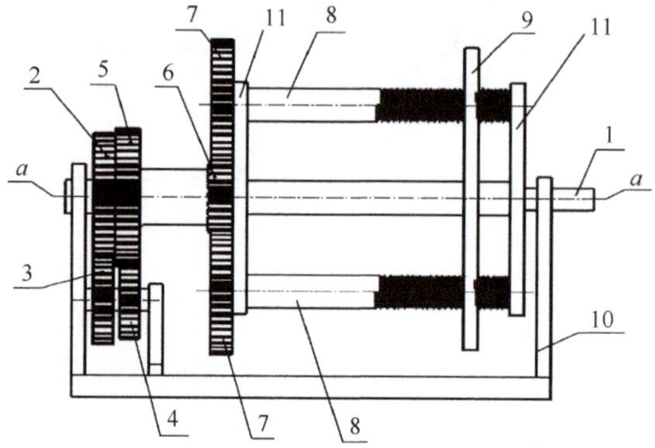

1—轴；2—中心齿轮；3 ～ 6—齿轮；7—行星齿轮；8—螺杆（行星轮轴）；

9—螺母板；10—机架；11—系杆

图 475　齿轮－螺旋差动机构工程图

例 160　风扇摇头机构

利用蜗轮蜗杆传动可实现较大的传动比，来降低风扇的摆动速度，模拟自然风。

如图 476 所示为风扇摇头机构运动原理的模型。它将电动机的转动转换为扇叶的转动与摆动。该机构是一个双摇杆机构，为了实现两个摇杆的连续摆动，采用蜗轮蜗杆传动。把蜗轮固接在曲柄上，曲柄与两摇杆铰接；在一个摇杆上安装蜗杆与电动机，其一端与曲柄、蜗轮中心铰接，保证蜗轮蜗杆的中心距，使蜗杆与蜗轮啮合；蜗杆轴线与电动机轴共线。电动机带动扇叶与蜗杆转动，蜗杆驱动蜗轮旋转，与蜗轮固接的曲柄做平面运动，并使两摇杆连续摆动，实现风扇的摇头（摆动）运动。

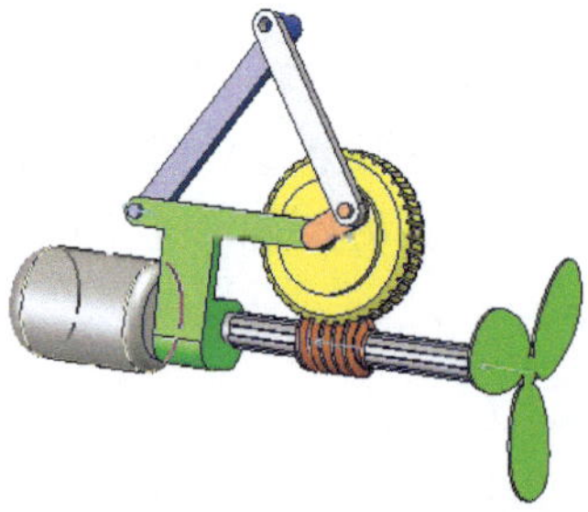

图 476　风扇摇头机构运动模型

如图 477 所示为该机构的工程图。*ABCD* 为一个双摇杆机构，其中构件 4 为机架，构件 1、3 为摇杆，构件 2 为曲柄。曲柄与蜗轮固接，蜗轮中心与摇杆 3 在 *D* 点铰接，在 *C* 点与摇杆 1 铰接；摇杆 3 上安装有电动机，电动机轴上固接蜗杆和扇叶。电动机转动时蜗杆驱动蜗轮，曲柄 2 做连续整周转动，并带动两个摇杆连续摆动，使扇叶随摇杆做摇头运动。

如果单独分析其中的双摇杆机构，即如图 478 所示的运动仿真模型，可在对应视频中看到两个摇杆的摆动，该摆动就是风扇的摇头运动。

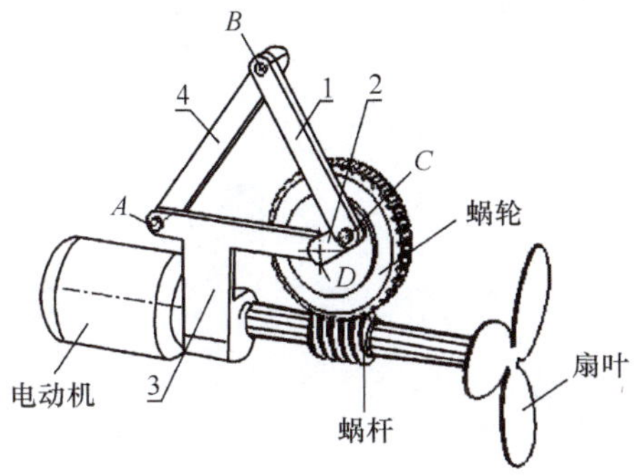

1、3—摇杆；2—曲柄；4—机架

图 477 风扇摇头机构运动模型工程图

图 478 摇头风扇中的双摇杆机构

例 161 椭圆车削机构 1

在第一部分中，讨论了用双转块机构来车制椭圆零件的原理，现用三个实例作进一步讨论。

图 479、图 480 是椭圆车削机构 1 的仿真模型图，图 481 是其工程图。

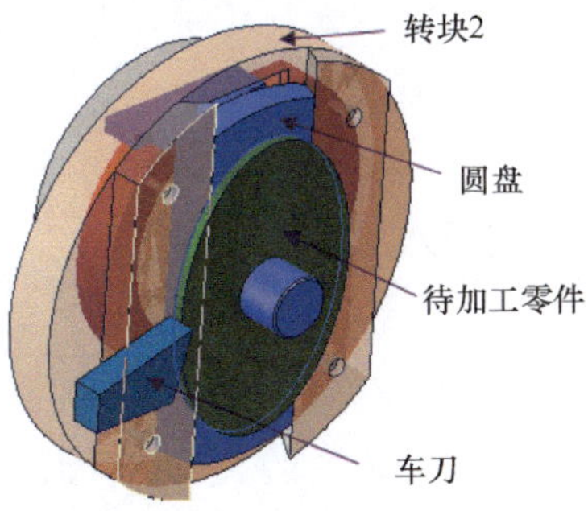

图 479 椭圆车削机构 1

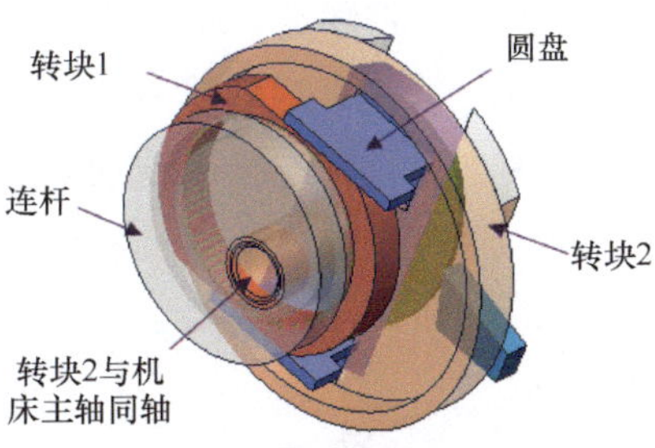

图 480 椭圆车削机构 1 后侧视图

机构中各构件的形状与第一章讨论的双转块机构中的构件相比有了很大变化。此机构中连杆在机床上固定，连杆上有一个在水平方向偏置 50mm 的孔，该值是椭圆的长、短半轴的差值；转块 1 铰接在连杆上，其外圆柱面上对称加工了两个与圆盘上导轨配合的平面；主动的转块 2 与连杆上的偏心孔同轴，该轴与机床主轴轴线重合，与连杆转动配合，转块 2 上加工出与圆盘滑动配合的燕尾槽；用于固定加工零件的圆盘，其上有两个相互垂直的导轨，一个与转块 1 配合，一个与转块 2 的燕尾配合。车制时车刀逐步进给到与机床主轴相距 100mm 处即可完成如图 481 所示尺寸的椭圆的加工。

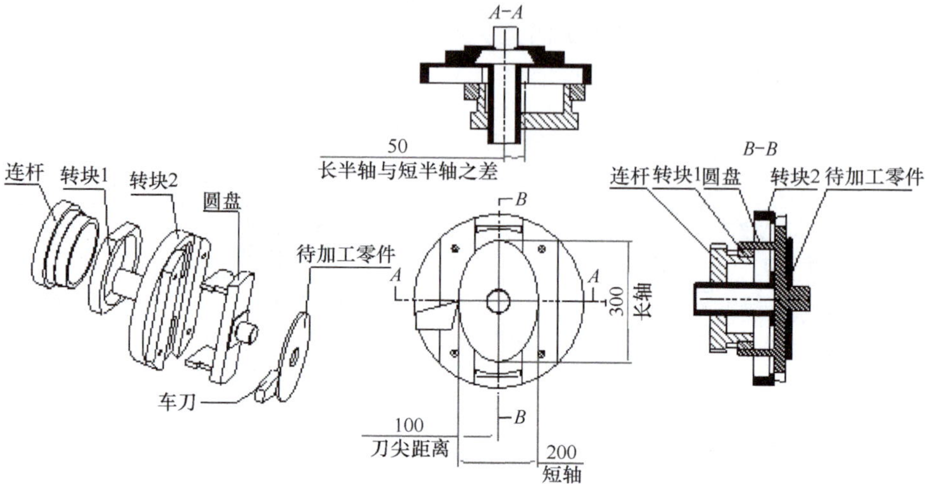

图 481　椭圆车削机构 1 工程图

严格来讲，该实例展示的还只是初步设计图，具体结构还需进一步设计，如其中的移动副、转动副的详细结构还有待设计，这里只是提供了一种车制椭圆的方法。

例 162　椭圆车削机构 2

如图 482 所示的椭圆车削机构 2 与实际情况比较接近，转块 1 用内螺纹与机床主轴的外螺纹连接，可随主轴转动；机床连板固定在机床上，其左右两端固接了两个滑块；可调连板用两个长槽孔与滑块滑动配合，通过转动在可调连板上的调整螺钉，使可调连板左右水平移动；转块 2 与可调连板用转动副连接，可随可调连板水平移动，即可通过调整两个转块的中心距，调整车制椭圆的长、短轴。

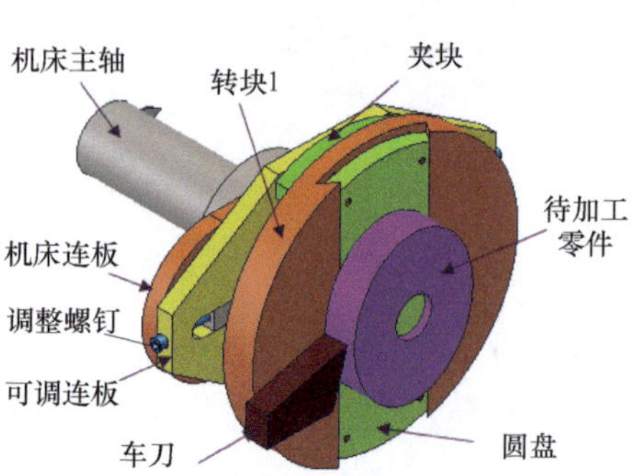

图 482　椭圆车削机构 2

图 483 是该机构的工程图，经调整与机床主轴同轴的转块 1 与偏置的可调连板中心距为 20mm，即转块 2 与转块 1 的距离为 20mm，该值是椭圆长、短半轴之差；现设定加工零件的长轴为 200mm，则短轴为 160mm。需要说明的是，圆盘与转块 2 的滑动副是通过固接在圆盘上的上下两个夹块和转块 2 的外轮廓建立的。

主动的转块 1 通过燕尾槽带动圆盘转动时，与其固接的两个夹块也随着转动；夹块又驱动转块 2

绕可调连板的中心转动，由于转块 1 与转块 2 有 20mm 的偏心，其运动结果是夹块沿转块 2 往复移动的同时，转块 2 又驱动圆盘在转块 1 的燕尾槽中往复移动。

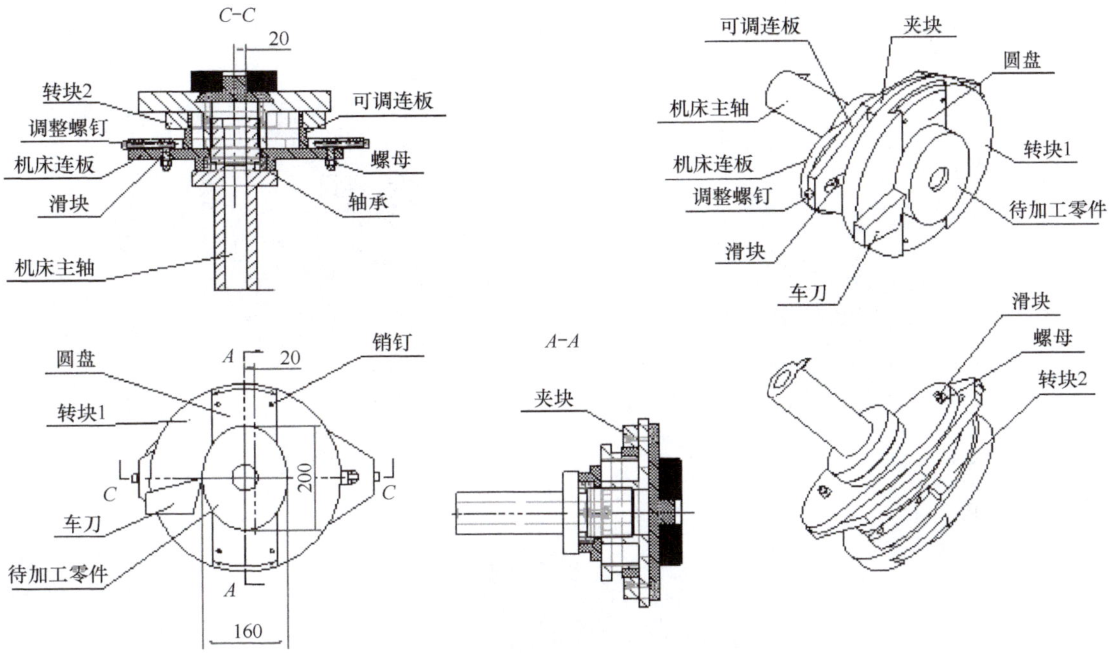

图 483　椭圆车削机构 2 工程图

用四个销钉将两个夹块与圆盘固接，中间夹着转块 1，但为保证圆盘可在转块 1 的燕尾槽中滑动，在转块 1 上的设置四条导槽供销钉移动。圆盘与固接的夹块同转块 1 建立的滑动配合如图 484 所示。

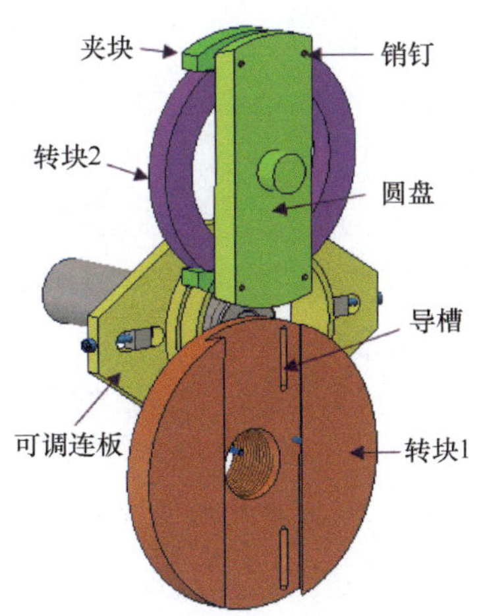

图 484　圆盘的十字导轨结构分解

例 163　椭圆车削机构 3

如图 485 所示为椭圆车削机构 3 的模型，图 486 是隐藏了圆盘、待加工工件、车刀后显示的内部机构图，图 487 是连杆与转块 2 的装配详图。

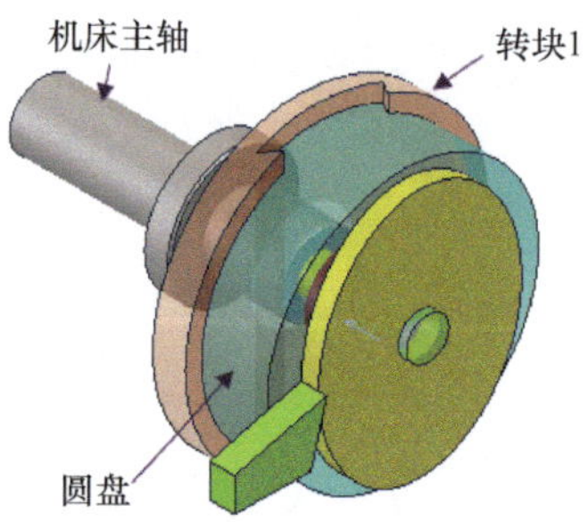

图 485　椭圆车削机构 3

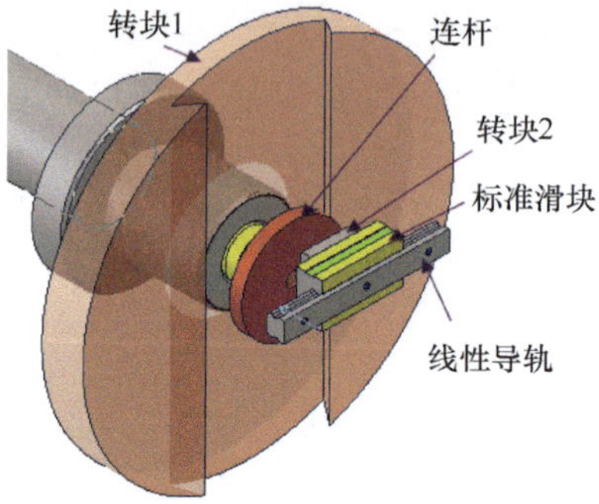

图 486　内部机构图

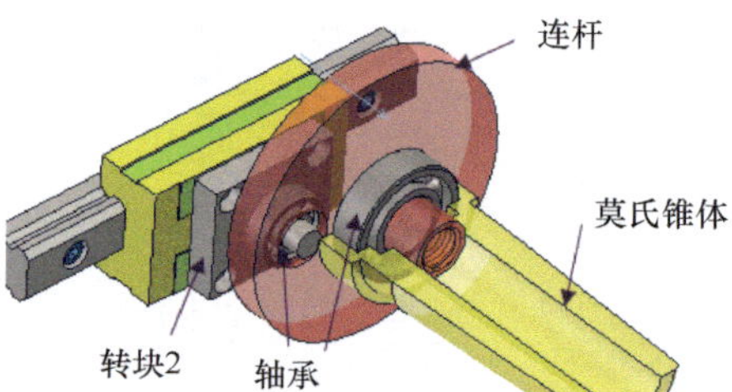

图 487　连杆与转块 2 装配详图

从上述三个模型视图可看出椭圆车削机构 3 的结构最简单。转块 1 用螺纹直接与车床主轴连接作主动件；连杆用转动副（轴承）与插在机床主轴孔内的莫氏锥体配合，为使连杆固定，用一个通过车床主轴孔的拉杆与连杆的中心螺纹孔连接（图中未显示），该拉杆与机床固接；转块 2 用转动副装配在连杆上的偏置孔内，并与标准滑块固接；线性导轨在标准滑块内滑动并与圆盘固接；圆盘与转块 1 滑动连接，从而使圆盘在转动的同时，还可实现在相互垂直的两个方向上的往复移动，完成车削椭圆的动作。

总结以上三个车制椭圆的实例：

① 应用了四杆机构中双转块机构的原理。机构的四个基本构件是连杆、圆盘和两个转块。

② 连杆固定，连杆上应有两个转动元素（孔或轴）；两个转动元素的距离等于椭圆长、短半轴之差，一个转动元素应与机床主轴重合。

③ 两个转块中一个转块的转动中心应与连杆上的一个转动元素（与车床主轴重合的转动元素）中心重合构成转动副，并应与圆盘在垂直方向组成移动副；另一个转块与连杆上

的另一个转动元素构成转动副，并应与圆盘组成水平方向的移动副。

④ 如果连杆上的两个转动元素距离是固定的，若设计图纸给出了长轴尺寸，那么短轴的尺寸就是确定的；反之，可根据设计图纸给出的短轴尺寸，对距离进行调节以加工出满足要求的椭圆。

⑤ 设计难点是圆盘上两个相互垂直的导轨的设计。

例 164　封罐机

如图 488 所示的封罐机可完成金属圆罐盖与桶连接处的卷边封罐工作。该机构用两个齿轮和两个凸轮控制卷边滚子做整周旋转及滚子和封罐的离合动作。

如图 489 所示为该机构的工程图。齿轮 1 与转盘 2 固接，齿轮 3 与转套 4、凸轮 5、凸轮 6 固接。齿轮 1 转动时带动导杆 7、9 转动，两个导杆的上端安装了滚子并与凸轮 5、凸轮 6 的轮廓接触；随同齿轮 3 同步转动的凸轮 5、6 使卷边头道和二道滚轮 8、10 做径向进给运动，完成卷边封口。罐身 13 安装在上压头 11 和下压头 12 之间。由于齿轮 1 与齿轮 3 的转速不同，转盘 2 与凸轮 5、6 的转速也不同，保证凸轮转完一周才可完成封罐。

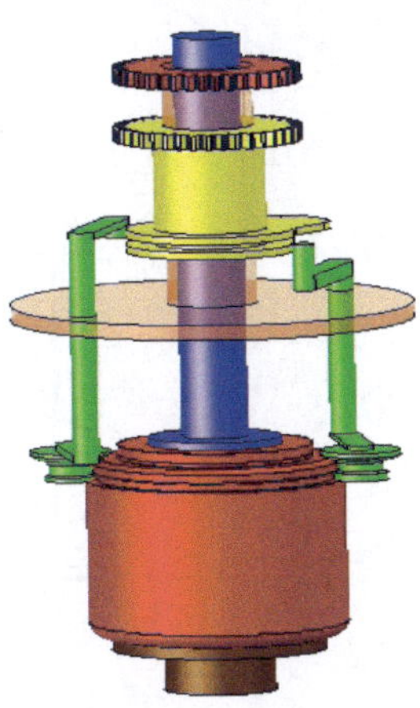

图 488　封罐机

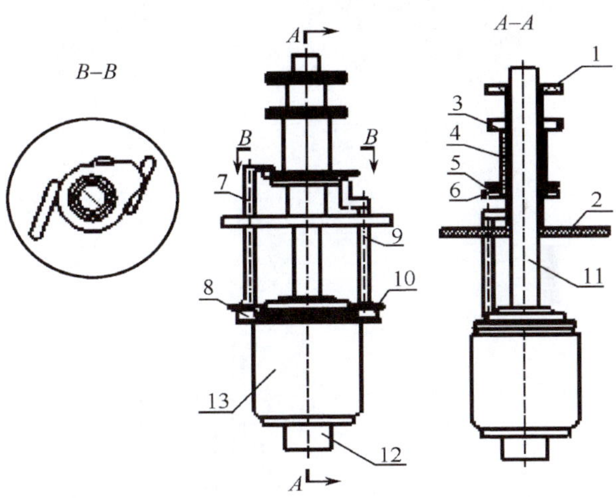

1、3—齿轮；2—转盘；4—转套；5、6—凸轮；7、9—导杆；8—头道滚轮；10—二道滚轮；11—上压头；12—下压头；13—罐身

图 489　封罐机工程图

例 165　可变节距扭绞金属线机构

如图 490(a)、(b) 所示为可变节距扭绞金属线机构的轴测图及投影视图（主视、侧视、后视），被扭绞的两条金属线穿过主轴上轴向的小孔，与主轴固接的小齿轮与一个大齿轮啮合，当大齿轮驱动小齿轮转动时，两条金属线扭绞在一起。当大齿轮匀速转动时，将得

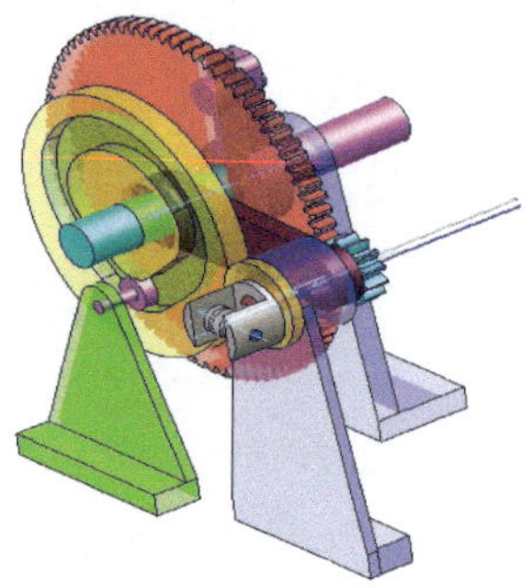

图 490（a） 可变节距扭绞金属线机构轴测图

到等节距的扭绞金属线；当大齿轮做变角速度转动，或采用一个凸轮使小齿轮得到附加的运动时，将得到变节距的扭绞金属线。

如图 491 所示为该机构的工程图。两条金属线 1 穿过主轴 2，主轴与固定轴座 3 组成转动副，转臂 4 一端与轴座 3 铰接，另一端与轴 11 铰接；轴 11 上固接槽形凸轮 5 和齿轮 9，齿轮 9 与小齿轮 10 啮合，主轴 2 的前端与小齿轮 10 固接。当主动轴 13 带动与其固接的曲柄 12 转动时，曲柄上固接的滚子 8 拨动齿轮 9 带动轴 11 及槽形凸轮 5 一起转动，滚子 8 可在齿轮 9 的直槽中滑动；机架 7 上固接另一个滚子 6，该滚子可在槽形凸轮 5 的槽内滚动，其结果使槽形凸轮 5、转臂 4 和轴 11 绕 *c-c* 轴线摆动，又使齿轮 9 得到附加的运动，转速不断地变化，与其啮合的小齿轮 10 做非匀速转动，金属线扭绞的节距也相应改变。

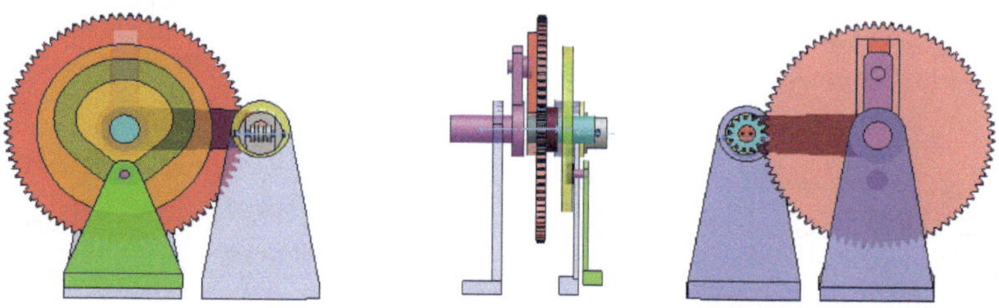

图 490（b） 可变节距扭绞金属线机构投影视图

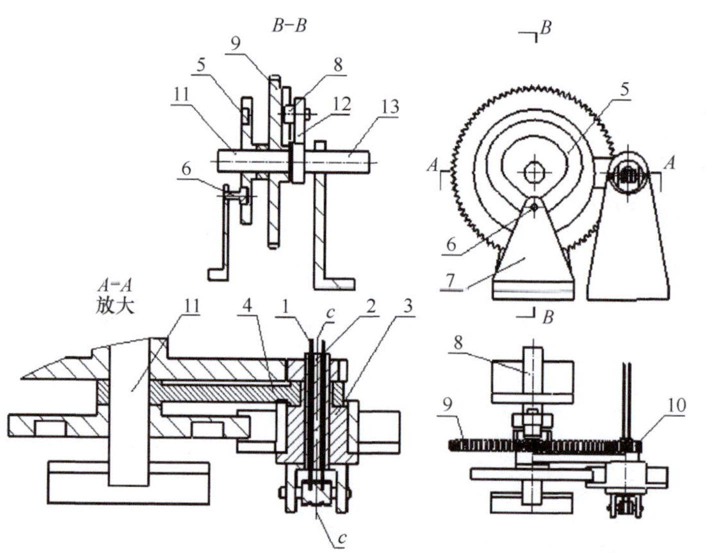

1—金属线；2—主轴；3—轴座；4—转臂；5—槽形凸轮；6、8—滚子；7—机架；9—齿轮；10—小齿轮；11—轴；12—曲柄；13—主动轴

图 491 可变节距扭绞金属线机构工程图

例 166　垂直输送机构

如图 492 所示的垂直输送机构，利用双摇杆机构中的连杆做 90° 的翻转动作，完成从袋（盒）仓中取出包装袋（盒），再将包装袋（盒）放在包装线上的动作。

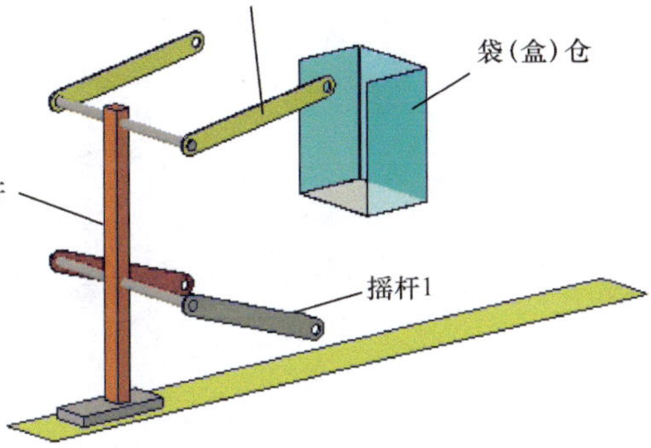

图 492　垂直输送机构

图 493 是该机构的工程图。摇杆 1 绕机架上的 A 点摆动，摇杆 3 绕机架上的 D 点摆动，带有吸盘的连杆 2 在 B、C 点与两摇杆铰接。摇杆 1 的摆动角度只要适当，连杆 2 即可完成所需的运动。

图 494 是该机构的应用实例视频截图。

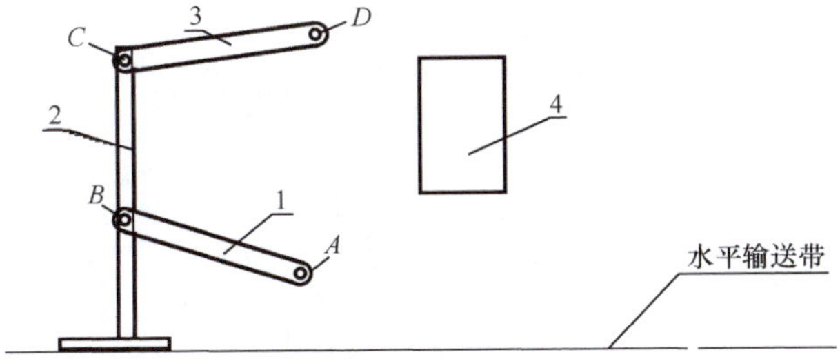

1、3—摇杆；2—连杆；4—储袋箱

图 493　垂直输送机构工程图

图 494　垂直输送机构应用实例

例 167　应用平行四杆机构的皮带张紧机构

如图 495 所示的机构为同步带的张紧机构。利用平行四杆机构连杆做平动的特点，将电动机固接在连杆上，转动曲柄时，连杆做平动使同步带张紧。

如图496所示为其工程图，*ABCD* 为一个平行四杆机构，转动螺杆1时，螺母座5移动，通过拉杆2，使曲柄3绕 *D* 点转动，驱动连杆4做平动，即可使同步带松开或张紧。

图495　应用平行四杆机构的皮带张紧机构

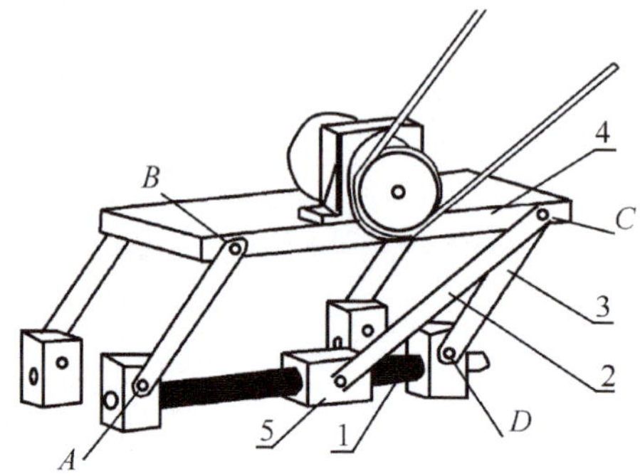

1—螺杆；2—拉杆；3—曲柄；4—连杆；5—螺母座

图496　应用平行四杆机构的皮带张紧机构工程图

例168　从倾斜到水平的输送机构

如图497所示的从倾斜到水平的输送机构，是一个用齿轮机构驱动的双摇杆机构，用一个安装有真空吸盘的导杆，将两个摇杆连接起来，使导杆完成从倾斜到水平的输送物料的运动。

图498是该机构的工程图，*ABCD* 是一个双摇杆机构，三个齿轮1、2、3与机架铰接，齿轮1主动，齿轮2、3从动；齿轮2、3分别与摇杆4、6固接；导杆5在 *B* 点与摇杆4铰接，用直槽与摇杆6上的圆柱销构成滑动连接。当主动齿轮1按设定角度摆动时，与其啮合的

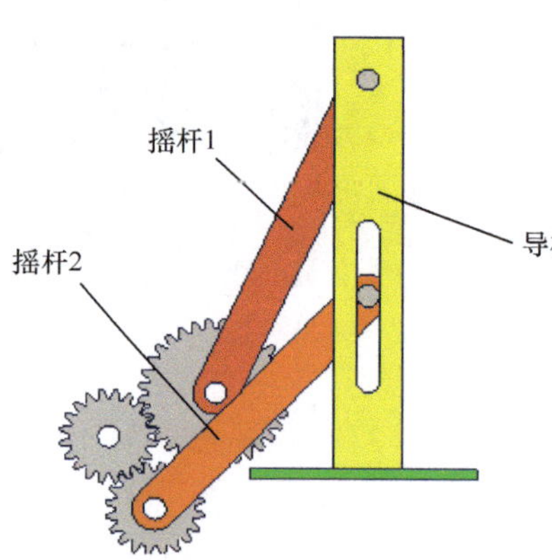

图497　从倾斜到水平的输送机构

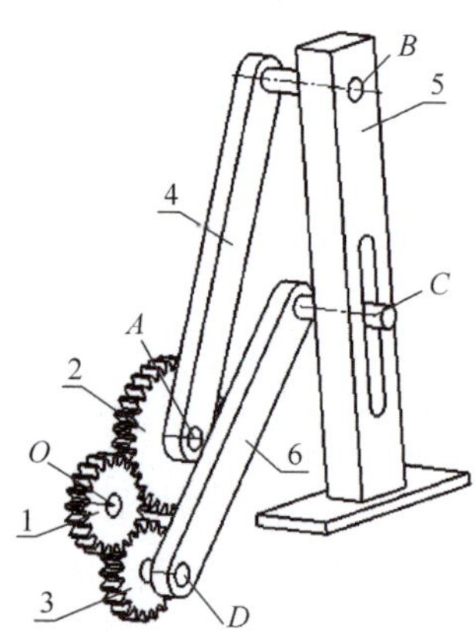

1—主动齿轮；2、3—从动齿轮；4、6—摇杆；5—导杆

图498　从倾斜到水平的输送机构工程图

从动齿轮 2、3 随之摆动，两个从动齿轮的齿数不等，两摇杆的长度也不相等，因此导杆得以完成设定的运动。

例 169　双摇杆铰链机构

如图 499 所示为双摇杆铰链机构。该机构是解决钣金件翻转时铰链没有理想安装位置的一种方法，其尺寸如图 499 所示。

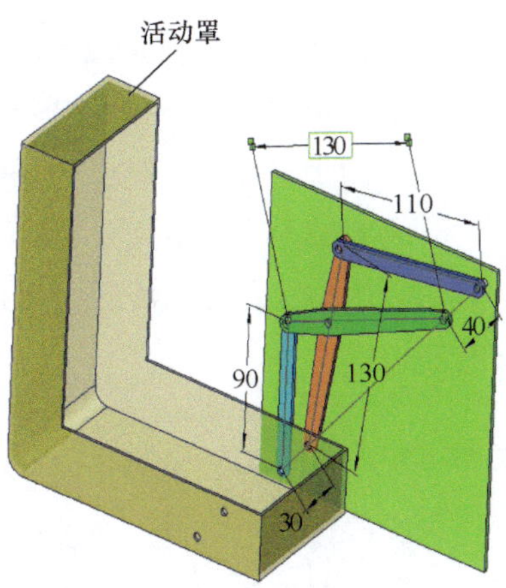

图 499　双摇杆铰链机构

图 500 是该机构的工程图。*ABCD* 为双摇杆机构，摇杆 1 在 *B* 点与机架铰接。摇杆 2 在 *A* 点与机架铰接，*CD* 连杆在 *C*、*D* 点分别与摇杆 1、2 铰接。连杆 3 的延长部分 *G* 点与活动罩 5 铰接，连杆 4 分别在 *E*、*F* 两点与摇杆 2 的延长部分及活动罩 5 铰接。可调整活动罩到闭合位置（见图 501）再将活动罩用撞勾锁紧。

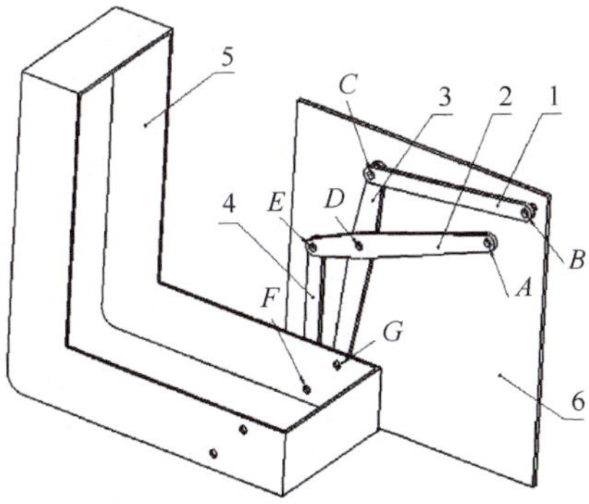

1、2—摇杆；3、4—连杆；5—活动罩；6—机架

图 500　双摇杆铰链机构工程图

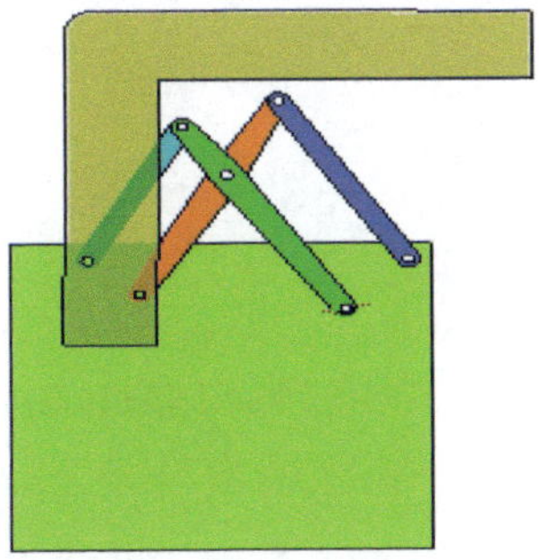

图 501　闭合位置

例 170　凸轮连杆组合输送薄板机构

如图 502 所示的机构由一个凸轮机构与一个五杆机构组合而成，可将装在料仓中的薄板形工件移到传送带上。

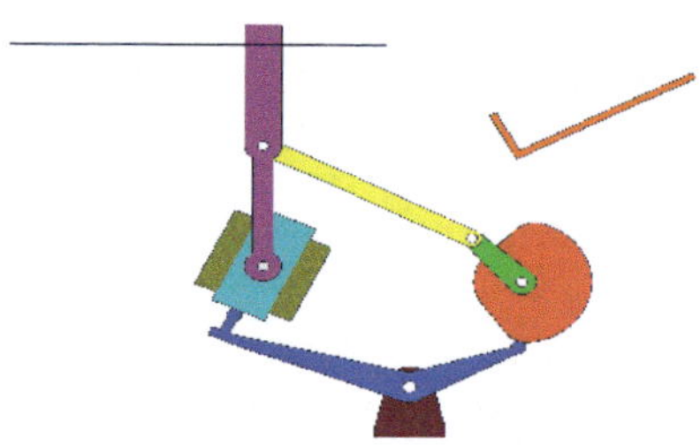

图 502　凸轮连杆组合输送薄板机构

如图 503 所示为其工程图。*ABCDE* 为铰链五杆机构，主动的曲柄 2 与凸轮 1 固接在同一轴上并绕机架上的 *A* 点转动，曲柄 2 与连杆 3 在 *B* 点铰接，连杆 3 与装有真空吸盘（图中未画出）的摇杆 4 在 *C* 点铰接，摇杆 4 与滑块 5 在 *D* 点铰接，滑块 5 可在滑座 8 的直槽中滑动。与曲柄 2 同步转动的凸轮 1 使从动杆 6 绕机架上的 *E* 点摆动，摆动的从动杆 6 驱动滑块 5 在滑座 8 的直槽中滑动。凸轮与五杆机构共同作用的结果，使摇杆 4 完成从料仓 7 中取出薄板并将薄板移送到传送带上的动作，吸盘断开真空后从传送带的下方移出，完成一个工作循环。

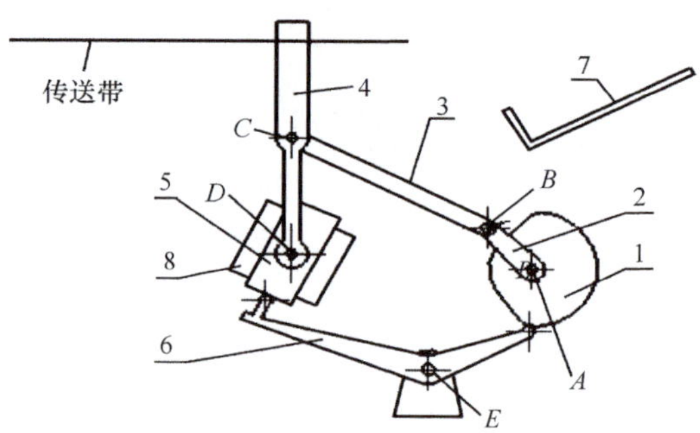

1—凸轮；2—曲柄；3—连杆；4—摇杆；5—滑块；6—从动杆；7—料仓；8—滑座

图 503　凸轮连杆组合输送薄板机构工程图

凸轮、曲柄转一周的时间即为一个工作循环周期，该周期的长短可用凸轮、曲柄的转速来调节。

例 171　热合联动机构

如图 504 所示的机构为自动包装机中制袋机的一部分，它可将塑料袋的坯料（筒形塑料膜）制成底部封接的塑料袋，即后续的包装过程中所用的包装袋。筒形制袋坯料在牵引辊（图中未画出）引导下，步进向下移动，利用制袋坯料的停歇时间，凸轮机构完成热封袋底及冷却定型工作；热封与定型的时间由凸轮控制。随后再经过切断，原筒形的制袋坯料变成只有上部开口的塑料袋，被输送到包装线上用于物料的包装。

如图 505 所示为该机构的工程图。主动凸轮 1 绕机架上的 *a-a* 轴线转动，通过凸轮滚子使与传动轴 3 固接的摇杆 2 绕 *b-b* 轴摆动，与轴 3 固接的双向摇臂 4 也随同绕 *b-b* 轴线转动；双向摇臂 4 上的摇臂又带动另一个摇臂 5，使其绕与机架固接的轴 6 的 *c-c* 轴线转动，装有加热管的热合刀 7 与制袋坯料 10 接触，完成袋底的热封合；此时，冷却定型板 9 在双向摇臂 4 的作用下，被可调拉杆 8 带动，和上一个袋底热封合部位接触，完成冷却定型工作。该机构使用一个拉簧（图中未画出）保证凸轮滚子与凸轮良好的接触。凸轮转动一圈，完成一个热合及冷却定型工作。

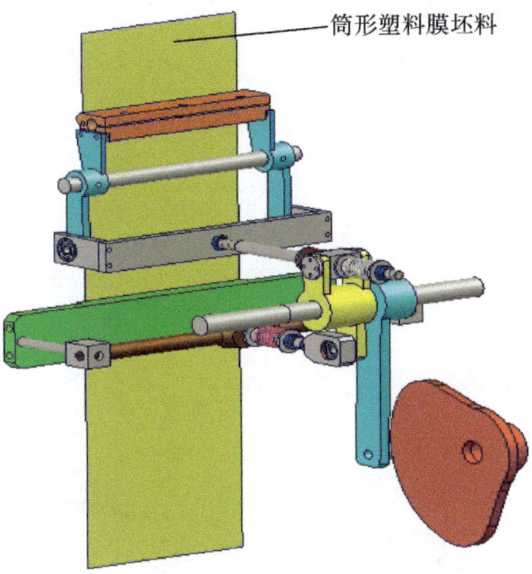

图 504　热合联动机构

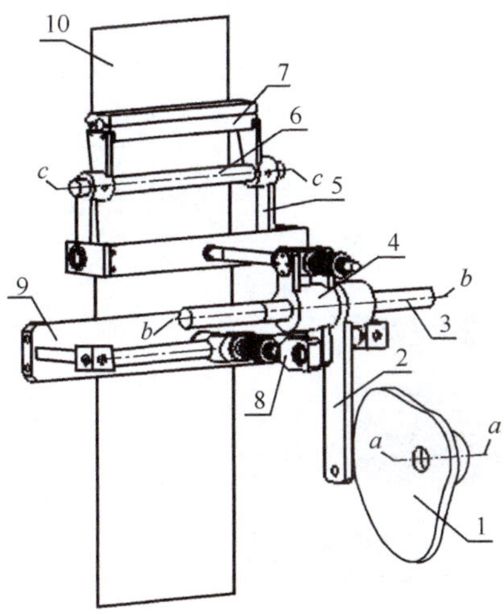

1—主动凸轮；2—摇杆；3—传动轴；4—双向摇臂；5—摇臂；6—轴；7—热合刀；8—可调拉杆；9—冷却定型板；10—制袋胚料

图 505　热合联动机构工程图

例 172　凸轮与铰链四杆组合的步进输送机构

如图 506 所示为一个物料步进输送机构，用安装在同一轴上的凸轮和偏心盘驱动两组四杆机构完成物料的输送工作。

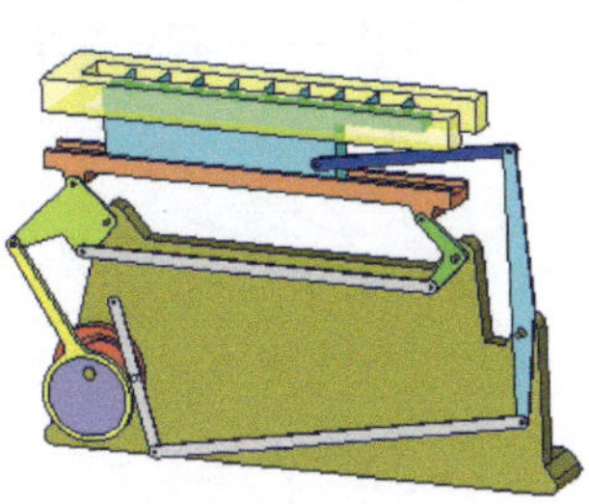

图 506　凸轮与铰链四杆组合的步进输送机构

如图 507 所示为该机构的工程图。偏心盘 1 与凸轮 2 同轴并绕机架上的 *A* 点转动，*DCKJ* 与 *DEFJ* 均为平行四杆机构；连杆 3 与偏心盘 1 构成一个转动副，并在 *B* 点与连杆 4 铰接；连杆 4 与机架在 *D* 点铰接；连杆 6 在 *J* 点与机架铰接；偏心盘 1 绕 *A* 点转动时，连杆 7 与平台 5 做平动，完成拨爪 12 上下移动的动作。

带槽的盘形凸轮 2 通过凸轮滚子 *L* 使摇杆 8 绕机架上的 *M* 点摆动，带动连杆 9 使摇杆 10 绕机架上的 *P* 点摆动，又通过推拉杆 11 使拨爪 12 在平台 5 上沿水平方向移动。图 508 所示为偏心盘单独起作用时的运动模型，图 509 所示为凸轮双摇杆机构单独运动的模型，两种运动的合成即为如图 506 所示的运动。设计时应安排好凸轮与偏心盘的相对位置，最好还应是可调整的。

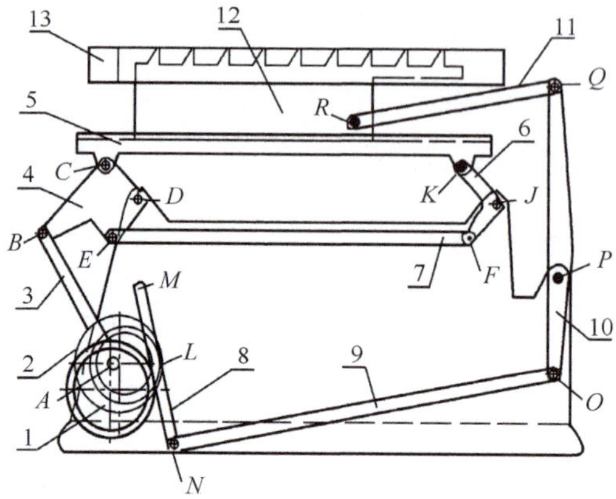

1—偏心盘；2—凸轮；3、4、6、7、9—连杆；5—平台；8、10—摇杆；11—推拉杆；12—拨爪；13—输送线

图 507　凸轮与铰链四杆组合的步进输送机构工程图

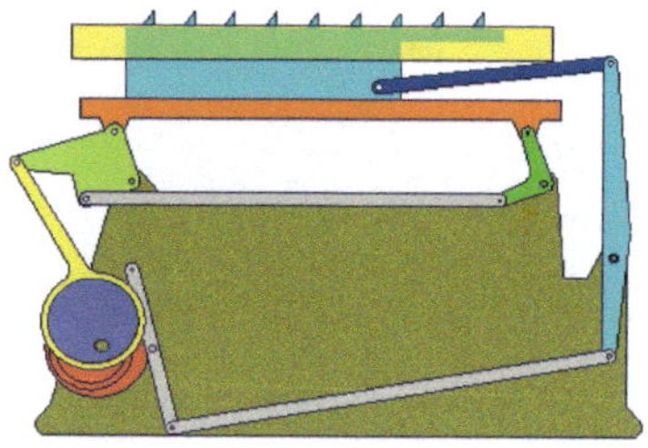

图 508　偏心盘单独运动的模型

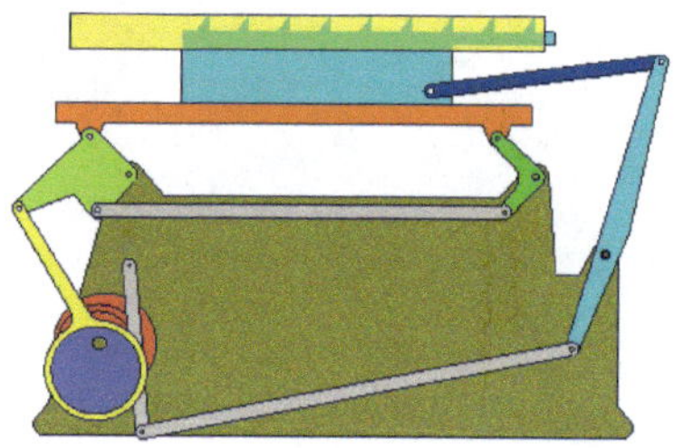

图 509　凸轮双摇杆机构单独运动的模型

例 173　步进输送机构

如图 510 所示的步进输送机构采用了两个完全相同的曲柄摇杆机构来实现输送动作，要求两个曲柄初始位置相同且同步转动。

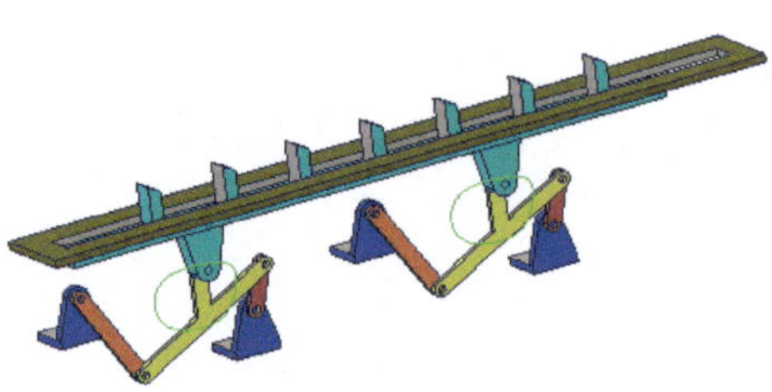

图 510　步进输送机构

如图 511 所示为该机构的工程图。*ABCD* 为曲柄摇杆机构，主动曲柄 1 绕机架上的 *A* 点转动，摇杆 3 绕机架上的 *D* 点摆动，连杆 2 做平面运动，*E*、*F* 两点的轨迹为相同的卵形。若两个曲柄初始位置相同且同步同向转动，则两连杆上的 *E*、*F* 两点连线始终做平动。用拨爪 4 将 *E*、*F* 两点连接，其上任一点具有与 *E*、*F* 点相同的轨迹，可实现步进推动物料的动作，这是单一曲柄摇杆机构所不能实现的。

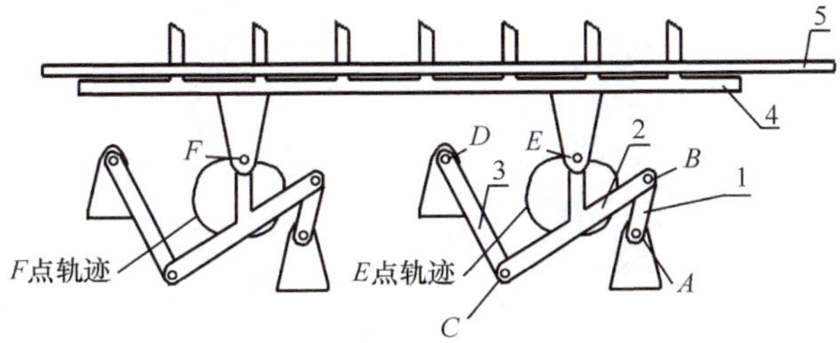

1—主动曲柄；2—连杆；3—摇杆；4—拨爪；5—平台

图 511　步进输送机构工程图

例 174　装载机

如图 512 所示的装载机用两个液压缸完成放斗、收斗、升举、翻斗动作，与装载车配合可完成装铲、装沙石等工作。

如图 513 所示为其工程图。两侧的液压缸 1 在 *A*、*N* 点与机车铰接；两内侧液压缸 6 与左右两个动臂 2 在 *D*、*P* 点铰接；两个动臂 2 在 *C*、*K* 点与机车铰接；*E*、*F*、*G*、*H*、*B*、*J* 均为铰接点。*AJBC*、*DEF* 均构成摇杆滑块机构，*BLMG* 构成双摇杆机构。液压缸 1 的伸缩控制了动臂 2 的升举；液压缸 6 的伸缩，使摇臂 3 绕两侧动臂 2 上的 *G*、*F* 点转动，并通过推拉杆 4 使铲斗 5 转动。

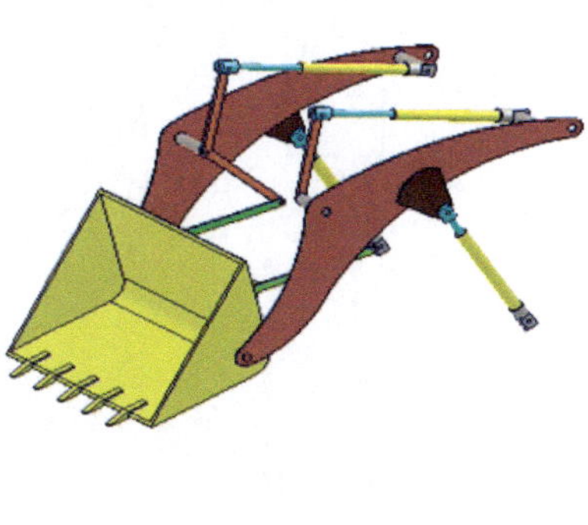

图 512　装载机

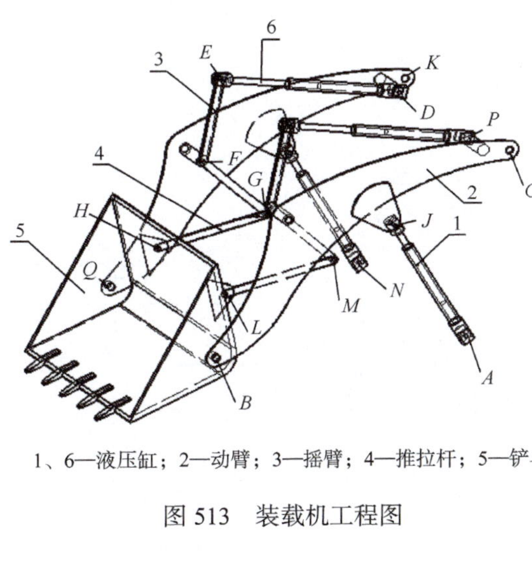

1、6—液压缸；2—动臂；3—摇臂；4—推拉杆；5—铲斗

图 513　装载机工程图

例 175　行星锥齿轮机构机械手

如图 514 所示的行星锥齿轮机构机械手利用行星齿轮自转与公转的复合运动，完成工件的传送与方位的改变。

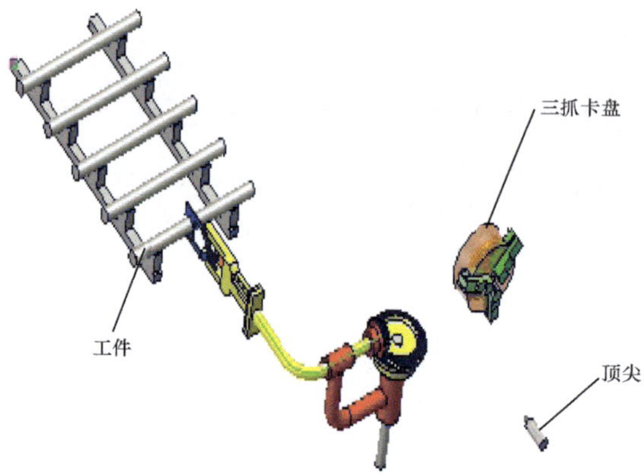

图 514　行星锥齿轮机构机械手初始位置图

如图 515 所示为该机构的工程图。中心锥齿轮 2 固定不动，当回转缸 1（系杆）转动时，带动手臂 4 转动，手臂上的夹爪 8 抓取工件 5；与手臂铰接的行星锥齿轮 3 自转与公转，自转使手臂 4 携带夹爪 8 顺时针转动，绕中心锥齿轮 2 公转将工件转到三爪卡盘 6 与顶尖 7 之间；中心锥齿轮 2 的齿数是行星锥齿轮 3 的两倍，回转缸（系杆）转 90°，行星锥齿轮自转 180°，完成下料动作，图 516 所示为该机构一个循环的终止位置。

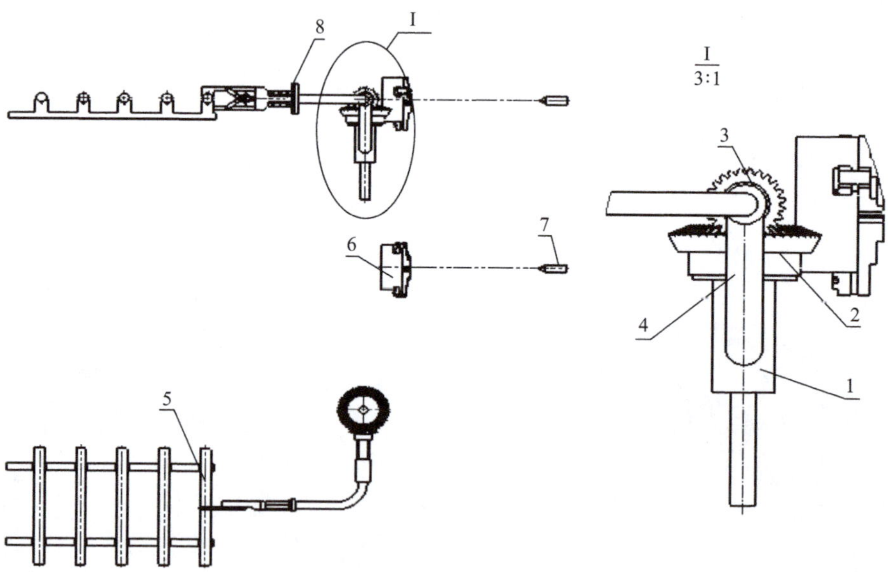

1—回转缸；2—中心锥齿轮；3—行星锥齿轮；4—手臂；5—工件；6—三爪卡盘；7—顶尖；8—夹爪

图 515　行星锥齿轮机构机械手工程图

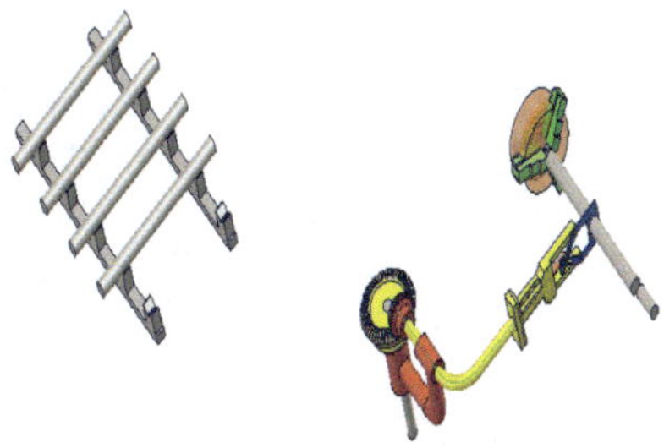

图 516　行星锥齿轮机构机械手终止位置

例 176　双摇杆搬运机构

如图 517 所示的搬运机构包含一个双摇杆机构，当一个摇杆摆动带动另一个反装的摇杆摆动时，夹持零件的夹钳按照设定的角度转动，同时把零件搬运到另一个位置。

如图 518 所示为该机构的工程图。*ABCD* 为双摇杆机构，*AD* 为机架 6，与大齿轮 4 固接的摇杆 1 在 *B* 点与连杆 3 铰接，连杆 3 在 *B* 点与夹钳固接，另一个摇杆 2 在 *D*、*C* 两点分别与机架和连杆铰接。正反转的小齿轮 5 带动大齿轮转动，摇杆 1 随之正反转动，可完成零件的搬运及搬运过程中零件的转向。

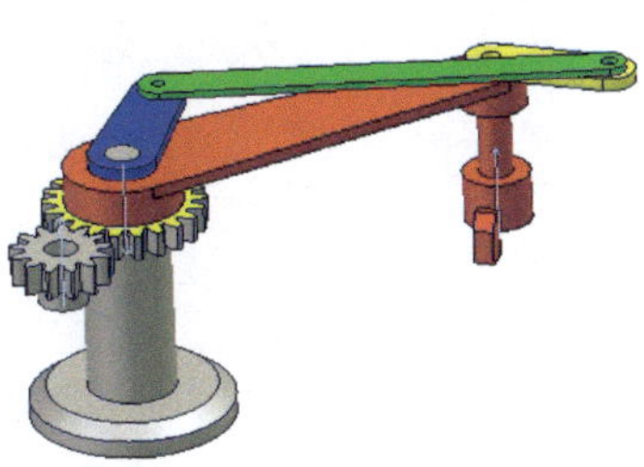

图 517　双摇杆搬运机构

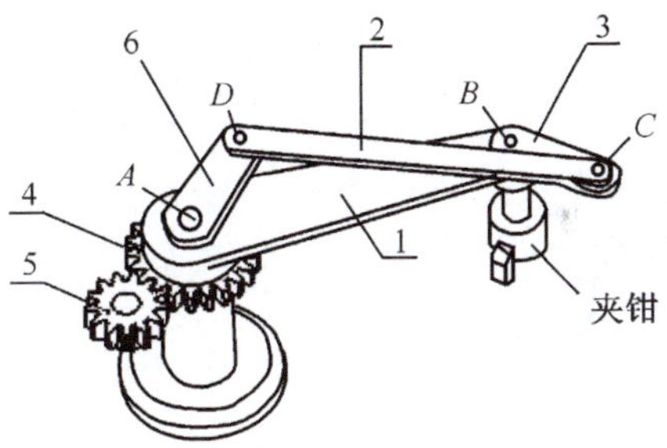

1、2—摇杆；3—连杆；4—大齿轮；5—小齿轮；6—机架

图 518　双摇杆搬运机构工程图

例 177　双偏心轮驱动导杆机构

如图 519 所示的机构用驱动轴带动两个偏心盘转动，两偏心盘又分别带动两个连杆动作，两连杆末端铰接了一个带有圆弧槽的导杆，使导杆运动带动从动杆做往复直线运动。

如图 520 所示为该机构的工程图。转轴 1 与两个偏心盘 2 固接，两个连杆 3 右端分别与两个偏心盘 2 铰接，左侧的连杆 3 与圆槽导杆 4 在 *B* 点铰接，右侧的连杆 3 与圆槽导杆 4 在 *C* 点铰接；连杆 5 一端与机架在 *D* 点铰接，另一端与圆槽导杆 4 在 *B* 点铰接。可在导轨 7 上滑动的从动导杆 6 右端的圆柱销可在导杆 4 的圆弧槽中滑动。当转轴 1 与双偏心盘同步转动时，从动导杆 6 做往复直线运动。

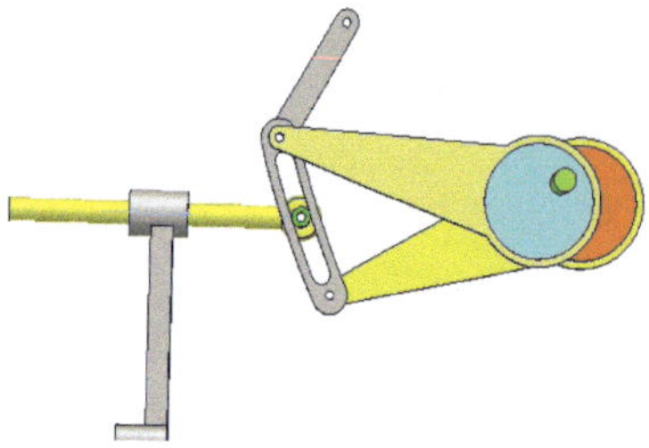

图 519　双偏心轮驱动导杆机构

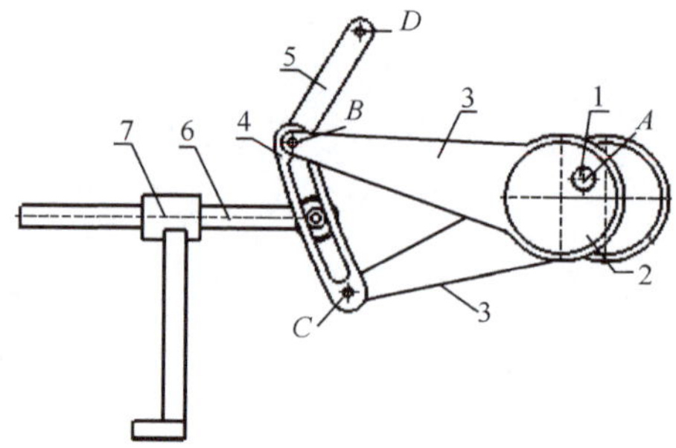

1—转轴；2—偏心盘；3、5—连杆；4——圆槽导杆；6—从动导杆；7—导轨

图 520　双偏心轮驱动导杆机构工程图

例 178　凸轮与转动导杆组合机构

如图 521 所示的机构是一个槽型凸轮与转动导杆的组合机构。用转动的导杆驱动滑块，该滑块的一端装有凸轮滚子，滚子可在槽型凸轮的槽内滚动，滑块另一端铰接一方轴，其结果是方轴沿着槽型凸轮的长圆槽运动。设计该机构的目的是得到方轴的一段直线运动轨迹。本实例是例 179 的运动原型。

如图 522 所示为该机构的工程图。槽形凸轮 1 固定在机架上，转动导杆 2 与槽形凸轮 1 铰接并绕 *b-b* 轴线转动；滑块 5 与转动导杆 2 成移动副，随导杆转动的同时沿 *a-a* 方向滑动；在滑块 5 上铰接凸轮滚子 3，其可沿着槽形凸轮 1 的凸轮槽滚动；与滚子轴铰接的方轴 4 也随滚子一起沿槽形轨迹转动。

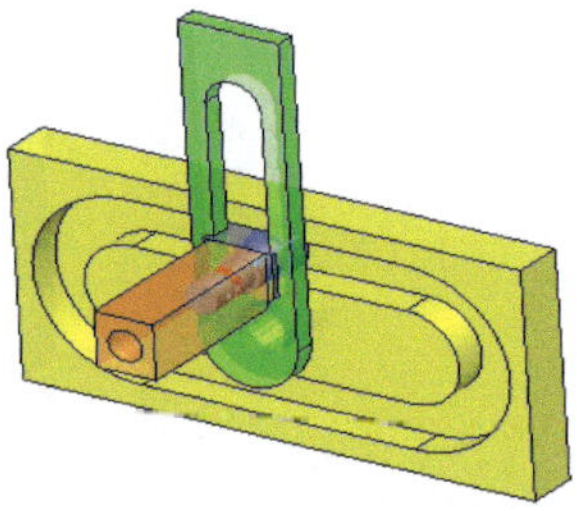

图 521　凸轮与转动导杆组合机构

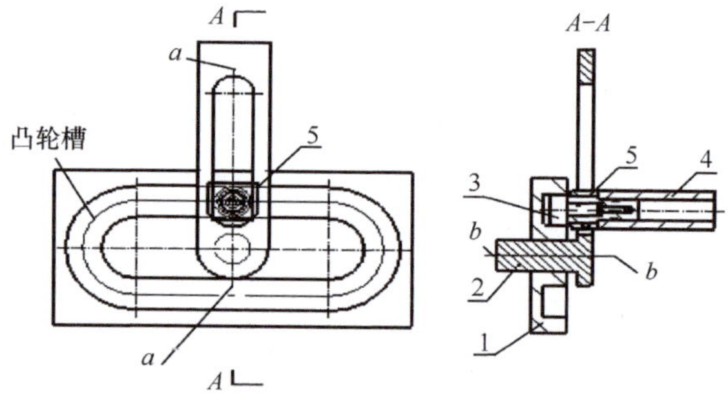

1—槽形凸轮；2—转动导杆；3—凸轮滚子；4—方轴；5—滑块

图 522　凸轮与转动导杆组合机构工程图

例 179　切膜机构

如图 523 所示的机构为用于自动糖果包装机上对包装塑料膜进行最后热合封接及切断的机构。该机构是例 178 机构的具体应用。用一对刀座代替了图 521 中的方轴，并增加了

一副线性导轨，防止刀座自转，两刀座时而闭合时而分离，完成对塑料膜的封接及剪切动作。

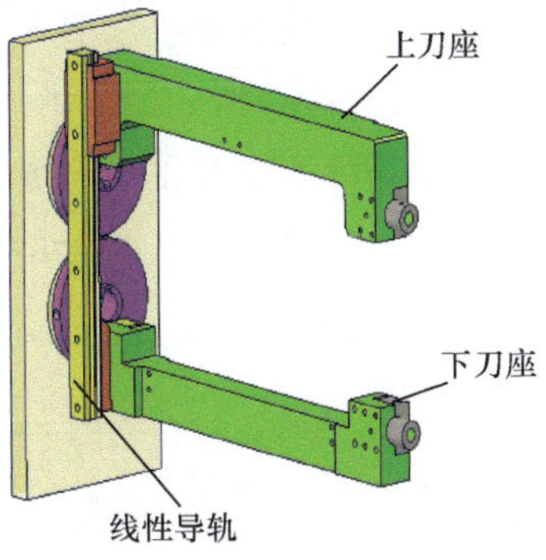

图 523　切膜机构

如图 524 所示为其工程图。用一对啮合的齿轮（图中未画出）带动上下两个导杆 2 使其转动，在导杆 2 的直滑槽中安装有滑块 4，滑块 4 又装配一个凸轮滚子 3，凸轮滚子 3 在机架 1 上的槽形凸轮中滚动，其槽形凸轮的形状与图 522 相同；线性导轨 7 与上刀座 5、下刀座 6 用滑动副连接在一起，限制刀座只能移动，在上下刀座上安装有加热装置及切断刀（图中未画出）。当凸轮滚子 3 转动到两槽形凸轮相近的直线段时，上下刀座闭合，其上的切刀相接触且沿水平方向直线移动，上下刀座暂时处于相对静止状态，在此状态下完成对塑料膜的热合及切断工作；当凸轮滚子 3 转动到槽形凸轮的圆弧段时，上下刀座脱离，然后进入下一个循环。

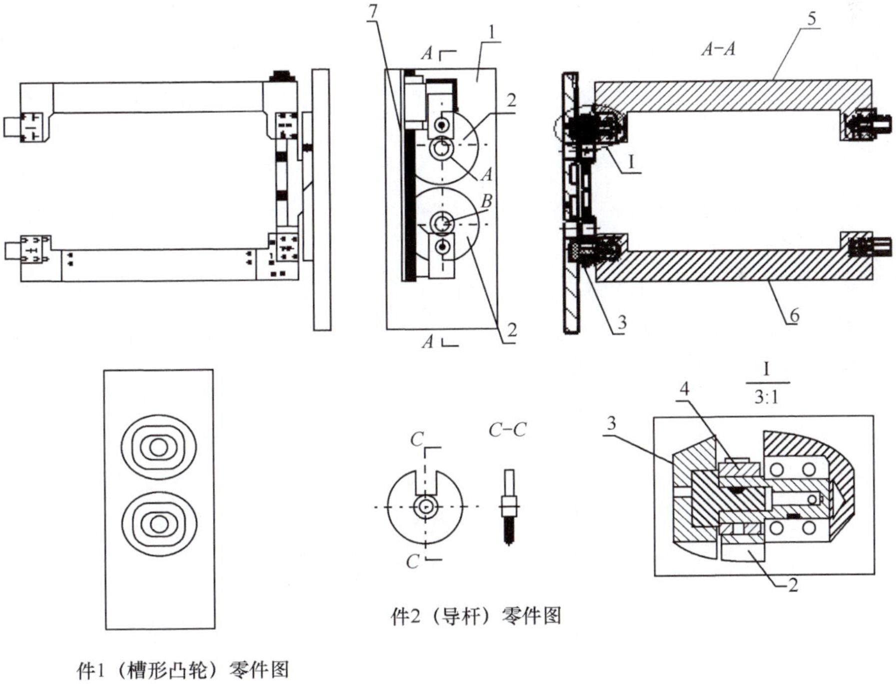

1—机架（槽形凸轮）；2—导杆；3—凸轮滚子；4—滑块；5—上刀座；6—下刀座；7—线性导轨

图 524　切膜机构工程图

例 180　双凸轮控制二维移动机构

如图 525 所示的机构是用双凸轮实现从动件的二维运动的。凸轮可按照要求设计为不同的形状，使从动件实现复杂的平面运动，图526为其工程图。凸轮1在电动机7带动下旋转，控制从动件3沿两个平行的导柱4上下移动；旋转的凸轮2控制从动件3的水平移动；从动件所实现的运动是两个运动的合成。凸轮1与板6用转动副连接，导柱4固接在板6上；凸轮2绕机架上的 A 点转动，驱使板6沿导柱5水平移动。

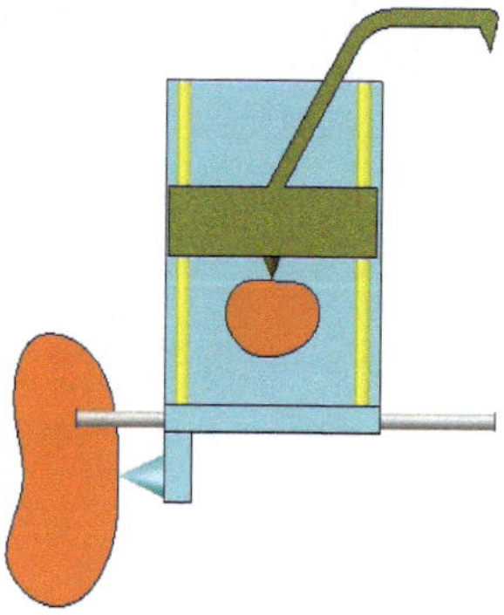

图525　双凸轮控制二维移动机构

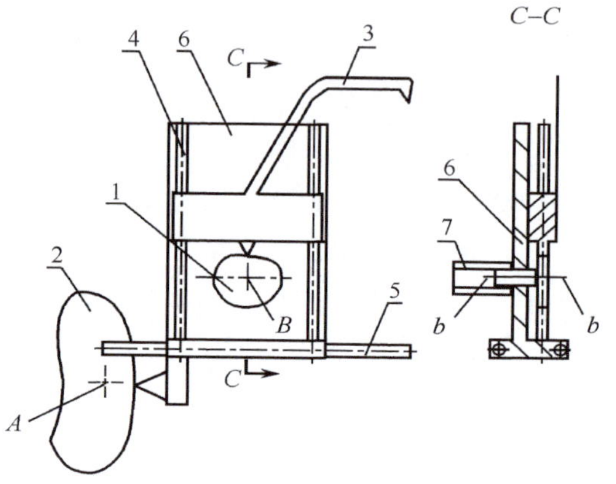

1、2—凸轮；3—从动件；4、5—导柱；6—板；7—电动机

图526　双凸轮控制二维移动机构工程图

例181　转动导杆与正弦机构组合的机构

如图527所示为一个转动导杆与正弦机构组合的机构。该机构实现了用一个构件同时驱动两个机构。转动曲柄带动一个与其用转动副连接的滑块运动，该滑块又铰接了另一个滑块；两个滑块分别驱动一个转动导杆和一个正弦机构。

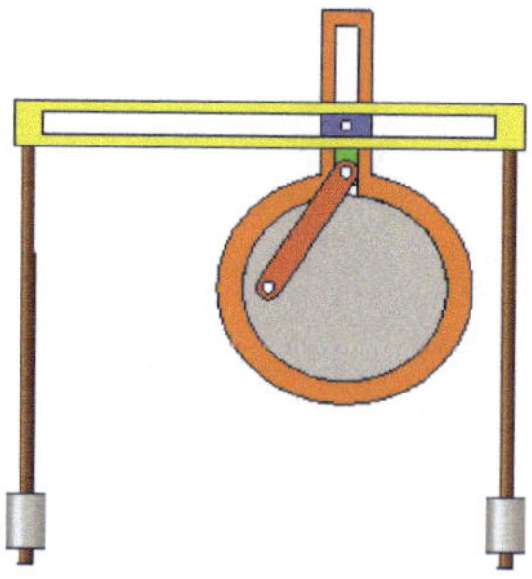

图527　转动导杆与正弦机构组合的机构

在如图528所示的工程图中，主动曲柄1绕机架7上的 A 点转动，带动与其铰接的滑块2运动，在滑块2上又铰接了滑块4；滑块2可在导杆3的直槽中滑动，而导杆3与机架7用转动副连接，且直槽的中心线通过导杆的转动中心 O 点；导杆3在滑块2的带动下绕机架上的 O 点转动；与滑块2在 C 点铰接的滑块4在导杆5的水平槽中滑动，在随

滑块 2 转动的同时又驱动正弦机构上的导杆 5 在固定的导座 6 中上下移动。

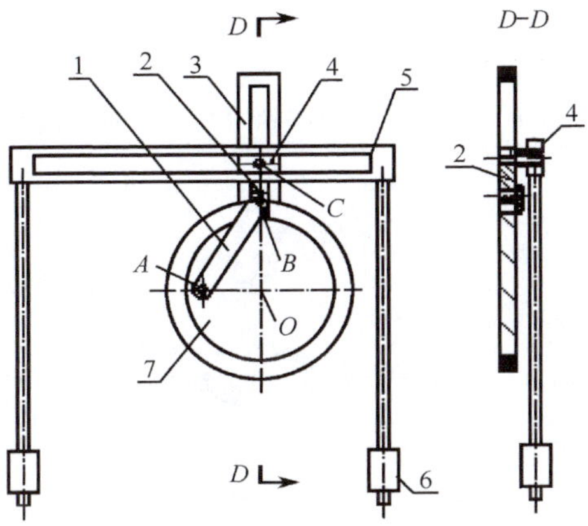

1—主动曲柄；2、4—滑块；3、5—导杆；6—导座；7—机架

图 528　转动导杆与正弦机构组合的机构工程图

例 182　两偏心齿轮往复运动机构

如图 529 所示的机构为利用两个有相同偏心距的啮合齿轮转动带动一个从动导杆做往复直线运动的机构。

如图 530 所示为其工程图。具有偏心距 *e* 的齿轮与主动轴 *a-a* 固接，与其啮合的另一个有相同偏心距的齿轮与轴 *b-b* 铰接；两个完全相同的侧板 2 分别与上述两个偏心齿轮 1 两端面上的止口圆柱面铰接，并用螺钉 5 将两侧板连接成一体，两齿轮被支承在前后侧板 2 上，以保持中心距 *L* 不变。滑块 3 与轴 *b-b* 铰接并可沿导套 4 上下滑动。主动轴 *a-a* 带动齿轮 1 转动，使滑块 3 上下移动，移动距离为 4*e*。

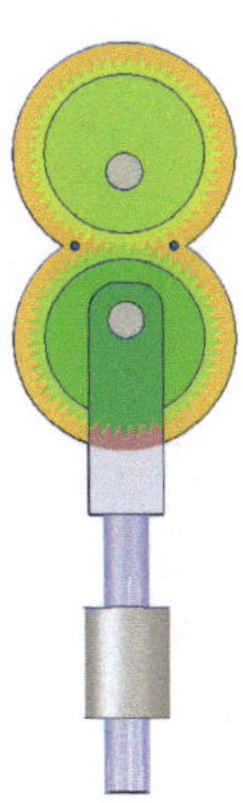

图 529　两偏心齿轮往复运动机构

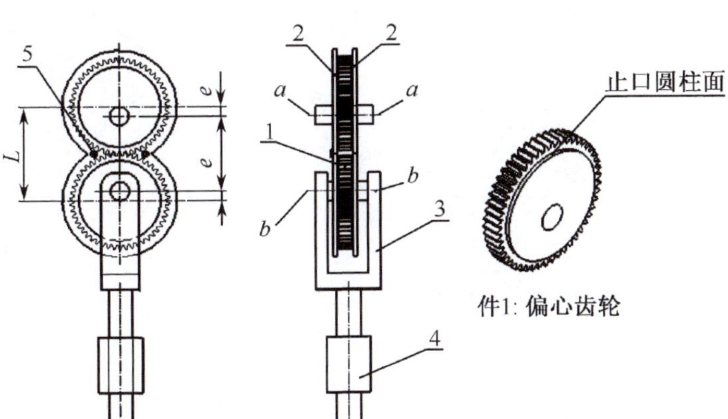

1—偏心齿轮；2—侧板；3—滑块；4—导套；5—螺钉

图 530　两偏心齿轮往复运动机构工程图

例 183　直线导轨组合机构

如图 531 所示的直线导轨组合构成了一个三坐标测量仪，各直线导轨可用滚珠丝杠与线性导轨组合，用伺服电动机驱动及与光栅尺配合会得到较高的测量精度。

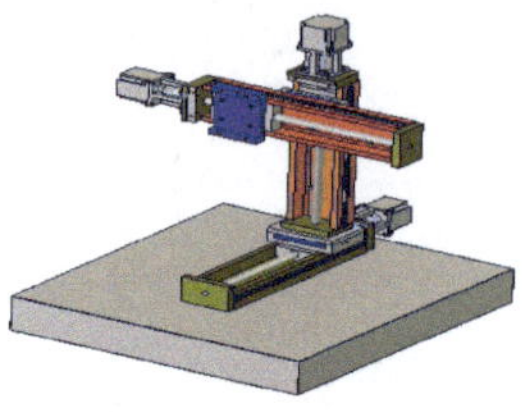

图 531　直线导轨组合机构

例 184　深拉压力机机构

如图 532 所示的深拉压力机机构，用一个齿轮同时驱动两个齿轮，使固接在两齿轮上的两个曲柄同步转动，两曲柄分别铰接一个连杆，用这两个连杆共同驱动另一个连杆，该连杆又带动一个滑块，使其可按照深拉工艺要求上下移动。各构件的参考尺寸比例如该图所示。

如图 533 所示为其工程图。主动齿轮 1 同时驱动齿轮 2、3，使两齿轮同向转动，齿轮 2、3 分别固接曲柄 4、5，两曲柄分别在 D、E 点与连杆 6、7 铰接；连杆 6、7 同时铰接于连杆 8 的 F 点，连杆 8 在 G 点与滑块 9 铰接，滑块 9 可在机架上的导轨 10 中滑动。冲头与滑块 9 固接时可实现慢进给与急回移动的工艺要求。

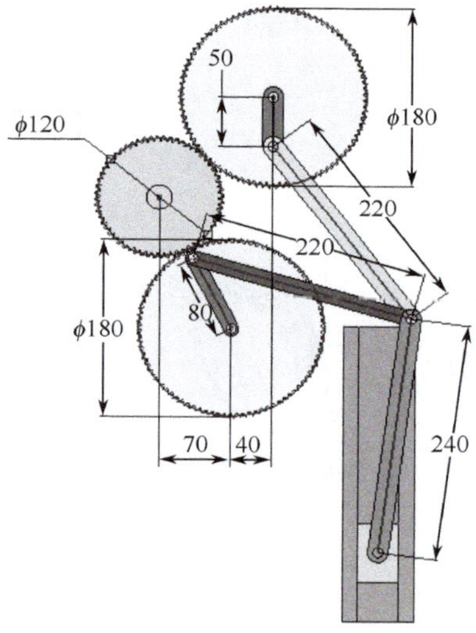

图 532　深拉压力机机构

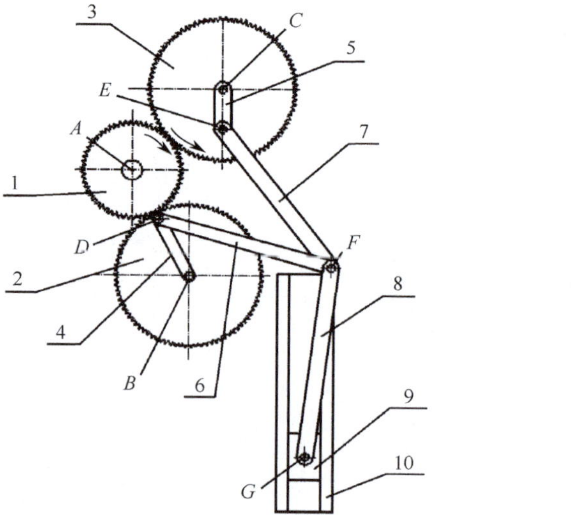

1—主动齿轮；2、3—齿轮；4、5—曲柄；6 ～ 8—连杆；9—滑块；10—导轨

图 533　深拉压力机机构工程图

例 185　齿轮－连杆组合机构

如图 534 所示的机构是典型周转齿轮与曲柄摇杆组合的实例，在该实例中，曲柄摇杆机构的曲柄铰接两个相啮合的齿轮，当曲柄匀速转动时，中心齿轮做非匀速转动。

如图 535 所示为该机构的工程图。*ABCD* 为曲柄摇杆机构，曲柄 1 与中心齿轮 4 在 *A* 点共同铰接在机架 6 上，与中心齿轮 4 相啮合的行星齿轮 5 在 *B* 点与曲柄 1 铰接、与连杆 2 固接；曲柄的长度等于两啮合齿轮的中心距。曲柄主动匀速转动时，输出的中心齿轮 4 做变速转动。

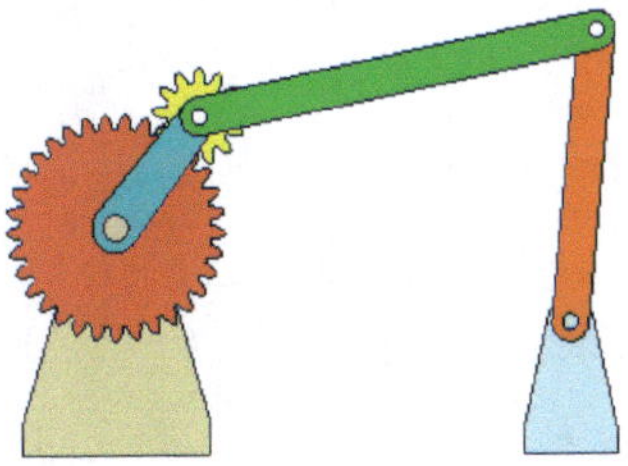

图 534　齿轮－连杆组合机构图

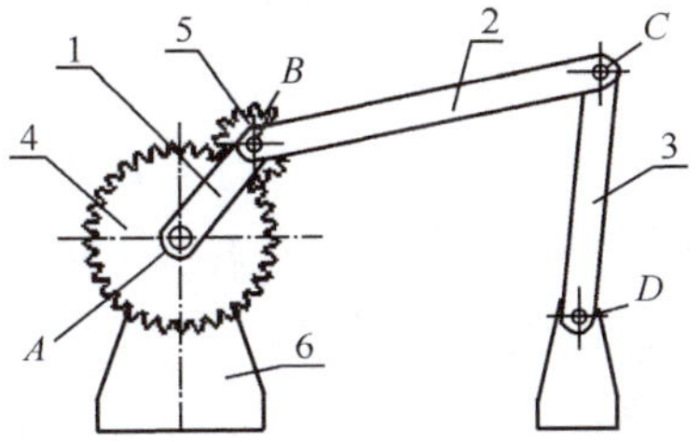

1—曲柄；2—连杆；3—摇杆；4—中心齿轮；5—行星齿轮；6—机架

图 535　齿轮－连杆组合机构工程图

例 186　摆动式飞剪机构

如图 536 所示为摆动式飞剪机构。该机构采用两个曲柄，可实现在摆动中连续对板材进行剪裁，且摆动与板材的运动同步。

如图 537 所示为该机构的工程图。主动曲柄 1 绕机架上的 *A* 点转动，通过铰接点 *B* 带动导杆 2（龙门架）运动；通过连杆 3 使滑块 4 在导杆 2 上滑动，*C*、*D* 均为转动副；

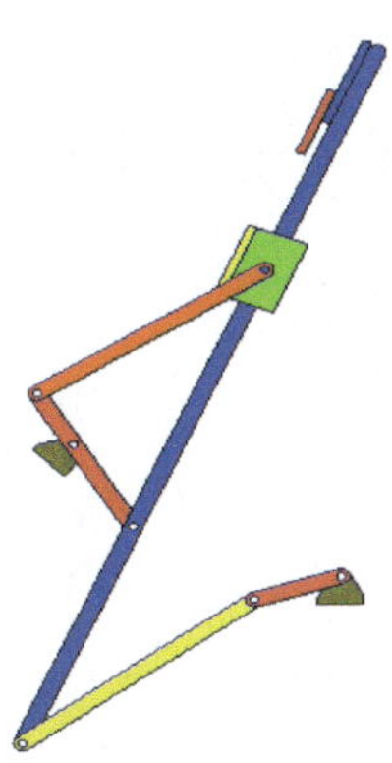

图 536　摆动式飞剪机构

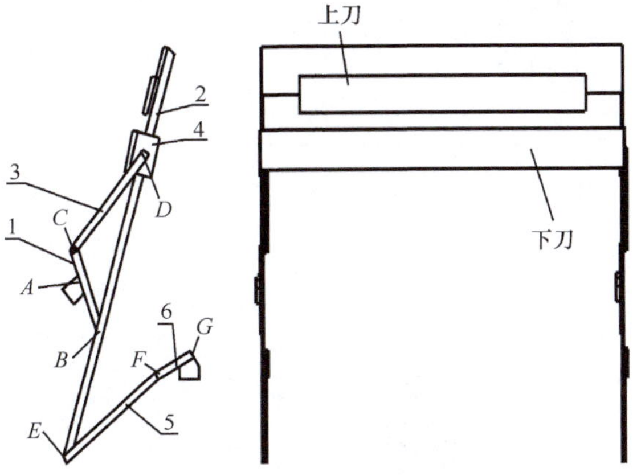

1、6—主动曲柄；2—导杆；3、5—连杆；4—滑块

图 537　摆动式飞剪机构工程图

导杆 2 上安装上刀，滑块 4 上安装下刀，转动的曲柄 1 使上、下刀分离与闭合。另一个主动曲柄 6 通过连杆 5 在 E 点与导杆 2 铰接，带动导杆 2 前后摆动，摆动的速度与被剪切的板材一致。在曲柄 1、6 的共同作用下，实现连续剪裁。

例 187　手臂伸屈机构

如图 538 所示为工业机械手的手臂伸屈机构示意图。该机构常用于大型工件抓取运动，是两组平行四边形机构的组合机构。连杆在平行四杆机构运动过程中始终保持平行移动、方位不变，不会发生翻转或倾斜，使固接在连杆上的手爪抓取机构始终保持水平，并伸到要求的位置。

如图 539 所示为该机构的工程图，在平行四杆机构 $ABCD$ 中，杆 AB 与机架 6 固接，杆 AD 固接两个相同的齿轮 1、3，杆 CD 与平行四杆机构 $EFGH$ 中的连杆 EF 固接；与 EH 杆固接的齿轮 4 和齿轮 3 啮合；滑槽式杠杆抓取机构 5 与连杆 GH 固接。当液压缸驱动齿条 2 带动齿轮 1 转动时，AD 杆摆动，齿轮 3、4 使 EH 杆做平面运动，带动抓取机构 5 沿水平方向伸出到指定位置（见图 540）。

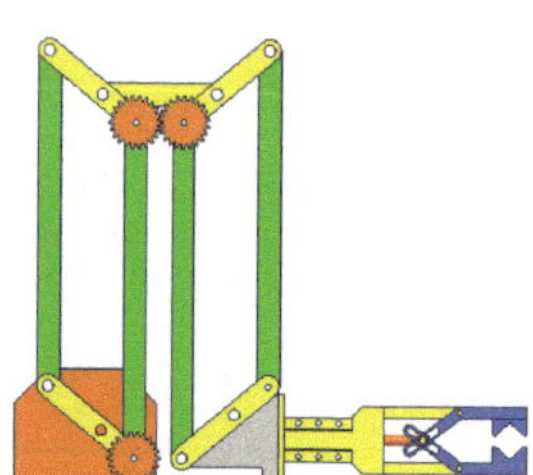

图 538　手臂伸屈机构

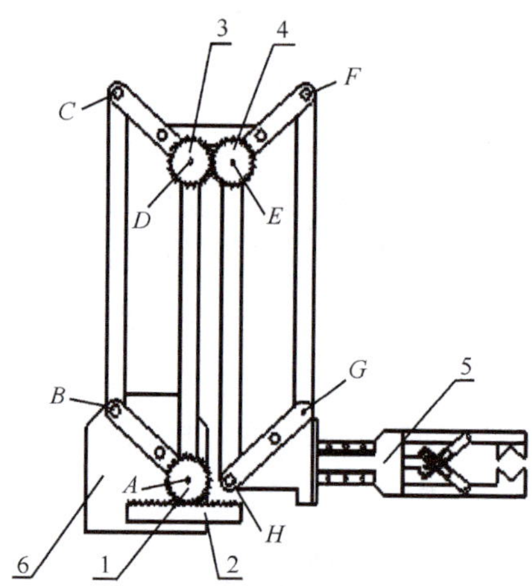

1、3、4—齿轮；2—齿条；5—抓取机构；6—机架

图 539　手臂伸屈机构工程图

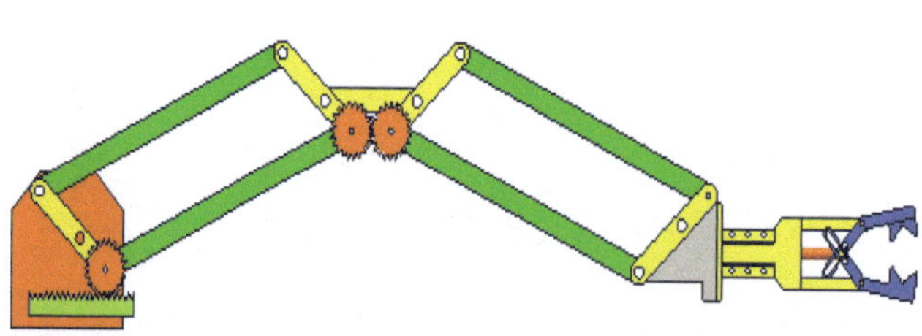

图 540　手臂伸屈机构前伸到指定位置

例 188　犁爪伸缩机构

如图 541、图 542 所示为犁爪伸缩机构的模型图与工程图。车轮 1 绕车轴 *A* 转动时，连杆 4 上的 *D* 点随车轮绕车轴 *A* 点做整周转动，其上的 *C* 点带动曲柄 2 绕偏心盘 3 上的 *B* 点转动，由于偏心盘 3 与车轴有偏心距 *AB*，使 *C* 点到 *A* 点的距离随着车轮的转动不断地变化，从而牵动犁爪 *DC* 产生伸缩变化，当犁爪接近地面逐渐伸出轮缘时，可完成犁地工作，离开地面时又逐渐缩回。

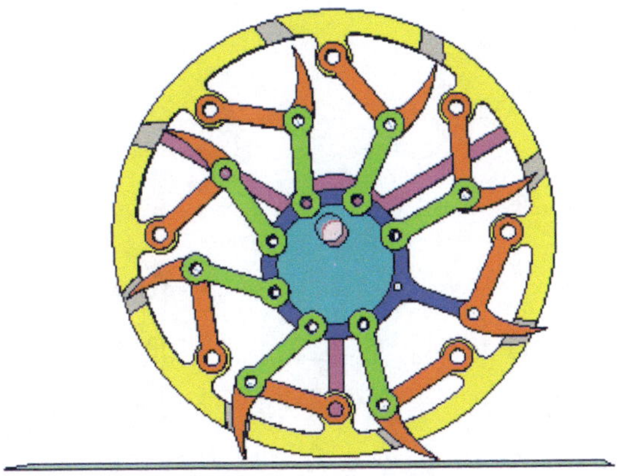

图 541　犁爪伸缩机构

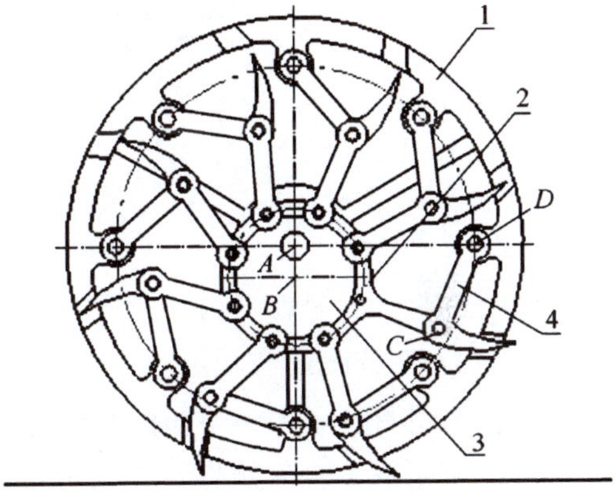

1—车轮；2—曲柄；3—偏心盘；4—连杆

图 542　犁爪伸缩机构工程图

铰链四杆机构 *ABCD* 相当于一个双曲柄机构。*AB* 为机架，*AD* 为一个曲柄，*BC* 为另一个曲柄，犁爪 *DC* 为连杆。*D* 点为第一个曲柄 *AD* 与轮缘铰接点，*C* 点为另一个曲柄 *BC* 与犁爪的铰接点；车轮 1 转动时带动第一个曲柄 *AD* 绕 *A* 点转动，另一个曲柄 *BC* 绕 *B* 点转动；犁爪 *DC* 绕 *D* 点摆动，其结果是使 *C* 点到 *A* 点的距离不断地变化，当犁爪伸出轮缘外时，即完成犁地动作。

用一个基本双曲柄机构 *ABCD* 做运动仿真，让各构件的尺寸与原机构中的构件尺寸相同，并用一个车轮背景，以便清楚地展示该机构原理（见图 543）。

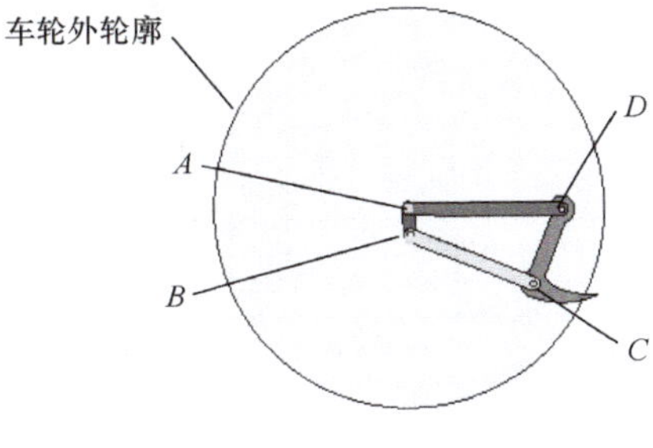

图 543　用一个双曲柄机构模拟犁爪运动

例 189　齿轮正弦机构

如图 544 所示的机构是在正弦机构的基础上增加了一组齿轮机构，并使安装有移动导杆的圆盘由固定变成转动，则移动导杆的运动变成了两种运动的合成运动。

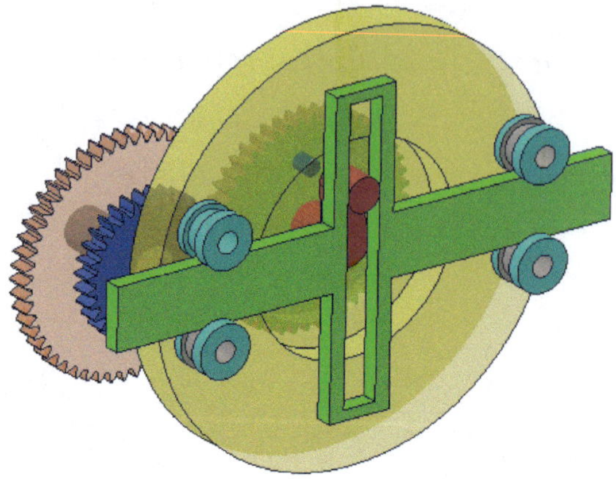

图 544　齿轮正弦机构

如图 545 所示为该机构的工程图。曲柄 1 与齿轮 2 固接；齿轮 3 与圆盘 4 固接且空套在曲柄轴上；齿轮 6 与齿轮 7 同固接在轴 5 上；曲柄 1、导杆 8、滚轮 9 及圆盘 4 组成正弦机构。主动的曲柄 1 驱动导杆 8 沿着安装在圆盘上的四个滚轮 9 所引导的方向做往复直线运动；随曲柄 1 转动的齿轮 2 通过齿轮 6、齿轮 7 又将运动传递给齿轮 3。因此，圆盘 4 也绕曲柄轴转动，使导杆 8 在做正弦运动的同时又随圆盘 4 转动。

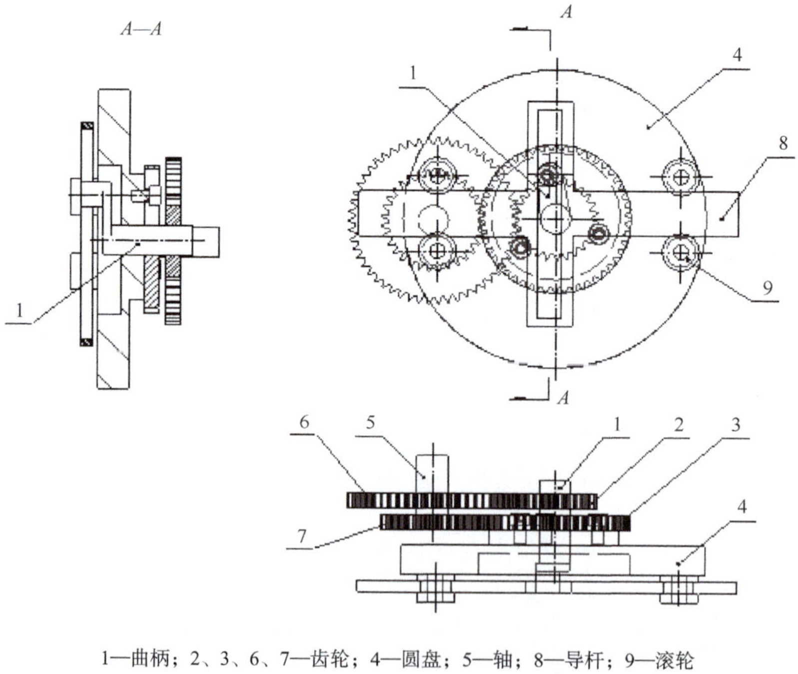

1—曲柄；2、3、6、7—齿轮；4—圆盘；5—轴；8—导杆；9—滚轮

图 545　齿轮正弦机构工程图

例 190　摆动齿轮行星减速机构

如图 546 所示为摆动齿轮行星减速机构。轴与偏心套固接；内齿轮与导杆固接，用导杆上的内孔与偏心套铰接；行星齿轮与偏心套铰接并与内齿轮啮合，当轴旋转时，从动行星齿轮做非匀速运动，内齿轮做上下移动与左右摆动。

如图 547 所示为该机构的工程图。轴 1 与偏心套 2 固接，导杆 3 与内齿轮 4 固接，偏心套 2 与导杆 3 用转动副连接，导杆 3 上的导槽与圆柱销 6 滑动配合，行星齿轮 5 套在偏心套上。

轴 1 与偏心套 2 绕机架转动时，从动的行星齿轮 5 做变速转动，导杆 3 与内齿轮 4 左右摆动，其上的直槽在机架上的圆柱销 6 的引导下滑动。

图 546　摆动齿轮行星减速机构

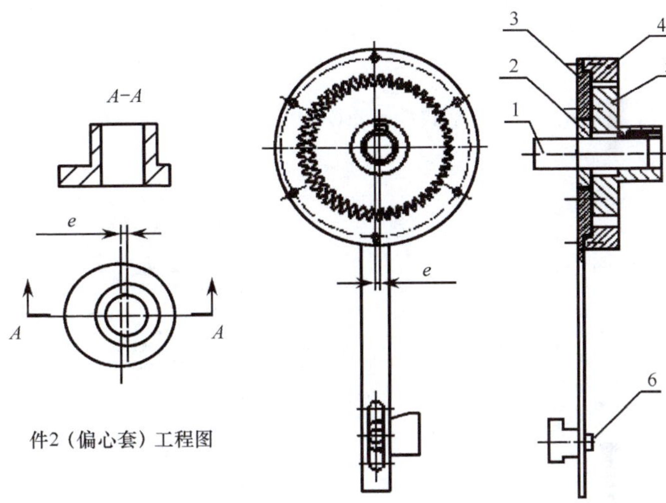

1—轴；2—偏心套；3—导杆；4—内齿轮；5—行星齿轮；6—圆柱销

图 547　摆动齿轮行星减速机构工程图

例 191　锁扣眼机构

如图 548 所示的锁扣眼机构，是将正弦机构与凸轮摆杆机构并接同时作用移动导杆，而得到导杆所需要的运动轨迹的。当改变凸轮的轮廓、曲柄尺寸或凸轮的转速三者之一时，即可得到导杆不同的轨迹。图 548 中曲柄转速是凸轮的 2 倍，图 549 中曲柄与凸轮转速相同。

如图 550 所示为该机构的工程图。曲柄 1 绕机架 6 上的 *A* 点转动，其上固接的滚子 *B* 在导杆 2 上的直槽中滑动，同时又驱动导杆 2 沿滑块 3 的导槽上下移动；绕机架上 *F* 点转动的凸轮 9 通过滚子轴承 7，使摇杆 5 绕机架上的 *D* 点摆动，通过连杆 4 驱动滑块 3 沿机架上的导槽 8 水平滑动，使导杆 2 在水平方向上做往复运动；导杆的运动是曲柄与凸轮共同作用的结果。利用导杆上 E 点的轨迹，将其应用于印刷机或包装机上，装上吸盘可完成取纸、取包装袋的运动。

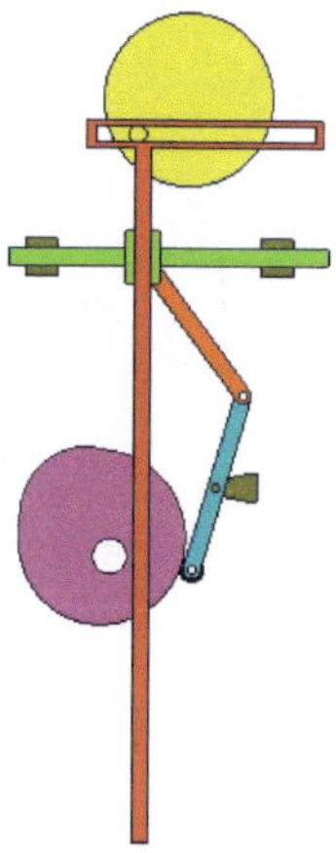

图 548　曲柄转速是凸轮的 2 倍的锁扣眼机构

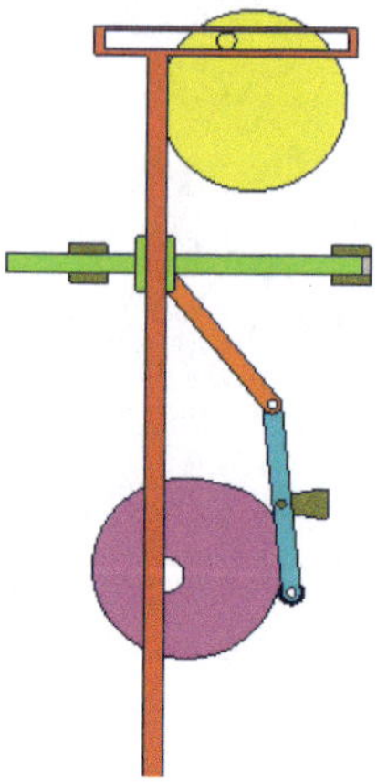

图 549　曲柄与凸轮转速相同的锁扣眼机构

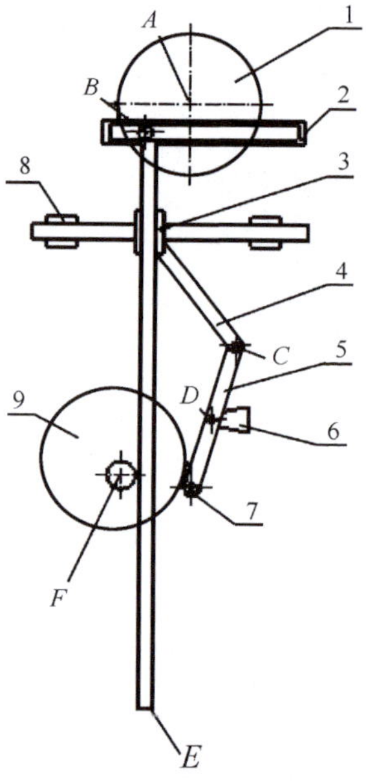

1—曲柄；2—导杆；3—滑块；4—连杆；5—摇杆；6—机架；7—滚子轴承；8—导槽；9—凸轮

图 550　锁扣眼机构工程图

例 192　车制卵形轮廓机构

如图 551 所示为一个车制卵形轮廓的机构，图 552 为该机构的工程图。只要保证刀盘 4 与加工件的转速比为 2∶1，便可车制出卵形工件。大齿轮 1 的齿数是小齿轮 3 的 2 倍；

刀盘 4 与小齿轮 3 固接，三爪卡盘 5 与大齿轮 1 固接，在刀盘上装三把车刀便可车制出卵形轮廓，其轮廓由椭圆弧线构成。

如果改变车刀伸出的长度与数量，可加工出不同尺寸的近似四边形、六边形、八边形等近似多边形，详见例 193。

图 551　车制卵形轮廓机构

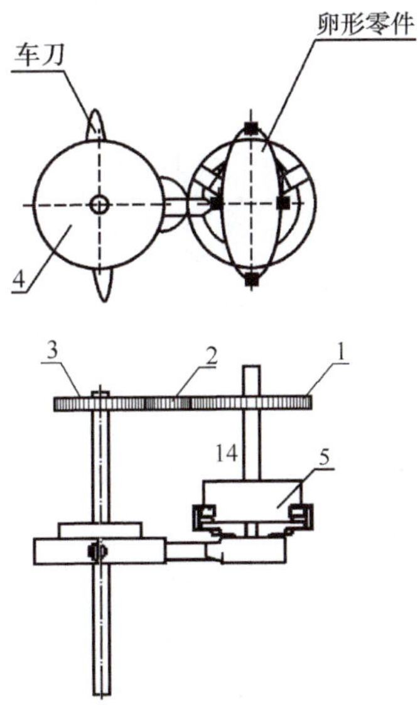

1—大齿轮；2—中间齿轮；3—小齿轮；4—刀盘；5—三爪卡盘

图 552　车制卵形轮廓机构工程图

例 193　车制近似八边形轮廓机构

如图 553 所示，在刀盘上装四把刀可车制近似八边形的轮廓。图 554 为该机构的工程图，其中，刀伸出的长度为 L，调整 L 的长度便可改变八边形的大小。

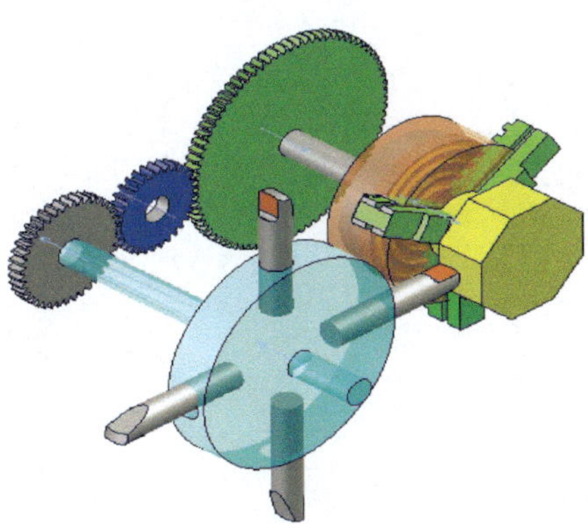

图 553　车制近似八边形轮廓机构

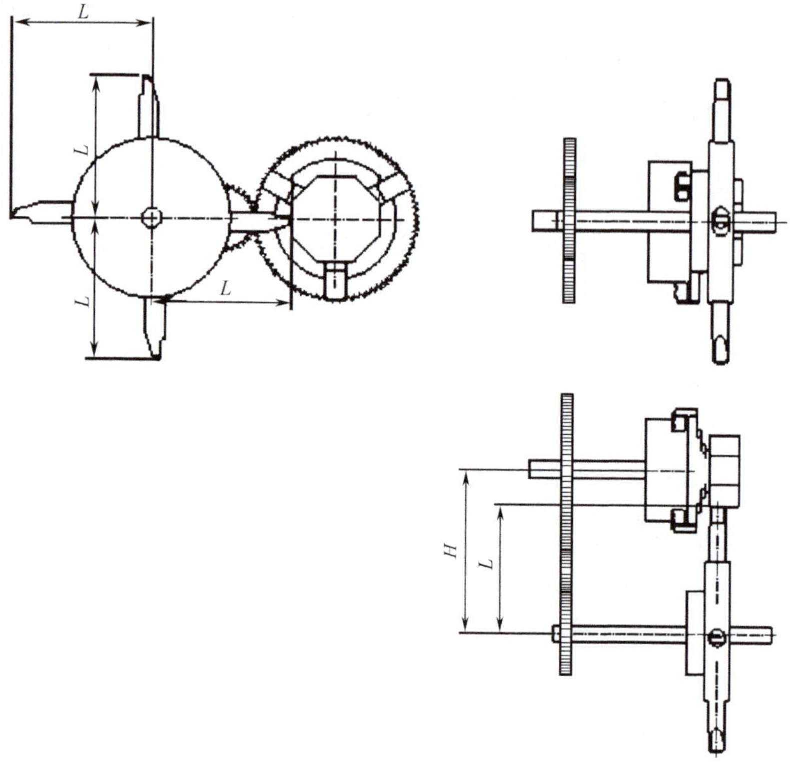

图 554　车制近似八边形轮廓机构工程图

例 194　手动搅拌器

如图 555 所示为理化实验室常用的手动搅拌器，图 556 为该机构的工程图。当各构件尺寸比例如图 555 所示时，移动搅拌头上的手柄 1 可完成量杯中溶液的搅拌。搅拌头做近似直线运动，*A*、*B*、*C*、*D*、*E*、*F*、*G* 均为转动副，弹簧 6 可使搅拌头恢复初始位置。

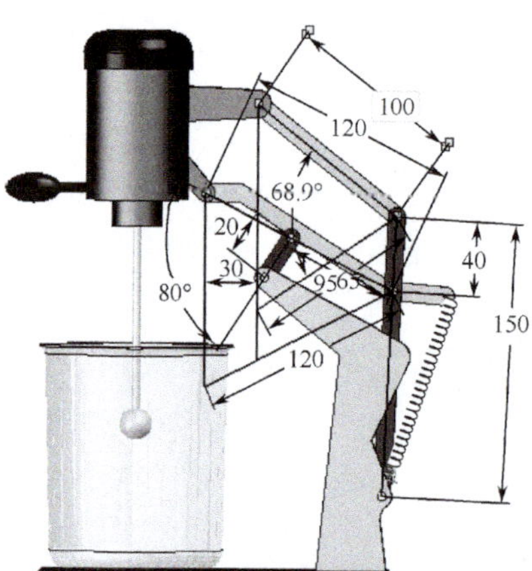

图 555　手动搅拌器

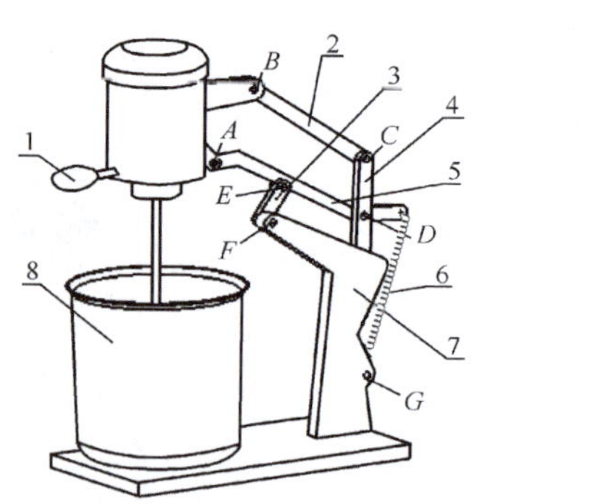

1—手柄；2、5—连杆；3、4—摇杆；6—弹簧；7—机架；8—量杯

图 556　手动搅拌器工程图

例 195　加工卵形零件的车床夹具

如图 557 所示的机构为一个车制卵形零件的夹具，图 558 为其工程图。该机构用一个绕几何中心 *b-b* 转动的圆盘 1 带动行星齿轮 2 一起转动（公转），圆盘 1 与行星齿轮 2 铰接；行星齿轮 2 与固定的中心齿轮 3 啮合，两齿轮的大小相同，行星齿轮自转；行星齿轮中心 *a-a* 固接曲柄 4，并随行星齿轮自转，曲柄 4 的另一端铰接滑块 5，滑块 5 与板 6 中的导槽组成移动副；转动的曲柄 4 依靠滑块 5 拨动板 6，使板 6 在导轨 7 中滑动，板 6 上的点转过一个卵形的轨迹。加工件装在板 6 上，固定的车刀 9 便可加工出卵形的工件，曲柄 4 的长度决定了卵形的长轴大小。

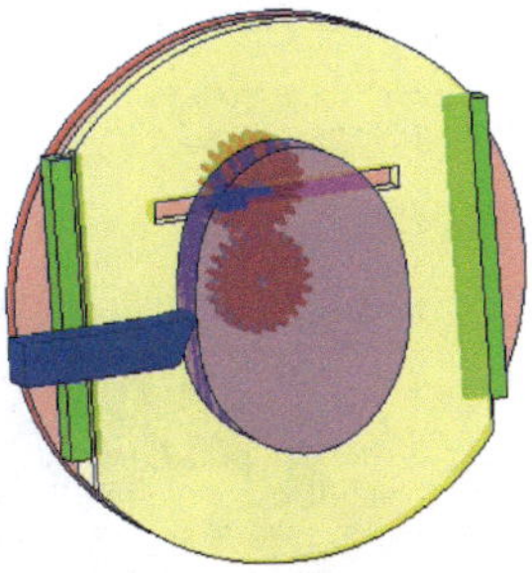

图 557　加工卵形零件的车床夹具

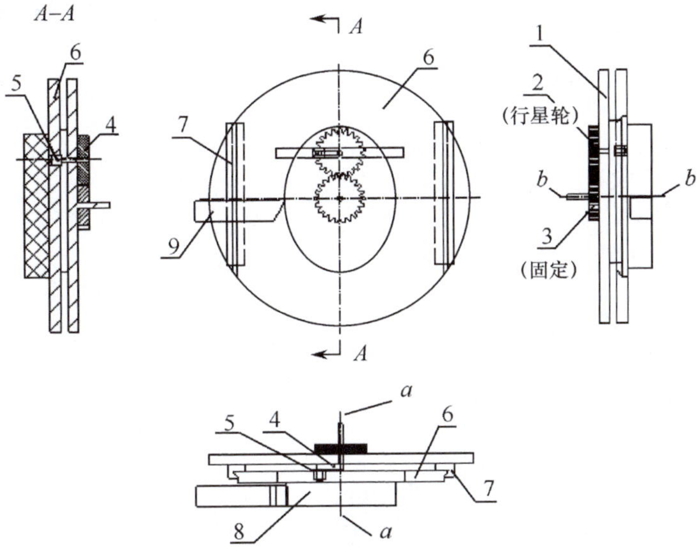

1—圆盘；2—行星齿轮；3—中心齿轮；4—曲柄；5—滑块；6—板；7—导轨；8—卵形零件；9—车刀

图 558　加工卵形零件的车床夹具工程图

例 196　辊子输送机构与靠边机构组合

如图 559 所示的组合机构是使用视觉系统检测板材的前端输送机构。该机构采用多个同步转动辊子输送方式，按最大检测宽度设计是个通用的输送设备。在实际检测的板材宽度较小时，为了适应视觉系统检测范围及保证输送方向左右摆动范围的要求，又增加了一个靠边机构。两个机构是相对独立的，各自有单独的驱动系统，工作范围可单独调整。

如图 559 所示每个辊子的转动依靠一对相啮合的锥齿轮驱动，全部主动的锥齿轮安装在同一根轴上由电动机驱动，转速根据输送速度的要求进行调整。

如图 560 所示为靠边机构及其安装位置。该机构用电动机和滚珠丝杠驱动，用双圆柱导轨为靠边机构的推板导向。推板的速度用电动机控制，通过调整摇杆的支承点位置可改变推动范围的大小。

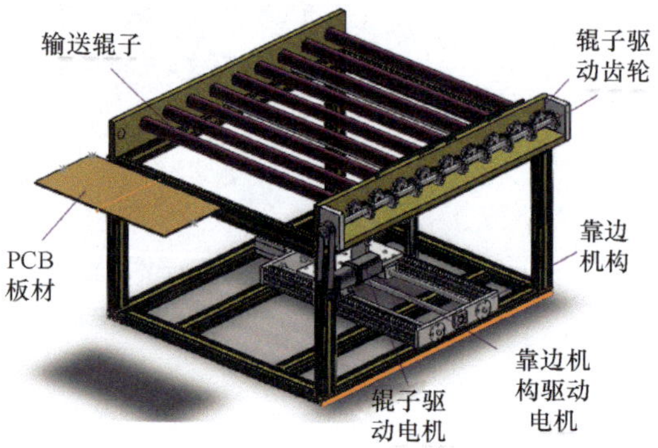

图 559　辊子输送机构与靠边机构组合

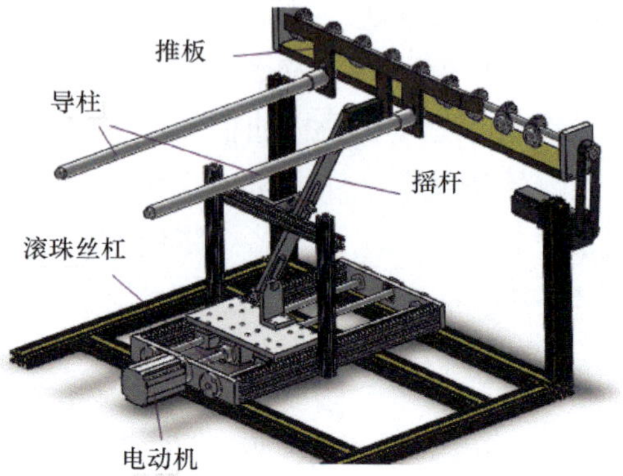

图 560　靠边机构

例 197　视觉系统三维检测机构

如图 561 所示的视觉系统检测机构用于透明板材的检测。与例 196 不同，本机构板材的检测位置固定，视觉系统做相对运动。由于使用线阵相机，因此需要相机可以沿 *X* 向、*Y* 向移动。设计使相机先沿 *Y* 向检测，再沿 *X* 向检测，之后沿 *Y* 向反行检测，检测完毕相机返回初始位置，三维仿真视频展示了这一过程。

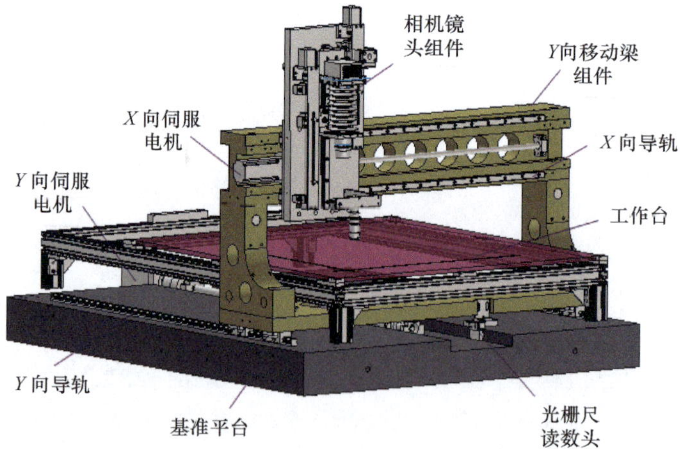

图 561　视觉系统三维检测机构

为保证检测精度，基准平台即移动龙门均采用大理石制造。图中 *Y* 向移动梁组件支承在左右两侧的线性导轨上，用伺服电机、滚珠丝杠驱动并用光栅尺实施闭环控制；相机镜头组件的 X 向移动的驱动及导向方法与 Y 向移动梁组件一样，也是采用伺服电机、滚珠丝杠与线性导轨。相机镜头组件的运动是 Y 向与 X 向两种直线运动的合成。

相机镜头组件在 Z 向的调整可见第一部分图 101。

7. 其他机构运动仿真实例

该部分收集与夹紧、调整、保护、包装相关的机构及手工工具。

在设计各类装置时，夹紧机构是重要的组成部分。其主要的功能是，需检测或准备加工的工件在装置中定位后，把工件夹紧以克服测量力、切削力、惯性力等。用正确的方法把工件夹紧的构件组合称为夹紧机构。在多种夹紧机构及多种夹紧方式中，本书仅讨论常用的机械式夹紧机构，为设计各种装置、产品或工艺装备提供一点参考。

设计夹紧机构的原则是在受力和工作状态下，使工件取得并保持正确位置。为此，夹紧应满足以下最基本的要求：

① 夹紧不应破坏工件在定位时所取得的位置；

② 夹紧力应保证工件的位置在加工过程中不变；

③ 工件的夹紧变形和压伤不超过允许范围。

调整机构有一般调整和微量调整。视觉系统中光源、相机、镜头的调整机构为微量调整机构。

例 198 肘杆夹紧机构 1

如图 562 所示的夹紧机构是利用铰链四杆机构死点位置对零件实施夹紧的。

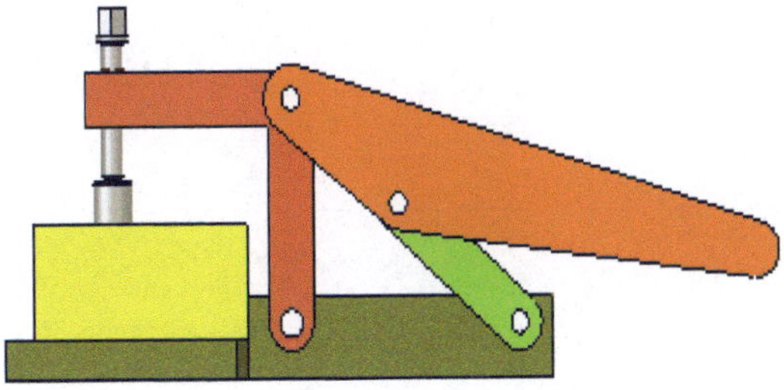

图 562 肘杆夹紧机构 1

如图 563 所示为该机构的工程图。$ABCD$ 为铰链四杆机构，顺时针转动连杆 2，使其与摇杆 1 成一条直线，即 A、B、C 在同一条直线上。摇杆 3 上的螺钉 6 将零件 5 压紧，调节螺钉 6 伸出的长度可调节压紧力的大小。

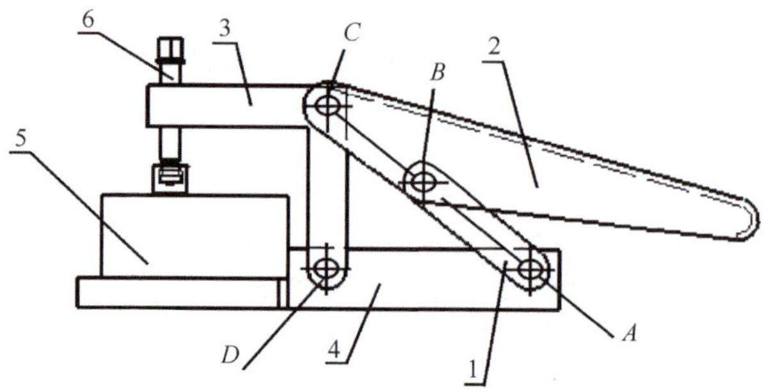

1、3—摇杆；2—连杆；4—机架；5—零件；6—螺钉

图 563　肘杆夹紧机构 1 工程图

例 199　肘杆夹紧机构 2

如图 564 所示的夹紧机构与例 198 机构类似，当机构在死点位置时夹紧零件。

如图 565 所示为该夹紧机构的工程图。*ABCD* 为铰链四杆机构，*AB* 为摇杆 1（手柄），*BC* 为连杆 2，*CD* 为从动摇杆 3。当摇杆 1 顺时针旋转与连杆 2 成一条直线时，从动摇杆 3 将零件 4 夹紧。

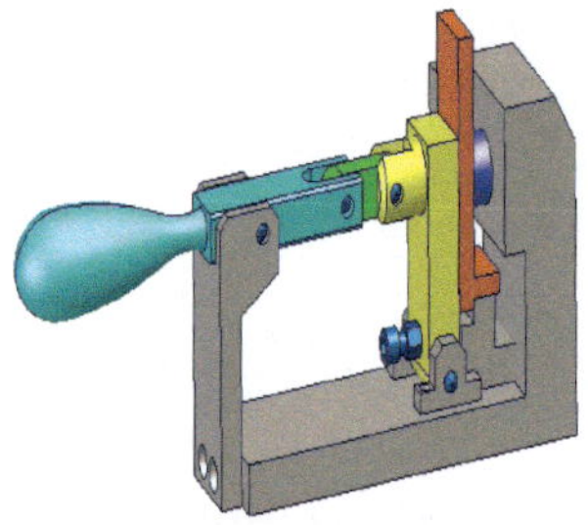

图 564　肘杆夹紧机构 2

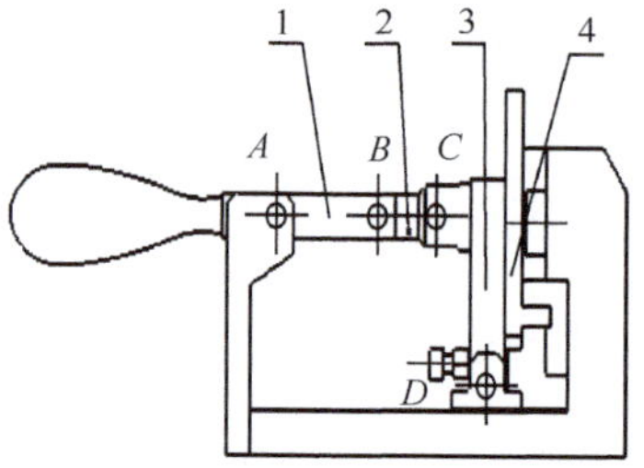

1—摇杆；2—连杆；3—从动摇杆；4—零件

图 565　肘杆夹紧机构 2 工程图

例 200　铰链杠杆夹紧机构 1

如图 566 所示为铰链杠杆夹紧机构。转动手柄，使其与连杆成一直线夹紧零件。

图 567 是该机构的工程图。*ABCD* 为双摇杆机构，手柄 1 与摇杆成一体，可绕机架上的 *A* 点转动，连杆 2 在 *C*、*B* 点分别与摆块 3、手柄 1 铰接，摆块 3 可绕机架上的 *D* 点转动。零件定位后，转动手柄使 *A*、*B*、*C* 成一直线，可将零件夹紧。调节压紧螺钉 4 可调节夹紧力的大小。

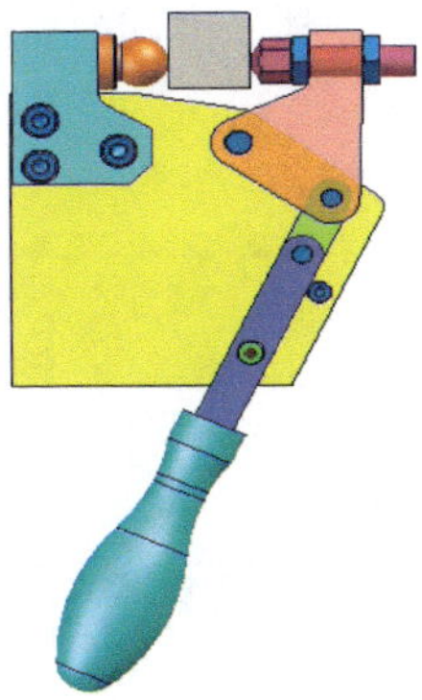

图 566　铰链杠杆夹紧机构 1

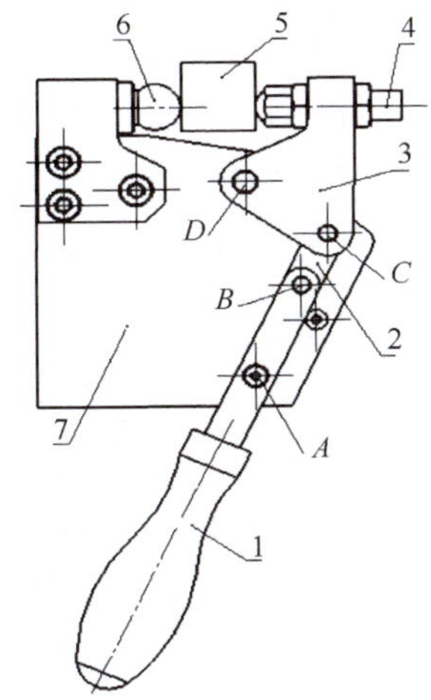

1—手柄（摇杆）；2—连杆；3—摆块；4—压紧螺钉；5—零件；6—定位件；7—机架

图 567　铰链杠杆夹紧机构 1 工程图

例 201　铰链杠杆夹紧机构 2

如图 568 所示的铰链杠杆夹紧机构适合在零件的加工、检测方向没有太多的空间，且刚度、硬度较大时采用。用手柄松开被夹紧的零件，然后翻转铰链杠杆，使装卸零件时有较大的空间。

图 569 是该铰链杠杆夹紧机构工程图。铰链杠杆 1 用销 3 与摇杆手柄 2 铰接，摇杆手柄 2 用销 4 与夹具体 7 铰接。先顺时针转动摇杆手柄 2，随后逆时针翻转铰链杠杆 1，即可松开夹紧的零件 8。零件被夹紧时，*A*、*B*、*C* 三点成一直线，调节螺钉 6 可调节夹紧位置，调节压紧螺钉 5 可调节夹紧力的大小。

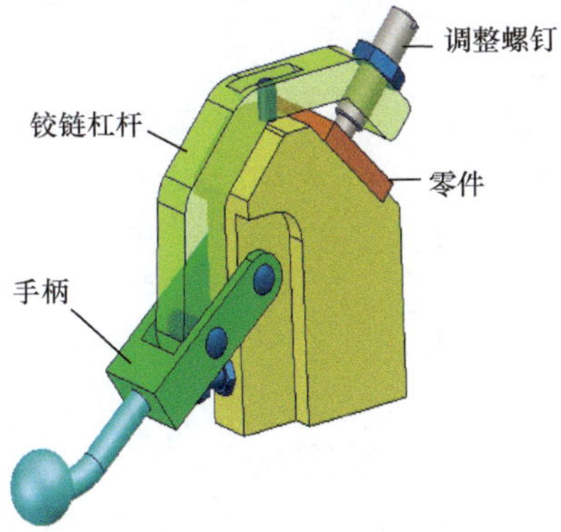

图 568　铰链杠杆夹紧机构 2

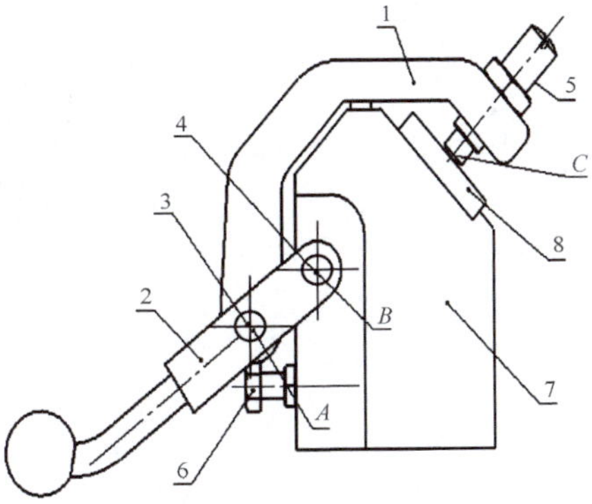

1—铰链杠杆；2—摇杆手柄；3、4—销；5—压紧螺钉；6—螺钉；7—夹具体；8—零件

图 569　铰链杠杆夹紧机构 2 工程图

例 202　铰链杠杆夹紧机构 3

如图 570 所示为另一种铰链杠杆夹紧机构，为了提高自动化水平，采用气动夹紧。为了简化机构，将支承杆与摇杆联动。铰链杠杆还有放大力的作用。

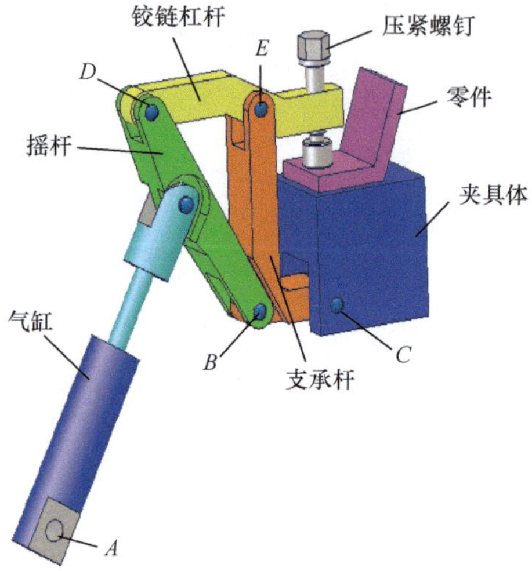

图 570　铰链杠杆夹紧机构 3

图 571 是该机构的工程图，气缸 1 在 A 点与机架铰接，在 B 点与摇杆 2 铰接；摇杆 2 在 C 点与支承 4 铰接，在 E 点与铰链杠杆 3 铰接；支承 4 在 D 点与夹具体 6 铰接，在 F 点与铰链杠杆 3 铰接。活塞杆伸出时，同时带动摇杆 2 与支承 4 绕 D 点转动，直到压紧螺钉 5 压紧零件 7。调节压紧螺钉 5 可保证气缸有一定的压缩余量。如果气缸的压力是恒定的，要调整夹紧力只能在设计时调节 EF 的距离及调整 F 点到压紧螺钉 5 的距离来实现。

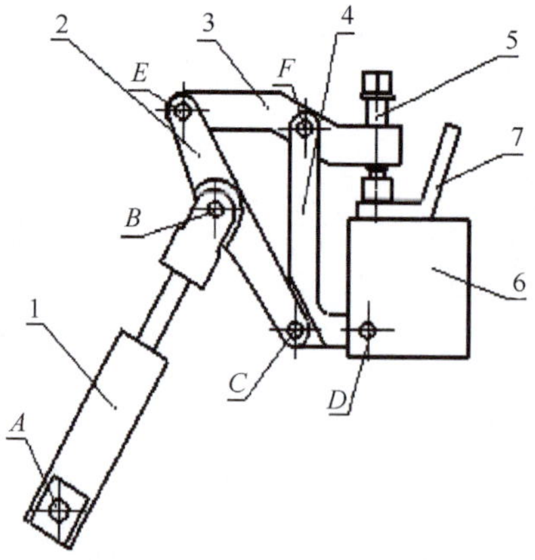

1—气缸；2—摇杆；3—铰链杠杆；4—支承；5—压紧螺钉；6—夹具体；7—零件

图 571　铰链杠杆夹紧机构 3 工程图

例 203　双肘杆联动夹紧机构

如图 572 所示的夹紧机构也是利用主动摇杆与连杆成一条直线，机构在死点位置时从动摇杆将零件夹紧的原理工作的。

如图 573 所示为其工程图，它是由两组铰链四杆机构组成的联动肘杆夹紧机构，其中 *AD* 为机架。手柄 1 绕 *A* 点转动，使 *BC* 与连杆 2 成一条直线时，左右摇杆 3 联动将零件 4 夹紧。

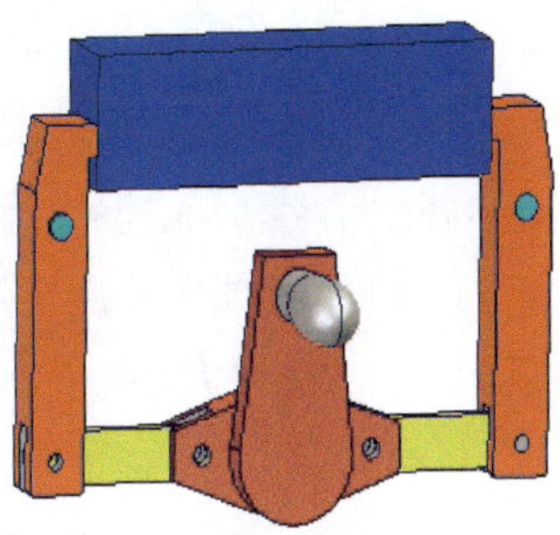

图 572　双肘杆联动夹紧机构

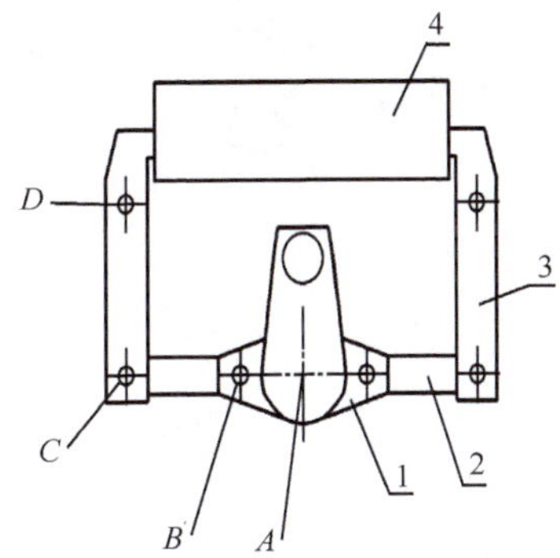

1—手柄；2—连杆；3—摇杆；4—零件

图 573　双肘杆联动夹紧机构工程图

例 204　不自锁推拉式夹紧机构

如图 574 所示的推拉式夹紧机构是利用平行四杆机构运动原理将零件夹紧的。

如图 575 所示为其工程图，*ABCD* 平行四杆机构中的 *A*、*D* 两点与机架铰接，当拉杆 1 向上或向下移动时，两个摇杆 2 绕 *A* 点转动，通过连杆 3 带动两个从动摇块 4 绕 *D* 点转动，将零件 5 夹紧或松开。两组平行四杆机构尺寸完全相同，从动摇杆转动的角度相同，因此，不会使零件偏离定位基准。该机构应有一个锁紧机构，将拉杆锁住，以防止夹紧零件后拉杆移动。

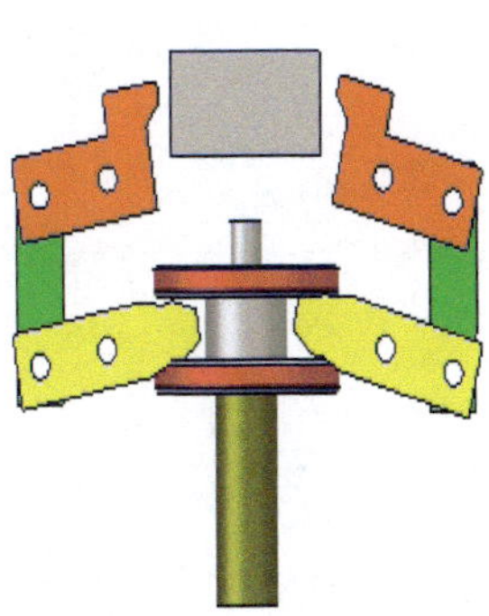

图 574　不自锁推拉式夹紧机构

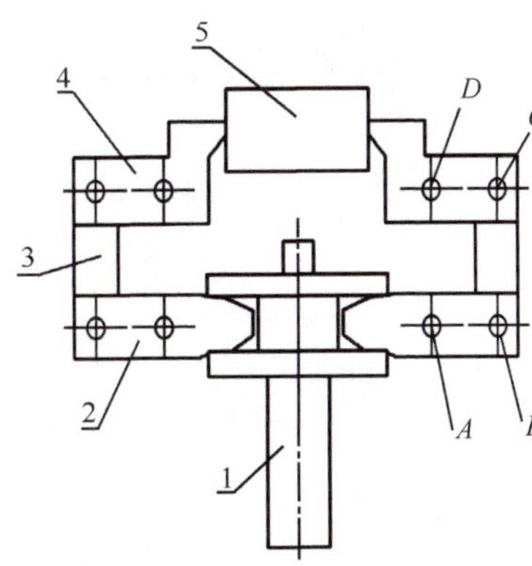

1—拉杆；2—摇杆；3—连杆；4—从动摇块；5—零件

图 575　不自锁推拉式夹紧机构工程图

例 205　大型构件的联动夹紧机构

如图 576 所示为用于大型构件的夹紧机构。用电动机或用手柄驱动一对啮合的锥齿轮，将驱动力传递给带有左右螺纹的丝杠，转动的丝杠通过拨销使左右摇臂带动左右短丝杠转动，左右短丝杠通过梯形螺纹带动压板移动将零件压紧。该机构结构稍有些复杂，基本靠带有自锁功能的梯形螺纹夹紧，夹紧可靠。

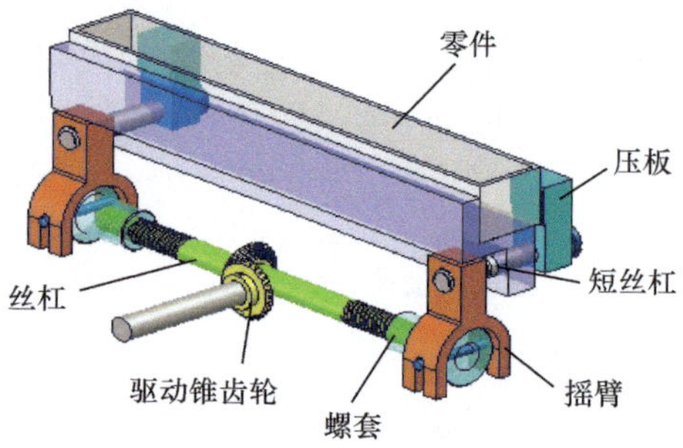

图 576　大型构件的联动夹紧机构

图 577 为该机构的工程图。驱动轴 1 与锥齿轮 2 固接，锥齿轮 3 与丝杠 4 固接，丝杠 4 用左右梯形螺纹与左右两个螺套 5 配合，螺套 5 通过拨销 6 拨动摇臂 7 摆动，通过摇臂上的螺纹使左右两个短丝杠 8 带着其上固接的压板 9 移动，直到压紧零件。该机构用于大型构件及质量较大的零件的夹紧。

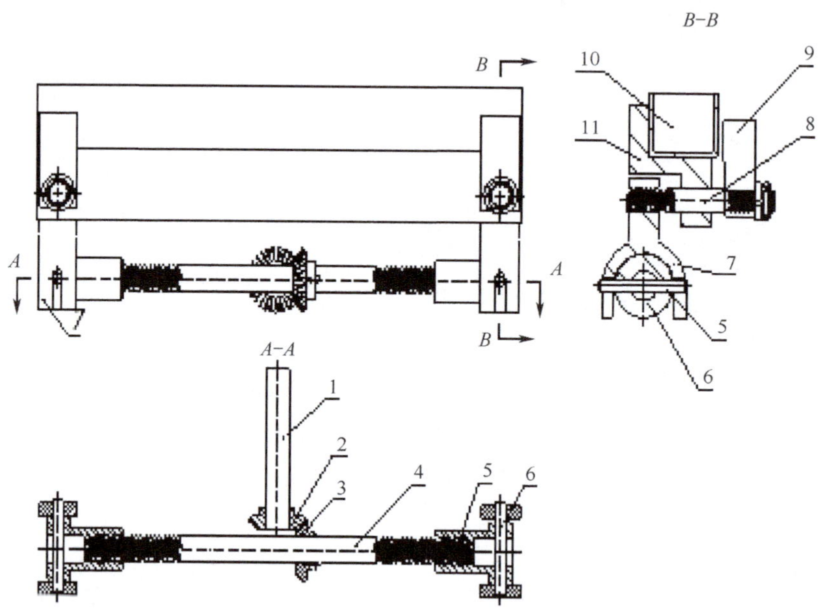

1—驱动轴；2、3—锥齿轮；4—丝杠；5—螺套；6—拨销；7—摇臂；8—短丝杠；9—压板；10—零件；11—机架

图 577　大型构件的联动夹紧机构工程图

例 206　不自锁的浮动夹紧机构

如图 578 所示的夹紧机构是一种靠螺纹夹紧的浮动夹紧机构。所谓浮动夹紧是指对已定位的零件夹紧时，可随着零件位置的改变而改变的夹紧机构。此机构是为了增加零件的刚性或在加工过程中防止零件运动。

图 579 是该夹紧机构的工程图。左右两个浮动压板 1 是联动的，零件定位后，转动压紧螺钉 4 时，哪一个压板首先绕圆柱销 2 转动都可以，当该压板接触零件后就会终止转动，另一个压板会继续绕圆柱销 2 转动，直到夹紧零件。左边浮动压板 1 是靠压紧螺钉 4 推力转动，而右侧压板是靠螺纹转动实现转动的，因此，夹紧后压紧螺钉 4 会产生偏斜，所以螺钉头部要制成球形。

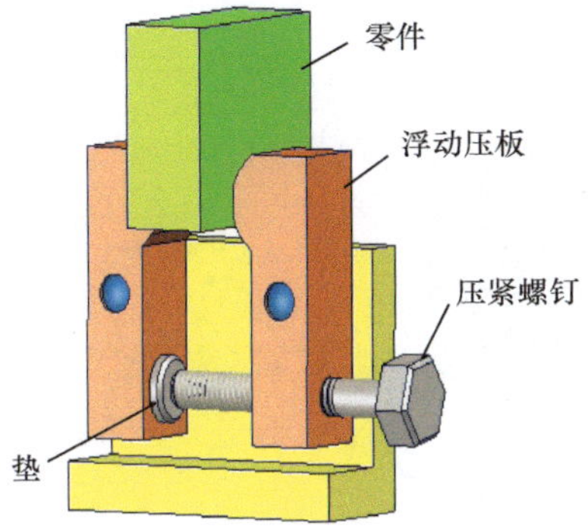

图 578　不自锁的浮动夹紧机构

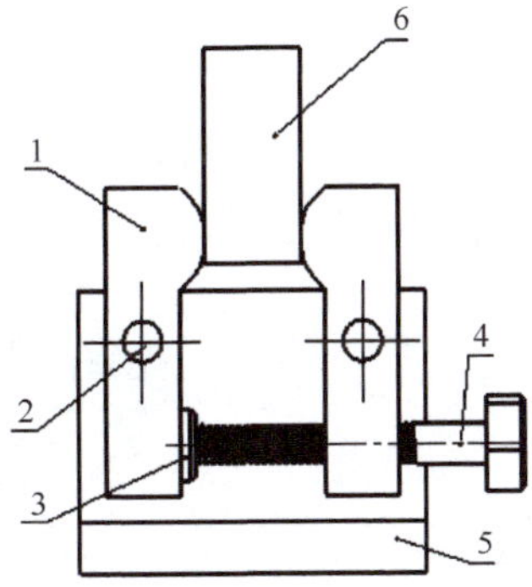

1—浮动压板；2—圆柱销；3—垫；4—压紧螺钉；5—夹具体；6—零件

图 579　不自锁的浮动夹紧机构工程图

例 207　螺纹夹紧机构 1

如图 580 所示的夹紧机构是依靠螺栓的拉力使压板转动实现对零件夹紧的。观察该模型的运动仿真可见到其夹紧的整个过程。

图 581 是该机构的工程图。螺栓 1 与移动压板 6 固接，零件 9 定位后，移动压板 6 压住零件，转动螺母 2 夹紧零件。待零件加工完成后，松开螺母 2，推动移动压板 6 左移即可。圆柱销 7 是移动压板的导向件，又是压紧时力的支承件。

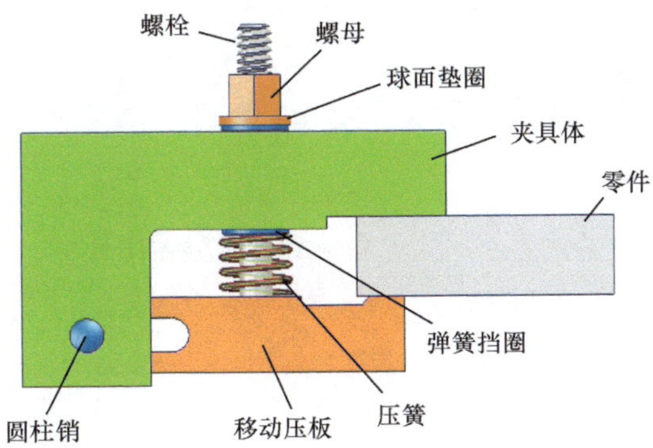

图 580　螺纹夹紧机构 1

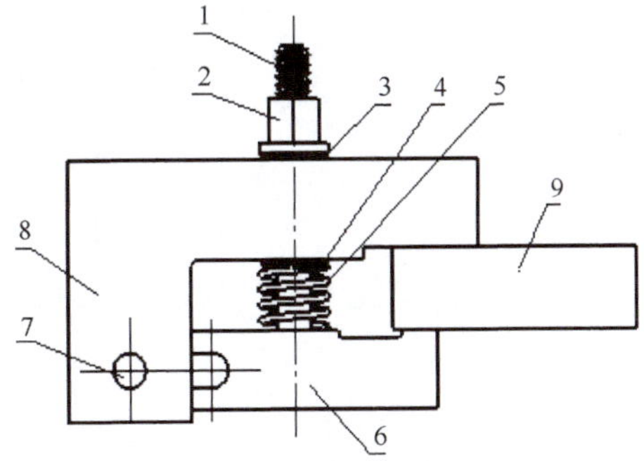

1—螺栓；2—螺母；3—球形垫圈；4—弹簧挡圈；5—压簧；6—移动压板；7—圆柱销；8—夹具体；9—零件

图 581　螺纹夹紧机构 1 工程图

例 208　螺纹夹紧机构 2

如图 582 所示是一种压板可翻转的螺纹夹紧机构。加工的零件是封闭环形，用孔和一个端面定位时，为了方便放入和取出，应使用类似本机构所展示的可翻转式的压板结构，松开螺母翻转压板即可完成。

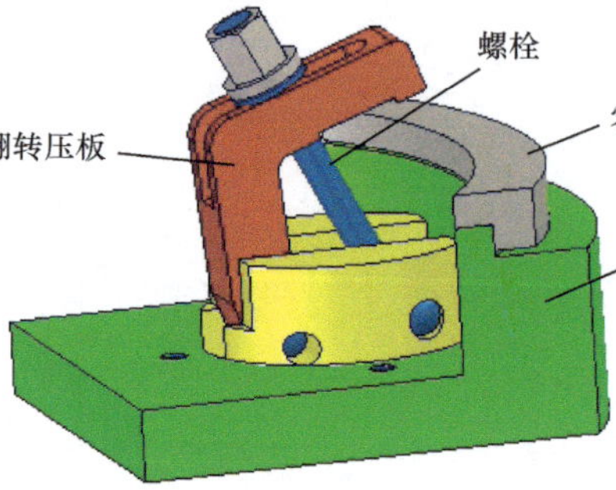

图 582　螺纹夹紧机构 2

图 583 是该机构的工程图。为制造、装配方便，用一个连接块 8 将所有夹紧件组装后再装入夹具体 6 上。翻转压板 1 与螺栓 2 分别使用圆柱销 4、5 与连接块 8 组装，可自由翻转。

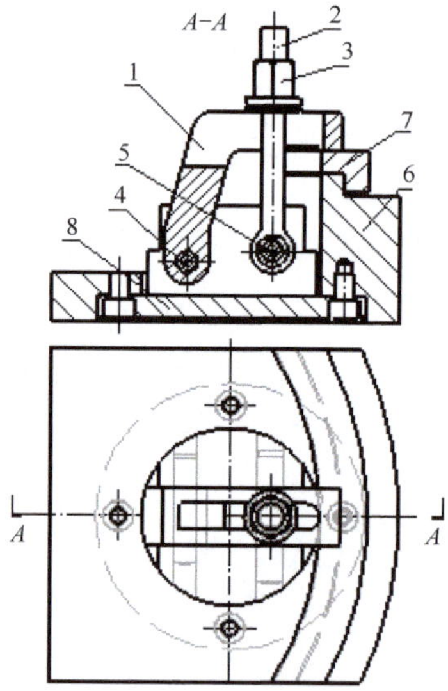

1—翻转压板；2—螺栓；3—螺母；4、5—圆柱销；6—夹具体；7—零件；8—连接块

图 583　螺纹夹紧机构 2 工程图

例 209　螺纹夹紧机构 3

如图 584 所示为用螺纹夹紧的机构，为方便零件的放入、取出，也使用了一个翻转压

板，结构简单易操作。

图 585 是该机构的工程图。圆柱销 2 与翻转压板 1 固接，圆柱销 3 与压板铰接与夹具体固接。机构使用方法与上例相同。

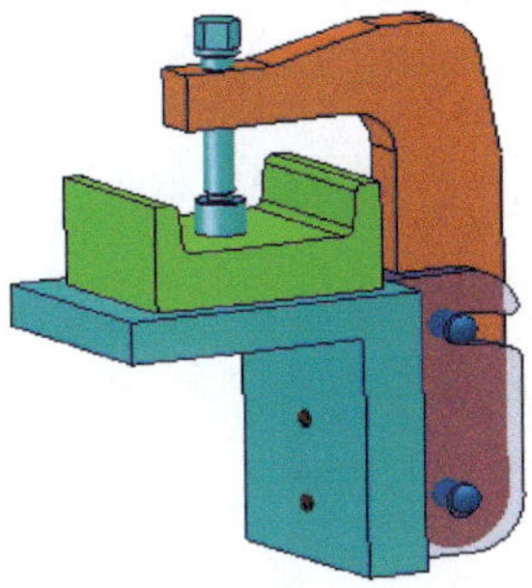

图 584　螺纹夹紧机构 3

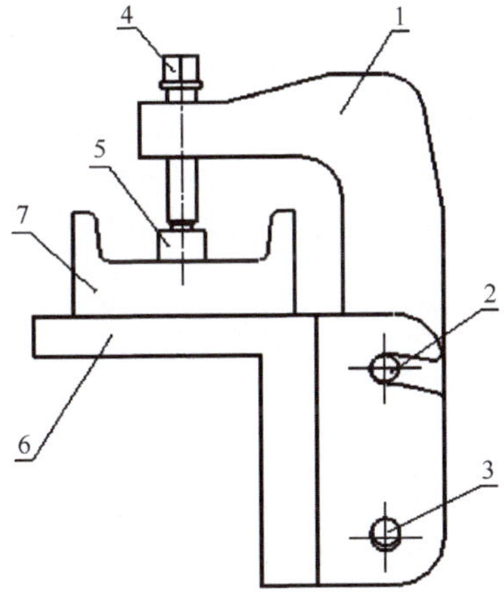

1—翻转压板；2、3—圆柱销；4—螺钉；5—浮动压块；6—夹具体；7—零件

图 585　螺纹夹紧机构 3 工程图

例 210　螺纹夹紧机构 4

如图 586 所示的螺纹夹紧机构采用了即可移动又可翻转的压板。选择压板的运动形式时，要根据现场的使用情况而定，只要符合夹紧的原则，其结构形式可多种多样。

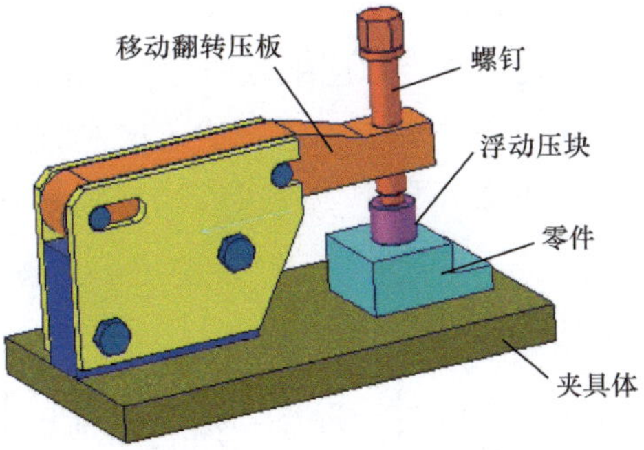

图 586　螺纹夹紧机构 4

图 587 是该机构的工程图。使用方式见图 586 的运动仿真，首先松开螺钉 2，再移动压板 1 退出夹具体 6 上的槽口，才可翻转。

以上多例都使用了浮动压块，由于是浮动的，可防止压伤零件，此压块已列入 JB 标准。

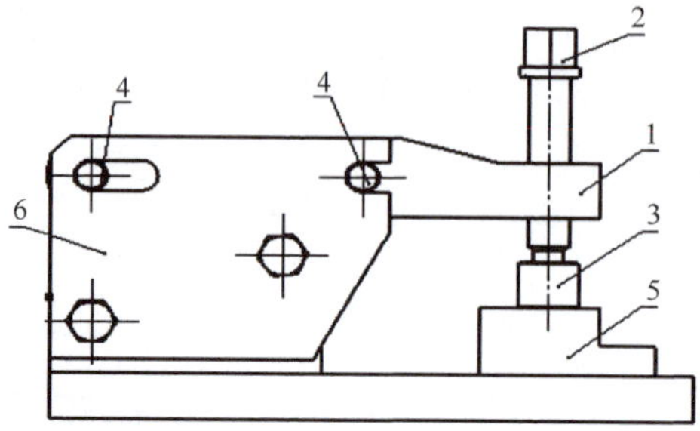

1—移动翻转压板；2—螺钉；3—浮动压块；4—圆柱销；5—零件；6—夹具体

图 587　螺纹夹紧机构 4 工程图

例 211　靠圆柱螺母驱动的卡爪夹紧机构

如图 588 所示是一种靠圆柱螺母驱动的卡爪夹紧机构。该机构的卡爪不是浮动的，因此，两卡爪相对于所加持的零件应对称安装。

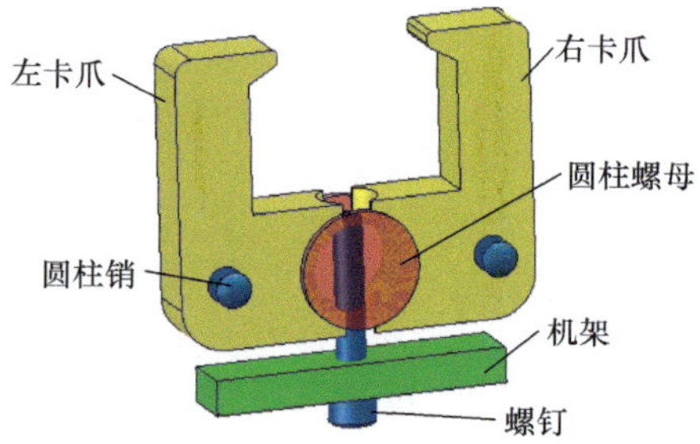

图 588　靠圆柱螺母驱动的卡爪夹紧机构

图 589 是该机构的工程图。左、右卡爪应组合加工出与圆柱螺母 4 配合的孔 $\phi30$，其厚度尺寸与圆柱螺母的厚度 20mm 配合一致，然后再切开成左右对称的两部分。转动螺钉 6，圆柱螺母 4 上下移动，驱动左右两个卡爪绕圆柱销转动，从而夹紧或松开零件。

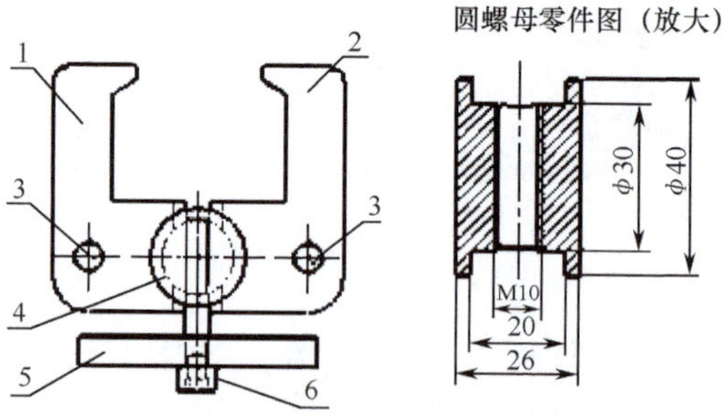

1—左卡爪；2—右卡爪；3—圆柱销；4—圆柱螺母；5—机架；6—螺钉

图 589　靠圆柱螺母驱动的卡爪夹紧机构工程图

例 212　后面夹紧机构

如图 590 所示的机构是一个从后面夹紧的机构，它是利用四杆机构的死点位置来对零件进行夹紧的。如图 591 所示为该机构的工程图，*ABCD* 为一个曲柄摇杆机构。曲柄 1 绕夹具体上的 *A* 点转动，连杆 2 在 *B*、*C* 点分别与曲柄 1 及摇杆 6 铰接；摇杆 6 在 *D* 点与夹具体铰接。当 *A*、*B*、*C* 共线时，零件 4 被夹紧；压块 3 的夹紧距离可以调节。

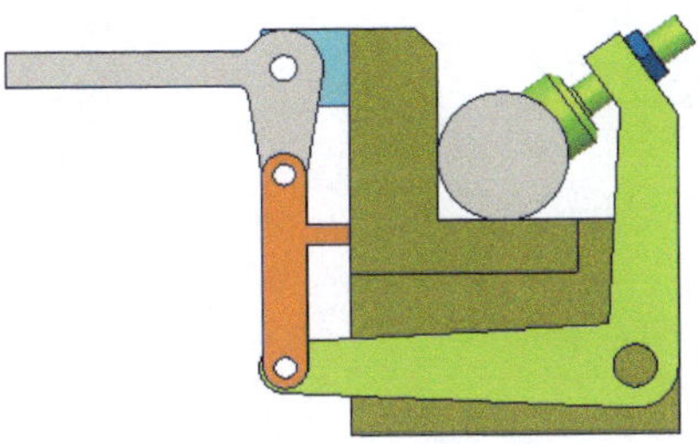

图 590　后面夹紧机构

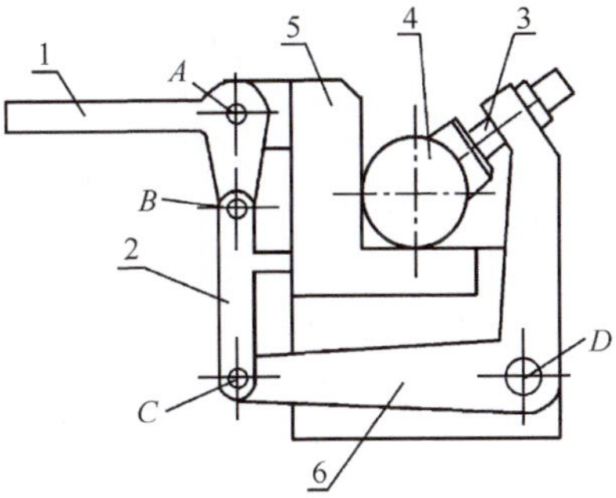

1—曲柄；2—连杆；3—压块；4—零件；5—定位件；6—摇杆

图 591　后面夹紧机构工程图

例 213　螺母驱动转动压板夹紧机构

如图 592 所示的夹紧机构常用在加工小零件的夹具上。螺母旋转时推动一个压块，再用压块驱动左右两个 L 形压板转动完成零件的夹紧。

如图 593 所示为该夹紧机构的零件分解图，显示了夹紧机构的内部结构。如图 594 所示为该机构的工程图。

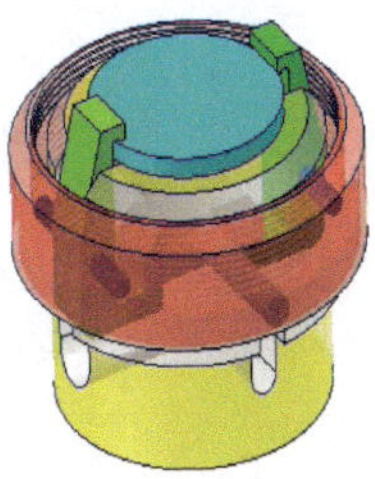

图 592　螺母驱动转动压板夹紧机构

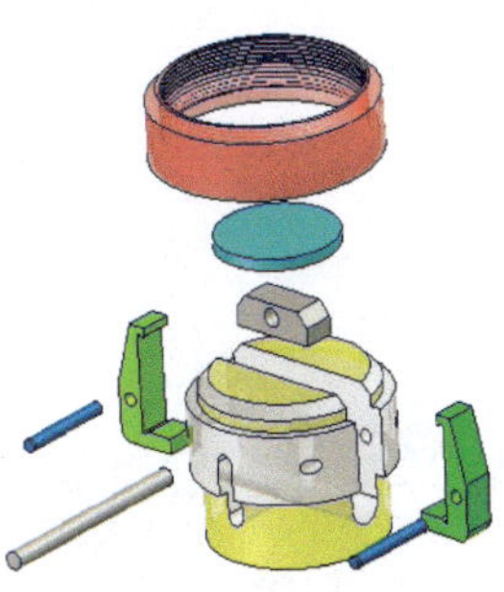

图 593　机构零件分解图

将零件放在夹具定位面上，旋转螺母 1，使销轴 2 沿着夹具体上的直槽向下移动，并带动固接的压块 4 一起移动；压块 4 使左右两个 L 形压板 6 绕销轴 5 转动，从而将零件 7 夹紧。

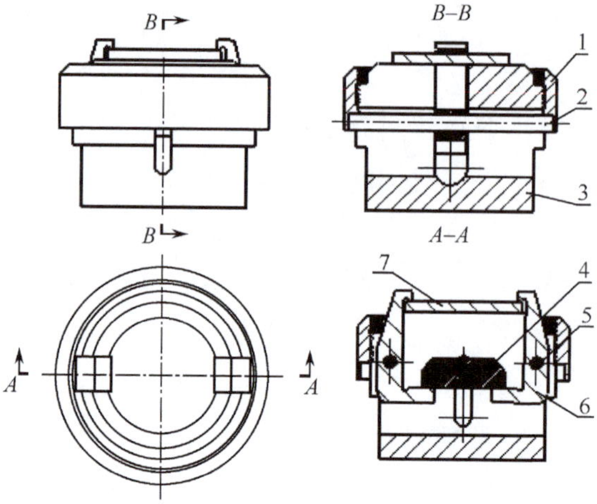

1—螺母；2—销轴；3—夹具体；4—压块；5—销轴；6—L 形压板；7—零件

图 594　螺母驱动转动压板夹紧机构工程图

例 214　翻转压板与楔夹紧机构

如图 595 所示为翻转压板与楔夹紧机构，加工零件定位后，向前推动手柄就可完成零件的夹紧，该方法快速简单。

如图 596 所示为该机构的工程图。把零件 7 放入夹具的定位件上，推动手柄 1 使压板 5 绕机架上的销 6 向前翻转，其前端压在零件的上表面；继续推动手柄，此时压板 5 不能

图 595　翻转压板与楔夹紧机构

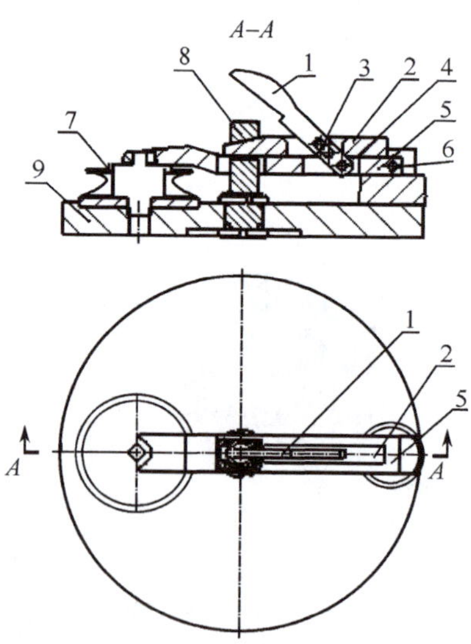

1—手柄；2—楔块；3、4、6—销；5—压板；7—零件；8—楔套轴；9—夹具体

图 596　翻转压板与楔夹紧机构工程图

再转动了，手柄绕与压板固接的销 4 转动，与楔块 2 固接的销 3 沿手柄的直槽移动，驱使楔块 2 前端斜面进入具有相同斜度的楔套轴 8 的方孔中，将零件 7 夹紧。

例 215　移动夹紧机构

如图 597 所示为移动夹紧机构。为把内部机构表示清楚，夹具体与夹持的零件未画出。该机构采用螺纹及杠杆夹紧加工零件。

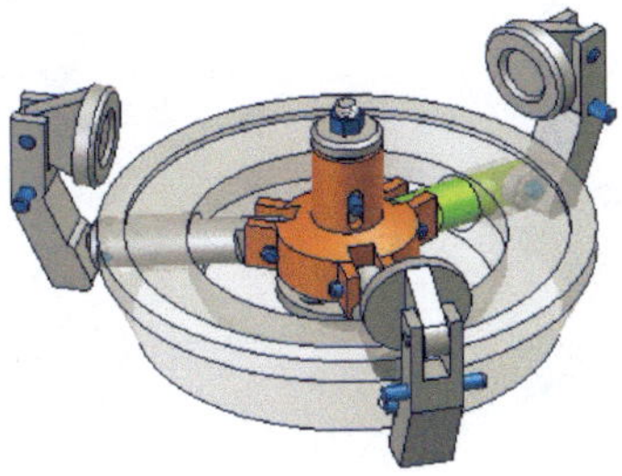

图 597　移动夹紧机构

如图 598 所示为该机构的工程图。转动螺母 1，推动滑座 2 下移，均布的三个连杆 3 伸出，其上铰接的滚子 4 推动三个摇臂 5 绕夹具体上的 *A* 点转动，同时把零件夹紧。松开螺母利用弹簧 7 的弹力使滑座恢复原位，可松开夹紧的零件。

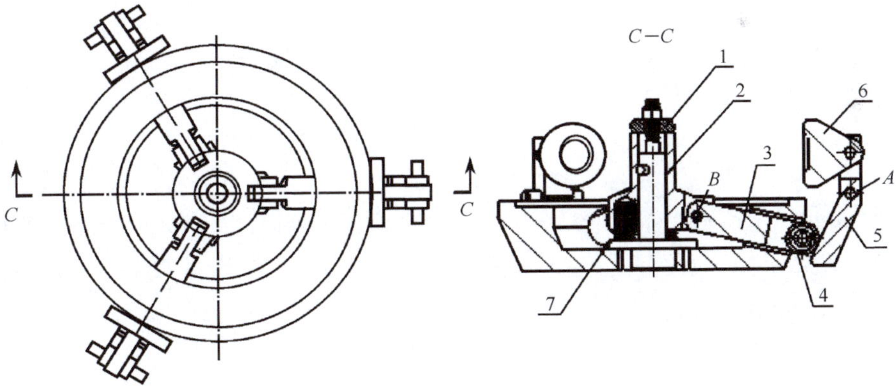

1—螺母；2—滑座；3—连杆；4—滚子；5—摇臂；6—压块；7—弹簧

图 598　移动夹紧机构工程图

例 216　凸轮夹紧机构

如图 599 所示为一个凸轮夹紧机构，图 600 为其工程图。转动手柄，使凸轮 1 转动，凸轮驱动三个摇臂 2 绕转轴 5 转动将零件 4 夹紧。三个摇臂上装有调节螺杆 3，用于调节夹紧力的大小。模型未显示定位件，仅显示了夹紧机构。

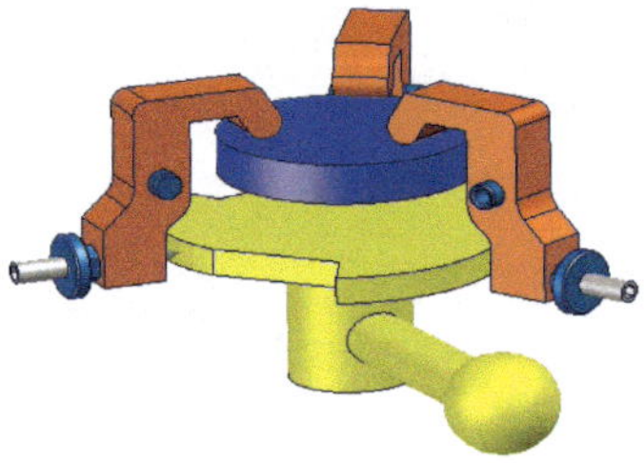

图 599　凸轮夹紧机构

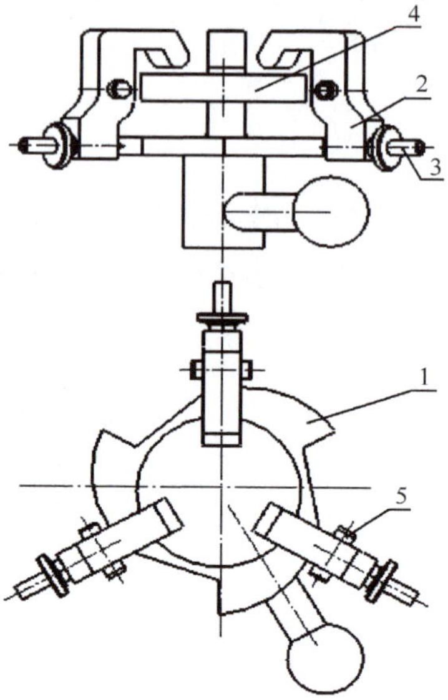

1—凸轮；2—摇臂；3—调节螺杆；4—零件；5—转轴

图 600　凸轮夹紧机构工程图

例 217　使用调整螺钉的偏心夹紧机构

如图 601 所示为偏心夹紧机构，本例所说的偏心是指偏心轮。用偏心轮做夹紧机构的基本构件时，主要考虑下述几个问题。

1）偏心距 e 的大小

用在夹紧机构上的偏心轮的偏心距是指能够产生自锁的偏心距大小。能否自锁与偏心轮的直径 D 及摩擦系数 f 有关，一般按 D=20e 的偏心距比例设计，如偏心轮直径 D=100mm，偏心距 e=5mm。

2）偏心距 e 与夹紧行程 S 的关系

当偏心轮的中心与偏心在同一水平面时，偏心距在水平方向。偏心轮旋转 90° 时，其夹紧行程 S 等于偏心距 e。但作夹紧构件时，应保留一定的余量，实际使用时偏心轮的转角应小于 90°。

如图 601 所示的夹紧机构，在偏心轮下面支承了一个调整螺钉，是为防止零件在夹紧方向上的误差较大导致手柄的转动角度过大而加入的。

图 602 是该机构的工程图。偏心轮 1 与转动压板 2 在 A 点铰接，转动压板 2 与夹具体 5 在 B 点铰接。转动偏心轮 1 使转动压板 2 夹紧零件。

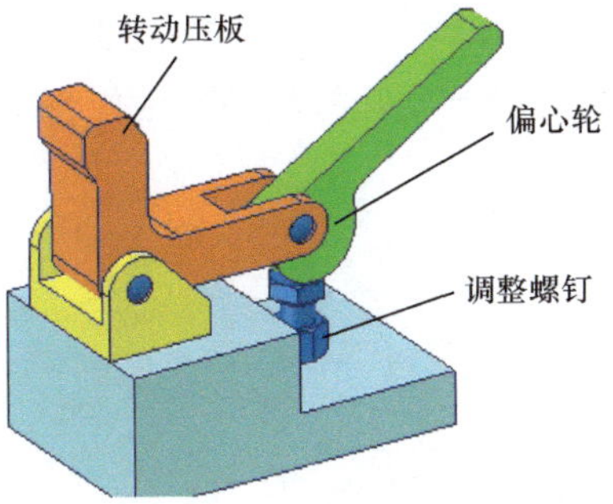

图 601　使用调整螺钉的偏心夹紧机构

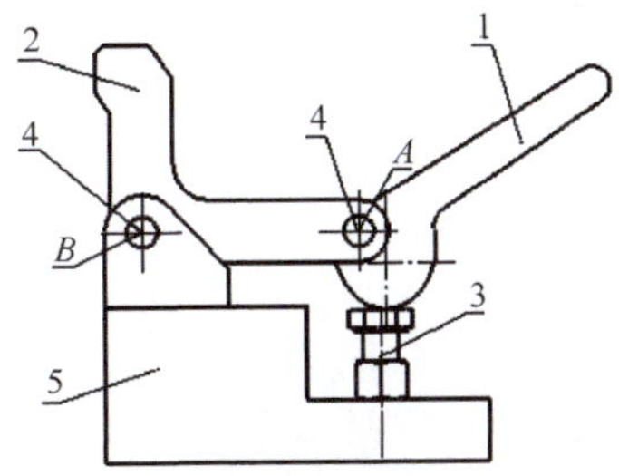

1—偏心轮；2—转动压板；3—调整螺钉；4—圆柱销；5—夹具体

图 602　使用调整螺钉的偏心夹紧机构工程图

例 218　偏心轮（凸轮）夹紧机构

如图 603 所示的夹紧机构是一个联动夹紧机构。转动偏心轮使两个压板联动，可在两个方向上夹紧零件。使用该机构需考虑偏心轮夹紧的行程。若偏心轮行程为 S，按杠杆比 1∶1 计算，没夹紧前两个压板离零件表面的距离必须小于 S，否则不能夹紧零件。因此，需在夹紧前拧螺母，使压板到零件的距离缩到可夹紧的范围内。

图 604 是该机构的工程图。夹紧时，转动偏心轮 1，通过螺栓 3 的作用使两个压板联动夹紧零件。

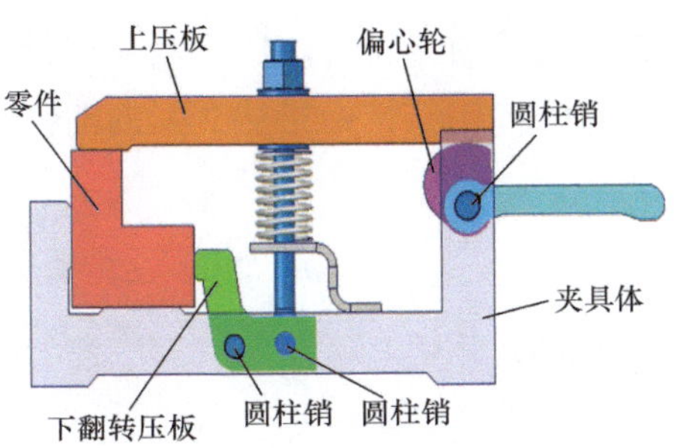

图 603　偏心轮（凸轮）夹紧机构

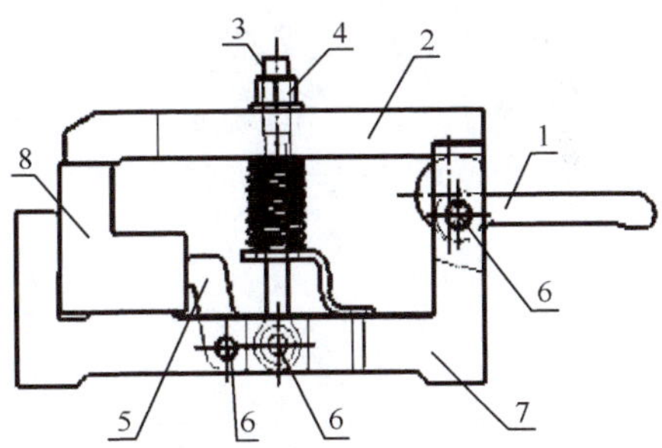

1—偏心轮；2—上压板；3—螺栓；4—螺母；5—下翻转压板；6—圆柱销；7—夹具体；8—零件

图 604　偏心轮（凸轮）夹紧机构工程图

例 219　偏心夹紧机构

如图 605 所示的机构也是用偏心轮进行联动夹紧的。

图 606 是该机构的工程图。拉紧螺栓 6 的左端用圆柱销 7 与偏心轮 1 固接，右端穿过一个闸瓦 3 与三角板 2 用螺母锁紧；另外两个闸瓦用螺栓 4 与三角板连接并用螺母锁紧；调节

螺母使三个闸瓦与底座8的外圆贴紧。转动偏心轮1时，拉紧螺栓6通过三角板2拉动另外两个闸瓦3抱紧回转工作台5。松开偏心轮时，三角板回复原位，闸瓦松开回转工作台。

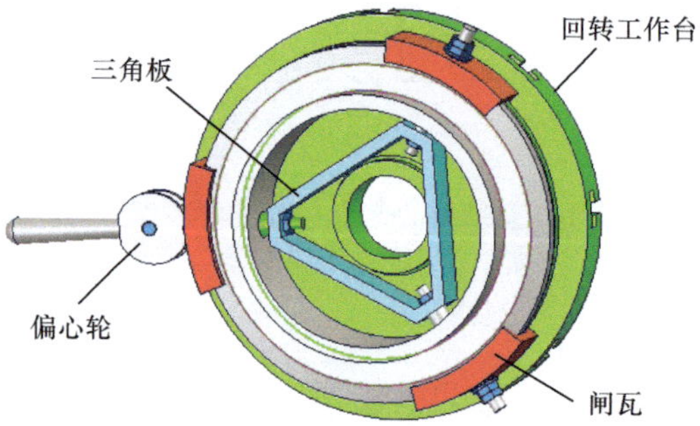

图605　偏心夹紧机构

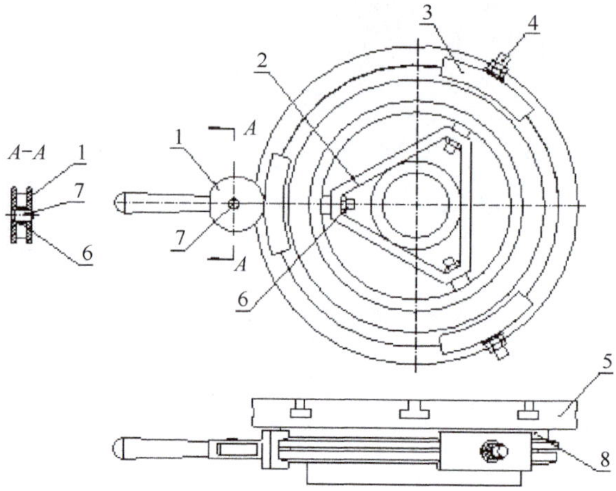

1—偏心轮；2—三角板；3—闸瓦；4—螺栓；5—回转工作台；6—拉紧螺栓；7—圆柱销；8—底座

图606　偏心夹紧机构工程图

例220　方轴、圆轴简易夹紧装置

如图607所示的夹紧机构与上述的夹紧机构不同，上述的夹紧为定位夹紧，是指被夹紧加工零件定位后所用的夹紧机构，而此例所示的夹紧机构相反，是指被夹紧的圆轴和方轴移动到需要的位置后再进行夹紧的机构。

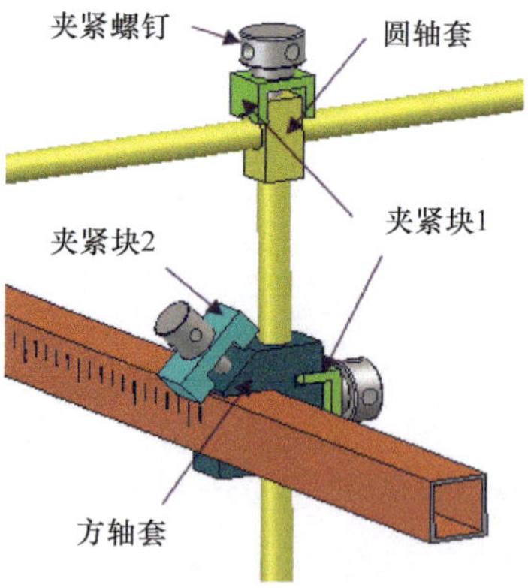

图607　方轴、圆轴简易夹紧装置

该机构受力封闭，拧紧夹紧螺钉时将先拉动轴套后下压夹紧块，圆轴、方轴不会产生变形、夹伤和移动，是一种简单方便的夹紧机构。

例 221　简易轴夹紧装置

如图 608 所示是另外一种结构的圆轴简易夹紧机构，适用于带有法兰的轴套，轴套上的缺口还有防止转动的功能。

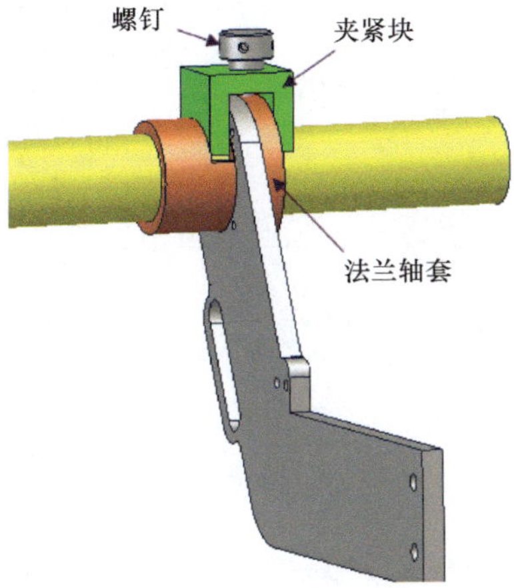

图 608　简易轴夹紧装置

例 222　平行钳口的夹钳

如图 609 所示为一个平行钳口的夹钳示意图，该钳口夹紧过程中钳口保持平行。图 610 所示为各构件的参考尺寸。

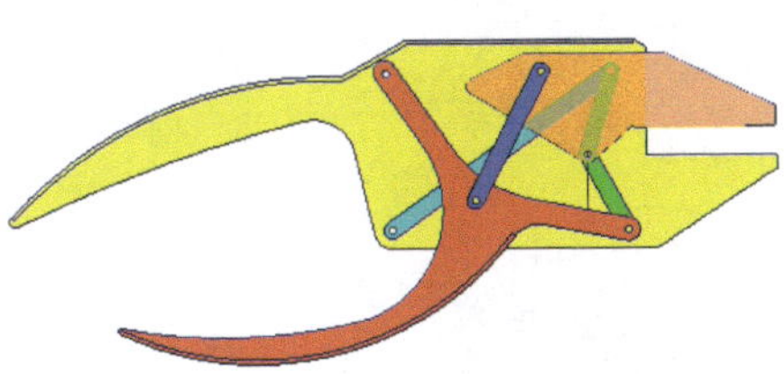

图 609　平行钳口的夹钳

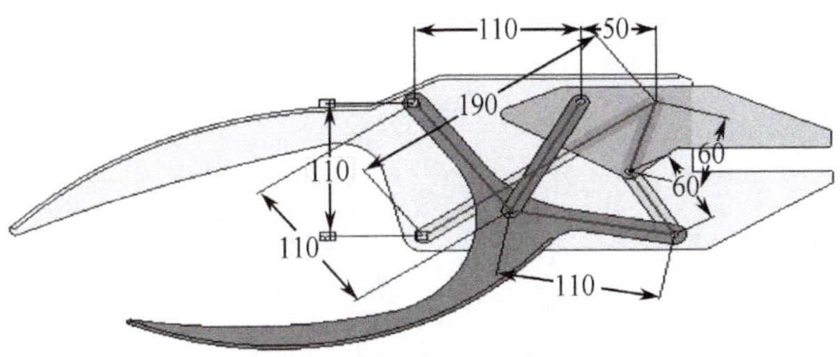

图 610　平行钳口的夹钳各构件参考尺寸

如图 611 所示为该夹钳的工程图。该夹钳为一个六杆机构，主要构件为件 1～件 4，该四件组成 *AECD* 铰链四杆机构。带有下钳口的件 1（上手柄）为机架，*AD* 两点在其上，件 2（下手柄）为摇杆，可绕 *A* 点转动，件 3 为另一个摇杆，可绕 *D* 点转动，*EC* 为连杆；上钳口 5 与连杆 4 在 *F* 点铰接；连杆 6 分别在 *G* 点、*B* 点与上钳口和下手柄铰接；*F* 点的轨迹为一条近似直线且与钳口垂直。

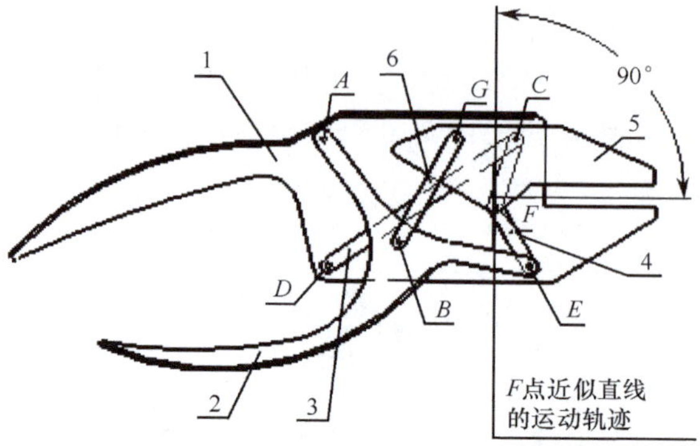

1—机架（上手柄）；2—摇杆（下手柄）；3—摇杆；4、6—连杆；5—上钳口

图 611 平行钳口的夹钳工程图

例 223 简易平口钳

如图 612 所示为一种更简易的平口钳，该平口钳是在两块只能平行移动的钳口上分别装上手柄制成的。

如图 613 所示为该平口钳的工程图。上钳口 1 与下钳口 2 形状、尺寸相同，各自安装一个销轴 5 并铣切出一个直槽；上手柄 3 在 *B* 点也安装一个销轴，该销轴与上钳口的直槽成移动副，在 *C* 点有一个通孔与下钳口 2 上的销轴组成转动副；下手柄 4 与上手柄相似，在 *D* 点安装了一个销轴 6 并与下钳口的直槽成移动副，*A* 孔与上钳口上的销轴成转动副，有 *AB*=*CD*，*AC*=*BD*。

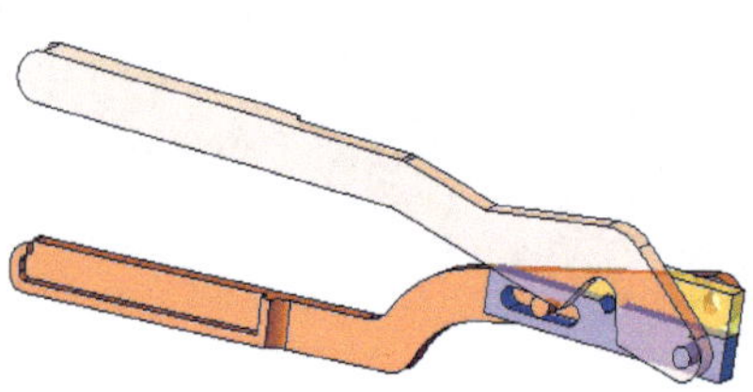

图 612 简易平口钳

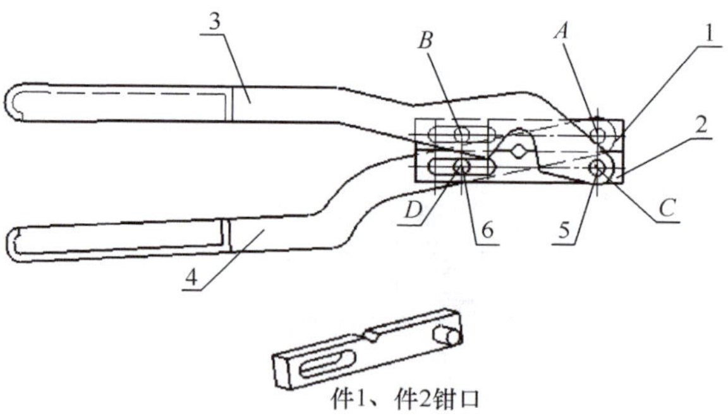

1—上钳口；2—下钳口；3—上手柄；4—下手柄；5、6—销轴

图 613 简易平口钳工程图

例 224 滑槽杠杆式抓取机构 1

如图 614 所示为机械手中的抓取机构，其手爪为滑槽杠杆式结构。用气动或液动的活

塞杆驱动，使左、右手爪转动，完成抓取工件的动作。

如图 615 所示为该机构的工程图。活塞杆 1 沿机架上下移动，固接在活塞杆上的滚子 4 在手爪 2、3 的直槽中滑动，使两手爪分别绕 *A*、*B* 点转动，依靠 V 形槽完成抓取工件的动作。该结构动作灵活，结构简单，手爪开闭角度大，但增力较小。

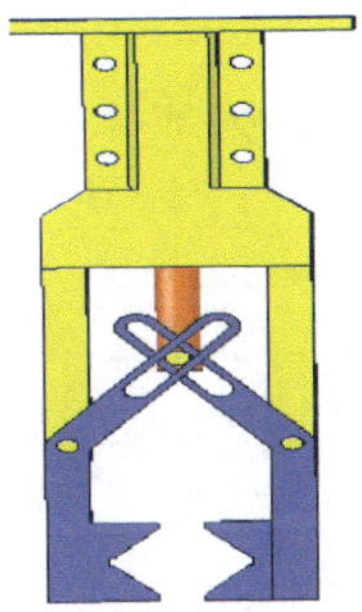

图 614　滑槽杠杆式抓取机构 1

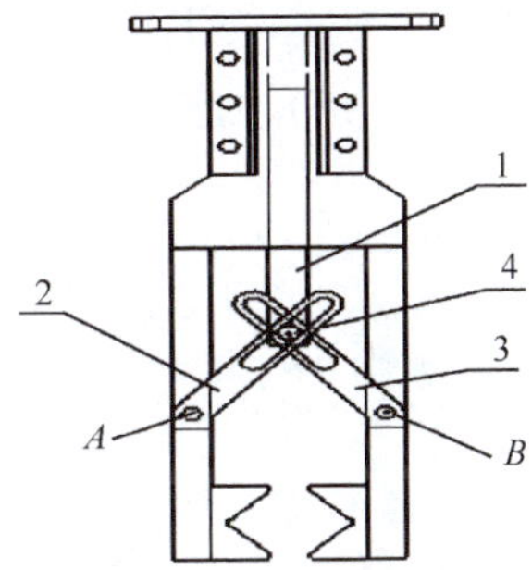

1—活塞杆；2、3—手爪；4—滚子

图 615　滑槽杠杆式抓取机构 1 工程图

例 225　滑槽杠杆式抓取机构 2

如图 616 所示也是一种滑槽杠杆式抓取机构，用气（液）压缸活塞杆驱动推拉杆通过其上的圆柱销与手爪上长槽孔的配合使左右爪转动，完成工件的抓取动作。

如图 617 所示为该机构的工程图。手爪 4、5 在 *A* 点与机架 2 铰接，推拉杆 1 上下移动时，利用固接在推拉杆上的滚子 6、7 与手爪上的直槽滑动配合，使手爪绕 *A* 点转动，完成抓取工件的动作。该机构在抓取不同直径的工件时有定位误差。

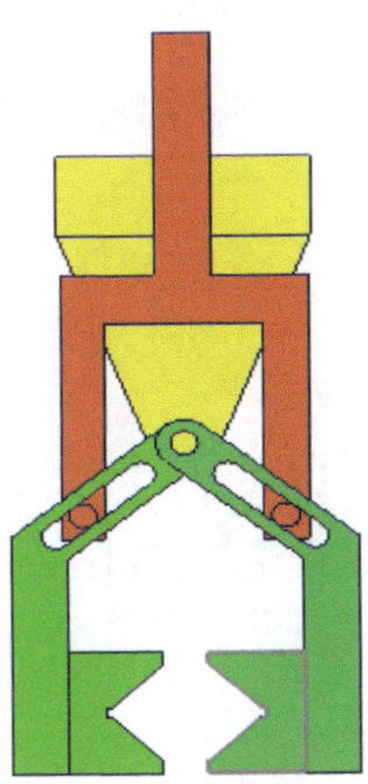

图 616　滑槽杠杆式抓取机构 2

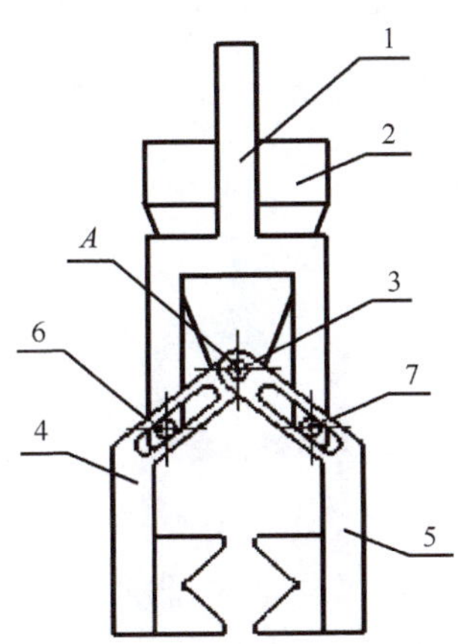

1—推拉杆；2—机架；3、6、7—滚子；4、5—手爪

图 617　滑槽杠杆式抓取机构 2 工程图

例 226　连杆杠杆式抓取机构 1

如图 618 所示为另一种形式的抓取机构。依靠驱动杆直接带动手爪转动，完成抓取工件的动作。

如图 619 所示为该机构的工程图。驱动杆 1 上下移动时，与其固接的销轴 *A*、*B* 通过连杆 2、3 带动手爪 4、5 分别绕与机架固接的销轴 *E*、*F* 转动，完成抓取工件的动作。

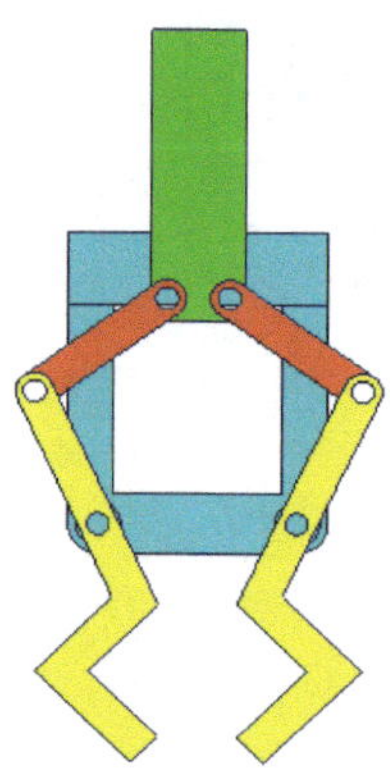

图 618　连杆杠杆式抓取机构 1

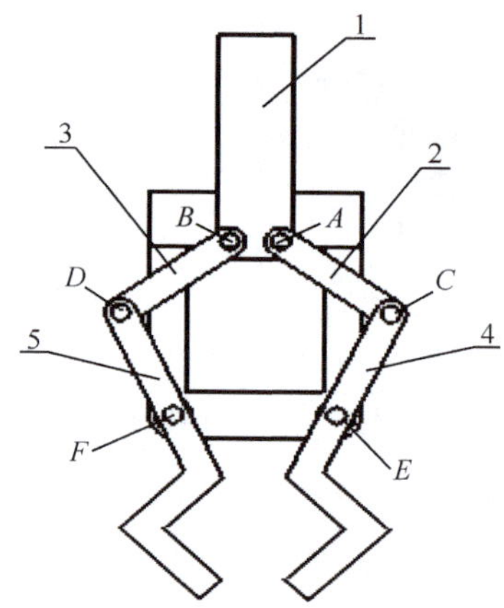

1—驱动杆；2、3—连杆；4、5—手爪

图 619　连杆杠杆式抓取机构 1 工程图

例 227　连杆杠杆式抓取机构 2

如图 620 所示的抓取机构与例 226 的驱动方式一样，只是用一个支点完成抓取动作。从其工程图 621 可见手爪 4、5 绕一个共同的铰接点 *D* 转动，完成抓取工件的动作。

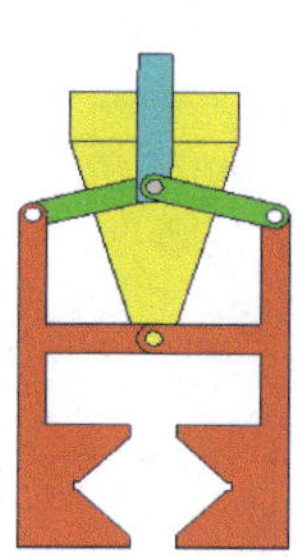

图 620　连杆杠杆式抓取机构 2

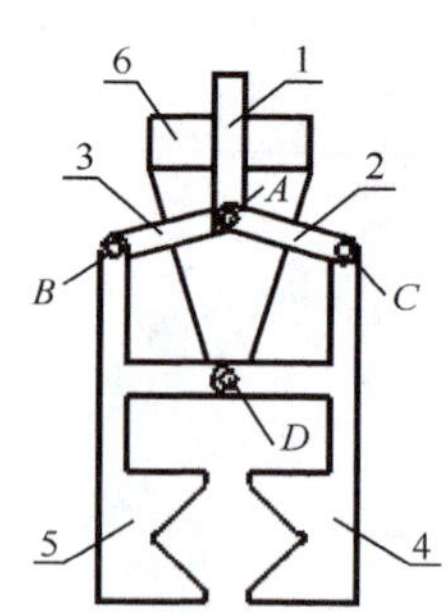

1—驱动杆；2、3—连杆；4、5—手爪；6—机架

图 621　连杆杠杆式抓取机构 2 工程图

例 228　连杆杠杆式抓取机构 3

如图 622 所示为可同时抓取两个工件的连杆杠杆式抓取机构。

图 623 为其工程图。在活塞杆 1 与连杆 3 之间增加一个连杆 2，其作用在于当两个工件直径有差异时，两个爪 4 仍然可以夹紧工件。

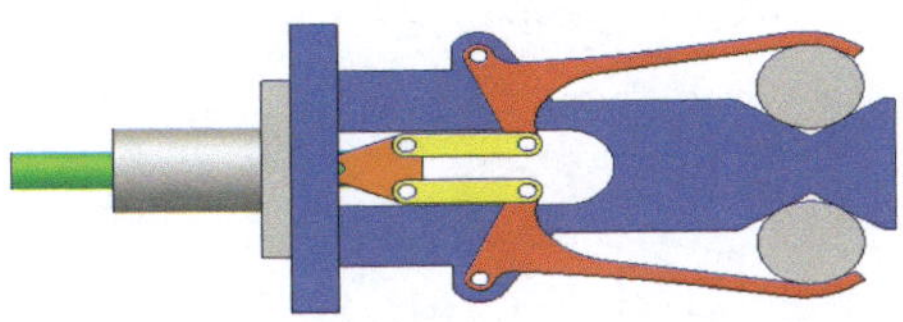

图 622　连杆杠杆式抓取机构 3

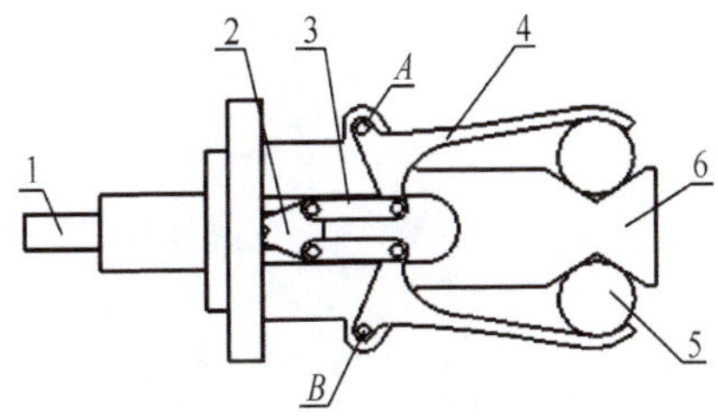

1—活塞杆；2、3—连杆；4—爪；5—零件；6—机架

图 623　连杆杠杆式抓取机构 3 工程图

例 229　平板式抓取机构

如图 624 所示的机构用于抓取表面较平整的箱体类工件，图 625 为该机构的工程图。*ADCB* 为一个平行四杆机构，活塞杆 1 带动连杆 2 上下移动时，左右对称的手爪 3、4 可沿机架 6 上的导槽水平移动，夹紧工件。

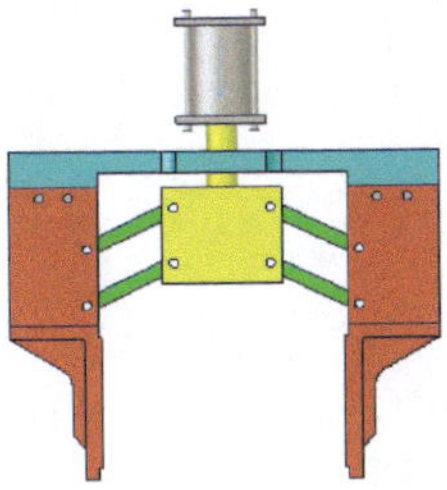

图 624　平板式抓取机构

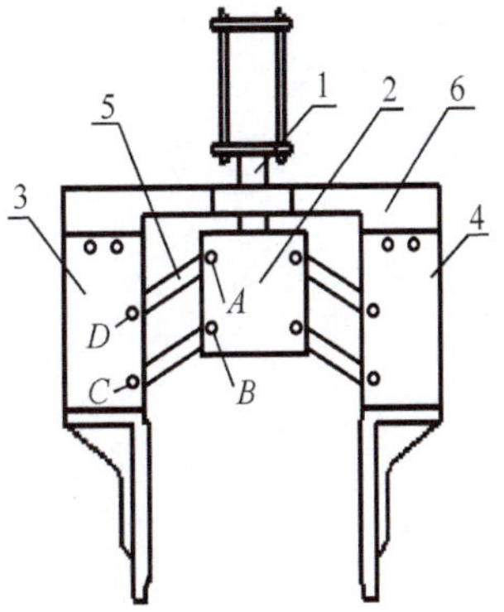

1—活塞杆；2—连杆；3、4—手爪；5—连杆；6—机架

图 625　平板式抓取机构工程图

例 230　平面平行移动连杆式抓取机构

如图 626 所示的抓取机构采用了交叉连杆和平行四边形连杆机构实现抓取平面的平行运动。

如图 627 所示为该机构的工程图。活塞杆 1 与连杆 2 在 *A* 点铰接；连杆 3 在 *B* 点与连杆 2 铰接，并在 *C* 点与机架 7 铰接；*DEFG* 为一个平行四边形机构，爪 6 为 *EF* 连杆，其中，*DE*=*GF*，*DG*=*EF*。活塞杆上移时，左右对称的爪 6 夹紧工件，活塞杆下移时，爪松开工件。设计该机构时应注意 *A* 点的行程不要超过 *H*、*B* 两点的连线。

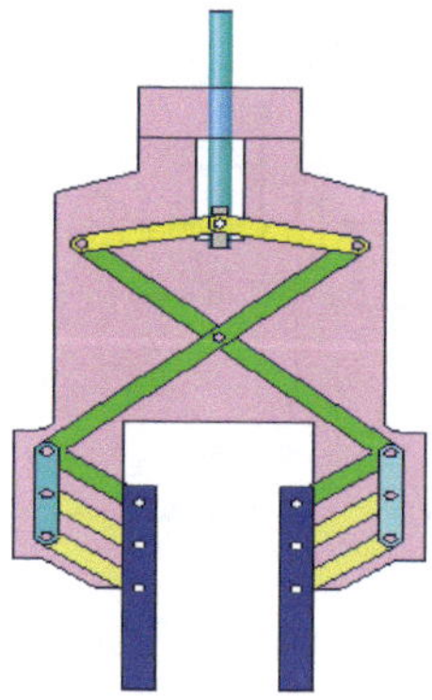

图 626　平面平行移动连杆式抓取机构

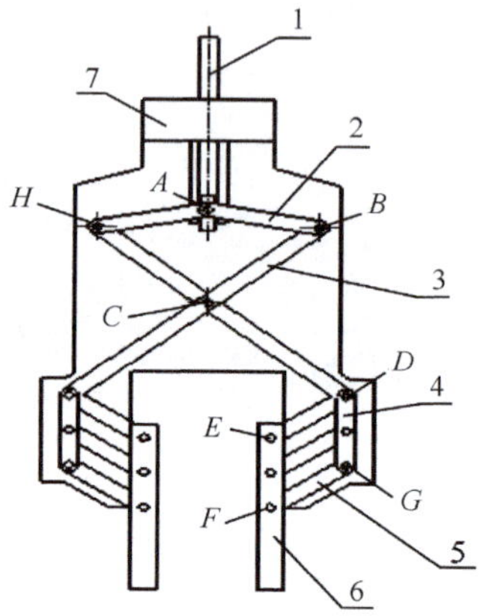

1—活塞杆；2～5—连杆；6—爪；7—机架

图 627　平面平行移动连杆式抓取机构工程图

例 231　机架长度可调的摆动导杆机构

在摆动导杆机构中，调节导杆的摆动角度可用下述方法：一是加大曲柄的长度，但要注意加大后的长度不能大于机架的长度；二是改变机架的长度。方法二有可能实现动态调整，即在机构运转过程中进行调整。如图 628 所示为可以动态调整机架长度的摆动导杆机构。

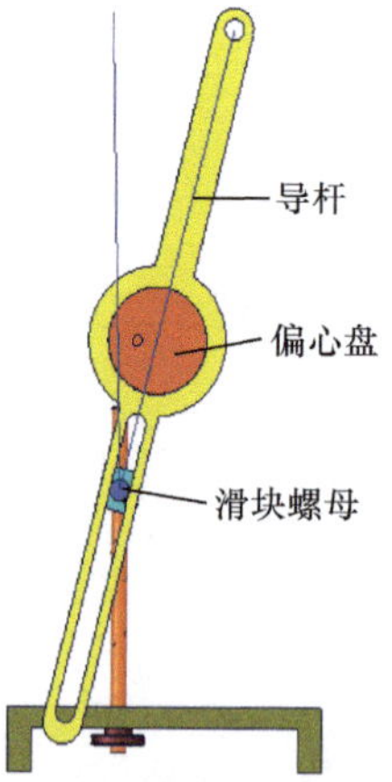

图 628　机架长度可调的摆动导杆机构

如图 629 所示为该机构的工程图。偏心盘 1 绕机架上的 *A* 点转动时（偏心距 *AB* 为曲柄的长度），导杆 2 绕滑块 3 上的 *C* 点摆动且导槽沿滑块滑动；滑块 3 也是一个螺母，转动手柄 6，通过螺杆 4 可使滑块 3 在导杆 2 的导槽中滑动，调节 *AC* 的长度；当滑块不动时，*AC* 为机架的长度，此时导杆的摆动角度如图 629 所示；当用手轮转动螺杆上下移动滑块时，就改变了机架 *AC* 的长度使导杆的摆角改变，如图 630 所示。

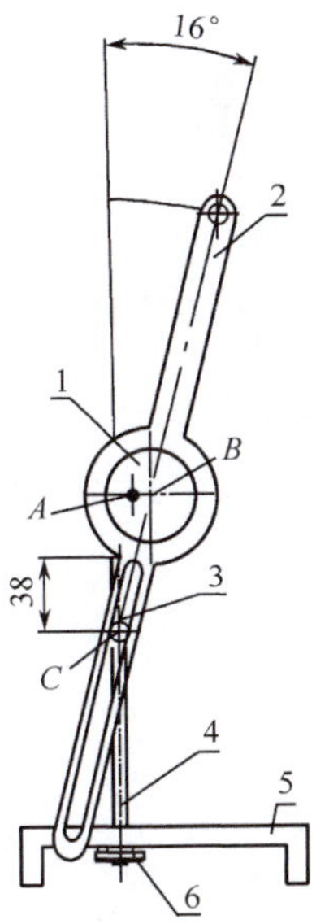

1—偏心盘；2—导杆；3—滑块；4—螺杆；5—机架；6—手柄

图 629　机架长度可调的摆动导杆机构工程图

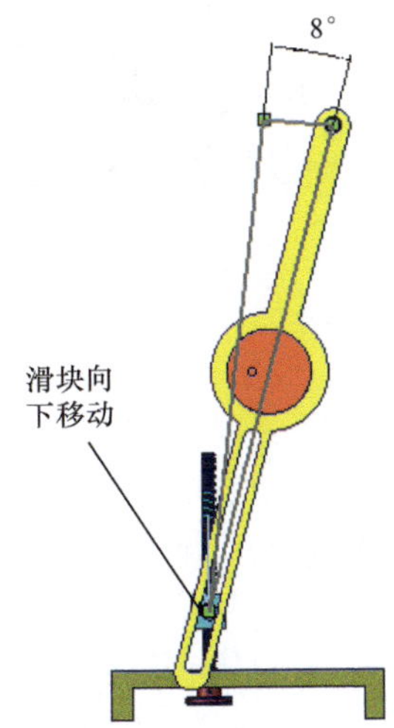

图 630　滑块螺母向下移动，导杆摆角减小

例 232　微量调节活塞行程机构

如图 631 所示为可动态微量调节活塞行程的机构。转动的曲柄使导杆以螺母滑块为支点摆动，导杆的另一端用连杆驱动活塞做上下往复移动。当曲柄转动半径不变，调节支点位置，活塞的移动行程只有不大的变化。如图 631 所示，当螺母滑块在支点 *A* 的位置时，活塞行程为 41mm。

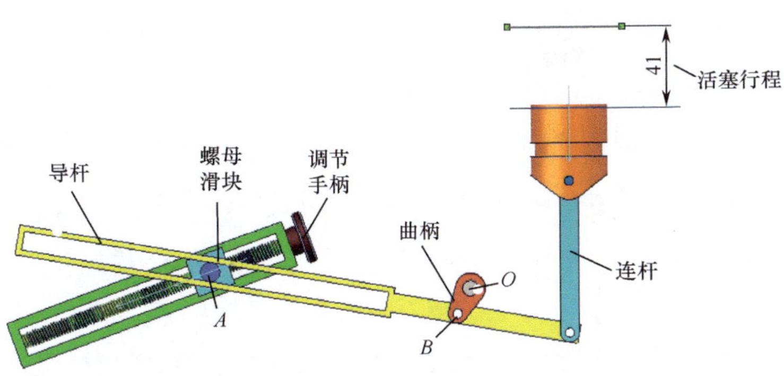

图 631　微量调节活塞行程机构

当螺母滑块移动到如图632的位置时，活塞行程为39.3mm，仅有微量的变化。

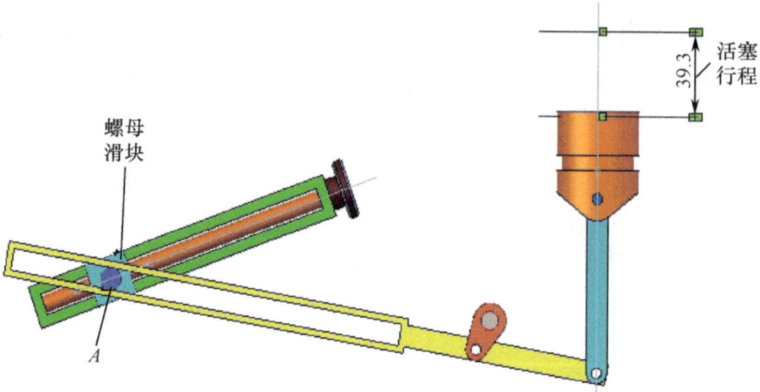

图632　微量调节活塞行程机构（调整后）

例233　用偏心轴调节滑块行程的曲柄摇杆机构

如图633所示为用偏心轴调节滑块行程的曲柄摇杆机构。用可调的偏心轴做摇杆的支点，该偏心轴与齿轮固接，转动齿轮就调节了偏心距的大小，也就调节了滑块的行程。

偏心在如图633所示的竖直方向时，滑块行程为115mm。

偏心在如图634所示的水平方向时，滑块行程为118mm。

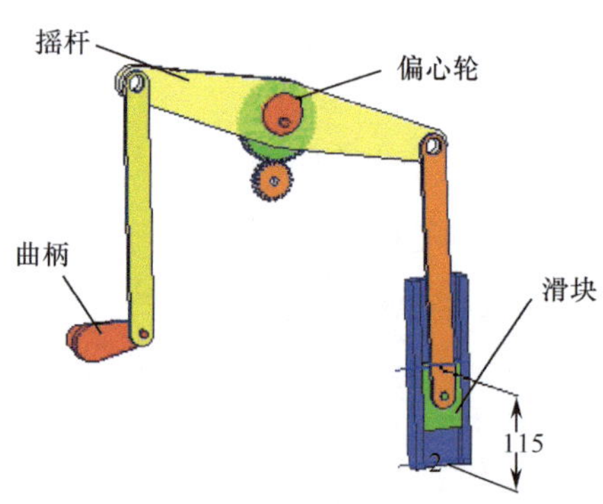

图633　用偏心轴调节滑块行程的曲柄摇杆机构

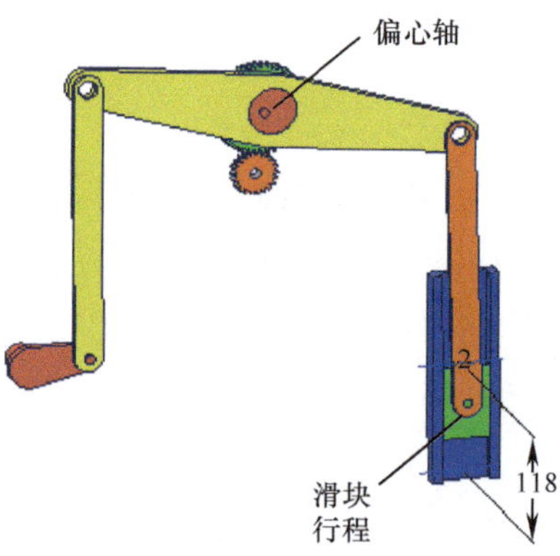

图634　调节偏心方向改变滑块行程

图635是该机构的工程图。曲柄1在*A*点与机架铰接，连杆2分别与曲柄1、摇杆3在*B*、*C*点铰接，摇杆3在*D*点与偏心轴4铰接，偏心轴4与大齿轮6固接，大齿轮6可绕机架上的*E*点转动，并与小齿轮7啮合，小齿轮7可绕机架上的*F*点转动；摇杆的延长端与连杆9在*G*点铰接，连杆9在*H*点与滑块5铰接；滑块可在机架8的导槽中滑动。转动小齿轮可调节固接在大齿轮上的偏心轴的偏心距，从而调节了滑块的行程。

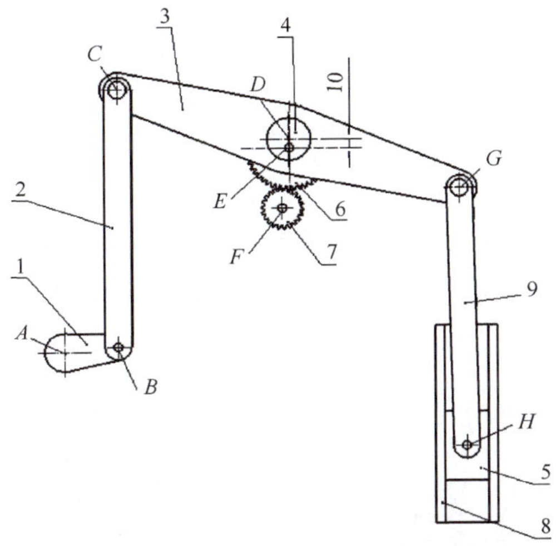

1—曲柄；2、9—连杆；3—摇杆；4—偏心轴；5—滑块；6—大齿轮；7—小齿轮；8—机架

图 635　用偏心轴调节滑块行程的曲柄摇杆机构工程图

例 234　摆杆极限位置可调节的铰链六杆机构

如图 636 所示的机构可通过调节铰链六杆机构的机架长度，来调节摆杆摆动时的两个极限位置，调节可以是动态进行的。

如图 637 所示为该机构的工程图，当螺母 6 暂时固定时，*ABCF* 为一个曲柄摇杆机构，曲柄 1 在 *A* 点与机架铰接，在 *B* 点与连杆 2 铰接；摇杆 5 在 *C* 点与连杆 2 铰接，在 *F* 点与螺母 6 铰接。从动摇杆 4 在 *E* 点与机架铰接，在 *D* 点与连接杆 3 铰接；连接杆 3 在 *C* 点与连杆 2 铰接。转动手柄 8，与其固接的螺杆 9 使螺母 6 移动，改变机架 *AF* 的长度，从而改变了从动摇杆 *DE* 摆动的极限位置。

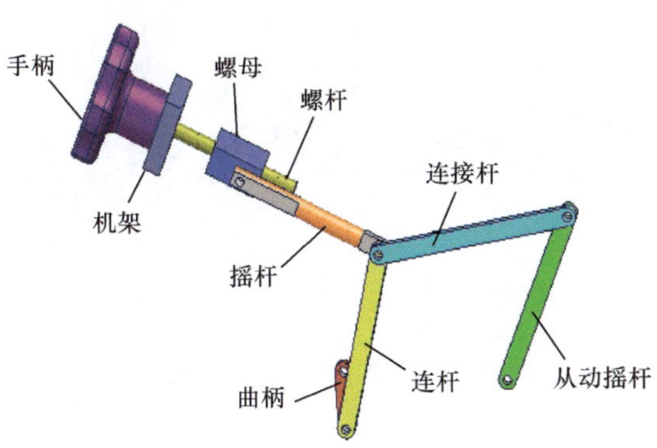

图 636　摆杆极限位置可调节的铰链六杆机构

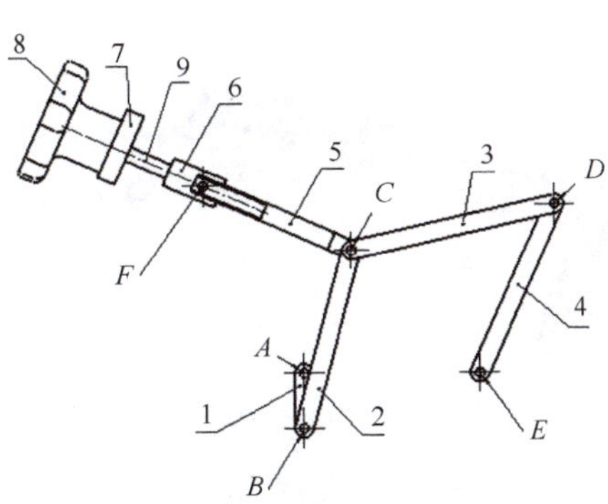

1—曲柄；2—连杆；3—连接杆；4—从动摇杆；5—摇杆；6—螺母；7—机架；8—手柄；9—螺杆

图 637　摆杆极限位置可调节的铰链六杆机构工程图

例 235　蜗轮蜗杆用于挑膜机构

如图 638 所示的挑膜机构利用蜗轮蜗杆传动调整摇臂摆角，可张紧包装纸（膜），多用在印刷、包装等行业。

如图 639 所示为该机构的工程图。转动手柄 1，蜗杆 2 驱动蜗轮 3 绕机架轴 6 旋转，与蜗轮固接的摇臂 4 带动挑膜辊 5 上下摆动，完成包装膜松紧的调节。

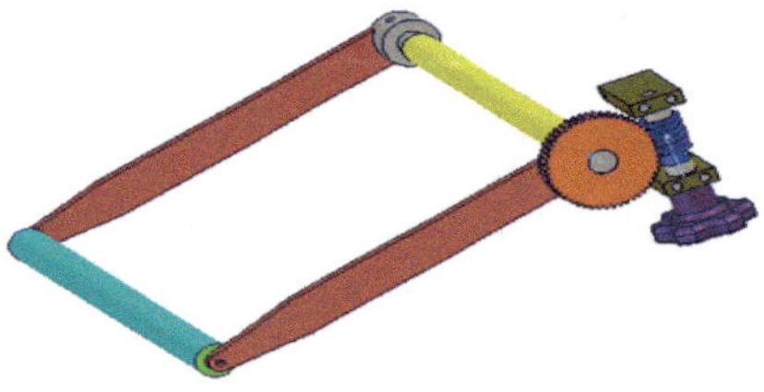

图 638　蜗轮蜗杆用于挑膜机构

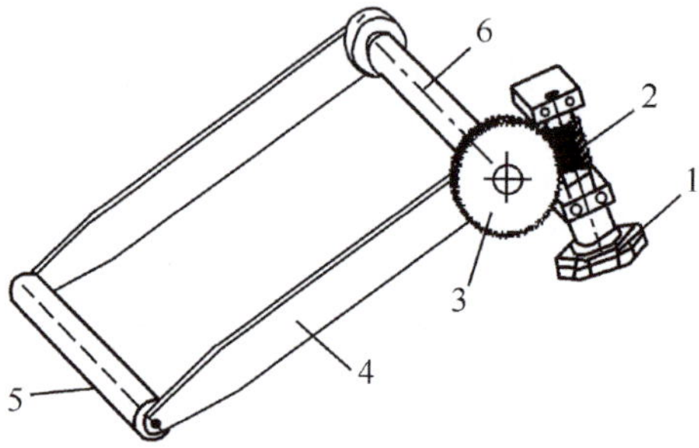

1—手柄；2—蜗杆；3—蜗轮；4—摇臂；5—挑膜辊；6—机架轴

图 639　蜗轮蜗杆用于挑膜机构工程图

例 236　齿轮齿条用于拉膜机构

如图 640 所示的拉膜机构是用一对啮合的齿轮齿条使拉膜辊前后移动将薄膜张紧的机构。

如图 641 所示为该机构的工程图，转动手柄时，左右两边的齿轮与齿条配合，带动拉膜辊前后移动拉紧包装膜。

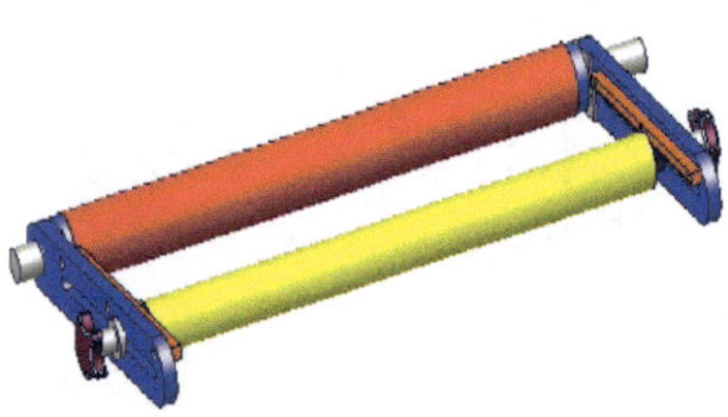

图 640　齿轮齿条用于拉膜机构

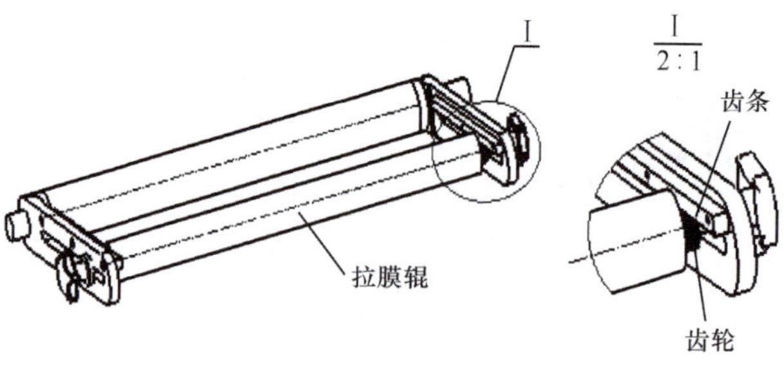

图 641　齿轮齿条用于拉膜机构工程图

例 237　垂直度调整机构

如图 642 所示的垂直度调整机构用于对工作台有垂直度要求的构件，如电火花加工的电极、测试设备的相机等。该机构给出了两种与机架的连接方式，一种是莫氏锥体，另一种是如图 644 所示的圆柱体。两种方式下的垂直度都是用一个摆盘与一个球体配合来调节的。

图 643 是其工程图。用摆盘 5 与球面螺钉 4 配合。夹持电极的连板 6 与摆板 8 用螺钉连接，松开调整螺钉 7，可调整摆盘的垂直度。

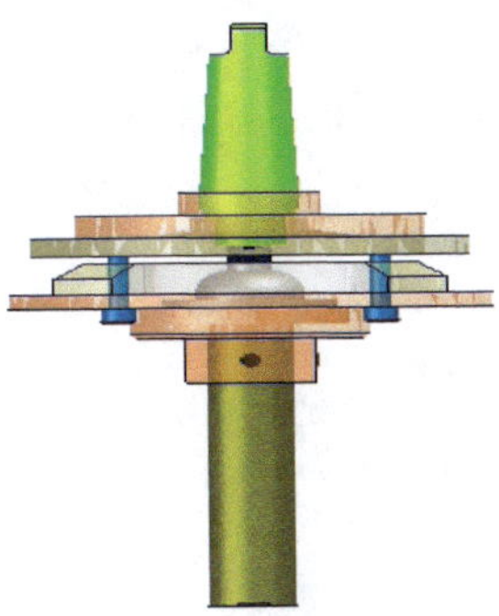

图 642　垂直度调整机构 1

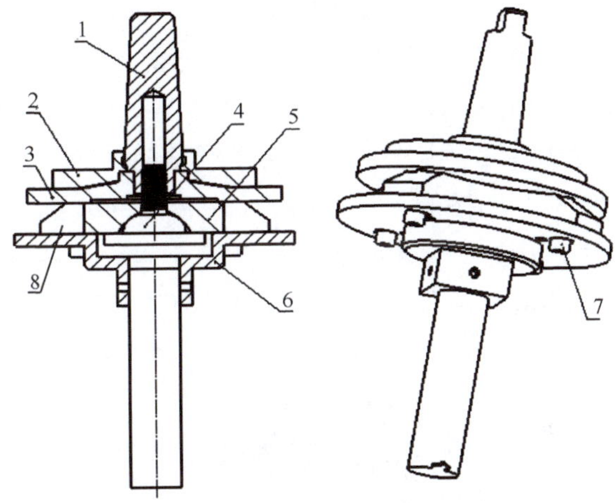

1—莫式锥体；2—上连板；3—中间连板；4—球面螺钉；5—摆盘；6—连板；7—调整螺钉；8—摆板

图 643　垂直度调整机构 1 工程图

如图 644 所示是另一种调整机构，调节原理一样，只是用上面的螺钉来调整，详见机构的运动仿真，在此不详细介绍。

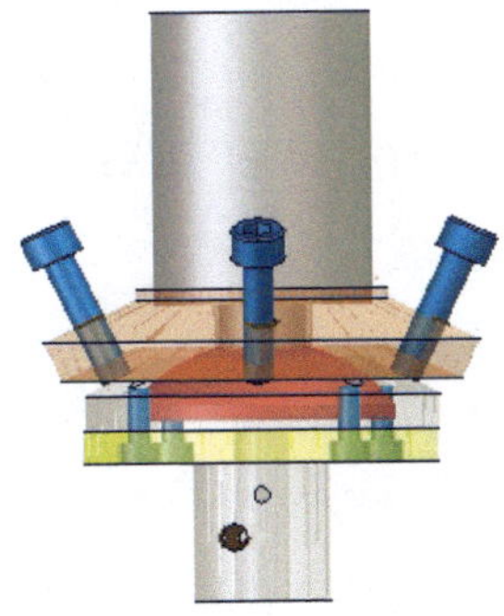

图 644　垂直度调整机构 2

例 238　成像系统微调机构

如图 645、646 所示的机构是成像系统中对激光器进行微调的机构，图 647 是该机构的工程图。

设计要求机构在绕 X 轴（与纸面垂直的方向）和绕 Y 轴（与纸面平行的方向）能有 1°左右的微调量。

解决方案：

① 绕 X 轴方向的解决方案。在基体上安装一个带有偏心球 1 的螺钉，并使球体与激光器安装座 3 的水平直槽配合。通过转动偏心球改变偏心方向，解决绕 X 轴的微调整。要计算好偏心量，以保证设计要求。

② 绕 Y 轴方向的解决方案。用安装在安装座 3 上的上下两个调整顶丝 5 解决，但要注意下述几个问题，第一，安装座 3 与基体 2 配合之处也要采用球面支承，否则绕 Y 轴的调整转动会受干涉；第二，为了调整绕 Y 向转动时不影响已经调整好的 X 向，支承座 4 的支承面应是圆柱面（见图 647 中左视图的 R 标注），这样使安装座 3 与基体 2 保持平行，且在绕 Y 向调整时不影响已调整好的 X 向。

全部调整好以后，及时用螺钉 6 将安装座 3 固定在基体 2 上。

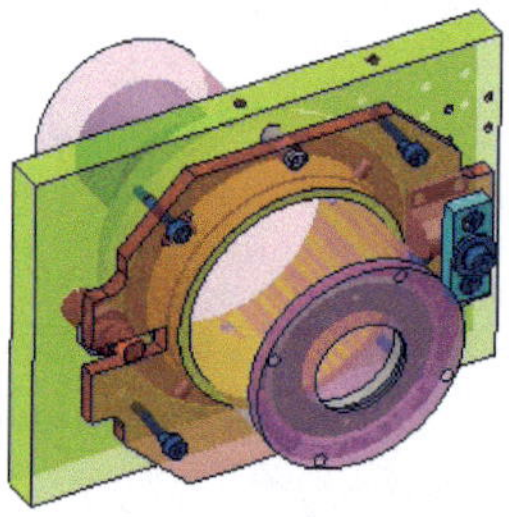

图 645　绕 X 轴转动

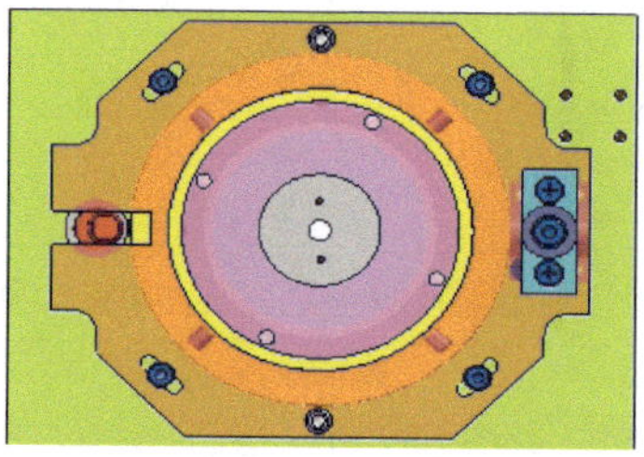

图 646　绕 Y 轴转动

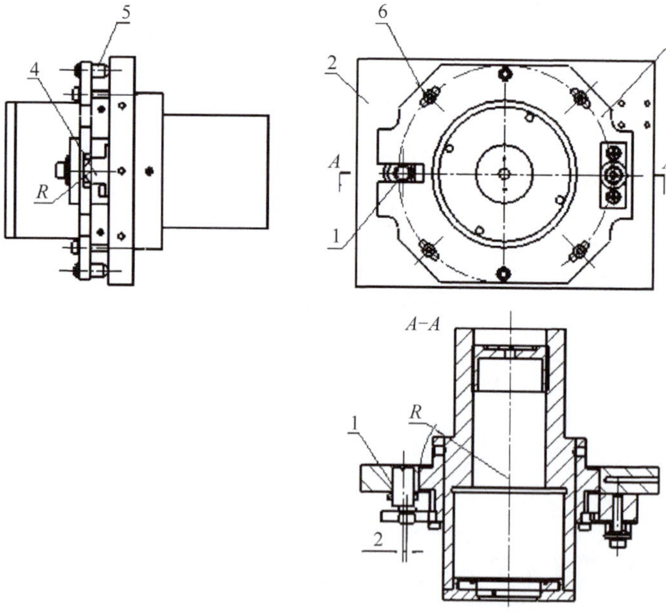

1—偏心球；2—基体；3—安装座；4—支承座；5—调整顶丝；6—螺钉

图 647　成像系统微调机构工程图

例 239　侧光源调整机构

如图 648 所示是视觉系统中两个侧光源手动调整机构。设计要求系统可在 Z 轴、X 轴方向移动，Y 轴可摆动。该机构用与上下支承座固接的双导柱作 Z 轴，支承座与侧板固接作机架；转动调整螺钉时，滑块沿 Z 轴移动；滑块固接了 X 轴，松开螺钉 1，可移动固接 Y 轴的连接块，Y 轴与左右光源固接，当连接块沿 X 轴移动时左右侧光源随着移动；松开螺钉 2 可调整侧光源绕 Y 轴的角度。上述的调整是根据显示器所显示的被检测物的图像进行调整的。

该机构用了一个视频显示了三个自由度的调整过程，实际操作中是一个一个调整的，特此说明。

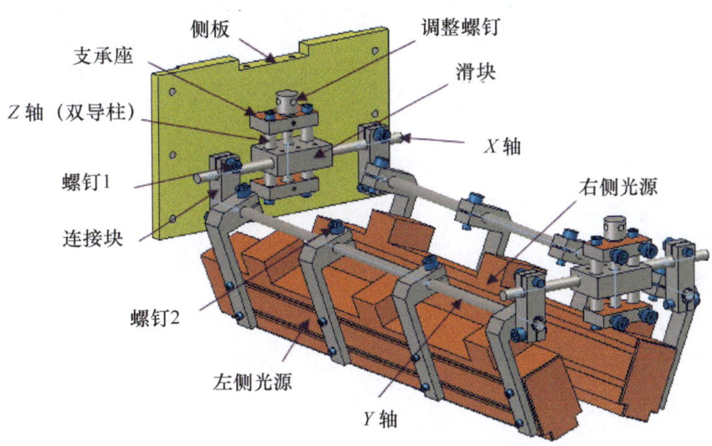

图 648　侧光源调整机构

例 240　受冲击力轴的保护机构

如图 649 所示是在用塑料膜全自动包装物体（方便面、小食品）的包装机中对包装后的连包进行热封、切断的机构，在旋转的上下刀中含有加热装置及切断刀片。为了适用不同厚度的塑料膜及遇到坚硬的包装物的情况，该机构具有保护的功能。

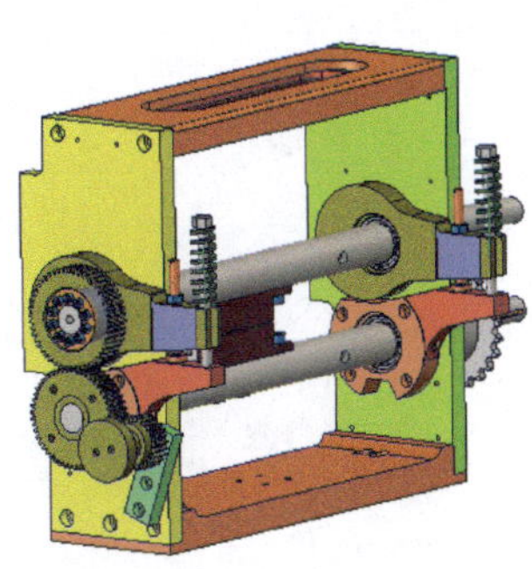

图 649　受冲击力轴的保护机构

图 650 是该机构的工程图。上轴 2 与下轴 3 的中心距为 100mm，主动的链轮 1 带动下轴 2，又通过一对啮合的齿轮驱动上下刀同步转动，完成热封、切断。当遇到硬物和过厚的塑料膜时，必然给刀轴及上下刀造成冲击。因此，该机构采取了如下措施。

下轴 2 空套在固定的轴承座 8 上，上轴 3 空套在偏心轴承座 4 中；齿轮 7、9 用键连接与下轴 2 固接；调整齿轮 6 空套在上轴 3 上，待调整好上下刀后，再用胀紧连接套 14 将其与上轴 3 固定。上轴 3 与偏心轴承座 4 有 17.5mm 的偏心，当上轴受到较大的冲击力时，空套在偏心轴承座 4 中的上轴 3 有绕偏心轴承座 4 的偏心顺时针旋转的可能，此时通过压簧 10 产生反力矩平衡，吸收大部分冲击力，保护了上下轴与上下刀。图 649 对应的机构仿真夸张地显示了这一过程。

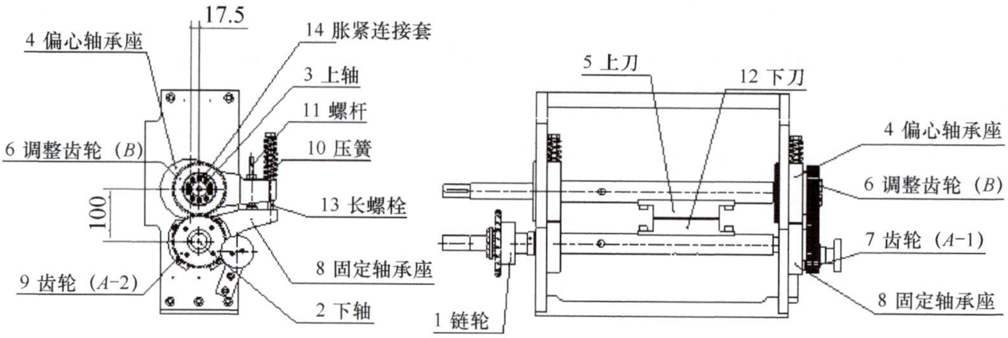

图 650　受冲击力轴的保护机构工程图

例 241　消除齿轮配合间隙的装置

如图 651 所示是例 240 中安装在上下刀轴上的一对啮合的直齿轮，这对齿轮的配合间隙可调整。

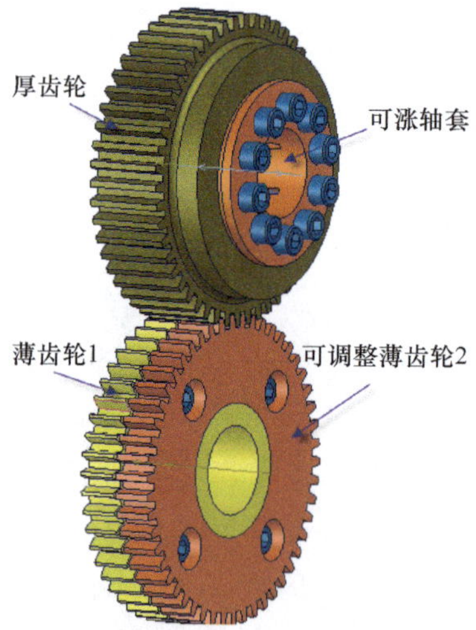

图 651　消除齿轮配合间隙的装置

图 651 中显示的与下轴配合的齿轮是由两个薄齿轮组合而成的，两个齿轮的总厚度等于与上轴配合的齿轮。为了保证上下刀刃重合，需要保证瞬时传动比，即必须消除齿轮的

间隙。该装置是消除齿轮配合间隙的一种方法，先松开连接薄齿轮 1 与薄齿轮 2 的连接螺钉，拨动空套在薄齿轮 1 上的薄齿轮 2 消除与厚齿轮的间隙后再拧紧螺钉。

例 242　调宽－对中机构

调宽－对中机构可用于包装机及印刷设备中，对连续输送的包装薄膜、纸等包装材料进行引导，使其对准所要求的位置。图 652 对应对中调整仿真运动，即调整左右导膜板的中心面使其与包装线对称中心重合，防止跑偏；图 653 对应调宽仿真运动，即调整左右导膜板之间的距离使其与包装材料的宽度一致；图 654 为调宽－对中机构的工程图。

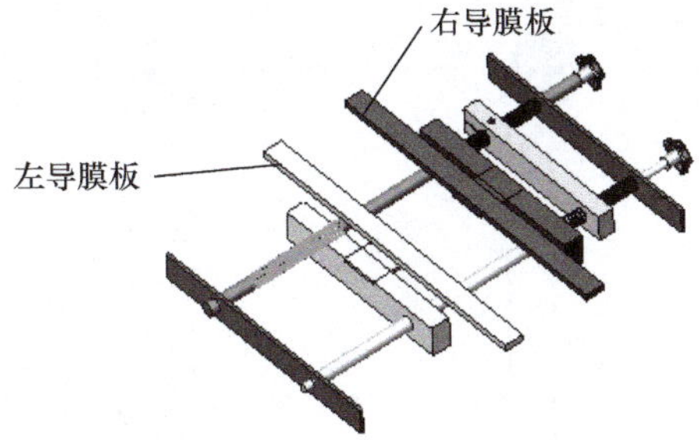

图 652　对中调整

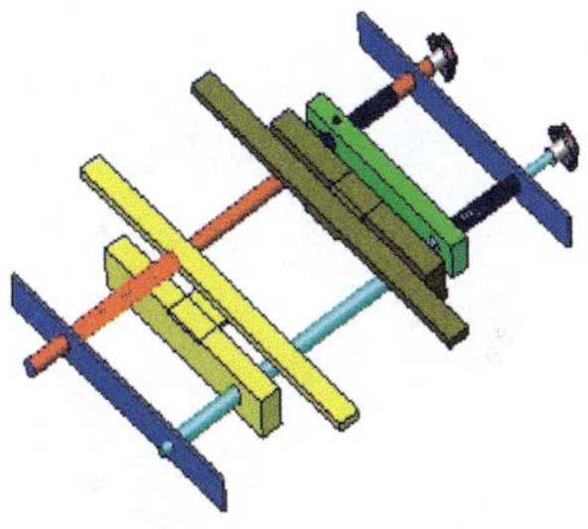

图 653　宽度调整

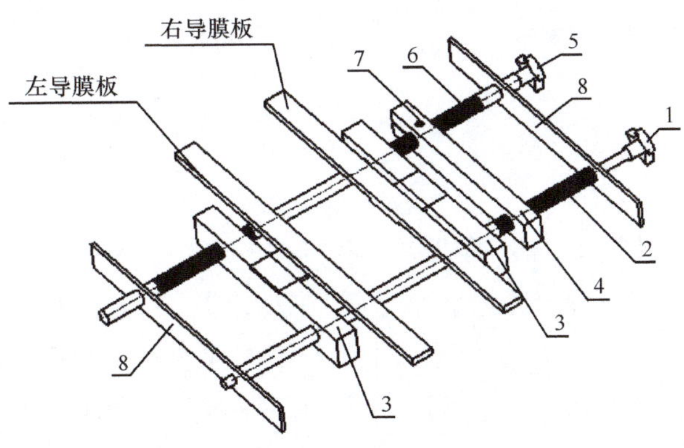

1、5—手柄；2—螺杆；3—导膜板支撑架；4—螺母板；6—左右螺纹杆；7—紧定螺钉；8—机架

图 654　调宽－对中机构工程图

旋转手柄 1，螺杆 2 驱动螺母板 4 左右移动，螺母板 4 上带有螺纹孔的一端与螺杆 2 配合，另一端无螺纹的光孔与左右螺纹杆 6 配合，并用紧定螺钉 7 卡紧，使螺母板 4 与件 6 成一体；移动的螺母板带动件 6、件 3 一起移动，即可完成左右导膜板的对中调整，见图 652 运动仿真。

旋转手柄 5，左右螺纹杆 6 转动，利用左右两个导模板支撑架 3 上的左右旋螺纹，使与其固接的左右导膜板分开或靠近，来调整左右导膜板间的距离，使其与膜宽一致。

例 243　拉膜辊调节机构

如图 655 所示为利用锥齿轮副来调节膜松紧的拉膜辊调节机构。如图 656 所示为该机构的工程图。转动手柄 1，旋转的轴 2 带动两个相对安装的锥齿轮 3 转动，与锥齿轮 3 啮合的另一对锥齿轮 4 带动丝杠 5 旋转，丝杠拉动左右两个螺母 6 移动，螺母带动与两个螺母用转动副连接的辊 7 前后移动，完成膜的拉紧。

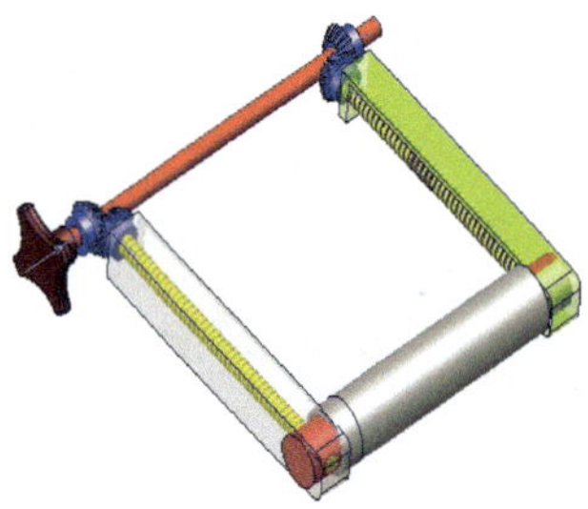

图 655　拉膜辊调节机构

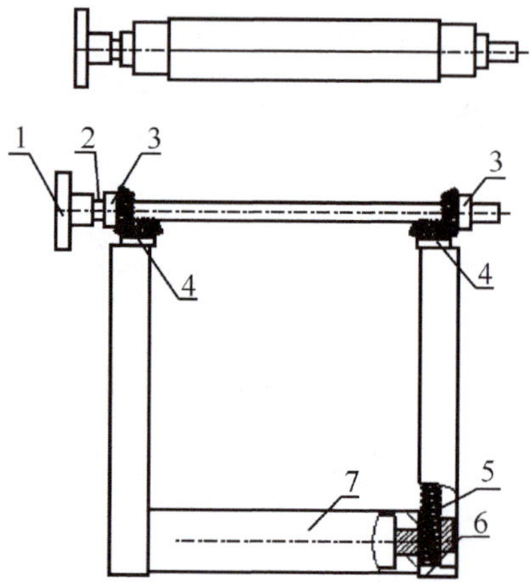

1—手柄；2—轴；3、4—锥齿轮；5—丝杠；6—螺母；7—辊

图 656　拉膜辊调节机构工程图

例 244　送膜机构

如图 657 所示为包装机上的送膜机构。该机构的作用是在间歇送膜的情况下，防止膜卷由于转动惯性而产生的包装膜松脱，使包装膜在拉紧的状态工作。该机构用一套刹车机构保证工作状态时包装膜有一定的紧度，并在非工作状态时，利用拉膜辊的自重使包装膜卷转动恢复到包装的初始状态，如图 657 所示为薄膜被拉紧状态。

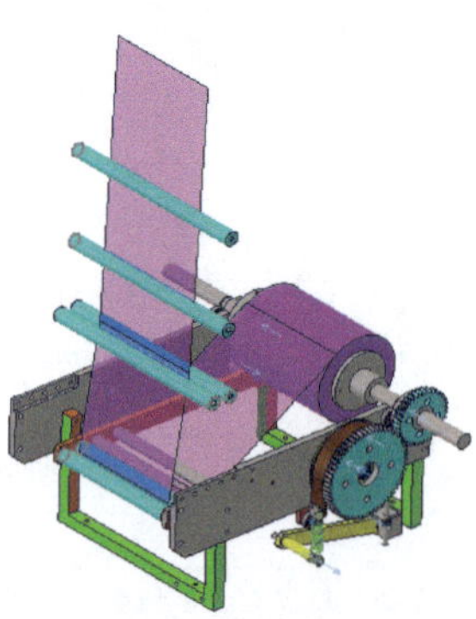

图 657　送膜机构

如图 658 所示为该机构的工程图。包装膜 1 向上移动时，因膜卷有刹车机构，包装膜不会马上被释放，但包装膜拉动摆杆 2 使其绕 *a-a* 轴转动，摆杆 2 向上抬起，与摆杆 2 固接的滚轮 7 随摆杆上移，在拉簧 9 的作用下，连杆 8 上移，使摩擦带 6 与摩擦盘的间隙增大，解除刹车；包装间歇时，摆杆 2 靠自重下移回复到原位，拉动包装膜，使膜卷 3 及与其同轴的齿轮 4 绕 *A* 轴转动输出包装膜，由于解除了刹车状态，与齿轮 4 啮合的齿轮 5 带动摩擦盘顺利转动；当摆杆 2 转动到位时，滚轮 7 推动连杆 8 下移，通过拉簧 9 使摩擦带与摩擦盘恢复到刹车状态，膜卷停止运

转，又恢复到初始状态。

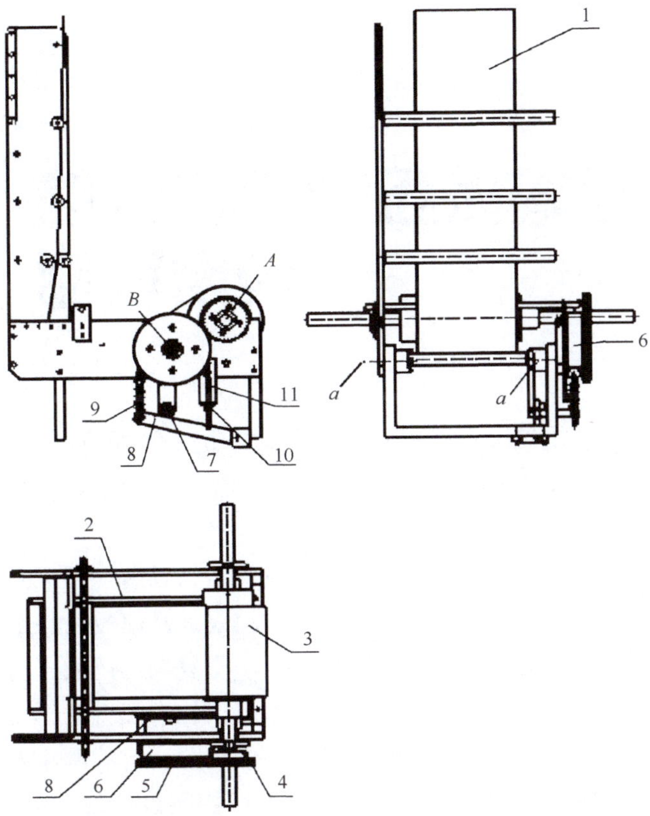

1—包装膜；2—摆杆；3—膜卷；4、5—齿轮；6—摩擦带；7—滚轮；8—连杆；9—拉簧；

10—摩擦带松紧调节螺母；11—摩擦带安装板

图 658　送膜机构工程图

第三部分

执行机构系统协调设计的应用实例

第三部分将用一个机电产品——多功能给袋包装机——的执行机构系统的设计实例，简述执行机构系统的协调设计过程，并通过三维模型运动仿真对各子机构系统的运动形式和设计特点进行说明。

产品的机械系统通常是由动力系统、传动系统、执行系统、控制系统等组成的。而执行系统是机械系统的核心，是产品最基础的部分，也是产品研发过程中的难点和最具有创新精神的部分。执行机构是用来传递运动和力的，一个复杂的产品，需要有多个动作来完成机械系统的总功能，由于每一个动作需要一个执行机构，多个动作就需要有多个执行机构来完成，但每个执行机构又不是孤立的，而是一个按照一定的顺序协调组合的整体，因此需要对执行机构系统进行协调设计。执行机构系统协调设计就是协调动作的先后顺序，来满足机械系统的总功能要求，这是产品研发过程中必须要经过的一个程序。

每个执行机构的运动，是依据工艺动作步骤的要求设计、选择的。比如，当某一动作要求是转动（或摆动、或直线移动、或间歇）动作时，可根据这一动作要求去设计或选择机构。而实现某一种动作，可能会设计或选择出多个机构，这就需要进行综合评定，以选择出最简单、最实用、具有好的传力和动力特征的机构；同时，还要考虑驱动方式，即机构的输入件（主动件）的运动形式与动力源的关系，由于动力系统与制造成本、产品的关系复杂影响较大，最好在原理设计时就在设计任务书中明确。

当执行机构系统的各子机构系统确定后，再通过运动循环图的设计，就可对执行机构系统进行协调设计了。

执行机构系统的协调设计，更适用于有多个运动要求需协调动作先后顺序的问题。由于本书的主题是对实用机构的讨论，其原理机及初步设计就不在论述了。

例 245　多功能给袋包装机

（1）机械系统的总功能

该产品是采用机、电、气组合控制，使用事先准备的包装袋，在单工位上完成取袋、给袋、开袋、称重、充填、热封的全自动包装机。

包装袋尺寸：长 × 宽 =（130 ～ 300）mm ×（150 ～ 350）mm；

包装质量：200g ～ 1.5kg；

包装精度：± 3‰；

包装速度：10 ～ 18 袋 / 分钟。

要求：当包装量及包装袋尺寸改变时能方便调整。

（2）机械系统各组成部分的确定

动力系统：三相异步电动机、真空泵、压缩空气源。

传动系统：电磁离合器（用于充填时间控制）、变速器、凸轮、气缸。

控制系统：光电传感器（与遮光盘配合，控制电磁阀）、真空传感器（控制真空吸盘的真空度，保证袋没打开时或无袋时不充填）、重量传感器等。

上述各系统是由“设计任务书”确定的，它是考虑了市场需求及制造成本后决定的，这也等于确定了执行机构系统的输入构件（主动件）的运动形式，即三相异步电动机经电磁离合器、减速器将转动传递给产品主轴使其以每分钟 20 转的速度转动；凸轮通过可胀轴套与主轴固接，每转动一圈即为一个周期；还可在主轴上固接一个刻度盘，作为手工调节凸轮及光电传感器初始、终止位置的依据。执行机构运动循环图用于描述在一个周期内各子机构在任一时刻的运动状态，这样就可以根据确定的输入、输出的运动，对执行机构各子系统进行协调设计了。

（3）工艺过程及运动机构设计

工艺过程（一个袋的包装过程，模拟手工包装过程）顺序为：

①取袋；②给袋；③闭夹接袋；④袋夹收幅，开袋吸盘闭合、张开完成开袋；⑤充填头下移插入袋中并完成落料，开袋吸盘断真空；⑥充填头返回，袋夹放幅；⑦热封刀下移、闭合热封；⑧袋夹、热封刀打开，包装袋下落；⑨热封刀上移复位。共计 9 个步骤 7 个执行机构，其中开袋吸盘与热封刀共用一个执行机构。

控制说明：

a. 第①步与第②步的取袋、给袋用同一对真空吸盘；且取袋、给袋需接真空，是否取出袋不控制；

b. 第④步使用的开袋吸盘是另一对真空吸盘，安装在热封刀下面，与其相距 12mm，开袋吸盘通真空并接通真空传感器，做到无袋或袋没打开时（真空没形成），充填头不下移也不落料。

c. 由于袋的热封位置在开袋吸盘处，因此，第⑦步热封刀需下移 12mm，用一个升降机构控制。

根据动力系统与传动系统的要求确定主动件及驱动方式：

a. 取袋、给袋、接袋、开袋动作及热封刀开闭合、充填机构动作，共使用五个气缸驱动，输入、输出均为直线移动。

b. 收幅、热封刀升降动作各使用一个凸轮控制，共计两个凸轮（收幅机构、升降机构）。

c. 两个凸轮装在一个驱动轴上，使用可胀轴套连接，方便调节初始位置。并使用凸轮与杠杆组合，通过调整杠杆比调整从动件的移动距离。

根据工艺过程，确定每一步执行机构运动参数及绘制机构简图。说明：使用三维软件直接创建各构件简图并进行运动仿真，是个不错的方法，比传统二维手工设计方法更快。

第①步：取袋。

机构设计如图 659 所示。根据包装袋的厚度及放置的数量确定取袋气缸的行程，本例设计气缸行程 80mm。利用气缸的直线往复运动带动真空吸盘完成取袋动作。

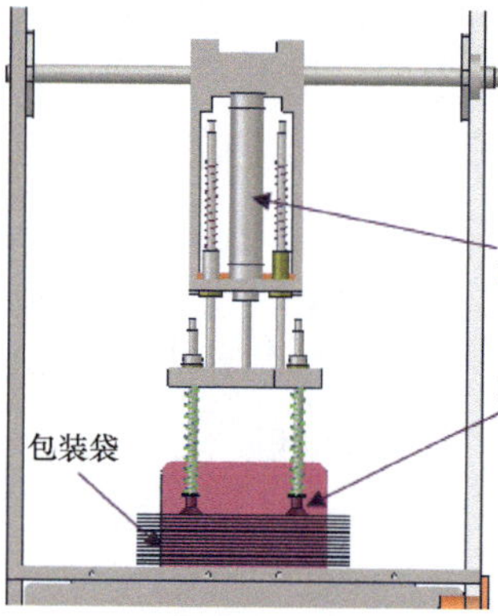

图 659　取袋机构

第②步：给袋。

机构设计如图 660 所示。该机构是一个用气缸驱动的双摇杆机构。给袋气缸缸径 40mm、行程 100mm。

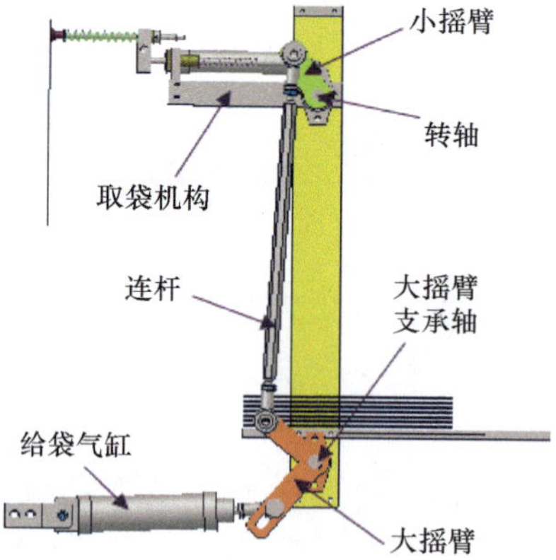

图 660　给袋机构

给袋气缸驱动大摇臂绕大摇臂支承轴转动，通过连杆带动小摇臂转动，使取袋机构转动到图中的水平位置，小摇臂与取袋机构均与转轴固接，转轴两端用轴承座与机架连接。通过设计大小摇臂的转动半径来保证取袋机构转动 90°。

第③步：接袋。

机构设计如图 661 所示。袋夹在初始位置时应该是张开的，此时接袋气缸活塞杆为收缩状态；当第②步中给袋机构将包装袋送到图示位置时，活塞杆伸出，驱动带槽滑板沿导柱滑动。转臂上固接的滚子轴承在带槽滑板的直槽中滑动的同时，带动接袋机构上部的双向摇臂摆动，并通过两个连杆分别驱动前夹摇臂与后夹摇臂转动完成袋夹的闭合。

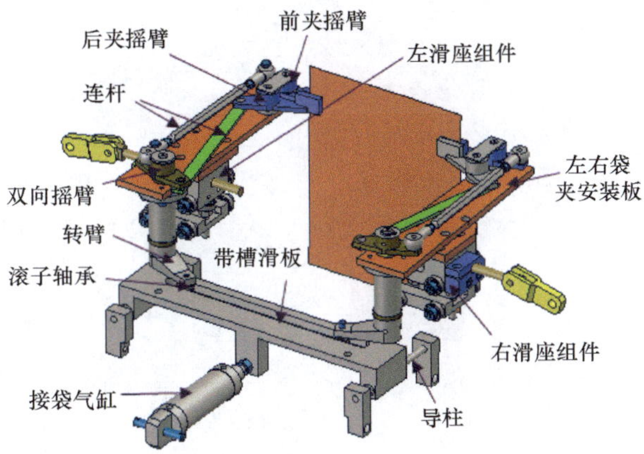

图 661　接袋机构

第④步：收幅、开袋。

在包装工艺过程中收幅与开袋两个动作几乎是同时进行的，不收幅就无法完成开袋。收幅就是缩小包装袋封口处的宽度尺寸，使袋口处于松弛状态。收幅初始，开袋吸盘先通真空随后闭合，虽然热封刀也随着闭合，但包装袋在热封刀的下面，不会被热封刀碰到。之后利用开袋吸盘打开包装袋，等待充填动作，充填时充填头要插入包装袋中，而收幅及开袋尺寸过大过小，都会产生充填头插入困难，容易破坏包装袋在袋夹中的位置，造成包装物的撒漏。所以收幅与开袋尺寸需要实验确定，本机构设计成可调式的以解决该问题。此外，为防止吸盘闭合时将包装袋扯下，还需保证开袋吸盘闭合的位置与袋夹闭合的位置在同一垂直平面上，这需要把开袋气缸的前后安装位置设计成可调式的。

由于开袋与收幅两个动作运动方向相互垂直，实现联动比较困难，故设计成两套执行机构分别控制。

图 662 上部显示的是开袋热封机构简图，用开袋气缸的两次伸缩动作，分别完成开袋和热封包装袋的动作；由于开袋与热封在同一水平位置，将开袋吸盘固接在热封刀的下面，则开袋时可避免热封刀碰到包装袋，同时又设计了一个升降机构以调整热封刀的位置，该机构见第⑦步。开袋气缸活塞杆伸出时，推动后热封刀移动，与后热封刀固接的导柱随之移动，导柱又固接齿条，通过中间的过渡齿轮及固接在另一对导柱上的齿条，使前

热封刀反向移动，完成热封刀和开袋吸盘的闭合；活塞杆退回，热封刀与开袋吸盘打开。

图 662 下部显示了收幅机构。通过固接在主轴上的收幅凸轮驱动摇臂摆动，再用左右两边的连杆组件，带动转臂绕固接在机架上的转轴摆动，与转臂铰接的拨叉又带动左右两边的滑块组件在机架上滑动，完成收幅动作。需要说明两点，第一，更换包装袋且袋宽度变化时，为了使袋夹仍有一定的加持长度，可以调整拨叉与滑块组件之间的连接杆长度。第二，调整收幅尺寸时，可通过调整连杆组件与转臂的连接螺钉位置，改变转臂半径，来改变收幅尺寸。

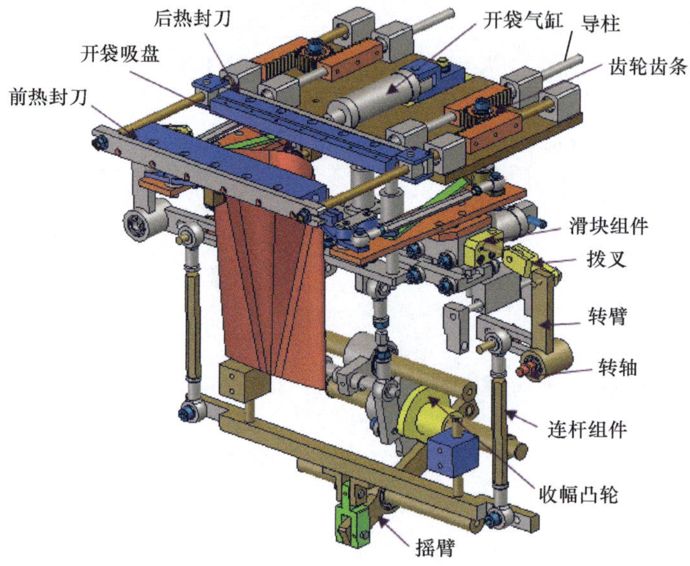

图 662　收幅机构与开袋热封机构

第⑤步：充填落料。

充填机构设计如图 663 所示。用充填气缸驱动摇臂摆动，使滑块沿导柱上下滑动，与

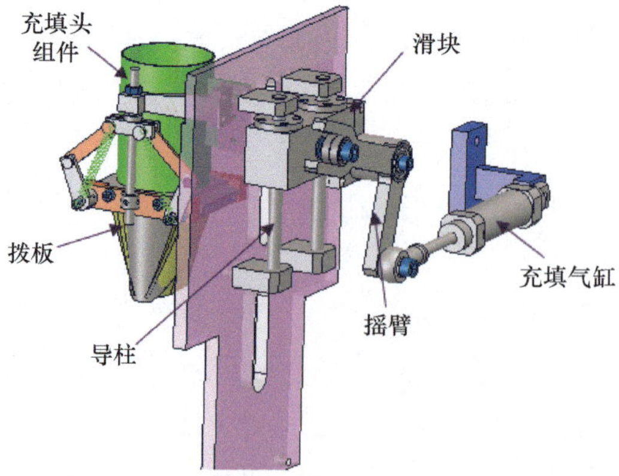

图 663　充填机构

滑块固接的充填头组件随之向下移动，下移时可使充填头组件两侧的拨板张开，更利于打开包装袋防止物料外流。需要说明的是，上一步中的开袋吸盘完成开袋动作时，真空传感器应与真空相通，若无包装袋或没打开包装袋时，真空传感器无指令发出，充填头不下移也不落料；只有达到一定的真空度时，充填头才可下移并充填落料。当充填的时间过小时，还可以启动电磁离合器，并通过时间继电器来控制充填时间的长短。

第⑥步：充填头返回，袋夹放幅。

充填完毕后，需把包装袋的封口拉直（放幅），回复到原包装袋的宽度尺寸，左右两侧的袋夹回到原位，以便进行袋口封接。收幅状态使收幅凸轮转动到等半径区域内，从动件处于间歇状态；充填完成后，凸轮应转动到最大半径区域以完成放幅动作，这需要通过凸轮轮廓曲线的设计来完成。

第⑦步：热封刀下移，闭合热封。

升降机构设计如图 664 所示。开袋热封机构的升降是通过升降机构完成的。如工艺过程第④步所述，开袋的位置也是包装袋热封的位置，因此，充填完成后热封刀下移到封口位置，同时袋夹完成放幅动作，接着热封刀闭合完成封接动作。升降机构中的升降凸轮驱动在支承轴上转接的摇臂摆动，再通过连杆组件使三根移动导杆在固接在机架上的三个支撑导套中移动，并带动开袋热封机构下移到热封的位置，通过开袋气缸运动使热封刀闭合，完成封接动作。

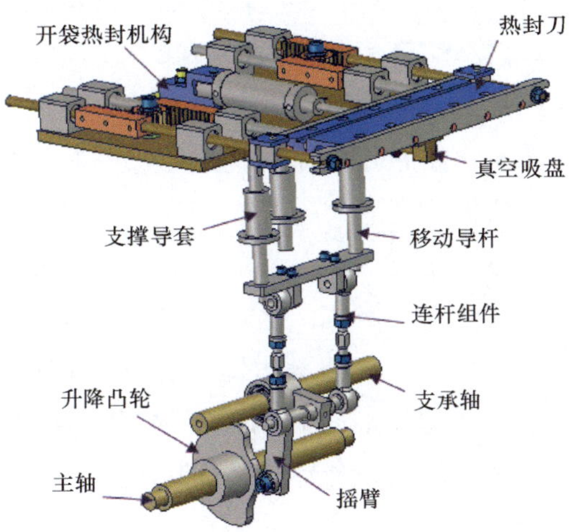

图 664　升降机构

第⑧步：袋夹、热封刀打开，包装袋下落。

第⑨步：热封刀上移复位。

（4）简述计重机构

计重机构不同于上述的执行机构，其动作控制是用在计重机构内部安装的重量传感器实现的。通过人工设定充填质量以及物料两次进入量筒的比例，在通电、通压缩空气后，机构就可自行工作，不受机器运转影响，只要接收到充填的指令即可完成一次落料动作。

国家标准规定电子秤计量误差控制在 ±3‰之内。通常一台 2kg 量程的电子秤，每分钟可完成 10 次计量，为满足包装速度的要求（10 ～ 18 袋 / 分钟），本产品配置了两台电子秤。

图 665 是计重机构模型简图。主要由上、中、下三个部分组成，上部是储料机构，下部是计量机构，中间用过料筒将上下两部分连接起来。

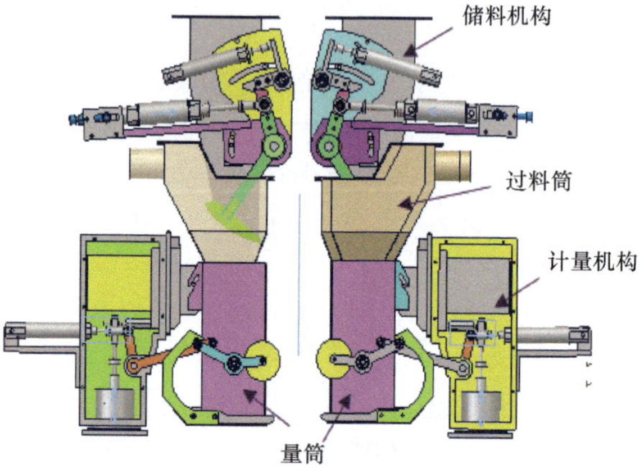

图 665　计重机构

计重机构的设计重点是计重的控制方法和进料方式。本机构采用重量传感器及电子秤计重，精度高；进料方式是指物料从储料机构进入计量机构量筒中的方式。如包装 1kg 的物料，进料应分两次，第一次进包装量的 70%～80%，第二次进余下的 20%～30%，这样才能保证计量的精度。为了做到这一点，在设计储料机构时，用控制出料口挡板开度大小的办法来实现，即第一次进料挡板大开口，第二次进料挡板小开口。这与手工计量方式一样，先大流量放入秤内后，再小流量放入秤内。因此，在储料机构上选择了两个驱动气缸（见图 666），用安装在计量部分的重量传感器控制两个气缸的动作顺序，来控制大开口、小开口及开口关闭的转换。图 666 中开口气缸活塞杆伸出时，与摇臂组件固接的挡板随摇臂组件顺时针转动，挡板开度最大（见图 667），物料大流量流入量筒内；当达到充填量的 70%～80%时，重量传感器发出指令，开口气缸活塞杆收缩，与摇臂组件固接的挡块逆时针转动，被小摇臂上的勾挡住，此时，控制落料的挡板处在小开口状态，物料小流量流入量筒中（见图 668）；当充填量达到设定的质量时，传感器又发出指令，使控制气缸的活塞杆伸出推动小摇臂顺时针转动，解除了勾对大摇臂组件上挡块的阻挡，使开口气缸的活塞杆完全收缩，挡板完全将落料口封闭，一个落料循环完成，又可以进行下一个循环了。

挡板的大、小开口及关闭，是计重机构内部控制的。而物料进入包装袋的动作是外部控制的，即充填头插入包装袋中，真空传感器发出充填指令时才可落料。

图 670 是计量机构示意图。整个机构应用减震装置与机器的其他部分隔开，以避免给计量带来不利的影响。量筒上的挂钩挂在与重量传感器固接的销上，量筒下部的盖可绕 C 点转动。当接到充填指令时，开盖气缸推动摇臂绕 A 点转动，并下压配重摇臂使其绕 B 点逆时针转动，配重块作用减小，盖自动打开完成落料。

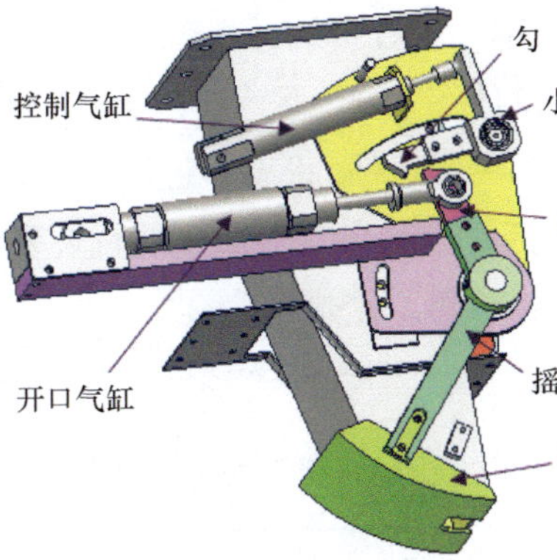

图 666 储料机构

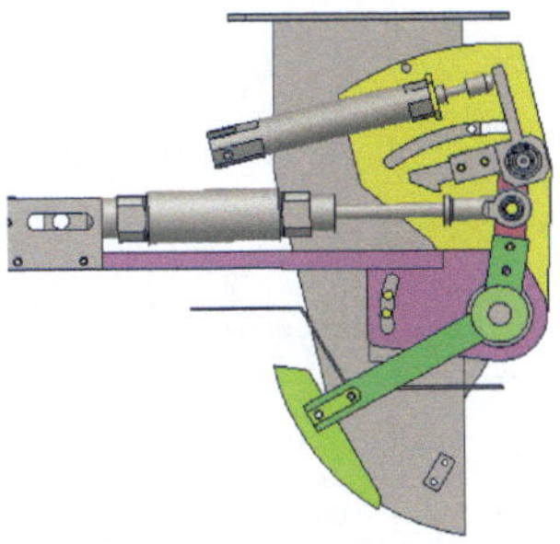

图 667 大开口动作

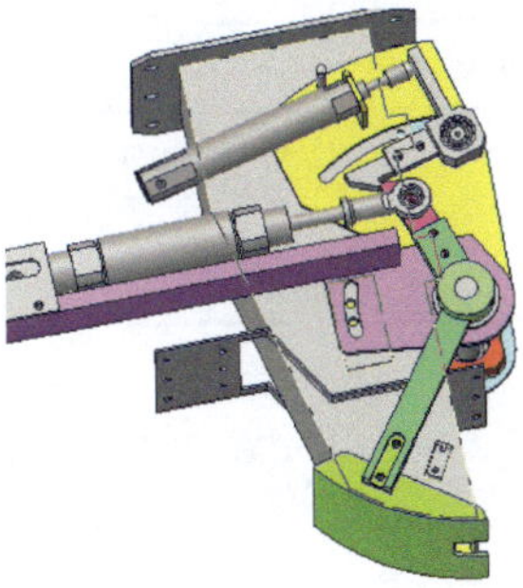

图 668 从大开口到小开口动作

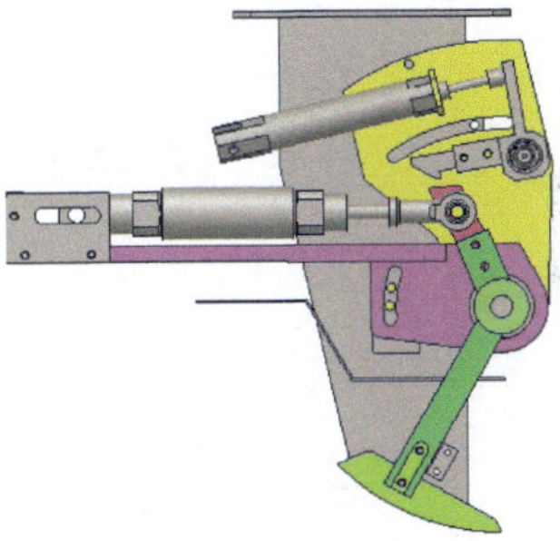

图 669 关闭开口动作

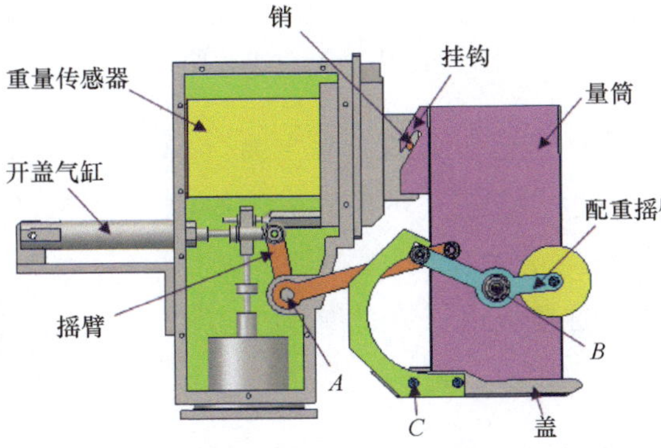

图 670 量筒翻盖落料机构

(5) 运动循环图

上述各执行机构子系统的运动原理及构件的尺寸确定之后，就可以设计机构的运动循环图了，通过循环图可对子系统进行协调设计工作。如图 671 所示，在循环图中用直线表示气缸的行程；用折线表示凸轮轮廓的变化；图中还标注了起始、终止位置。

从运动循环图中可见机构的协调设计过程：如给袋结束在 75°，而袋夹闭合设定在 70°，袋夹的提前闭合，一是等待 70° 时取袋、给袋机构中的真空吸盘断真空，二是只有袋夹闭合后，给袋动作才可返回；又如，收幅机构的收幅凸轮在折线低点时表示收幅动作，即 105°～140° 在收幅位置，开袋热封机构的开袋吸盘设计在 130° 闭合、在 140° 打开，而在 135° 充填机构动作，这保证了充填在收幅状态及真空吸盘吸附状态下进行，并在 135° 设定间歇点，以保证充填时间；再如，在 270° 时袋夹打开，但热封刀保持闭合并随升降机构上移，这样既不会有运动干涉，也保证了一定的热封时间，使热封完全。

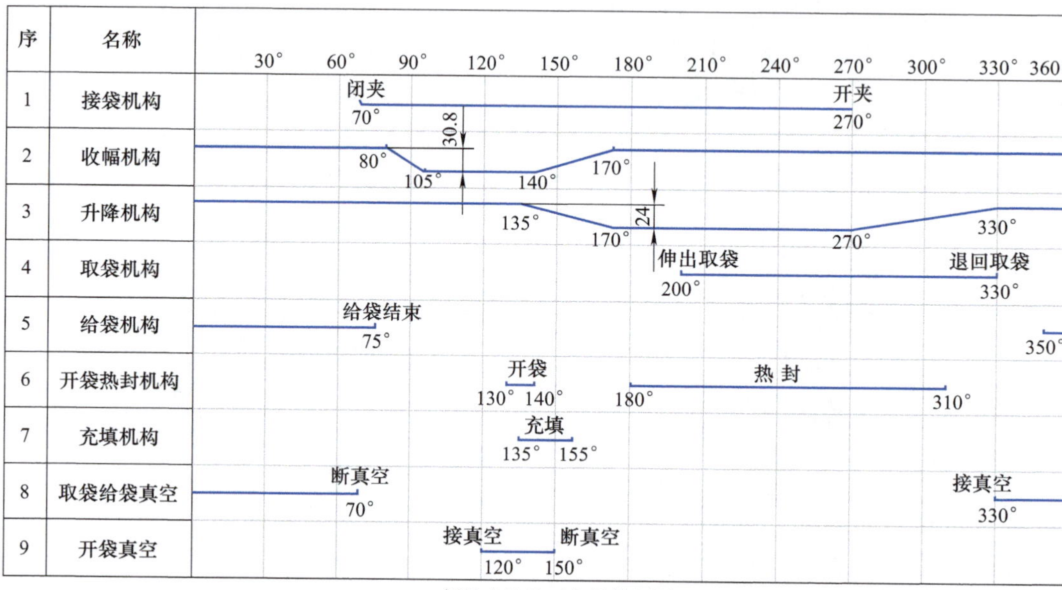

间歇点135°（电磁离合器）

图 671　机构运动循环图

协调设计需仔细，尤其是当有多个动作时更要认真协调，制造后还需要反复试验、调整并对构件进行修改才可完成。如图 672 所示是各子执行机构系统的集合，主要用于确定子系统的相互位置关系。在此基础上可进行干涉检查及各子系统的运动仿真，进一步完善、修改以完成产品的执行机构系统设计。

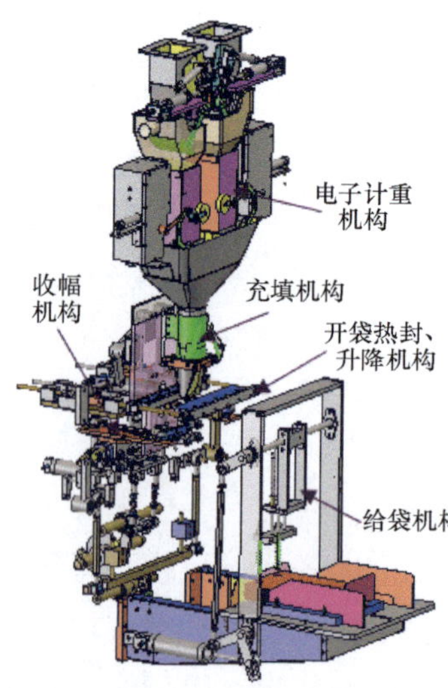

图 672　执行机构系统集合